推荐教材

人力资源和社会保障部职业技能鉴定中心
全国计算机信息高新技术考试

办公软件应用（Windows平台）

Windows XP,Office 2003
职业技能培训教程

（操作员级）

全国计算机信息高新技术考试
教材编写委员会 编写

北京希望电子出版社
Beijing Hope Electronic Press
www.bhp.com.cn

内容简介

由人力资源和社会保障部职业技能鉴定中心在全国统一组织实施的全国计算机信息高新技术考试是面向广大社会劳动者举办的计算机职业技能考试，考试采用国际通行的专项职业技能鉴定方式，测定应试者的计算机应用操作能力，以适应社会发展和科技进步的需要。

本书共12章，第1章由浅入深地讲解了Windows XP的操作方法，使读者能够基本掌握这一操作系统的使用，从而为后续应用软件的学习打下基础；第2章到第7章分别讲述了Word 2003的基本操作，文档基本格式的编排，文档版面的设置与打印，文档的图文混排，文档中表格的创建与编辑和文档的高级编排技术；第8章到第10章讲解Excel 2003的基本操作，工作表的编辑，数据处理与分析；最后两章讲解幻灯片的基本编辑，演示文稿的放映与输出。此外，每章后面还有练习题，便于读者巩固掌握本章内容。

本书可供考评员和培训教师在组织培训、操作练习等方面使用，还可供广大读者学习办公软件应用知识和提高办公软件应用技能使用。

为方便考生练习，本书配套素材文件将在北京希望电子出版社公众号和北京希望电子出版社网站（www.bhp.com.cn）上提供。

需要本书或技术支持的读者，请与北京市海淀区中关村大街22号中科大厦A座10层（邮编：100190）发行部联系，电话：010-82620818（总机），传真：010-62543892，E-mail：bhpjc@bhp.com.cn。体验高新技术考试教材及其网络服务，请访问www.bhp.com.cn或www.citt.org.cn网站。

图书在版编目（CIP）数据

办公软件应用（Windows平台）Windows XP，Office 2003职业技能培训教程：操作员级 / 全国计算机信息高新技术考试教材编写委员会编写.
—北京：北京希望电子出版社，2017.7

ISBN 978-7-83002-325-6

Ⅰ. ①办… Ⅱ. ①全… Ⅲ. ①Windows操作系统—技术培训—教材②办公自动化—应用软件—技术培训—教材 Ⅳ. ①TP316.7②TP317.1

中国版本图书馆CIP数据核字(2017)第133814号

出版：北京希望电子出版社
地址：北京市海淀区中关村大街22号
中科大厦A座10层
邮编：100190
网址：www.bhp.com.cn
电话：010-82620818（总机）转发行部
010-82626237（邮购）
传真：010-62543892
经销：各地新华书店

封面：张 洁
编辑：石文涛 刘 霞
校对：全 卫
开本：787mm×1092mm 1/16
印张：18
字数：427千字
印刷：北京建宏印刷有限公司
版次：2019年1月2版1次印刷

定价：39.80元

国家职业技能鉴定专家委员会

计算机专业委员会名单

全国计算机信息高新技术考试
教材编写委员会名单

本书执笔人：朱厚峰　肖　进　王　璐　腾文学　宋志坤　周林娥
王泓博　张春丽　纪晓远　孙艳艳　王飞跃　李　娜
姜　丽　刘　鑫　孙艳蕾

全国计算机信息高新技术考试简介

全国计算机信息高新技术考试是根据原劳动部发〔1996〕19 号《关于开展计算机信息高新技术培训考核工作的通知》文件，由人力资源和社会保障部职业技能鉴定中心统一组织的计算机及信息技术领域新职业国家考试。

全国计算机信息高新技术考试面向各类院校学生和社会劳动者，重点测评考生掌握计算机各类实际应用技能的水平，其考试内容主要是计算机信息应用技术。考试采用了一种新型的、国际通用的专项职业技能鉴定方式，根据计算机信息技术在不同应用领域的特征划分模块和平台，各模块按不同平台、不同等级分别进行考试。考生可根据实际需要选取考试模块，也可根据职业和工作的需要选取若干相应模块进行组合而形成综合能力。

目前共出版了 15 个模块，46 个系列，67 个软件版本。

序号	模块	模 块 名 称	编号	平 台
1	00	初级操作员	001	Windows/Office（初级操作员）
		办公软件应用	002	Windows 平台（MS Office）（中、高级）
			003	Windows 平台（WPS）（中级）
2	01	数据库应用	012	Visual FoxPro 平台（中级）
			013	SQL Server 平台（中级）
			014	Access 平台（中级）
3	02	计算机辅助设计	021	AutoCAD 平台（中、高级）
			022	Protel 平台（中级）
4	03	图形图像处理	032	Photoshop 平台（中、高级）
			034	3D Studio MAX 平台（中、高级）
			035	CorelDRAW 平台（中、高级）
			036	Illustrator 平台（中级）
5	04	专业排版	042	PageMaker 平台（中级）
			043	Word 平台（中级）
6	05	因特网应用	052	Internet Explorer 平台（中级）
			053	ASP 平台（高级）
			054	电子政务（中级）
7	06	计算机中文速记	061	双文速记平台（初、中、高级）
8	07	微型计算机安装调试与维修	071	IBM-PC 兼容机（中级）
9	08	局域网管理	081	Windows NT/2000 平台（中、高级）
			083	信息安全（高级）
10	09	多媒体软件制作	091	Director 平台（中级）
			092	Authorware 平台（中、高级）

续表

序号	模块	模块名称	编号	平　台
11	10	应用程序设计编制	101	Visual Basic 平台（中级）
			102	Visual C++平台（中级）
			103	Delphi 平台（中级）
			104	Visual C#平台（中级）
12	11	会计软件应用	111	用友软件系列（中、高级）
			112	金蝶软件系列（中级）
13	12	网页制作	121	Dreamweaver 平台（中级）
			122	Fireworks 平台（中级）
			123	Flash 平台（中级）
			124	FrontPage 平台（中级）
			125	Adobe/Macromedia 平台（中、高级）
14	13	视频编辑	131	Premiere 平台（中级）
			132	After Effects 平台（中级）
15	19	大数据分析	192	投资分析（初、中、高级）

全国计算机信息高新技术考试密切结合计算机技术迅速发展的实际情况，根据软、硬件发展的特点来设计考试内容、考核标准及方法，尽量采用优秀国产软件，采用标准化考试方法，重在考核计算机软件的操作能力，侧重专门软件的应用，培养具有熟练的计算机相关软件操作能力的劳动者。在考试管理上，采用随培随考的方法，不搞全国统一时间的考试，以适应考生需要；向社会公开考题和答案，不搞猜题战术，以求公平并提高学习效率。

人力资源和社会保障部职业技能鉴定中心根据“统一标准、统一命题、统一考务管理、统一考评员资格、统一培训考核机构条件标准、统一颁发证书”的原则进行质量管理。每一个考试模块都制定了相应的鉴定标准、考试大纲并出版了配套的培训教材，各地区进行培训和考试都执行国家统一的鉴定标准和考试大纲，并使用统一教材，以避免“因人而异”的随意性，使证书获得者的水平具有等价性。

全国计算机信息高新技术考试面对广大计算机技术应用者，致力于普及和推广计算机应用技术，提高应用人员的操作技术水平和高新技术装备的使用效率，为高新技术应用人员提供一个应用能力与水平的标准证明，以促进就业和人才流动。

详情请访问全国计算机信息高新技术考试教材服务网（www.citt.org.cn），或是拨打咨询电话（010-82626210、010-82620818）进行咨询。

出 版 说 明

全国计算机信息高新技术考试是根据原劳动部发〔1996〕19 号《关于开展计算机信息高新技术培训考核工作的通知》文件，由人力资源和社会保障部职业技能鉴定中心统一组织的计算机及信息技术领域新职业国家考试。

根据职业技能鉴定要求和劳动力市场化管理的需要，职业技能鉴定必须做到操作直观、项目明确、能力确定、水平相当且可操作性强。因此，全国计算机信息高新技术考试采用了一种新型的、国际通用的专项职业技能鉴定方式，根据计算机信息技术在不同应用领域的特征划分模块和平台，各模块按不同平台、不同等级分别进行考试。考生可根据自己工作岗位的需要，选择考试模块和参加培训。

全国计算机信息高新技术考试特别强调规范性，人力资源和社会保障部职业技能鉴定中心根据“统一标准、统一命题、统一考务管理、统一考评员资格、统一培训考核机构条件标准、统一颁发证书”的原则进行质量管理。每一个考试模块都制定了相应的鉴定标准、考试大纲并出版了配套的培训教材，各地区进行培训和考试都执行国家统一的鉴定标准和考试大纲，并使用统一教材，以避免“因人而异”的随意性，使证书获得者的水平具有等价性。

为保证考试和培训的需要，每个模块的教材由两种教材组成。其中一种是汇集了本模块全部试题的《试题汇编》，一种是用于系统教学使用的《培训教程》。

本书详细介绍了 Windows XP、Word 2003 和 Excel 2003 的使用方法、操作技巧，并通过大量的实例演示了它们的具体应用。

本书共 12 章，第 1 章由浅入深地讲解了 Windows XP 的操作方法，使读者能够基本掌握这一操作系统的使用，从而为后续应用软件的学习打下基础；第 2 章到第 7 章分别讲述了 Word 2003 的基本操作，文档基本格式的编排，文档版面的设置与打印，文档的图文混排，文档中表格的创建与编辑和文档的高级编排技术；第 8 章到第 10 章讲解 Excel 2003 的基本操作，工作表的编辑，数据处理与分析；最后两章讲解幻灯片的基本编辑，演示文稿的放映与输出。此外，每章后面还有练习题，便于读者巩固掌握本章内容。

本书适合作为计算机办公软件应用学习者的自学教程，也可以作为各类计算机培训班和社会相关领域的培训教材。

本书执笔人为朱厚峰、肖进、王璐、腾文学、宋志坤、周林娥、王泓博、张春丽、纪晓远、孙艳艳、王飞跃、李娜、姜丽、刘鑫、孙艳蕾等。

关于本书的不足之处，敬请批评指正。

目　　录

第 1 章　Windows XP 的操作

Windows XP 以其强大的功能、美观友好的操作界面博得用户的青睐。微软曾这样自夸 Windows XP——“它集成了数码媒体、无线网络、远程网络等最新的技术和规范，并具有极强的兼容性和更美观、更具个性的界面设计，Windows XP 的出现将自由释放数字世界的无穷魅力，将为用户带来更加兴奋的全新感受!”不可否认，以 NT 为内核的 Windows XP 比以前的操作系统性能更加稳定，功能更加强大。

本章重点：

- Windows XP 的桌面和窗口
- Windows XP 的基本操作
- 文件和文件夹的操作
- 设置显示属性
- 应用程序的安装和删除

1.1　Windows XP 的桌面

Windows XP 最明显的改变，就是它的界面。这个经过改进的界面以其全新的外观和亮丽的背景给了用户清新、大方的感觉，使用户在视觉上和心理上更容易接受和认可。

1.1.1　桌面风格

用户第一次启动 Windows XP 时进入如图 1-1 所示的桌面，使用过旧版本 Windows 的用户可以发现，以前存在于桌面上的快捷图标，如“我的电脑”、“我的文档”、“网上邻居”、“Internet Explorer”，不见了，整个桌面上只有“回收站”一个快捷图标。

“我的电脑”、“我的文档”、“网上邻居”、“Internet Explorer”等常见任务被合并到了“开始”菜单中。这正是 Windows XP 的全新桌面风格，Windows XP 的桌面有许多个性化和智能化的设计，更符合操作习惯。这种风格的桌面需要用户每次都要通过“开始”菜单来完成常规的操作。

如果用户习惯了旧版本的 Windows 风格而对这种改变不太适应，可以将这些常见任务以图标的形式显示在桌面上，具体步骤如下：

（1）在桌面上单击鼠标右键，在出现的快捷菜单中单击“属性”命令，打开“显示 属性”对话框。

（2）在对话框中单击“桌面”选项卡，然后在对话框中单击“自定义桌面”按钮打开“桌面项目”对话框。

（3）在对话框中单击“常规”选项卡，如图 1-2 所示。

（4）在“桌面图标”选项区域选择在桌面上以图标的方式显示的常规任务。

（5）单击“确定”按钮，此时在桌面上将显示出选中选项的图标。

图 1-1　初次启动 Windows XP 的界面

图 1-2　“桌面项目”对话框

这几个常见任务的基本功能如下。

- 我的电脑：它是进入计算机内部的核心窗口，用户通过它可以对磁盘、文件、文件夹等进行管理，“我的电脑”是用户使用和管理计算机的最重要工具。
- 我的文档：它是计算机默认保存文件的文件夹，这些文件和文件夹都是由一些临时文件、没有指定路径的保存文件、下载的 Web 页等组成。在默认情况下，“我的文档”文件夹的路径为“C:\Documents and Settings\用户名\My Documents”。
- 回收站：用来保存没有被用户永久删除的文件或文件夹，用户可以把回收站中的文件恢复到原来的位置或移动到其他的位置，回收站的存在减小了错误操作的风险。
- Internet Explorer：它可以启动 Internet Explorer 浏览器，访问 Internet 资源。

1.1.2　“开始”菜单

Windows XP 提供了一个增强的“开始”菜单，它将经常使用的文件和应用程序组织在一起，使用户方便快速地进行访问。单击“开始”按钮或者按下键盘上的 Windows 键，则可以打开 Windows XP 的“开始”菜单，如图 1-3 所示。

在“开始”菜单的顶部显示的是当前登录用户的账户名称，通过该账户按钮用户可以方便地对本地账户进行管理。在账户区下面是主要的工作区，在这里集成了包括诸如“我的电脑”、“我的文档”等常见任务，同时为用户提供了更多的如“我的音乐”、“图片收藏”、Windows Media Player 等许多功能选项，使操作更加简单快捷。用户可以方便地启动计算机上的某些软件程序，或者进行系统方面的某些设置。

在使用计算机时总有一些程序是经常被用户使用的，为了方便用户的使用，在“开始”菜单主要工作区的左侧，Windows XP 为用户设计了一个常用任务快速启动区，在该区域列出了用户经常使用的任务的快捷方式，通过它们用户可以快速启动常用任务。

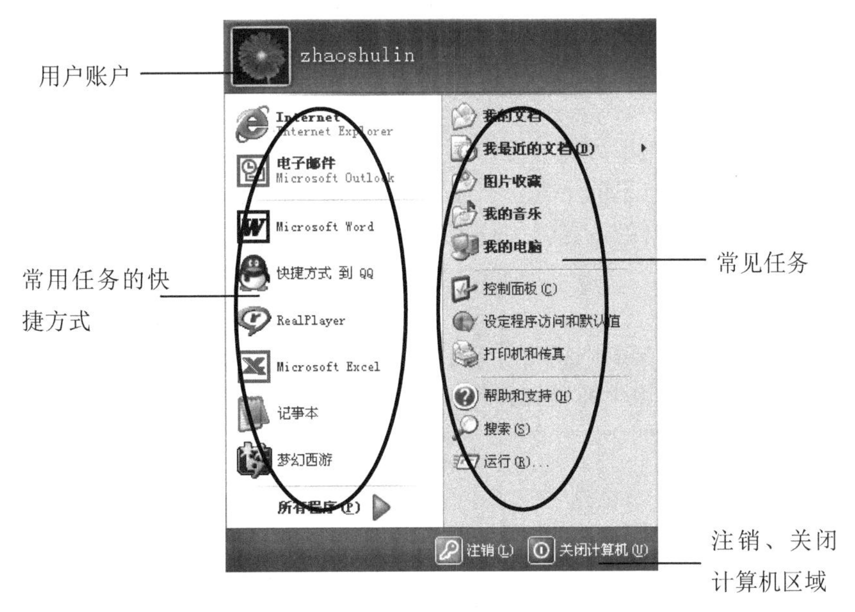

图 1-3　“开始”菜单

1.1.3　任务栏

默认的任务栏在屏幕的底端，在任务栏的最左边是带有 Windows XP 标志的“开始”按钮，在任务栏的最右边有时间和 Windows Messenger 等图标。这些图标程序在不活动时会自动隐藏，使任务栏显得简洁。

任务栏为用户提供了快速启动应用程序、打开文档及显示其他已打开的窗口的方法。在 Windows XP 中采用了工作组的方式扩充了任务栏，从而也使得管理上更为方便、简洁。工作组方案就是将同一类型的程序放在一起，例如，把 Word 文件组合在一起，Internet Explorer 窗口又组合在一起，Windows XP 会以卷动式功能表来收藏它们。对打开的每个应用程序，任务栏上都出现一个图标按钮，单击任务栏上的图标按钮即可切换到相应的应用程序。如果要切换的应用程序存在于组中，单击任务栏中组的下拉箭头将会显示出该组中所有程序的列表，单击相应的图标即可切换到相应的应用程序，如图 1-4 所示。

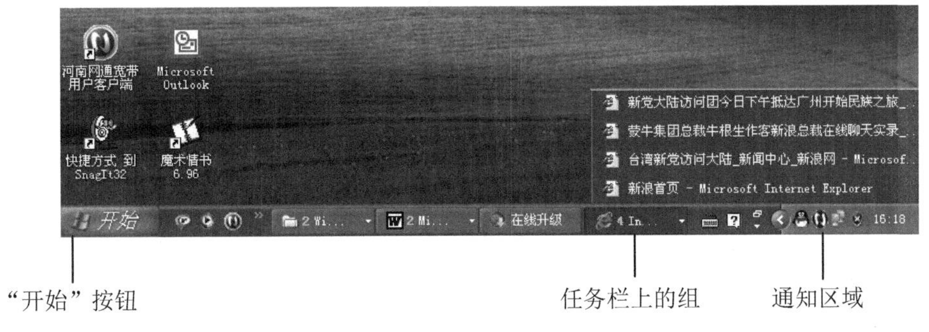

图 1-4　任务栏

1.2 Windows XP 的窗口简介

窗口是屏幕上的一个矩形区域，用户可以在窗口中查看程序、文件、文件夹、图标或者在应用程序窗口中建立自己的文件。在 Windows XP 中所有的窗口都具有基本相同的构造，对它们的操作也是一样的，这样用户可以方便地管理自己的工作。

1.2.1 窗口的构成

如果用户在“开始”菜单中选择“我的电脑”命令，将打开如图 1-5 所示的“我的电脑”窗口。“我的电脑”窗口主要由标题栏、菜单栏、标准按钮栏、地址栏、系统工作区等几部分组成。

1. 标题栏

窗口的标题栏位于窗口的最顶端，在标题栏的左端标明了窗口的名称，例如“我的电脑”，如图 1-5 显示。标题栏的右面有最小化按钮、最大化按钮以及关闭按钮。Windows 可以同时打开多个窗口，但只存在唯一的活动窗口，只有活动窗口才能接收鼠标和键盘的输入。活动的窗口的标题栏将会以醒目的蓝颜色表示，如果标题栏呈灰色，则该窗口是非活动窗口。

图 1-5 “我的电脑”窗口

2. 菜单栏

在 Windows 环境下，通常每一个窗口都有一个菜单栏，当用户将鼠标指向某一菜单并单击该菜单项时通常会出现一个下拉菜单。例如，在“我的电脑”窗口选择并单击“查看”菜单项就会出现如图 1-6 所示的下拉菜单，在下拉菜单中用户可以选择需要的菜单命令。

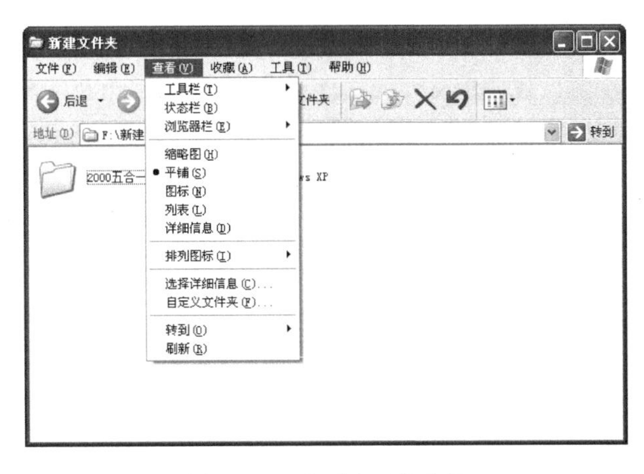

图 1-6　“查看”下拉菜单

3. 标准按钮栏

标准按钮位于菜单栏的下面，在这里放置了一些最常用的工具按钮。单击这些按钮可以快速地执行某一操作，例如，在某一文件夹中单击“后退”按钮可以退回到上一步操作。使用这些按钮用户工作起来更快捷、方便。

4. 地址栏

在地址栏中显示了当前窗口所处的位置，如图 1-5 显示的“我的电脑”。在地址栏中输入一个地址再单击“转到”按钮，窗口将转到该地址所指的位置。

5. 系统工作区

该区域又被分为三个小的区域，即系统任务区、其他位置区和详细信息区。在系统任务区中显示的是一个智能化的链接菜单。系统会很“聪明”地将用户在某种状态下可能用到的链接式命令菜单显示出来，即不同的情况下会显示不同的链接菜单。例如，当用户位于一个文件夹中时，如果用户没有选中文件夹中的文件，或在文件夹中选中了文件，则系统任务区的链接菜单将会显示为不同的内容，如图 1-7 所示。

图 1-7　系统工作区在不同情况下显示为不同的菜单

在其他位置区则为用户提供了从当前位置迅速进入其他位置的链接命令。在详细信息区中则显示的是当前主窗口被选中文件或文件夹的相关信息。“我的电脑”窗口这种人性化的设计，更加符合用户日常的操作和对计算机的管理。

6. 状态栏

状态栏在整个窗口的底部，在状态栏中提示了当前窗口的有关信息。

1.2.2 控制面板

Windows XP 的“控制面板”在设计上采用了分类视图的分类方式。这种分类方式使用了以任务为中心的方法，突出了常用和故障排除任务。它显示了 9 个类别供用户选择，同时带有清楚的导航路径，可以将用户直接带到要更改的设置处。单击某类别的链接，在下一级别的页面提供了同类的常用任务，并含有交叉链接以及多个切入点，从而使用户能更容易地查找内容。图 1-8 所示为经过重新分类的“控制面板”窗口。

如果用户更喜欢经典的控制面板界面布局，可以单击窗口左侧的“切换到经典视图”选项切换到经典的控制面板窗口视图，如图 1-9 所示。

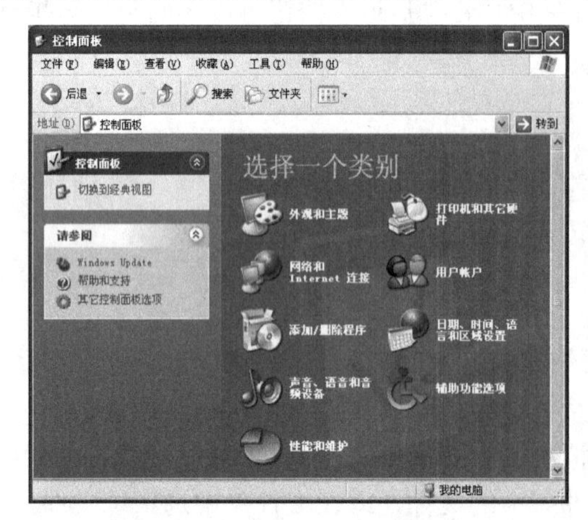

图 1-8 按分类显示的控制面板

图 1-9 控制面板的经典视图

1.2.3 窗口的移动和调整

用户在窗口中进行操作时，可以根据需要来移动窗口在屏幕上的位置。

移动窗口的方法很简单，用户只需将鼠标置于该窗口的标题栏上，按住鼠标左键不放拖动鼠标，窗口跟着移动到合适的位置时松开鼠标即可。如果用户需要精确地移动窗口，可以在标题栏上单击鼠标右键，在弹出的快捷菜单中选择“移动”命令，当屏幕上出现十字箭头标志，并且在窗口的四周出现虚线时，使用键盘上的方向键可以移动窗口，到合适的位置后，单击鼠标或按回车键结束操作。

窗口的大小可以调整，用鼠标指向窗口的任一边，指针变为双向箭头形状时，按住鼠标左键不放，拖动该边，即可改变窗口的宽度或高度；用鼠标指向窗口的任一个角，指针变为双向箭头形状时，按下鼠标左键不放拖动鼠标，窗口的宽度和高度将被同时改变，如

图 1-10 所示。用户也可以在标题栏上单击鼠标右键，在弹出的快捷菜单中选择“大小”命令，当屏幕上出现十字箭头标志，并且在窗口的四周出现虚线时，使用键盘上的方向键可以改变窗口的大小。调整完毕后单击鼠标或按回车键结束操作。

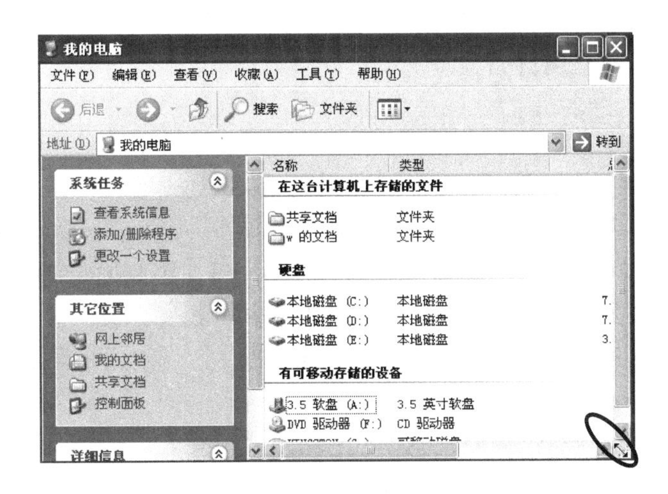

图 1-10　调整窗口大小

1.2.4　窗口的排列

当用户打开多个窗口时，为了方便窗口的操作可以对桌面上的窗口进行排列，系统提供三种窗口排列方式，用户可以针对不同的窗口操作选择不同的窗口排列方式。

将鼠标定位在任务栏的空白处，单击鼠标右键，出现如图 1-11 所示的快捷菜单。在菜单中用户可以选择窗口的不同排列方式。

工具栏(T)
层叠窗口(S)
横向平铺窗口(H)
纵向平铺窗口(E)
显示桌面(S)
任务管理器(K)
✔ 锁定任务栏(L)
属性(R)

图 1-11　任务栏快捷菜单

在快捷菜单中有“层叠窗口”、“横向平铺窗口”、“纵向平铺窗口”三种窗口排列方式，它们的功能如下：

- 层叠窗口：把所有的窗口从桌面的左上角，依次往右下角层叠。这种情况下，所有窗口的菜单栏都能看见，这对于用户选择窗口是比较方便有利的。只要用户用鼠标点击任何一个窗口的菜单栏，就可以使这个窗口成为当前的窗口。
- 横向平铺窗口：所有的窗口并排显示，并把桌面按照窗口的多少来平均分割。这种情况下，用户可以在各个窗口之间同时进行编辑，比较适合于两个窗口情况，对于多个窗口，就不太合适了。
- 纵向平铺窗口：和“横向平铺窗口”的性质类似，只是视觉效果不同而已。

注意：

在选择了“层叠窗口”或“平铺窗口”命令后，在图 1-11 所示的菜单中会显示出相应的“撤销层叠”或“撤销平铺”命令，选择它们可以撤销层叠或平铺窗口的操作。

1.3 Windows XP 的基本操作

用户要使用一个系统应首先了解这个系统，掌握其基本的操作，用户只有掌握了这些基本的操作才能把系统运用自如。

1.3.1 鼠标操作

在 Windows 图形界面环境中，鼠标是最常用的输入设备。因此，用户首先要掌握鼠标操作的技能。鼠标有左、右两键和左、中、右三键两种。Windows 通常只使用鼠标的左、右两键。在 Windows 中，由于大多数鼠标操作使用左键，因此把左键操作作为默认操作，若用右键操作，则要另作说明。鼠标操作的常用术语如下：

- 指向：移动鼠标，使鼠标指针停留在某对象上。一般用于激活对象或显示按钮的提示信息。
- 单击：按下鼠标左键然后释放，一般用于选中对象。
- 双击：连续两次快速按下鼠标左键然后释放，一般用于打开文件或文件夹等。
- 拖放：按下鼠标左键不放并拖动鼠标，把对象拖到另一个位置上。该操作用于改变对象位置或大小。
- 右击：按下鼠标右键然后释放，一般用于激活被选对象的快捷菜单或帮助提示。

在鼠标操作过程中，不同的状态下鼠标指针呈现不同的形状。以下列出一些主要的鼠标指针形状及其意义。

箭头，称为“移动标记”，随鼠标在屏幕上移动。

沙漏，称为“执行标记”，表示正在执行程序，要等待。

手示，称为“指向标记”，表示链接点位置。

I　I 字，称为“编辑标记”，作为文本编辑的插入点。

1.3.2 菜单操作

Windows XP 的菜单主要有下拉菜单和快捷菜单两种。下拉菜单是鼠标单击某菜单名而弹出的菜单，快捷菜单是鼠标右击某对象而弹出的菜单。

菜单是一组同一主题的相关命令的集合。Windows XP 窗口的菜单栏中包含“文件”、“编辑”、“查看”、“收藏”、“工具”、“帮助”等菜单，单击任一菜单名都会弹出相应的下拉菜单。例如，单击“我的电脑”窗口中的“查看”菜单，弹出“查看”下拉菜单，如图 1-12 所示。用户可以选择其中的命令进行各种操作。

1. 菜单中的约定

- 暗淡显示的命令：有时下拉菜单中某些命令呈暗淡显示，它表示在当前情况下，该命令无法使用；当满足一定的条件后，暗淡显示的命令变为正常显示，例如，当没有选定对象时，“编辑”菜单中的“剪切”和“复制”命令呈暗淡显示，一旦选定对象后，“剪切”和“复制”命令变成了正常显示。
- 带省略号的命令：如果某命令后紧跟着三个点“…”，则表示选择该命令后，将弹出一个与该命令相关的对话框，用户需要在对话框中作进一步的选择或设置。

■ 带选中标志的命令：有些命令类似电子开关，单击该命令，则显示选中标志“√”或“●”，表明该命令处于有效状态，其中有“√”标志的是复选项，有“●”标志的是单选项；反之，如果命令前已有“√”或“●”标志，单击则使其处于无效状态。

■ 带级联标志的命令：这类命令的右边有一个实心三角形“▸”。鼠标指针指向该命令时，将弹出该命令的下一级子菜单。例如，在“我的电脑”窗口中，当鼠标指针指向“查看”下拉菜单中的“排列图标”命令时，弹出“排列图标”命令的子菜单。

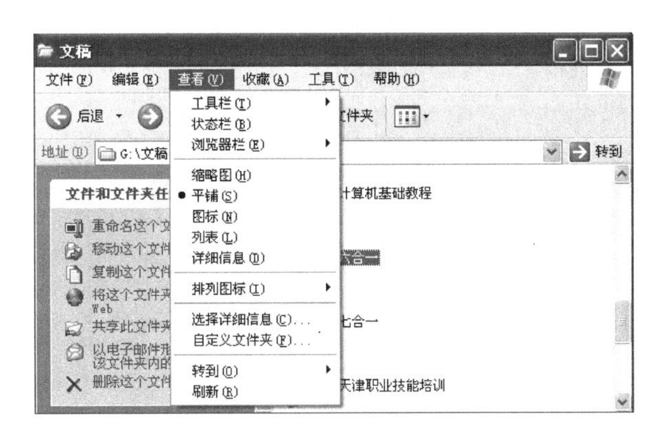

图 1-12　“查看”下拉菜单

2. 下拉菜单的操作

在使用下拉菜单中的命令时首先要激活下拉菜单，激活下拉菜单常用以下两种方法：

■ 用鼠标单击菜单栏中菜单名。

■ 菜单名后的括号中有一带下划线的字母，该字母称作“命令字”。按“Alt+命令字”也可以激活下拉菜单。

在执行下拉菜单中的命令时有以下三种方法：

■ 用鼠标直接单击要执行的命令。

■ 用键盘上的方向键选择命令，然后按回车键执行。

■ 直接键入命令后括号中带下划线的“命令字”。

在激活下拉菜单后，如不想选取命令而撤销菜单，有如下两种方法：

■ 用鼠标单击下拉菜单之外的任意空白处。

■ 按 Esc 键。

1.3.3　对话框

按照约定，当在菜单中选择后面带有后缀“...”的命令时会出现一个对话框，它提供了更多的选项、提示信息，用户可以在对话框中进行更加详细的设置。

对话框通常包含标题栏、选项卡、复选框、单选按钮、文本框、列表框等。对话框中的标题栏同窗口中的标题栏相似，给出了对话框的名字和关闭按钮。拖动标题栏可以在屏幕上移动对话框的位置。对话框中的选项呈黑色表示为可用选项，呈灰色时表示为不可用选项。下面以图 1-13 所示的“字体”对话框为例简单介绍一下对话框的组成。

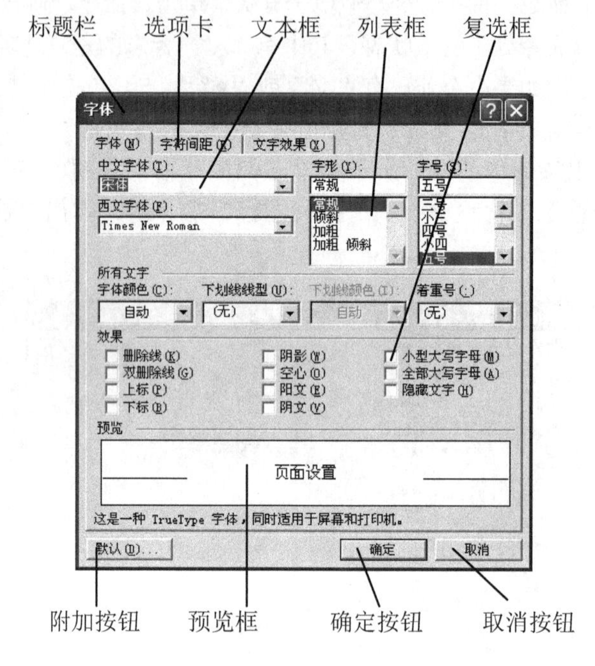

图 1-13 对话框示例

1. 选项卡

对话框中的选项设置可能会很多，选项卡则是对对话框中功能的进一步分类，它将对话框中的选项设置分为不同的子功能放在一个选项卡页面中。如果用户希望设置不同的子功能，可以单击该类别的选项卡进入相应的页面进行设置。

2. 文本框

文本框可以接受输入的信息。有的文本框含有下拉箭头，用户可以单击下拉箭头，在弹出的下拉列表中选择可用的文本信息，当然也可在文本框中直接输入文本信息；有的文本框含有微调按钮，用户可以单击微调按钮改变文本框中的数值，或者直接在文本框中输入数值；有的文本框是一个空白的方框，用户可直接在框中输入文本信息。

3. 列表框

列表框同文本框类似，但是用户不能在列表框中输入信息。列表框将所有的选项显示在列表中，用户可以选择自己所需的选项。

4. 复选项和单选项

对话框中的选项按钮分为单选项和复选项两种类型。

- 复选框：复选项一般成组出现，在选取时用户可以一次选中多个复选框，被选中的复选框中将出现对号，再单击一次可取消选择。
- 单选按钮：单选项一般情况下也成组出现，在选取时用户一次只能选中一个单选按钮，当一个单选按钮被选中后，同组的其他单选按钮将自动被取消选择，被选中的单选按钮中出现一个圆点。

5. 一般按钮和附加按钮

一般按钮包括各种立即执行的命令按钮，最常用的如下。

- 确定按钮：在对话框中对各种选项设定完毕后单击“确定”按钮可关闭对话框，并执行在对话框中的设定。
- 取消按钮：单击“取消”按钮可关闭对话框，并取消在该对话框中的设定。在有些情况下当执行了某些不能取消的操作后，“取消”按钮变为“关闭”按钮。单击“关闭”按钮可关闭对话框，但设定被执行。
- 附加按钮：它的作用与带有后缀“...”的命令类似，单击它将打开另一个对话框，用户可以对该命令进行进一步设置。

6. 预览框

利用预览框，用户可以观察设定的效果。

1.3.4 退出 Windows XP

当用户使用完计算机后，应正确地将其关闭。在“开始”菜单中选择“关闭计算机”命令，打开如图 1-14 所示的对话框。

在对话框中用户可以对计算机进行如下操作：

- 单击“待机”按钮，显示器和硬盘将关闭，但用户正在处理的信息存储在内存中，这样用户很快就可以从停止处恢复，继续处理这些信息。
- 单击“关闭”按钮，系统将停止运行，保存当前的设置并自动关闭电源。
- 单击“重新启动”按钮，计算机将关闭并重新启动。

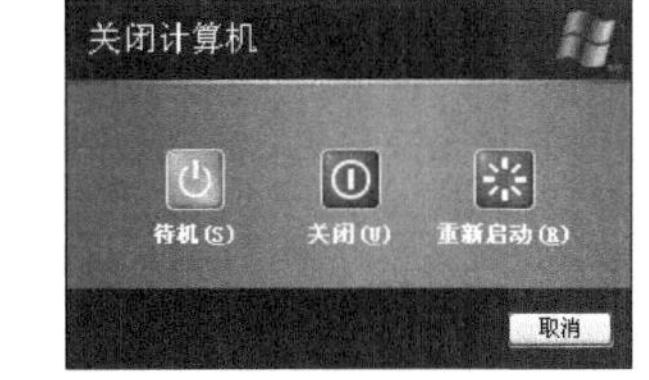

图 1-14　“关闭计算机”对话框

1.4 文件和文件夹的管理

文件是指储存在磁盘上的一组相关信息的集合。为了区分不同信息的文件，每个文件都有各自的名字，叫文件名。文件的命名一般由主名和扩展名组成，主名表示文件名的内容，扩展名表示文件的类型。为了方便文件的管理，又出现了文件夹的概念。文件夹是存放其他文件夹和各种类型文件的容器，除桌面、回收站、“我的电脑”、“网上邻居”以及各个驱动器使用象形图标外，文件夹基本上具有统一的图标，主要用于对文件和文件夹分层分类组织管理。

1.4.1 文件的类型和属性

在学习管理文件和文件夹的知识之前，用户应首先了解一下有关文件和文件夹的概念，只有清楚它们之间的关系才能更好地进行文件的管理。

1．文件

文件是计算机存储数据、程序或文字资料的基本单位，是一组相关信息的集合。文件在计算机中是采用“文件名”来进行识别的。

文件名一般由文件名称和扩展名两部分组成，这两部分由一个点隔开。在 Windows 图形方式的操作系统下，文件名称由 1~255 个字符组成（即支持长文件名），而扩展名由 1~3 个字符组成。

在文件名中禁止使用一些特殊字符，如表 1-1 所示，如果在文件名中使用了这些特殊符号，将会使系统不能正确辨别文件而导致错误。在 Windows 操作系统下扩展名表示文件类型，表 1-2 列出了常见的扩展名对应的文件类型。另外，在 Windows 操作系统中也用文件图标来区分不同类型的文件。

表 1-1　在文件名中不能使用的特殊符号

点（ . ）	引号（“、‘）
斜线（ / ）	冒号（ : ）
反斜杠（ \ ）	逗号（ , ）
垂直线（ | ）	星号（ * ）
等号（ = ）	分号（ ; ）

表 1-2　常见的扩展名对应的文件类型

扩展名	文件类型	扩展名	文件类型
COM	命令程序文件	DOC	Word 文档
EXE	可执行文件	BMP	位图文件
BAT	批处理文件	HLP	帮助文件
SYS	系统文件	INF	安装信息文件
TXT	文本文件	XLS	电子表格文件
DBF	数据库文件	TXT	文本文件
BAK	备份文件		

从大的方面来说，文件可以分为两种：程序文件和非程序文件。当用户选中程序文件，用鼠标双击或按下回车键后，计算机就会打开程序文件，而打开程序文件的方式就是运行它。当用户选中非程序文件，用鼠标双击或按下回车键后，计算机也会试图打开它，而这个打开方式就是用特定的程序去打开它。用什么特定程序来打开，则决定于这个文件的类型。

2．文件夹

文件夹是文件的集合，即把相关的文件存储在同一个文件夹中，它是计算机系统组织和管理文件的一种形式。在 DOS 方式下叫做目录。树状结构的文件夹是目前微型计算机操作系统的流行文件管理模式。由于它的结构层次分明，容易被人们理解，只要用户明白它的基本概念，就可以熟练使用它。文件夹按层次结构可以分为根文件夹和子文件夹。

当准备开始向磁盘或软盘中存储文件时，一个被称为根文件夹的文件夹便被自动建立起来。在软盘上，由于容量小储存的信息比较少，所以软盘上的根文件夹往往是用户需要的仅有的文件夹。在硬盘驱动器上，由于硬盘的容量比较大储存的信息也比较多，所以只建立根文件夹使之容纳所有存储在该磁盘上的文件是不够的。根文件夹能容纳的文件数是有限的，当文件数目增多时，把它们放置在一个平行的文件夹结构内也是不可能的。正因为如此，系统允许用户创建层次文件夹结构，允许用户对系统中的每一个磁盘或磁盘分区建立一个层次文件夹。

从根文件夹中建立的文件夹称为子文件夹，子文件夹中也可以再包含下一级子文件夹。如果在结构上加了许多子文件夹，它便成为一个倒过来的树的形状，这种结构称为目录树，也叫做多级文件夹结构。文件可以建立在该多级文件夹结构的任何地方。

3. 驱动器

在所有的微型计算机上，磁盘是通过相对应的通道或“驱动器”进行存取的。在用户的计算机范围内，驱动器由字母和后续的冒号来标定。

一般情况下，第一个驱动器都是软盘驱动器，用 A：表示。主硬盘通常被称为 C 驱动器。

如果用户有多个硬盘分区，每个驱动器的编号由其固有的编号顺序给出，从而使它可以像一个单独的驱动器那样被访问。

一般情况下，光驱驱动器应由物理驱动器之后的第一个字母给出，如 G:。图 1-15 显示了磁盘驱动器的情况。

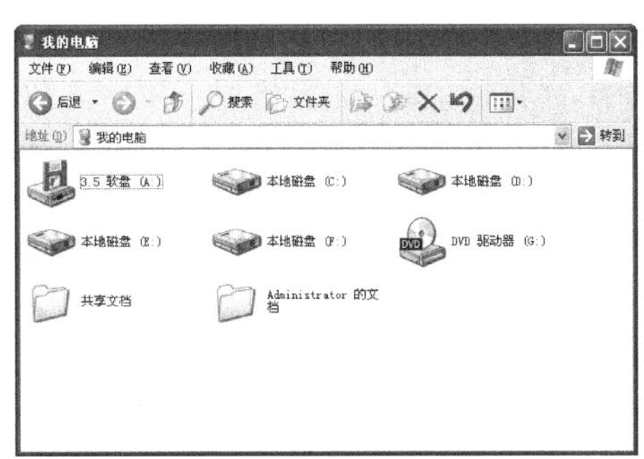

图 1-15　磁盘驱动器

1.4.2　选定文件或文件夹

在对文件或文件夹进行重命名、移动、删除等操作时首先应选定文件或文件夹。

如果要选定一个文件或文件夹，在该文件或文件夹上单击鼠标即可，如果要选定多个文件或文件夹，可在空白处按住鼠标左键不放，拖动鼠标，这时会出现一个虚线框，用虚线框圈定的文件则被全部选中，如图 1-16 所示，不过使用这种方法只能选择相邻的多个文件或文件夹。

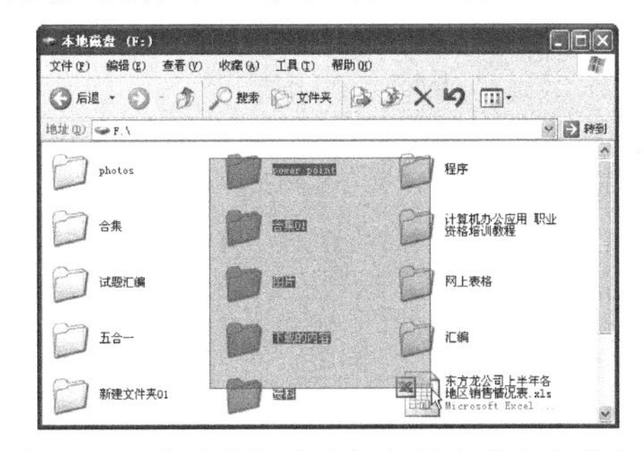

图 1-16　拖动鼠标选中相邻的文件和文件夹

还可以使用鼠标和键盘相结合的方法选中文件或文件夹，尤其适合想选中不相邻的文件或文件夹的情况。

- 用鼠标选定第一个文件，按住 Shift 键，单击最后一个文件，这样从第一个文件到最后一个文件之间的所有文件都将被选中。
- 用鼠标选定一个或多个相邻的文件或文件夹，按住 Ctrl 键，单击另外的文件或文件夹，所有被单击的文件或文件夹将被同时选中。

■ 如果要选择窗口中所有的文件，执行“编辑”|“全部选定”命令，或者使用快捷健 Ctrl+A，就可以把窗口中的文件或文件夹全部选中。

1.4.3 重命名文件或文件夹

用户可根据自己的需要，更改文件或文件夹的名字。重命名文件或文件夹的具体步骤如下：

（1）在窗口中选定要重命名的文件或文件夹。

（2）单击“文件”|“重命名”命令，或在需要重命名的文件和文件夹上单击鼠标右键，在弹出的快捷菜单中选择“重命名”命令，则选定的文件或文件夹名字进入编辑状态。

（3）键入新的名称，按回车键或单击任意位置，新名称即可生效。

此外，选定要重命名的文件或文件夹，然后单击文件或文件夹的名字进入编辑状态，此时直接键入新名字，按 Enter 键或单击任意位置，也可实现文件或文件夹的重命名。

如果新文件名与当前文件夹中的某个文件同名，将打开重命名警告对话框，如图 1-17 所示，此时必须更换文件名。

图 1-17 重命名警告对话框

注意：

不要将系统文件（如：*.SYS）改名，否则，系统可能无法启动或发生执行错误。文件名的后缀不要随意改动，否则在打开程序时会出现错误。

1.4.4 移动和复制文件或文件夹

每个文件和文件夹都有它们的存放位置。复制指的是在不删除当前文件的前提下，做一个原文件的备份，放在另外一个位置；而移动文件，则是将当前的文件放到另外一个目录下，当前目录下则不再有这些文件。

当要执行复制操作时，先选定要复制的文件或文件夹，然后单击该文件或文件夹所在窗口的“编辑”菜单，在菜单中选择“复制”命令，将该文件或文件夹暂时存在剪贴板上，接着切换到想存储此文件或文件夹的位置窗口，打开“编辑”菜单，选择“粘贴”命令，该文件或文件夹便被复制到新的位置。如果要移动文件或文件夹则可单击“编辑”|“剪切”命令，然后再执行粘贴的操作即可。

在“编辑”菜单中如果选择“移动到文件夹”命令，则打开如图 1-18 所示的“移动项目”对话框。在对话框中选择文件将要移至的文件夹，单击“确定”按钮，被选定的文件将被移至新的文件夹。选择“复制到文件夹”命令，也打开类似的对话框，不过这种操作是将文件复制到新的文件夹中。

如果在复制或移动的过程中打开“确认文件替换”对话框，如图 1-19 所示，那么说明在复制或移动的目标文件夹中已经有了与用户正在复制或移动的文件或文件夹同名的文件或文件夹，这时就需要小心地选择是否继续。单击“是”按钮，就会用新的文件覆盖原来的文件；单击“否”按钮将放弃复制或移动。如果一次移动或复制了多个文件并要全部替换目标文件夹中的文件，可以单击“全部”按钮。

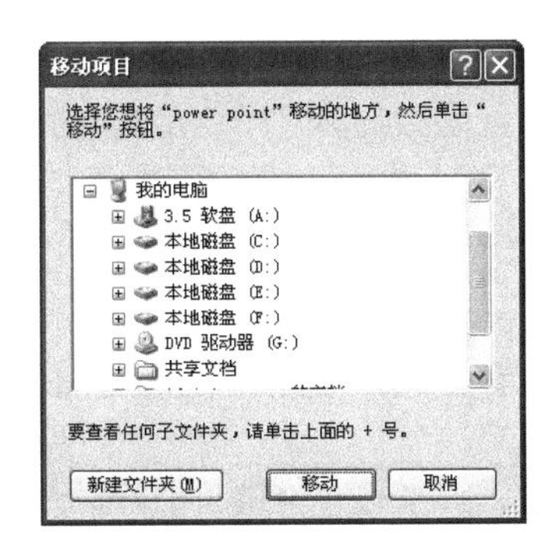

图 1-18 "移动项目"对话框

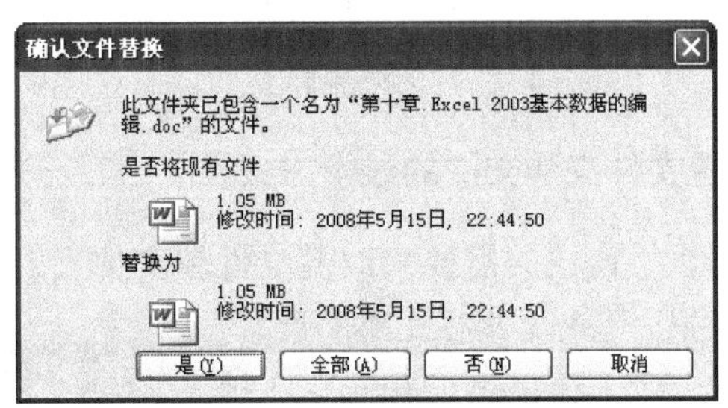

图 1-19 "确认文件替换"对话框

提示：

用户也可用快捷键进行文件复制。选定要复制的文件，按 Ctrl+C 组合键，然后打开文件将要复制到的文件夹，按 Ctrl+V 组合键，文件将被复制到打开的文件夹中。使用快捷菜单也可快速复制，在文件上单击鼠标右键，在快捷菜单中选择"复制"命令，然后打开文件将要复制到的文件夹，在空白处单击鼠标右键，在快捷菜单中选择"粘贴"命令。

1.4.5 创建文件夹

文件夹通过为创建和存储的文件提供逻辑位置，提供了组织磁盘上文件的有效方法。将创建的文件夹分类，然后将文件保存在最合适的文件夹中，用户可以将文件从其他位置移动到新建的文件夹中，甚至可以在文件夹中创建文件夹。

用户几乎可以从 Windows XP 的任何地方创建文件夹，Windows XP 将新建的文件夹放在当前位置。创建新文件夹的具体步骤如下：

（1）首先在计算机的驱动器或文件夹中找到要创建文件夹的位置。

（2）在窗口的空白处单击鼠标右健，打开快捷菜单，在快捷菜单中单击"新建"命令，打开如图 1-20 所示的菜单。

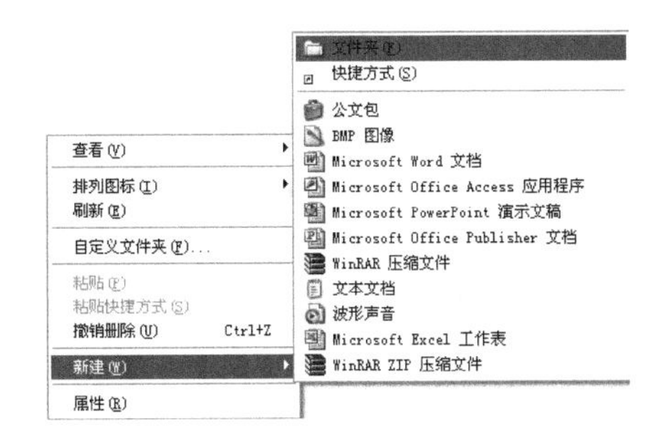

图 1-20 "新建"子菜单

（3）在"新建"子菜单中单击"文件夹"命令。

（4）此时在窗口中增加了一个名字为"新建文件夹"的新文件夹，名称框呈亮蓝色，用户可以对它的名字进行更改。

（5）输入文件夹的名称，在窗口中的其他位置单击鼠标，完成文件夹的建立。

如果当前文件夹窗口中已经有了一个新建文件夹且未改名，则再次新建的文件夹将命名为“新建文件夹（1）”，依此类推。

1.4.6 设置文件夹和文件的显示方式

用户可以按自己的需要来改变文件和文件夹的查看方式，使用不同的查看方式可以收到不同的效果。单击工具栏上的“查看”按钮会出现一个下拉菜单，如图 1-21 所示。在菜单中列出了 Windows XP 提供的五种查看方式：缩略图、平铺、图标、列表和详细信息。

图 1-21 查看菜单

选中“缩略图”查看方式，用户不仅可以看到当前位置中的图像文件，还可以看到文件夹内部的图像文件的缩略图。在缩略图中对于图像文件直接显示缩略图，对于下一级文件夹中包含的图像文件也以缩略图的形式显示出来。

“详细信息”查看方式是详细列出每一个文件和文件夹的具体信息，包括大小、修改日期和文件类型。“图标”查看方式则是以图标的形式显示文件和文件夹。“平铺”和“列表”两种查看方式则是按行和列的顺序放置文件和文件夹。

1.4.7 设置文件夹和文件的排列顺序

为了方便对文件和文件夹的浏览，用户可以使用不同的排列方式对文件和文件夹图标进行排列。在“我的电脑”中选择“查看”菜单中的“排列图标”命令，出现一个子菜单，如图 1-22 所示。

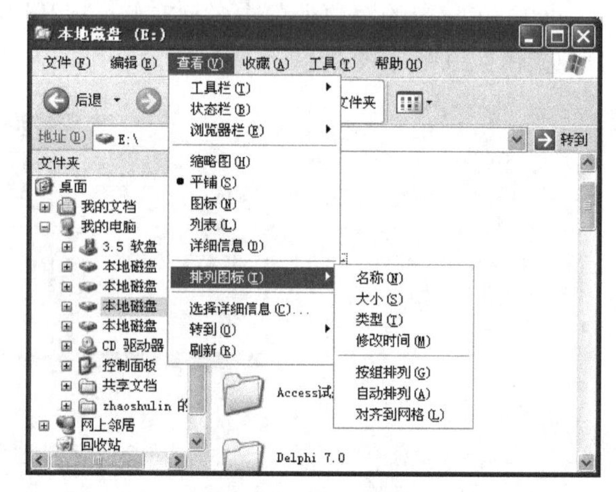

图 1-22 选择文件和文件夹的排列方式

在 Windows XP 中提供了七种图标排列方式：“名称”、“大小”、“类型”、“修改时间”、“按组排列”、“自动排列”和“对齐到网格”。这些排列方式对于用户查找文件是很有帮助的。如果用户选择了按“名称”排列，则系统自动按文件与文件夹名称的首写字母顺序排列图标；如果选择按“大小”排列，则系统自动按文件由小到大的顺序排列；如果选择按“类型”排列，则系统自动根据文件的后缀进行排列；如果选择按照“修改时间”排列，则系统自动根据各个文件修改的时间进行排列。

在选择按照“名称”、“大小”、“类型”和“修改时间”排列的同时，还可以更进一步选择按照该种排列方式下的具体显示方法，是“按组排列”、“自动排列”或“对齐到网格”。

用鼠标右击“我的电脑”窗口右窗格的空白处，弹出快捷菜单，将鼠标指针指向快捷菜单中的“排列图标”命令，也会弹出“排列图标”菜单，用户可单击其中的任意一个有效命令，都可以对文件夹和文件进行排序。

如果文件夹和文件以“详细信息”方式显示，在顶端将会出现“名称”、“大小”、“类型”、“修改时间”按钮，单击其中任一按钮，右窗格内的文件夹和文件就会根据该按钮的含义（名称、大小、类型、修改时间）按升序或者降序排列。

1.4.8　删除文件与文件夹

在管理文件或文件夹时为了节省磁盘空间，用户可以将不再使用的文件或文件夹删除。删除文件或文件夹的具体步骤如下。

（1）选定要删除的一个或多个文件。

（2）单击“文件”|“删除”命令或直接按下键盘上的 Delete 键，出现“确认文件删除”的消息对话框。

（3）如果要删除可单击“是”按钮，如果不打算删除则单击“否”按钮来取消操作。

注意：

在 Windows XP 中的这种删除并不是将文件真正的删除，只是将它们放到了回收站中。另外，不要随意删除系统文件或其他重要程序中的主文件，一旦删除了这些重要文件可能导致程序无法运行或系统出故障。

1.4.9　利用回收站管理文件和文件夹

用户在执行一般的删除操作时只是逻辑上删除了文件或文件夹，物理上这些文件或文件夹仍保留在回收站中。用户可以使用回收站对被逻辑删除的文件进行管理。

图 1-23　回收站窗口

1．恢复文件或文件夹

被放入到回收站中的项目可以被恢复到原来的位置，这样当用户在执行错误的删除后还有改正的机会，避免给自己的工作造成影响。

恢复被删除文件或文件夹的具体步骤如下：

（1）在桌面上双击“回收站”图标，打开“回收站”窗口，如图 1-23 所示。

（2）在窗口中选中要恢复的文件或文件夹。

（3）在“回收站任务”区域单击“还原此项目”选项，或者单击“文件”|“还原”

命令，即可将被选中的文件或文件夹恢复到原来的位置上。

2. 永久删除文件或文件夹

为了释放回收站的空间，便于回收站的管理，用户可以将一些确实无用的项目从回收站中永久删除。永久删除文件或文件夹的具体步骤如下：

（1）在回收站中选中要永久删除的文件或文件夹。

（2）单击“文件”|“删除”命令或直接按 Delete 键，则选中的文件被永久删除。

如果要把回收站中的所有项目都删除，可以在“回收站”窗口中单击“文件”|“清空回收站”命令，则回收站中的所有项目均被删除。

注意：

在资源管理器或“我的电脑”窗口中，如果在执行删除操作命令的同时按住 Shift 键，则被删除的项目不会被放到回收站中，而是将被永久删除。

1.4.10 查找文件和文件夹

有时用户需要在计算机磁盘中查找某个文件或文件夹，却不知道它在计算机中的具体位置，此时，最好的方法就是利用计算机操作系统中的查找功能，查找需要的文件或文件夹。

查找文件的具体步骤如下：

（1）在“开始”菜单中选择“搜索”命令，将会打开“搜索结果”窗口，在对话框的左侧给出了搜索提示。

（2）单击“所有文件和文件夹”，进入下一个提示窗口，如图 1-24 所示。

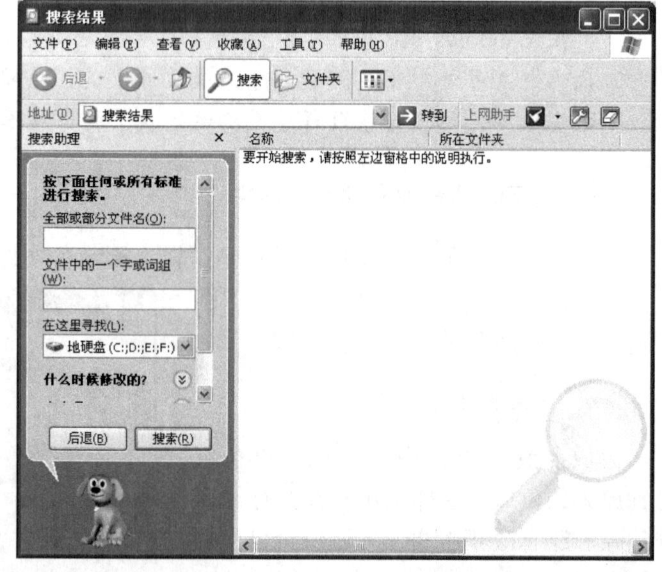

图 1-24 搜索“所有文件和文件夹”对话框

（3）在“全部或部分文件名”文本框中输入要查找的文件或文件夹的名称。如果用户不知道文件的全名，可以输入文件名的一部分，计算机会根据用户提供的字符查找具有相同的字符串，比如输入字符串“xp”，那么系统将查找文件名或者文件夹名中含有“xp”的所有符合的对象；如果用户要查找某一种类型的所有文件，比如用户要查找所有的后缀名称为“xls”的电子表格文件，则可以输入“*.xls”，这里的符号“*”用来代替任意长的字符串。

（4）如果用户不知道文件的名称，但是知道文件里面含有的字符或词组，则可以在“文件中的一个字或词组”文本框中填入该字符或词组，但这种方法将耗费大量的搜索时间。

（5）用户可以在“在这里寻找”的下拉列表框中选择要查找文件所在的大致区域。当然，用户给出的区域应尽量详细。

（6）提示中系统还提供了“什么时候修改的”、“大小是”和“更多的高级选项”，在这些选项中用户还可以设置一些关于搜索的具体信息。

（7）单击“搜索”按钮，系统则将开始搜索。

当搜索完成之后，将在右侧的窗口中列出查找出的符合搜索条件的文件和文件夹，用户从中找出自己需要的文件即可。

1.5　运行应用程序

1.5.1　在“开始”菜单中启动

通常情况下，当用户需要应用某个应用程序时应先把它安装在计算机上。安装后的程序都会在“开始”菜单中列出，所以用户在“开始”菜单中找到程序所在的位置单击它即可将其启动。

在“开始”菜单中启动应用程序的具体步骤如下：

（1）单击“开始”菜单，将鼠标指向“所有程序”命令，即打开一个子菜单。

（2）在子菜单中列出了程序项和其他的子菜单，里面包含了大部分已安装的软件和应用程序的快捷方式。

（3）找到要运行程序的快捷方式，单击该程序的快捷方式即可启动应用程序。

1.5.2　使用桌面图标启动

有一些应用程序在安装时会自动在桌面生成该程序的快捷方式，使用鼠标直接双击快捷方式即可启动相应的程序。

并不是所有的应用程序在安装时都会在桌面上创建快捷方式，对于一些常用的程序，用户可以在桌面上为其添加快捷方式以方便程序的启动。

例如，要创建应用程序 Microsoft Office Word 2003 的桌面快捷方式，其具体步骤如下：

（1）单击“开始”菜单，在“开始”菜单的“所有程序”子菜单中找到“Microsoft Office Word 2003”程序项。

（2）在该程序项上单击鼠标右键，打开一个快捷菜单，如图 1-25 所示。

（3）在快捷菜单中单击“发送到”|“桌面快捷方式”命令，即可在桌面上创建一个 Microsoft Office Word 2003 的快捷方式图标。

图 1-25　创建桌面快捷方式

1.6 设置显示属性

使用系统提供的“显示”选项，用户可以选择桌面主题，自定义桌面，并修改显示设置。用户可以为监视器指定颜色设置，更改屏幕分辨率以及设置刷新频率。如果用户使用多个监视器，还可以为每个显示指定单独的设置。

1.6.1 设置桌面背景

默认情况下，系统的桌面背景是蓝天白云，用户可以选择一幅自己喜爱的图片或更为绚丽的图案作为桌面背景。

设置桌面背景的具体方法如下：

（1）在桌面的空白处单击鼠标右键，在弹出的快捷菜单中选择“属性”命令，出现“显示 属性”对话框。

（2）在对话框中选择“桌面”选项卡，如图 1-26 所示。

（3）在“背景”列表中选择一个背景图片，在上方可以预览到该背景图片效果。

（4）如果用户选择的背景图片不在列表中，可以单击“浏览”按钮，打开“浏览”对话框选择背景图片。

（5）在“位置”下拉列表中选择背景图片在桌面的显示方式：平铺、居中或拉伸。

（6）单击“确定”按钮，在桌面上可看到背景效果的改变。

注意：

如果所选背景图片的尺寸符合桌面尺寸，那么在“位置”下拉列表中选择的选项将毫无意义。只有在背景图片的尺寸大于或小于桌面尺寸时，在“位置”下拉列表中的选项才能体现出具体的效果。

图 1-26 设置桌面背景

1.6.2 排列桌面图标

如果用户桌面上的图标较多，用户应合理地安排它们的排列顺序，使桌面看起来更加整洁美观且方便操作。

在桌面上的空白处单击鼠标右键，出现一个快捷菜单，选择“排列图标”命令，将出现一个子菜单，如图 1-27 所示。

在菜单中如果取消“显示桌面图标”命令的选中状态，则桌面的图标会消失。如果用户取消“自动排列”命令的选中状态，则可以使用鼠标拖动图标将图标放在桌面的任意位置。在选中“自动排列”命令后，用户可以选择排列图标的具体方式，按名称、大小、类型或修改时间进行排列。

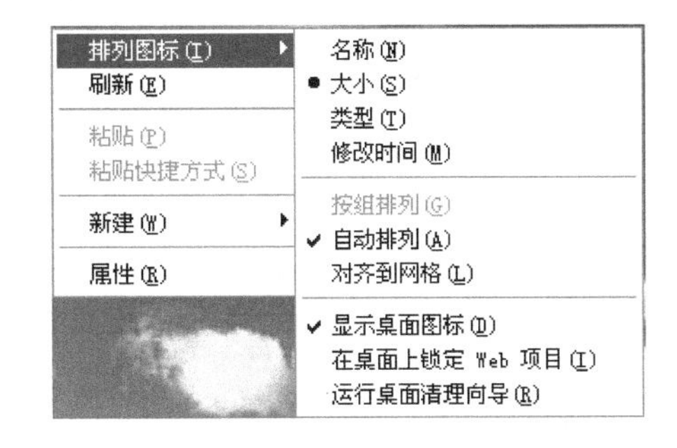

图 1-27　排列图标菜单

1.6.3　设置屏幕保护程序

因为计算机屏幕上的图像是通过电子束打在荧光屏上产生的，若一个亮点长时间在屏幕上某一处显示，则该点容易老化；而整个屏幕长时间显示固定不变的画面，则老化程度就不均匀，影响显示器的寿命。屏幕保护就是通过图形不断变化来减少这种损害。

设置屏幕保护程序的具体步骤如下：

（1）在桌面的空白处单击鼠标右键，在打开的快捷菜单中选择“属性”命令，在打开的“显示 属性”对话框中单击“屏幕保护程序”选项卡，如图1-28所示。

（2）在“屏幕保护程序”下拉列表中选择一种屏幕保护程序，如选择“三维文字”。

（3）用户还可以对选定的屏幕保护程序进行设置，单击“设置”按钮，打开“三维文字设置”对话框，如图1-29所示。

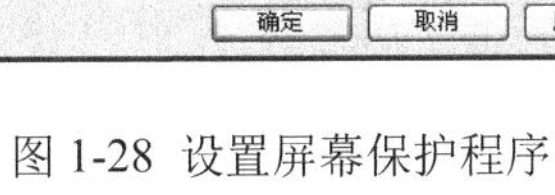

图 1-28 设置屏幕保护程序

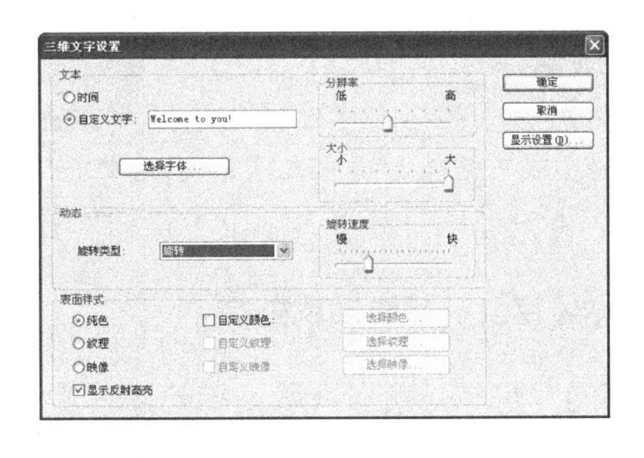

图 1-29　“三维文字设置”对话框

（4）选中“自定义文字”单选按钮，并在后面的文本框中输入“Welcome to you!”。在“动态”区域的“旋转类型”下拉列表中选择一种旋转类型，如选择“旋转”，单击“确定”按钮，返回到“显示 属性”对话框。

（5）在“等待”文本框中输入时间，在该段时间内，如果没有对计算机进行操作，屏幕保护程序就会自动运行。用户可以在输入框中输入时间值，或者单击它旁边的微调按钮来选择时间。时间的单位为分钟，最小反应时间为1分钟，系统默认为10分钟。

（6）设置完毕，单击“确定”按钮使设置生效。

注意：

如果在“显示属性”对话框中设置屏幕保护程序后，选中“在恢复时使用密码保护”复选框，则在返回原来的屏幕时会打开“解除计算机锁定”对话框，在对话框中只有输入用户的密码才能返回原来的屏幕。

1.6.4 改变外观

在Windows XP中，桌面和窗口的外观都是可以改变的。设置桌面外观的具体步骤如下：

（1）在桌面上单击鼠标右键，在快捷菜单中选择“属性”命令，在打开的“显示 属性”对话框中单击“外观”选项卡，如图 1-30 所示。

（2）在“色彩方案”下拉列表框中有多种外观方案，如 Windows 经典、紫色、绿色等。选中一种方案后，在预览窗口将显示所选方案的情况，用户可根据喜好选择方案。

（3）单击“高级”按钮，打开“高级外观”对话框，在“项目”下拉列表框中列出了一些项目的外观，如桌面、图标、消息框、窗口等。在选定一种方案后，则所有的项目都有该方案给定的颜色或大小，如对给出的方案设置不满意，可以对项目的外观重新设置：在“项目”下拉列表中选择要更改的项目，然后在右侧对它的颜色或大小进行设置。

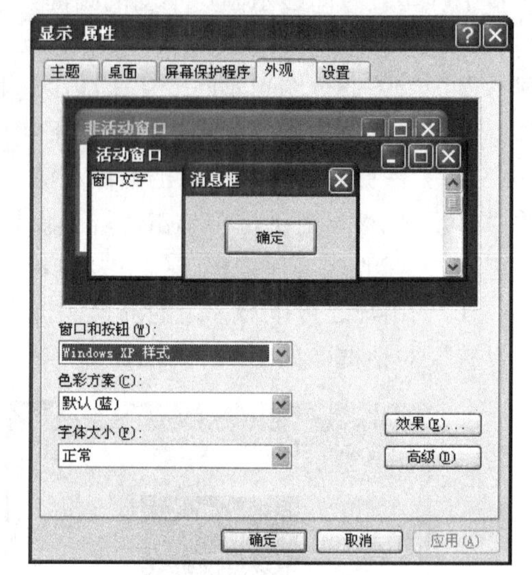

图 1-30 改变桌面和窗口外观

（4）对于一些存在字体的项目还可以对字体的“大小”、“字体”、“颜色”、“效果”等进行设置。

（5）设置完毕，单击“确定”按钮。

1.6.5 设置屏幕分辨率和刷新频率

屏幕的分辨率是指屏幕所支持的像素的多少，它决定了屏幕上显示内容的多少。刷新频率是指显示器的刷新速度，刷新频率低，刷新速度会较慢，这会使屏幕产生闪烁感，容易使人的眼睛疲劳。

1. 设置屏幕分辨率

设置屏幕分辨率的具体步骤如下：

（1）在桌面上单击鼠标右键，在快捷菜单中单击“属性”命令，在打开的“显示 属性”对话框中单击“设置”选项卡，如图 1-31 所示。

（2）在“屏幕分辨率”选项区域中使用鼠标拖动滑块可以改变屏幕的分辨率。

（3）在“颜色质量”下拉列表中，用户可以选择所需要的颜色数目。

（4）设置完毕，单击“确定”按钮，此时打开“监视器设置”对话框，如图 1-32 所示。

（5）在该对话框中如果单击“是”按钮，则保留用户所作的设置，单击“否”按钮，则取消用户所作的设置。

图 1-31　设置屏幕分辨率

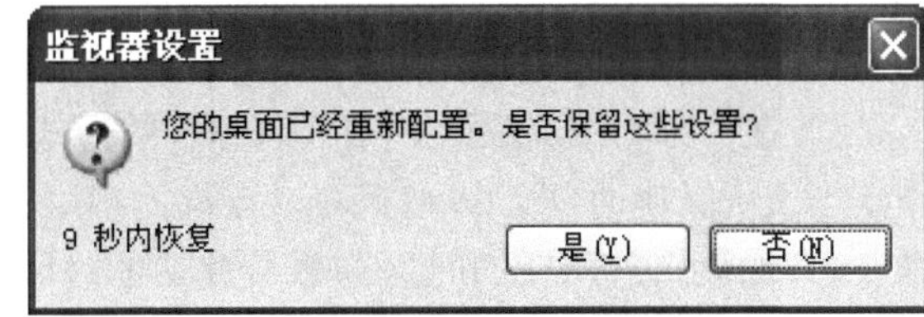

图 1-32　“监视器设置”对话框

注意：

使用的分辨率越高，使用的色彩越多，对系统和硬件的要求也就越高。能否使用某种分辨率和使用多少颜色，要看显示器和显示适配器能否同时支持该分辨率、颜色的数量。

2. 设置刷新频率

如果用户在观看屏幕时，感到有闪烁的现象，这可能是由于屏幕的刷新频率太低造成的，此时用户可以调整屏幕的刷新频率。调整刷新频率的具体步骤如下：

（1）在“显示 属性”对话框中的“设置”选项卡中单击“高级”按钮，打开“即插即用监视器”对话框。

（2）在对话框中单击“监视器”选项卡，如图 1-33 所示。

（3）在“屏幕刷新频率”的下拉列表中选择合适的刷新频率。

（4）单击“确定”按钮打开“监视器设置”对话框。

（5）单击“是”按钮，返回“显示 属性”对话框，单击“确定”按钮。

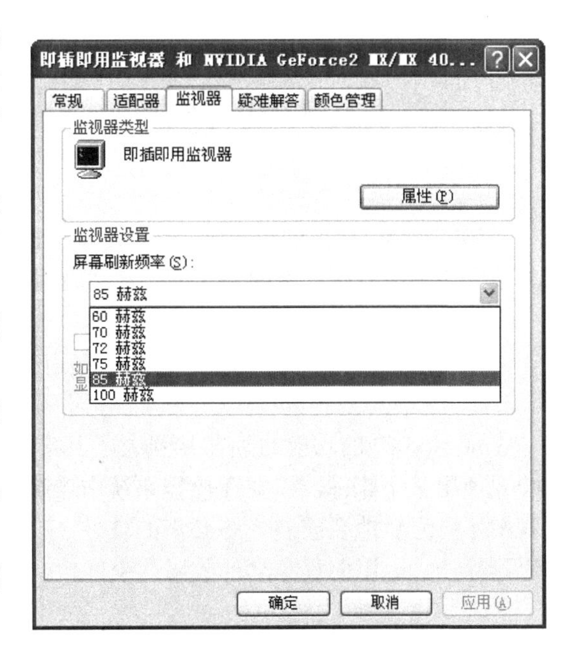

图 1-33　设置刷新频率

1.7 设置日期和时间

在 Windows XP 中，系统会自动为存档文件标上日期和时间，以供用户检索和查询。在用户向其他计算机发送电子邮件时，系统也将在邮件中标上本机所设置的日期和时间。在 Windows XP 任务栏右侧显示了当前系统的时间，用户可以更改系统的时间和日期，例如，在 CIH 病毒发作日——4 月 26 日这一天，用户可以改变系统的日期来避免病毒的发作，等过了危险日用户再把系统日期调整正确。

设置系统日期和时间的具体步骤如下：

（1）双击任务栏右侧的时钟图标打开“日期和时间 属性”对话框，如图 1-34 所示。

（2）在“日期”选项区域中，用户可以设置当前日期，分别指定年月日。

（3）在“时间”选项区域中，以钟表的形式显示了系统时间，在其下的输入框中，可以指定当天的准确时间，从左至右，依次为小时、分、秒。

（4）如果用户所在的时区与系统默认的时区不一致，可在“日期和时间 属性”对话框中单击“时区”选项卡，如图 1-35 所示。

图 1-34 设置日期和时间

图 1-35 设置时区

（5）在“时区”选项卡中，用户可以根据所在的具体位置在“时区”下拉列表框中选择本地区所属的时区，中国用户应选择“北京，重庆，香港特别行政区，乌鲁木齐”选项。

1.8 应用程序的安装和删除

Windows XP 的功能的确非常强大，但实际上它只是为应用程序提供了一个操作平台，用户要使用某个软件，需要在操作系统中安装后才能够使用，因此，用户在使用计算机的过程中不可避免地要安装一些必需的软件。在计算机的存储空间不够大的情况下，用户也可以删除一些无用的程序来释放磁盘空间。

1.8.1 应用程序的安装

一般情况下，大部分应用软件的安装过程都是大致相同的。有些较大型的软件，如 3ds max、Visual C++等，它们的安装过程需要较多的步骤，相对来说会比较繁琐，用户应该比较清楚每一步的作用和注意事项；而很多中小型软件，如办公软件、Windows 管理软件等，它们的安装过程就相对简单得多。

一般情况下，应用软件的安装有两种方式。一种是从光盘直接安装，当把某个应用程序的安装盘放到光驱中后系统会自动启动安装程序。另一种是通过双击相应的安装图标，一般名称为 setup.exe，双击这样的安装图标可以启动安装程序。另外，还有些程序通过双击本应用软件的图标就可启动安装程序。

一般情况下在启动安装程序后，会出现安装向导，用户可以按照向导提示一步一步地进行操作。在安装过程中，用户只要能够理解向导中每一步骤的安装作用，正确设置其中的选项，那么一定可以顺利地将所需要的应用软件安装成功。在安装成功后计算机会给出提示，表示安装成功，有些软件在安装成功后需要重启计算机才能生效。如果安装不成功计算机也会给出提示，用户可以根据提示重新安装。

1.8.2 应用程序的删除

对于那些无用的应用程序用户可以将其删除，释放磁盘空间。删除应用程序的具体步骤如下：

（1）在“控制面板”窗口中用鼠标单击“添加 / 删除程序”图标，打开“添加或删除程序”窗口，如图 1-36 所示。

图 1-36 “添加或删除程序”窗口

（2）在对话框的应用程序列表框中选择想要删除的应用程序，单击“更改/删除”按钮，系统会给出相应的提示，例如，在关于删除该应用程序的警告提示框中选择“确定”或“是”按钮即可决定是否删除该应用程序，如图 1-37 所示。

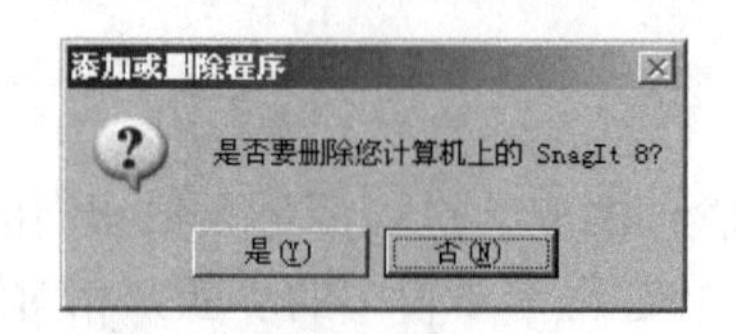

图 1-37　确认是否删除程序

注意：

有些应用程序在“开始”菜单的软件包中提供其卸载程序，一般名称为“uninstall ***”，用鼠标单击这个图标，就可启动该应用软件的卸载程序。

1.8.3　添加或删除 Windows 组件

通常情况下，用户在安装 Windows XP 过程中，都使用 Windows 默认的典型安装模式。在该安装模式下，只有一些最为常用和重要的组件被安装到用户计算机上。在使用过程中，用户可能需要使用 Windows 的另外一些特殊用途的组件，或者需要卸载一些不需要的组件以增加可使用的硬盘空间。在这种情况下，就需要使用到 Windows 组件的安装和卸载功能。

添加或删除 Windows 的某些组件的具体步骤如下：

（1）在“控制面板”窗口中用鼠标单击“添加 / 删除程序”图标，打开“添加或删除程序”窗口。

（2）单击窗口左侧的“添加/删除 Windows 组件”，打开如图 1-38 所示的“Windows 组件向导”对话框。在“组件”列表框中列出了 Windows 组件的安装信息，复选框被选定的组件表示该组件在安装 Windows 时已经被安装。

（3）在列表中选择要安装的 Windows 组件，然后单击“下一步”按钮，该向导显示了组件的安装进程，如图 1-39 所示。

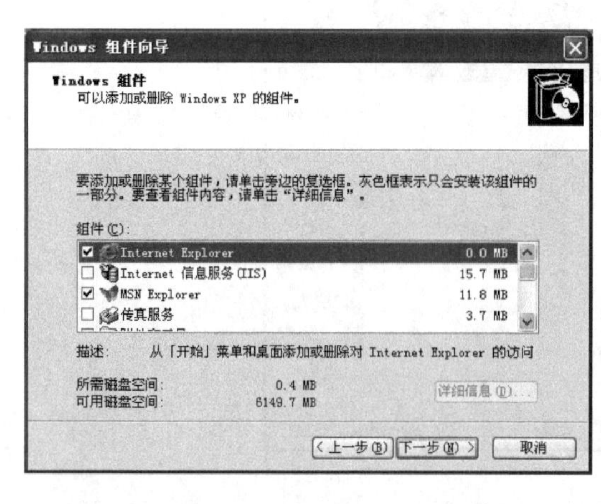

图 1-38　Windows 组件安装情况

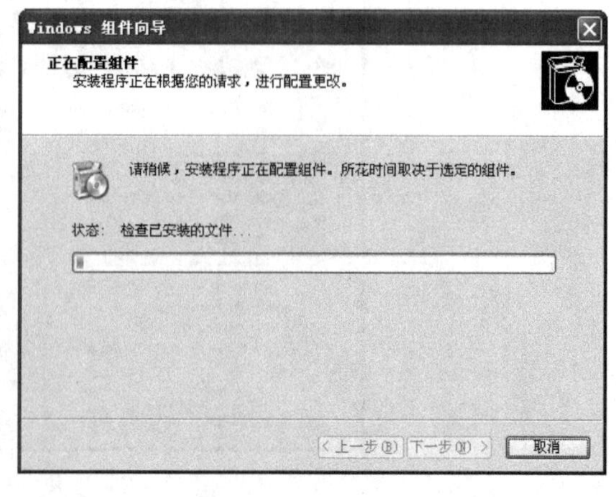

图 1-39　组件安装进程

（4）组件安装完毕后，将进入 Windows 组件向导完成提示对话框，单击“确定”按钮完成组件的安装。

注意：

如果在图 1-38 所示的对话框中选中的是已安装的组件，单击“下一步”按钮将执行对该组件的删除操作。

1.8.4　输入法的安装

Windows XP 自带了多种中西文输入法，但是只安装了常用的几种，如果用户对这些输入法不习惯可以安装自己习惯的输入法。

安装输入法的具体步骤如下：

（1）在任务栏右端的语言栏上单击“选项”按钮，在出现的菜单中选择“设置”命令，或者在语言图标上右击，选择“设置”命令，出现“文字服务和输入语言”对话框，如图 1-39 所示。

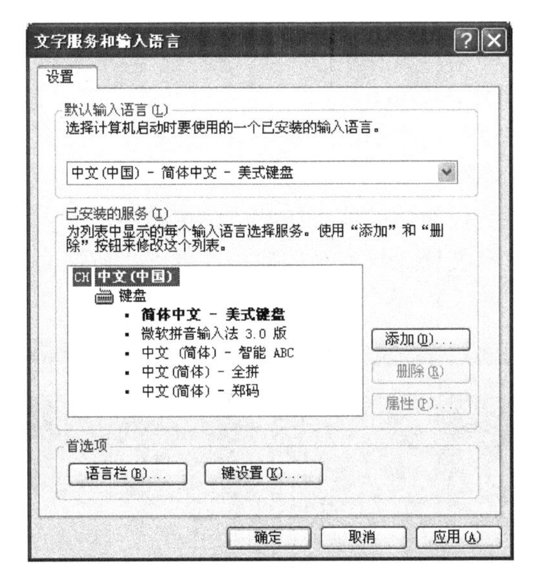

图 1-39　“文字服务和输入语言”对话框

（2）在对话框中单击“添加”按钮，出现“添加输入语言”对话框，如图 1-40 所示。

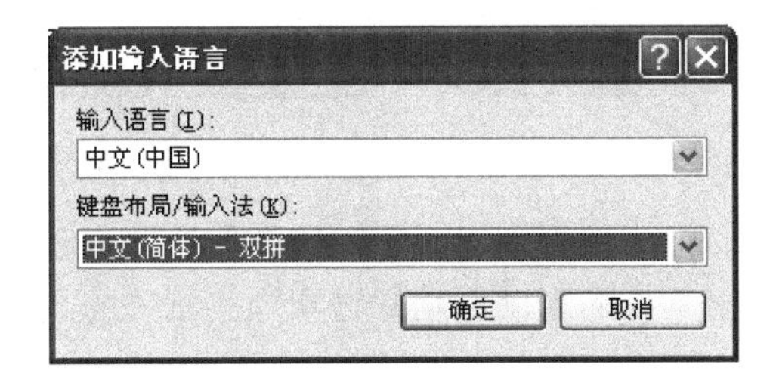

图 1-40　“添加输入语言”对话框

（3）在“键盘布局/输入法”下拉列表中选择一种输入法，如选择“双拼”。

（4）单击“确定”按钮回到“文字服务和输入语言”对话框，单击“确定”按钮。这种安装只能安装 Windows XP 自带的输入法，如果要安装其他的输入法，例如五笔、紫光拼音等输入法则需使用相应的软件进行安装。

1.9 获 取 帮 助

为了使用户能够很方便地掌握 Windows XP 的强大功能，Windows XP 提供了简明易用、功能强大的帮助和支持系统。在使用 Windows XP 的过程中遇到了难以解决的问题，可以向它求助，因此掌握帮助系统的使用方法是十分必要和有益的。

Windows XP 中的帮助和支持系统采用 Web 页风格来表示其中的内容，同以往的 Windows 版本中的帮助系统相比，结构层次更少，索引更全面。每个选项都和相关的主题以超链接的形式相连，更加方便用户查询所需要的内容。

1.9.1 使用帮助主题

单击“开始”按钮，然后在“开始”菜单中选择“帮助和支持”命令，即可打开“帮助和支持中心”窗口，如图 1-40 所示。

在主窗口的左边列出了帮助主题的目录，系统根据不同的帮助内容将帮助主题划分成 4 个大的类别，分别以不同的图标来表示。

如果用户知道自己要查找的帮助信息在某一个主题中，可以用鼠标直接单击该主题。例如，用户要查找的为自定义计算机方面的信息，单击“自定义自己的计算机”主题，出现的窗口如图 1-41 所示。

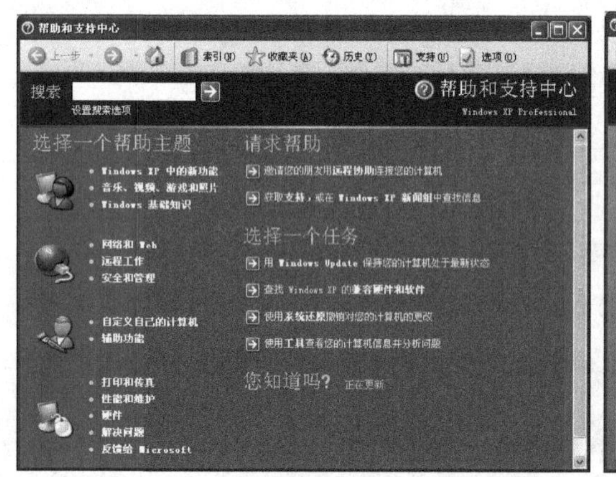

图 1-40 “帮助和支持中心”主窗口

图 1-41 使用帮助主题

可以看到，在新的窗口中，左侧列出了更为详细的帮助主题内容，单击相应的主题，在右侧的窗口中将会显示出具体的帮助主题标题和一些相关的文章及教程标题，单击这些标题可以查看详细的内容。

1.9.2 搜索帮助信息

如果用户只知道需要的帮助主题中可能出现的关键字，此时可以使用搜索的方式来查找帮助。

例如，用户想查找有关搜索Internet的信息，可以在“搜索”输入框中输入“搜索 Internet”，然后按回车键，或单击搜索按钮，显示结果如图 1-42 所示。在搜索到的主题中单击符合自己需要的主题即可找到相关的信息。

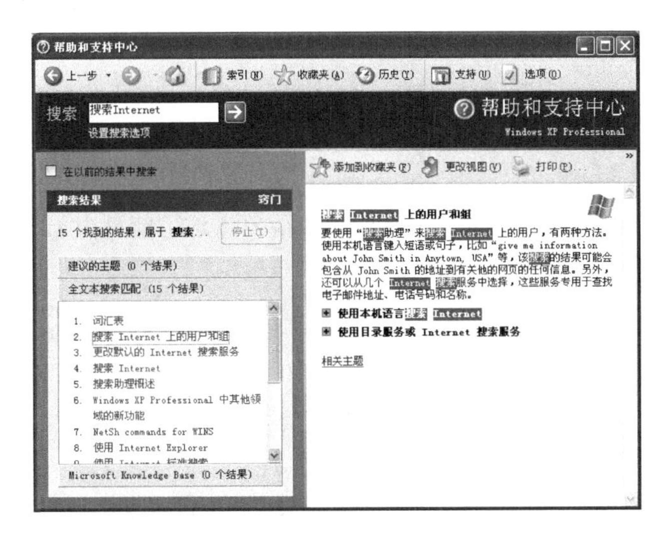

图 1-42　搜索帮助信息

1.10　本 章 练 习

一、填空题

1. 在 Windows XP 的桌面常见的任务图标有__________、__________、______________________和__________等。

2. 为了选择一幅漂亮的图片作为桌面的背景，右击桌面空白处，在弹出的快捷菜单中选择__________命令。

3. 单击__________，或者按下键盘上的__________，都可以打开 Windows XP 的开始菜单。

4. 在 Windows XP 环境中，鼠标基本操作有以下 5 种，它们分别是________________、________________、________________、________________、______________。

5. 在 Windows XP 中，有些菜单命令的右端有一个向右的黑色三角形，其意义是________________；有些菜单命令的右端有省略号，其意义是________________；有些菜单命令呈灰色，其意义是________________。

6. Windows XP 窗口的组成主要有____________、______________、______________、______________、______________、______________。

7．在对话框的________中用户可以输入信息，但是在________中用户不能输入信息，只能在列表中选择自己所需的选项。

8．在 Windows XP 中，文件名称由________个字符组成（即支持长文件名），而扩展名由________个字符组成。

9．Windows XP 提供的五种查看方式为________、________、________、________和________。

10．如果用户在操作时，感到屏幕有闪烁的现象，这可能是由于屏幕的________造成的，此时用户可以对显示属性进行设置。

二、选择题

1．下面关于 Windows XP 窗口的描述中，错误的是（　　）。

A．窗口是 Windows XP 应用程序的用户界面
B．Windows XP 的窗口就是启动 Windows XP 时进入的界面
C．用户可以改变窗口的大小并在屏幕上移动窗口位置
D．窗口主要由标题栏、菜单栏、标准按钮栏、状态栏、系统工作区等组成

2．在窗口中按组合键 Alt+F，可以（　　）。

A．打开文件菜单　　B．打开编辑菜单
C．打开查看菜单　　D．打开帮助

3．下列关于对话框的描述中，错误的是（　　）。

A．对话框只能在用户选中菜单中带有“...”省略号的命令后才弹出来
B．对话框是由系统提供给用户输入信息或选择项内容的界面
C．可以改变对话框的位置
D．不含“最小化”和“最大化”按钮

4．在“我的电脑”窗口中选取若干个不连续的文件夹或文件的操作方法是（　　）。

A．用鼠标左键依次单击要选定的文件夹或文件
B．按住 Shift 键，然后单击第一个和最后一个文件夹或文件
C．按住 Ctrl 键，然后单击要选定的文件夹或文件
D．按住 Tab 键，然后单击第一个和最后一个文件夹或文件

5．执行操作（　　），将立即删除文件或文件夹，而不会将它们放入回收站。

A．按 Shift+Delete 组合键　　B．选择“文件”菜单中的“删除”命令
C．按 Delete 键　　D．打开快捷菜单，选择“删除”命令

6．如要把屏幕上显示的内容复制到剪贴板中，则可按快捷键（　　）。

A．Ctrl+Print Screen　　B．Print Screen

C．Alt+Print Screen　　　　D．Shift+Print Screen

7．使用快捷键（　　　）可以将剪贴板中的信息粘贴到指定位置。

A．Ctrl+C　　　B．Ctrl+V　　　C．Ctrl+Z　　　D．Ctrl+X

8．关于使用帮助系统说法错误的是（　　　）。

A．用户可以使用帮助主题寻求帮助

B．用户可以使用“索引”的方式寻求帮助

C．用户可以使用“搜索”的方式来查找帮助

D．用户可以使用目录寻求帮助

三、操作题

1．**创建快捷方式：**在桌面上创建一个“Microsoft Office Word 2003”的快捷方式。

2．**创建新文件夹：**在 C 盘建立一个新文件夹 2008KSW，并在其中建立一个以用户本人名字为文件夹名的文件夹。

3．**搜索文件：**在 C 盘中搜索带有后缀“.txt”的文件。

4．**复制文件：**将随书光盘素材 DATA1 文件夹内的 TF3-1.doc、TF4-1.doc、TF5-1.doc、TF6-1.xls、TF7-1.xls、TF8-1.doc 分别复制到所创建的用户本人文件夹之中。

5．**重命名文件：**将用户文件夹中的 TF3-1.doc、TF4-1.doc、TF5-1.doc、TF6-1.xls、TF7-1.xls、TF8-1.doc 文件依次分别重命名为 A3、A4、A5、A6、A7、A8，扩展名不变。

6．**改变系统时间和日期：**修改系统时间和日期为 2008 年 10 月 1 日，时间为 8：00。并将修改前、后的“时间和日期”对话框界面以图片的形式，分别以 A1A 和 A1B 为文件名，保存至用户文件夹。

7．**添加输入法：**添加智能 ABC 输入法，并将添加前、后的“文字服务和输入语言”对话框界面以图片的形式，分别以 A1C 和 A1D 为文件名，保存至用户文件夹。

8．**设置桌面背景：**更改桌面背景，图片可以任意选择，并将设置前、后的“显示 属性”对话框界面以图片的形式，分别以 A1E 和 A1F 为文件名，保存到用户文件夹中。

第 2 章　Word 2003 的基本操作

Word 2003 是 Office 2003 的组件之一，它是一款优秀的文字处理软件。Word 2003 在原有版本的基础上又做了相应的改进，它具有更加友好的用户界面，并且真正引入了 XML 的概念。Word 2003 加强了协同工作的能力，用户可以轻松、高效地完成工作。Word 2003 适用于制作各种文档，比如信件、传真、公文、报纸、书籍和简历等。

本章重点：

- Word 2003 的工作界面
- 文本的基本操作
- Word 2003 的视图方式
- 控制文档的显示比例
- 查找与替换

2.1　启动 Word 2003 的方法

在使用 Word 2003 之前就要先启动它，下面为用户介绍几种常用的启动方法：通过“开始”菜单启动，通过桌面上的快捷方式启动，通过打开现有文件启动。

2.1.1　常规启动

启动 Word 2003 最常用的方法就是在“开始”菜单中启动，在 Windows XP 操作系统中单击“开始”按钮，弹出“开始”菜单，在菜单中单击“所有程序”|“Microsoft Office”命令打开子菜单，在子菜单中单击 Microsoft Office Word 2003 程序即可，如图 2-1 所示。

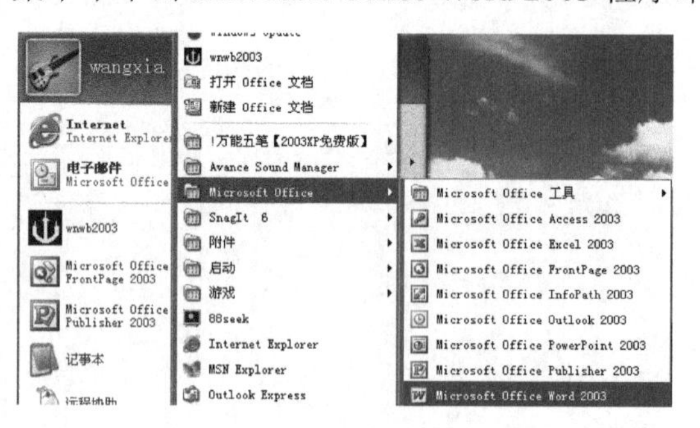

图 2-1　在“开始”菜单中启动 Microsoft Office Word 2003

2.1.2　创建快捷方式启动

如果在桌面上存在 Word 2003 应用程序图标，用户可以直接双击图标来启动相应的

Word 2003 应用程序，这是启动 Word 2003 应用程序最快捷的方法。

默认情况下，在安装 Word 2003 时，系统并不自动在桌面上创建相应的快捷方式图标。为了方便 Word 2003 的启动，用户可以在桌面上创建 Word 2003 的快捷方式图标。具体创建快捷方式图标的方法在第 1 章已经作了介绍，这里不再赘述。

2.1.3　通过现有文件启动

用户还可以通过已经创建的 Word 2003 文件来启动 Word 2003，在“我的电脑”或资源管理器中找到已经创建的 Word 2003 文件，直接双击该文件即可启动相应的 Word 2003 程序。

2.2　Word 2003 的工作界面

启动 Word 2003 后进入 Word 2003 的工作界面，如图 2-2 所示。由该图可以看出，其中包括了标题栏、菜单栏、工具栏、任务窗格、编辑区、标尺、状态栏、滚动条等部分。

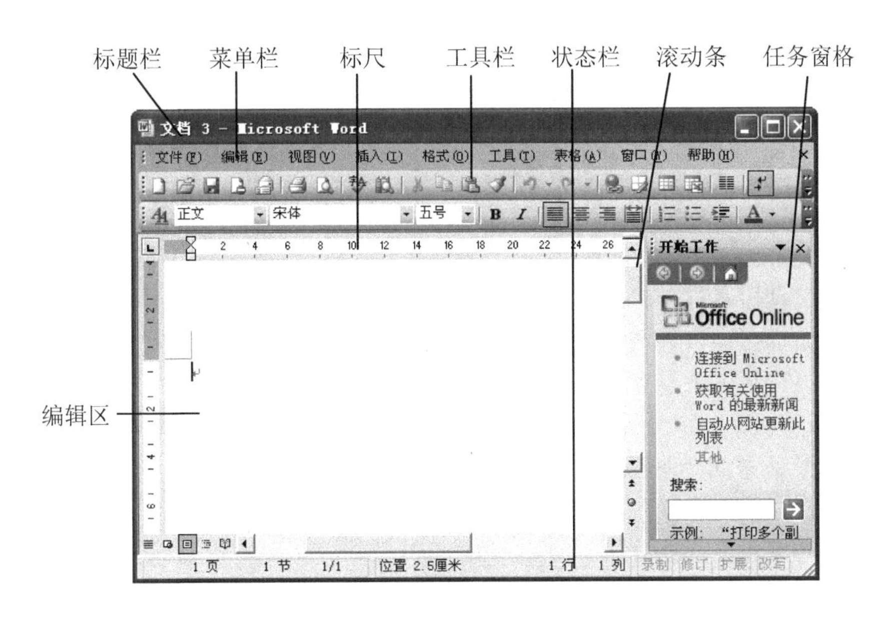

图 2-2　Word 2003 的工作界面

2.2.1　标题栏

标题栏位于窗口的最顶端，它包含了控制菜单图标、正在编辑的文档名称、程序名称、最小化按钮、还原按钮和最大化按钮、关闭按钮。单击标题栏右端的“最大化”按钮 可以将窗口最大化，双击标题栏也可最大化窗口。当窗口处于最大化状态时，“最大化”按钮变为“还原”按钮 ，单击该按钮窗口被还原为原来的大小。如果单击标题栏中的“最小化”按钮 ，窗口则缩小为一个图标显示在任务栏中，单击该图标，又可以恢复为原窗口的大小。单击标题栏中的“关闭”按钮 可以退出 Word 应用程序。

单击标题栏左侧的控制菜单按钮 ，将显示如图 2-3 所示的控制菜单。Word 控制菜单中的命令用于改变窗口的大小、位置和关闭 Word 程序等。

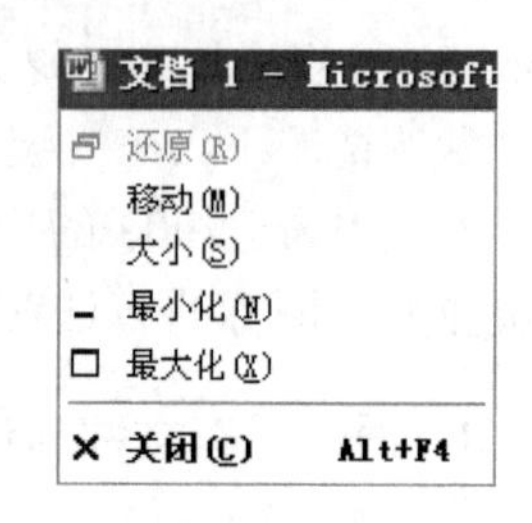

图 2-3 控制菜单

2.2.2 菜单栏

菜单栏位于标题栏下方，所有 Word 2003 要执行的操作命令都在这些菜单中进行了分类排列，单击各个菜单命令可以打开下拉菜单，在下拉菜单中选择要执行的命令即可。

2.2.3 工具栏

工具栏位于菜单栏下方，Word 将一些常用的命令制作成按钮，按照不同的功能列于不同的工具栏中。用户只要单击某个按钮，就可以快速执行此命令。例如，单击“打开”按钮就等于执行了“文件”|“打开”命令，原来需要好几步才能完成的操作，现在只要在对应的命令按钮上单击就可以了。

1. 显示或隐藏工具栏

Word 2003 提供了多个工具栏，默认情况下，只显示“常用”和“格式”工具栏。在操作复杂文本时，用户可以根据实际需要显示或隐藏某些工具栏。单击“视图”|“工具栏”命令，打开“工具栏”子菜单，如图 2-4 所示。在“工具栏”子菜单中列出了 Word 中所有的工具栏。只要单击“工具栏”子菜单中相应的工具栏名称，让其左侧出现“√”标记，表明该工具栏已经显示在操作界面中。反之，取消菜单左侧的“√”标记，即可将某个工具栏隐藏。

注意：

在操作界面中显示的菜单栏或工具栏上单击鼠标右键也可打开“工具栏”子菜单，在菜单中可以选择需要的工具栏。

图 2-4 “工具栏”子菜单

2. 工具栏中的按钮

工具栏中的按钮分为三类，如图 2-5 所示。一类只由一个图标按钮组成，使用时，只需单击某个按钮，即可完成一个特定的操作；另一类由一个图标按钮和一个下三角箭头组成，称之为复合按钮，使用时，单击此按钮将打开一个下拉列表，用户可以在下拉列表中进行更多的选择。如果下拉列表的顶部有标题栏，拖动该标题栏即可将其从按钮上拖开，成为一个独立的工具栏，称为“浮动工具栏”；第三类由一个输入框和一个下三角箭头组成，称为组合框。组合框的使用与复合按钮类似，不同的是，用户可以在输入框中直接输入自己的选择。例如，“字体”列表就是一个典型的组合框，用户既可以在下拉列表中选择字体，也可以直接输入字体，当然输入的字体必须是有效字体。

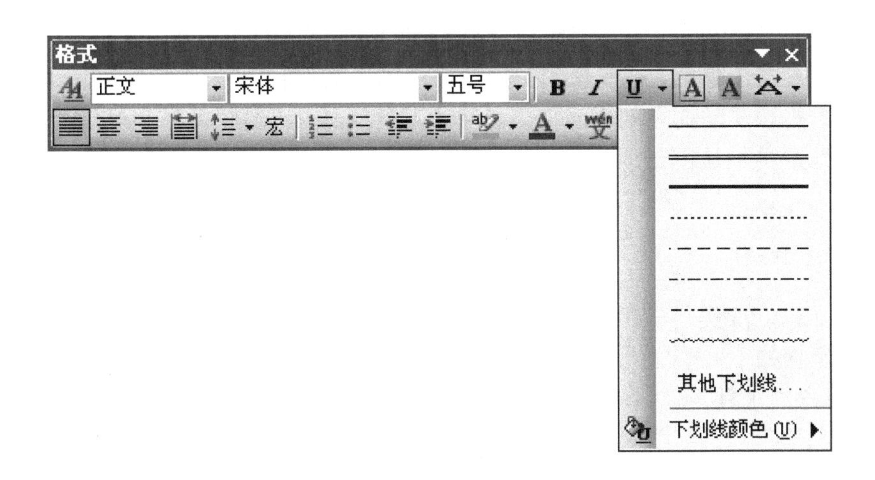

图 2-5　工具栏中的按钮

默认情况下，系统将各种常用命令按钮按照不同的类别放在各个工具栏中，在实际应用时由于窗口大小的原因，工具栏中的按钮并不能完全显示出来，一些不经常用到的按钮被隐藏或没有被添加到工具栏中。用户可以在工具栏中添加经常使用的按钮，隐藏不常用的按钮以简化工具栏。在工具栏的右端有一个 按钮，单击该按钮将打开一个下拉列表，在列表的顶部是为适应窗口的大小而被隐藏的工具按钮，如图 2-6 所示。单击其中的一个命令它将显示在工具栏中。在下拉菜单中单击“添加或删除按钮”命令，出现一个子菜单，在子菜单中选择需要的工具栏名称，它将显示在工具栏上，如图 2-6 所示。在按钮前面有对号的表明该按钮已经被添加到工具栏中，没有对号的表明没有被添加，用户可以根据需要添加或隐藏工具栏中的按钮。

图 2-6　显示或隐藏工具栏中的按钮

3. 工具栏的移动

在 Word 2003 中，工具栏可随意移动到窗口的任何位置。移动时只需将鼠标移到工具栏左侧的上（此时光标呈形状），然后拖动工具栏到所需的位置即可。如果将工具栏放置在窗口的某一边，Word 会自动调整窗口给工具栏留出适当的空间。被放置在屏幕四周的工具栏称为嵌入式工具栏，被放置到文档窗口内的工具栏称为浮动式工具栏。双击工具栏，可使其在嵌入式和浮动式之间来回切换。移动工具栏时，工具栏的外观可能会改变。例如，当把“格式”工具栏从窗口顶部移到边上后，样式下拉式列表框就变成了一个按钮，单击它可以打开“样式”对话框。

4．创建工具栏

如果 Word 2003 提供的工具栏不能满足要求，用户可以创建一个新的工具栏。创建工具栏的具体步骤如下：

（1）单击“工具”|“自定义”命令，打开“自定义”对话框，单击“工具栏”选项卡，如图 2-7 所示。

（2）单击“新建”按钮，打开“新建工具栏”对话框，如图 2-8 所示。

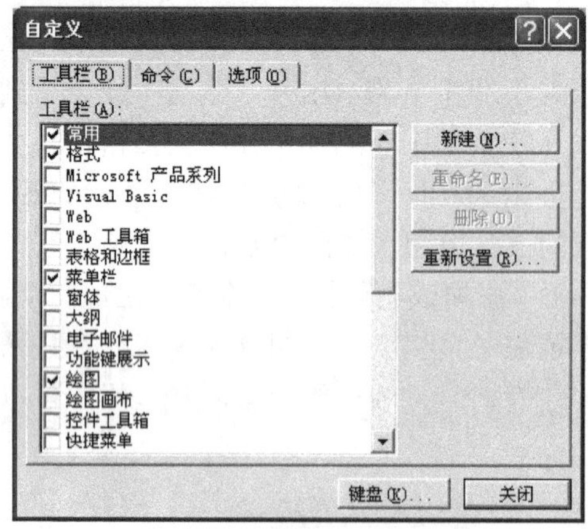

图 2-7　创建新的工具栏

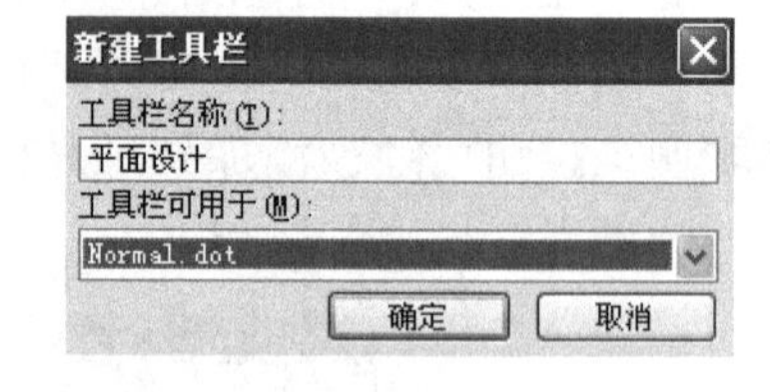

图 2-8　“新建工具栏”对话框

（3）在“工具栏名称”文本框中输入新的工具栏名称，如“平面设计”。

（4）在“工具栏可用于”下拉列表框中选择该工具栏所适用的模板或文档，如果只是在一个文档中使用，可以选择文档的名字；如果在以后所有的文档中使用，可以选择“Normal.dot”。

（5）单击“确定”按钮，在正文区域出现了一个空的工具栏，如图 2-9 所示。

（6）在“自定义”对话框中单击“命令”选项卡，在“类别”列表中，选择新建工具栏要执行的命令类型。

（7）在“命令”列表中选中一个命令，按住鼠标左键不放将其拖曳到新建的工具栏中，然后松开鼠标，如图 2-10 所示。

（8）按此方法向工具栏中添加其他的工具按钮，添加完毕，单击“关闭”按钮。

图 2-9 新建的空白的工具栏

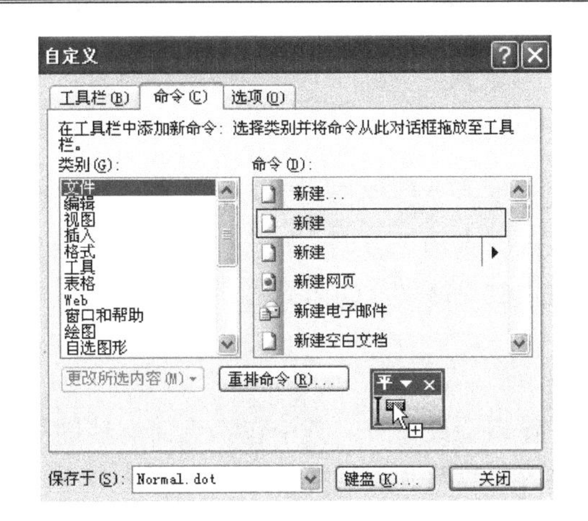

图 2-10 向工具栏中添加命令

2.2.4 标尺

标尺由两部分组成：水平标尺和垂直标尺。默认情况下，水平标尺位于“格式”工具栏的下方，垂直标尺位于编辑区的左侧。标尺的功能用于段落缩进、调整页边距、改变栏宽以及设置制表位等。如果要隐藏标尺，选择“视图”|“标尺”命令，取消左侧的“√”标记，这样标尺就被隐藏起来了。反之，标尺被显示出来。

标尺有多种度量单位，如厘米、磅、英寸等，用户可以根据编辑文档的需要选择不同的度量单位，改变标尺度量单位的具体步骤如下：

（1）单击“工具”|“选项”命令，打开“选项”对话框，单击“常规”选项卡，如图 2-11 所示。

（2）在“度量单位”下拉列表中选择所需的单位，取消“使用字符单位”复选框的选中状态。

（3）如果需要使用字符作单位，选中“使用字符单位”复选框，此时在“度量单位”下拉列表中所选的度量单位是无意义的，在标尺上使用的是字符单位。

（4）设置完毕，单击“确定”按钮。

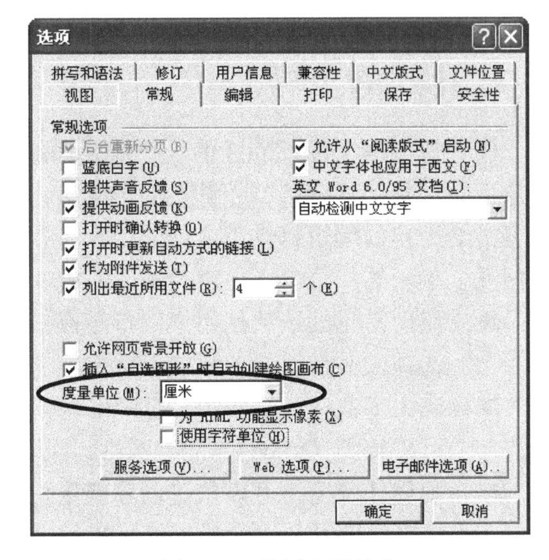

图 2-11 设置度量单位

2.2.5 编辑区

水平标尺下方的空白区域是编辑区。文档内容的显示、输入和编辑都是在编辑区中进行的。

光标移入编辑区后变成 I 状，编辑区内包含有一个闪烁的插入点，它表示键入的字符将出现的位置。编辑区左侧一块无标记的特殊区域为“选择条”，光标移到选择条附近变成向右倾斜的箭头状，利用此选择条可以方便地选定文档。

2.2.6 滚动条

滚动条用来调整在文档编辑区中所能够显示的当前文档的部分内容，Word 2003 的滚动条位于编辑区的右方和下方，分别称作垂直滚动条和水平滚动条。水平滚动条用来查看左右文档的内容，垂直滚动条用来查看上下文档的内容。

2.2.7 状态栏

状态栏位于窗口的最下方，其中包括当前文档的页数、节、目前所在的页数/总页数、插入点所在的位置、行数和列数等信息，如图 2-12 所示。

状态栏的右侧有 4 个按钮："录制"、"修订"、"扩展"、"改写"，每一个按钮代表一种工作方式，按钮呈黑色时表示工作状态，按钮呈灰色时表示非工作状态。双击按钮可以进入或者退出这种方式。

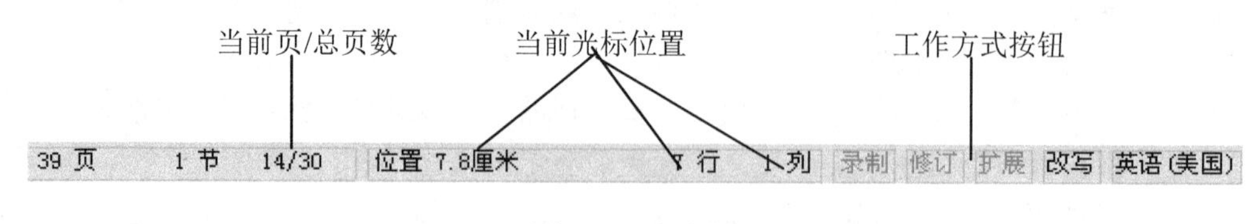

图 2-12 状态栏

2.2.8 任务窗格

任务窗格是 Word 2003 的一个重要功能，它可以简化操作步骤，提高工作效率。在任务窗格中，每个任务都以超链接的形式给出，单击相应的超链接即可执行相应的操作。任务窗格给用户的编辑提供了方便，用户可以在任务窗格中快捷地选择所要进行的操作，从而摆脱了单一的从菜单栏中进行操作的模式。任务窗格主要有以下一些优点。

- 显而易见的选项使用户保持较高的工作效率，用户不需要再通过菜单遍寻所需的选项，最常用的项都位于工作区右侧的任务窗格中，触手可及。
- 在大多数任务窗格中，都存在 Microsoft Office Online 选项，只需单击鼠标用户就可以转到 Office Online 网站，浏览更多的剪贴画、模板和帮助。
- 利用任务窗格可以快速创建或定位文档，在"开始工作"任务窗格中，用户可以选择需要开始工作或继续处理的文档。
- 利用任务窗格可以快速设置文档格式，通过使用"样式和格式"任务窗格，可以查看打开的文档中所使用的样式，添加、修改或删除样式以及自定义样式的视图，以便只显示所需的样式。
- 剪切和粘贴变得更简单，剪贴板任务窗格最多可收集 24 个项目，并且查看能够被剪切或复制的任何项目（如文本和图形）的缩略图。当用户准备粘贴时，可以一次全部粘贴，也可以一次粘贴一个项目，如果改变主意，还可以删除全部内容。
- 利用任务窗格可以有条不紊地集中处理邮件。比如，如果用户有上百封邮件要发送，可以使用“邮件合并”任务窗格创建套用信函、邮件标签、信封，然后集中处理电子邮件或传真分发。

Word 2003 的任务窗格显示在编辑区的右侧，包括“开始工作”、“帮助”、“新建文档”、“剪贴画”、“剪贴板”、“信息检索”、“搜索结果”、“共享工作区”、“文档更新”、“保护文档”、“样式和格式”、“显示格式”、“邮件合并”、“XML 结构”等 14 个任务窗格选项。

默认情况下，第一次启动 Word 2003 时打开的是“开始工作”任务窗格。如果在启动 Word 2003 时没有打开任务窗格，可以单击“视图”｜“任务窗格”命令将其调出。在创建文档的过程中，如果因为任务窗格的存在影响对文档的编辑或查看，可以单击任务窗格中的退出按钮 暂时关闭任务窗格。如果要切换到其他的任务窗格，可以单击任务窗格右上角的下三角箭头，打开如图 2-13 所示的菜单。选项前面有对号标记的表明打开的是当前的任务窗格，要选择其他选项只需单击相应的选项即可。用户还可以通过单击“返回”按钮 或“向前”按钮 在已经打开的功能选项之间切换，单击“开始”按钮 则可回到“开始工作”任务窗格。

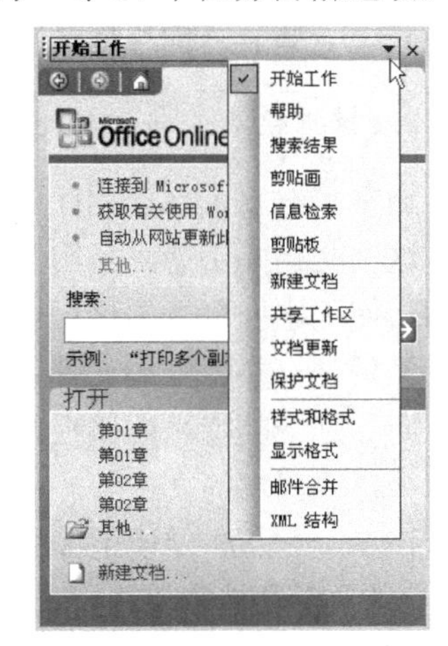

图 2-13　Word 2003 的任务窗格

2.3　文档的基本编辑方法

利用 Word 2003 建立的文件叫做文档。文档中可包含文字、表格、图形，也可以包含声音、视频等媒体对象。

编辑一个新文档的操作流程如下：

创建新文档→输入文档内容→编排文档→保存文档→打印文档

编辑一个已有文档的操作流程如下：

打开已有文档→修改文档→重新编排文档→保存文档→打印文档

2.3.1　创建新文档

Word 2003 提供了 3 种建立新文档的方式。

■　标准文档（Normal 模板）：Word 2003 的默认文档；

■　Word 2003 本身自带的模板以及用户建立的模板，其中包含了特定文档所需要的预定义的正文、格式、样式等功能；

■　Word 2003 自带的向导：它提供一系列的对话框，只要根据提示输入或选择即可。

1．启动程序时创建文件

启动 Word 2003 时，如果没有指定要打开的文档，Word 2003 将自动打开名为“文档 1”的空白文档，用户可以在编辑界面上直接输入文字等内容建立文档。

在文档中要建立新的文档时，有三种方法。

■　单击“常用”工具栏中的“新建空白文档”按钮，系统会自动建立一个基于 Normal

模板的空文档。

- 按快捷键 Ctrl +N，系统会自动建立一个基于 Normal 模板的空文档。
- 单击“文件”|“新建”命令，出现“新建文档”任务窗格。在“新建”栏中，选择“空白文档”项。

Word 2003 在建立第一个文档时，在标题栏中将默认地显示“文档 1”的名称，以后建立的其他文档的名称序号依次递增，比如“文档 2”、“文档 3”。

2. 根据模板或向导创建文件

通常情况下，启动程序时创建的文档仅包括了最基本的格式设置。因此，在很多情况下，这类文档并不能满足用户的要求。为了提高用户的工作效率，系统提供了大量模板和向导，使用它们可以创建出格式比较复杂的文档、工作簿或演示文稿。

模板是一类特殊的文件，在模板中定义了标题格式、背景图案、表项甚至某些通用文字。向导是一类特殊的模板，由一系列对话框组成，用户只要按步骤逐一完成，就可以得到符合自己要求的文件。

在 Word 2003 中使用模板创建文档的基本方法如下：

（1）在文档中单击“文件”|“新建”命令，在窗口的右侧打开“新建文档”任务窗格，如图 2-14 所示。

（2）在“模板”区域单击“本机上的模板”选项，打开“模板”对话框，如图 2-15 所示。

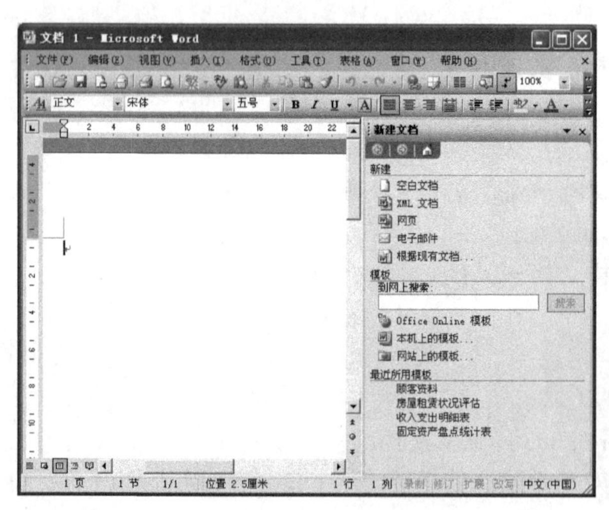

图 2-14 “新建文档”任务窗格

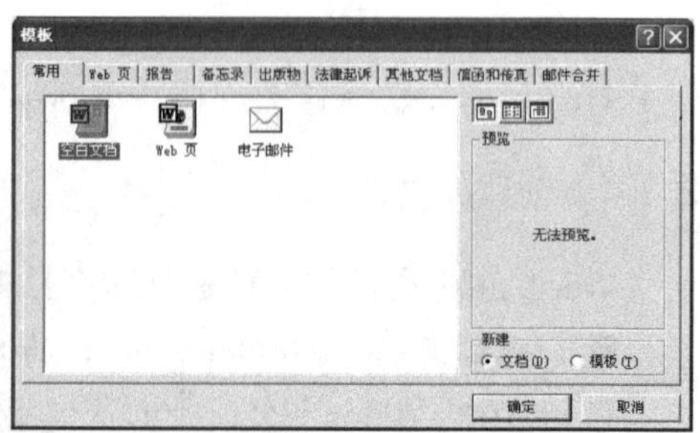

图 2-15 “模板”对话框

（3）在对话框中选定所要使用的模板，然后单击“确定”按钮即可创建一个文档的雏形。

（4）对创建的文档进行编辑修改即可快速制作出满足自己要求的文档。

提示：

Office 2003 加强了联机的功能，在计算机与因特网相连时用户可以非常方便地到微软网站上去下载他人在网页上发布的模板。在“模板”区域单击“Office Online 模板”选项，打开如图 2-16 所示的 Microsoft Office Online 模板网页，在网页中选择需要的模板即可。

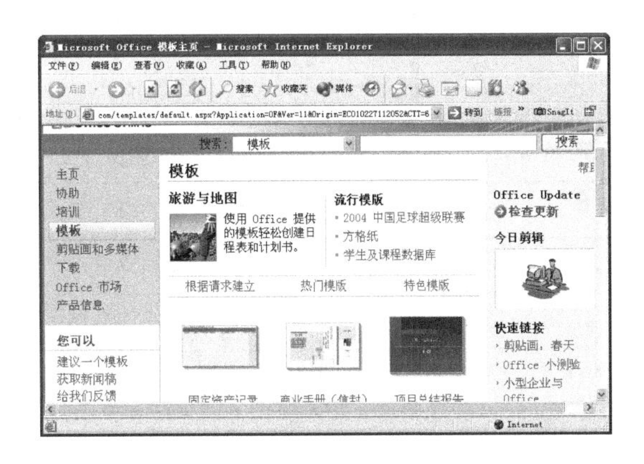

图 2-16　模板主页

2.3.2　文本的输入方法

输入文本是 Word 2003 最基本的操作之一，文本是文字、符号、图形等内容的总称。在创建文档后，如果想进行文本的输入，应首先选择一种熟悉的输入法，然后进行文本的输入操作。此外，Word 2003 还提供了一些辅助功能以方便用户的输入，如用户可以插入特殊符号，插入日期和时间等。

1. 定位插入点

用户创建了一个新的空白文档后，在空白文档的起始处有一个不断闪烁的竖线，这就是插入点，它表示键入文本时的起始位置。当鼠标在文档中自由移动时鼠标呈现为 I 状，这和插入点处呈现的 | 状光标是不同的。

即点即输是 Word 2003 的重要功能之一，所谓“即点即输”就是用户可以在文档的任意位置定位插入点并在此位置输入文本或插入图形、表格等其他内容。

如果想在非空白文档中定位光标，只要将鼠标移至要定位插入点的位置，当鼠标变为 I 状时双击即可在当前位置定位插入点。此外，用户也可以利用键盘上的按键在非空白文档中移动插入点的位置。表 2-1 列出了利用键盘按键移动插入点的操作方法。

表 2-1　利用键盘按键移动插入点

键盘按键	移动插入点的位置
方向键↑	插入点从当前位置向上移一行
方向键↓	插入点从当前位置向下移一行
方向键←	插入点从当前位置向左移动一个字符
方向键→	插入点从当前位置向右移动一个字符
Page Up 键	插入点从当前位置向上移动一页
Page Down 键	插入点从当前位置向下移动一页
Home 键	插入点从当前位置移动到本行首
End 键	插入点从当前位置移动到本行末
Ctrl+Home 快捷键	插入点从当前位置移动到文档首
Ctrl+End 快捷键	插入点从当前位置移动到文档末

在空白文档中，用户可以双击鼠标来定位插入点的位置。当鼠标在空白文档中移动时会显示为不同的状态，每种状态代表着不同的文字输入格式，如表 2-2 所示。

表 2-2　不同的光标形状代表不同的操作

光标形状	意义
	文字输入的格式为左对齐
	文字输入的格式为左缩进
	文字输入的格式为居中对齐
	文字输入的格式为右对齐

注意：

如果用户发现在空白文档中不能随意定位插入点，这可能是因为没有启用“即点即输”的功能，为了方便用户的输入可以启用该功能。单击“工具”|“选项”命令，打开“选项”对话框，单击“编辑”选项卡，如图 2-17 所示。在“即点即输”区域选中“启用‘即点即输’”复选框即可。

2. 选择输入法

Windows 可安装多种输入法，用户可以根据自己的爱好选择不同的输入法进行文字的输入。选择输入法的具体步骤如下：

（1）在任务栏右端的语言栏上单击语言图标，打开“输入法”列表，如图 2-18 所示。

（2）在输入法列表中选择一种中文输入法，此时任务栏右端语言栏上的图标将会变为相应的输入法图标。

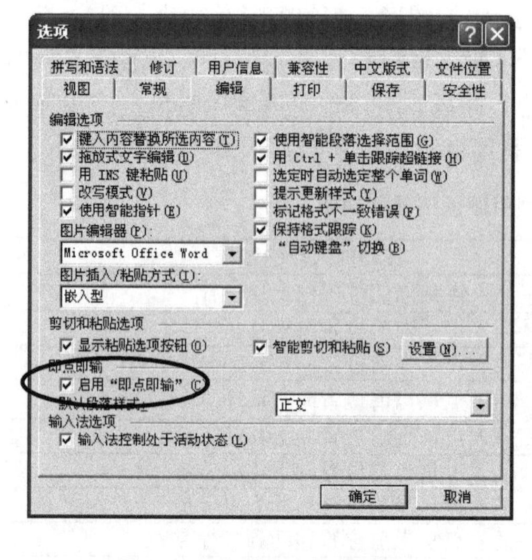

图 2-17　启用即点即输功能

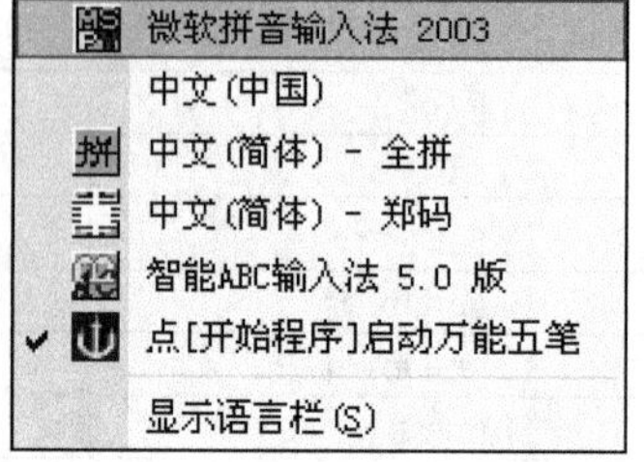

图 2-18　“输入法”列表

3. 输入文本的基本方法

在空白文档中输入文本时插入点自动从左向右移动，这样用户就可以连续不断地输入文本。当到一行的最右端时系统将向下自动换行，也就是当插入点移到页面右边界时，再输入字符，插入点会自动移到下一行的行首位置。如果用户在一行没有输完时想换一个段落继续输入，可以按回车键，这时不管是否到达页面边界，新输入的文本都会从新的段落开始。

在输入文本过程中，难免会出现输入错误，用户可以通过如下操作来删除错误的输入：

- 按 Backspace 键可以删除插入点之前的字符。
- 按 Delete 键可以删除插入点之后的字符。
- 按 Ctrl+Backspace 键可以删除插入点之前的字（词）。
- 按 Ctrl+Delete 键可以删除插入点之后的字（词）。

在某些情况下（比如当输入地址时），用户可能想为了保持地址的完整性而在到达页边距之前开始一个新的空行，按回车键可以开始一个新行，但是同时也开始了一个新的段落，为了使新行仍保留在一个段落里面而不是开始一个新的段落，用户可以按下 Shift+Enter 组合键，Word 就会插入一个换行符并把插入点自动移到下一行的开始处。

4. 插入符号

用户在文档中输入文本时有些符号是不能从键盘上直接输入的，由于它们平时很少用到所以没有定义在键盘上，用户可以使用“符号”对话框插入它们。

例如，在文档第一段的末尾插入“✱”符号，具体步骤如下：

（1）将插入点定位在第一段的末尾处。

（2）单击“插入”|“符号”命令，打开“符号”对话框，单击“符号”选项卡，如图 2-19 所示。

（3）在“字体”下拉列表中选择一种字体集，如果该字体有子集，在子集下拉列表框中选择符号所在的子集。这里选择“Wingdings 2”字体集。

（4）在符号列表框中选中要插入的符号“✱”。

（5）单击“插入”按钮，即可在插入点处插入所选的符号；也可在符号列表框中直接双击要插入的符号将它插入到文档中。

（6）单击“关闭”按钮。文档第一段的末尾插入了“✱”符号，如图 2-20 所示。

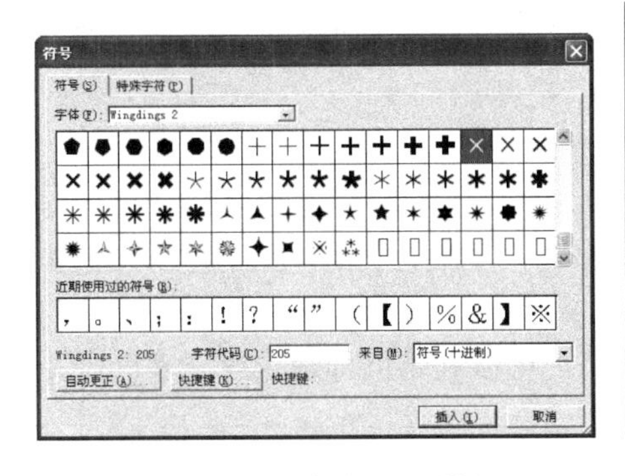

图 2-19 “符号”对话框

郑渊洁是著名的【儿童文学作家】，他【教育】
了。前几年，他儿子在大学读了两个星期，回家对爸爸
了！”郑渊洁点头赞同：“不上就不上吧，我教你不比他
下自学。✱

或许有的读者不服气：郑渊洁是名人，孩子即使将
其实，名作家的财产和企业家还是没法相比的。财产超
里就有一大把，而他们并不敢这样开放地教育孩子。

郑渊洁敢于这样教育孩子，关键在于他有自己的教
的舆论阵地。上面除了刊登商业化的儿童文学作品外，
教育思想，评议现行教育体制。作为一个只有小学文凭
现行教育制度，自己独树一帜，可谓顺理成章。

图 2-20 在文档中插入符号后的效果

5．插入特殊符号

Word 2003 还提供了插入特殊符号的功能，利用该功能用户可以非常方便地将“单位符号”、“数字序号”等一些特殊符号插入到文档中，具体步骤如下：

（1）将插入点定位在要输入特殊符号的位置处。

（2）单击“插入”|“特殊符号”命令，打开“插入特殊符号”对话框，如图 2-21 所示。

（3）在对话框中单击特殊符号所在的选项卡，在对话框中选择一种特殊符号。

（4）单击“确定”按钮，即可将选中的特殊符号插入到文档中。

6．插入时间和日期

Word 2003 提供了中英文的各种日期和时间的模式，用户可以根据需要在文档中插入合适的时间和日期格式。

例如，在文档末尾插入日期和时间，具体步骤如下：

（1）将插入点定位在文档的末尾。

（2）单击“插入”|“日期和时间”命令，打开“日期和时间”对话框，如图 2-22 所示。

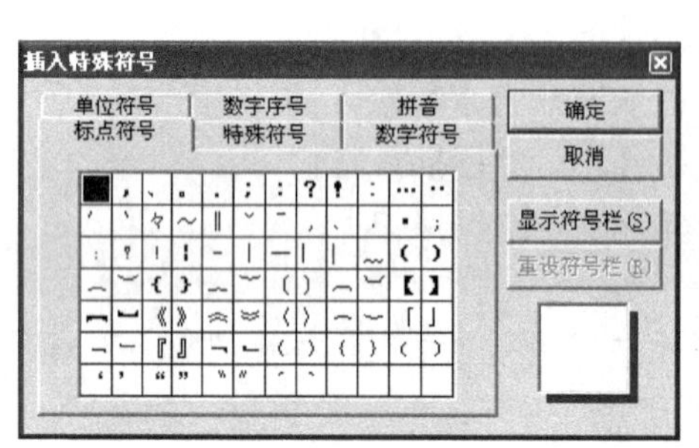

图 2-21 “插入特殊符号”对话框

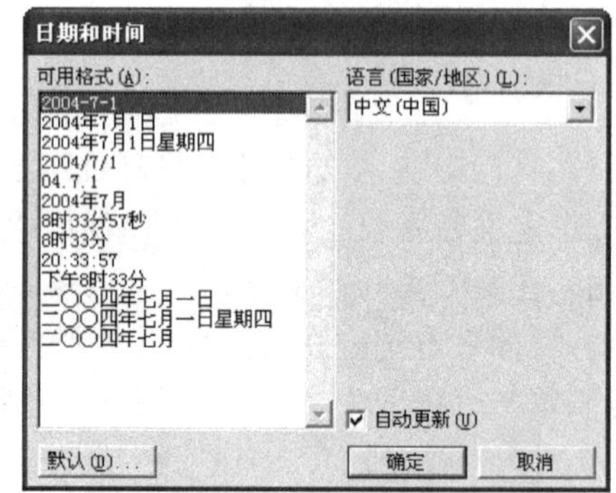

图 2-22 “日期和时间”对话框

（3）在“语言”下拉列表框中选择“中文（中国）”，在“可用格式”列表中选择一种日期和时间格式。单击“确定”按钮即可在文档中插入日期和时间。

注意：

在“日期和时间”对话框选中“自动更新”复选框，则插入的时间可以自动更新；如果单击“默认”按钮即可将该格式保存为文档的默认格式。使用这种方法插入的是当前系统的时间。

2.3.3 选定文本

选定文本是编辑文档的最基本操作，也是移动、复制、剪切、格式化等编辑操作的前提。在选定文本时要遵循“选中谁，操作谁”的原则，选中的文本可以是一个字符、一个词、一段文本甚至整篇文档。在 Word 2003 中用户可以利用鼠标选定或键盘选定文本。

1. 利用鼠标选定文本

用鼠标选定文本的常用方法是把 I 形的鼠标指针指向要选定的文本开始处，按住左键拖动到选定文本的末尾时，松开鼠标左键，选定的文本反白显示在屏幕上，如图 2-23 所示。

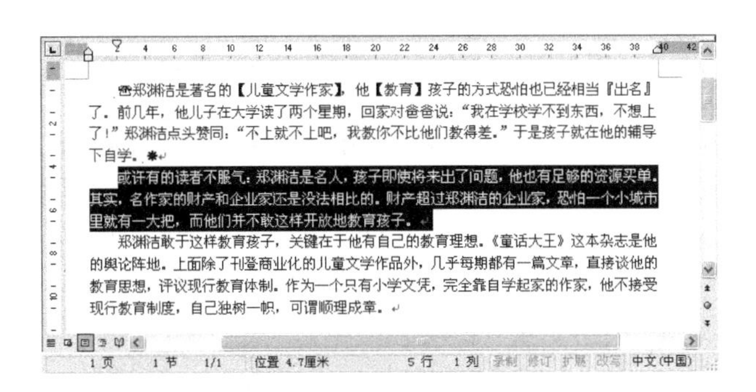

图 2-23　选中的文本反白显示

如果要选定的文本范围较大，用户可以首先在开始选取的位置单击鼠标，接着按下 Shift 键，然后在要结束选取的位置单击鼠标即可选定所需的大块文本。

如果要选定多块不连续的文本，选定了一块文本之后，在按下 Ctrl 键的同时分别选择其他的文本，可以将不连续的多块文本选定。用户还可以将鼠标定位在文档选择条中进行文本的选择，文本选择条位于文档的左端紧挨垂直标尺的空白区域，当鼠标移入此区域后，鼠标指针将变为向右箭头状，如图 2-24 所示。

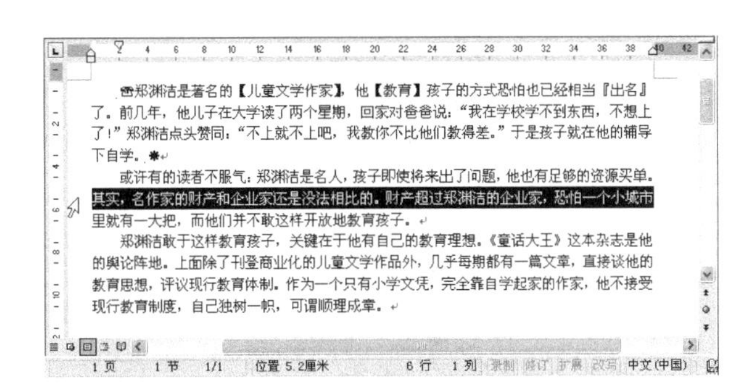

图 2-24　位于选择条处的鼠标形状

使用鼠标选定文本有下面一些常用方法：

- 选定一个单词：只需用鼠标双击该单词即可。
- 选定任意数量的文本：把 I 形的鼠标指针指向要选定的文本开始处，按住左键并拖过要选定的文本，当拖动到选定文本的末尾时，松开鼠标左键即可。
- 选定一句：这里的一句是以句号为标记的。按住 Ctrl 键，再单击句中的任意位置。
- 选定大块文本：先将插入点移到要选定文本的开始处，按住 Shift 键，再单击要选定文本的末尾。这种方法的好处是适合于那些跨页内容的选定。
- 选定一行文本：将鼠标指针移到该行左侧选择条内，当鼠标指针变成向右倾斜的箭头↗时，单击。

- 选定多行文本：将鼠标指针移到起始行左侧选择条内，当鼠标指针变成向右倾科的箭头↗时，单击并拖动至终止行。
- 选定一段：将鼠标指针移到该段左侧选择条内，当鼠标指针变成向右侧斜的箭头↗时，单击并拖动至终止行，也可连续三击该段中的任意部分。
- 选定多段：将鼠标指针移到起始段左侧选择条内，当鼠标指针变成向右倾斜的箭头↗时，双击并拖动至终止段。
- 选定整篇文档：按住 Ctrl 键，将鼠标指针移到文档左侧选择条内，当鼠标指针变成向右倾斜的箭头↗时，单击。也可以选择“编辑”菜单中的“全选”命令或者按组合键 Ctrl+A。
- 选定矩形文本区域：按下 Alt 键的同时，在要选择的文本上拖动鼠标，可以选定一个文本区域。

2. 利用键盘选定文本

用鼠标选定文本固然方便，但是在重复性较多的编辑操作中，可能会浪费时间，此时用户可以使用键盘来选定文本。使用键盘选定文本可以通过方向键和 Shift 键、Ctrl 键来实现，最常用的使用键盘选定文本的方法如下：

- Shift+↑：向上选定一行
- Shift+↓：向下选定一行
- Shift+←：向左选定一个字符
- Shift+→：向右选定一个字符
- Shift+Ctrl+↑：选定内容扩展至段落开头
- Shift+ Ctrl+↓：选定内容扩展至段落结尾
- Shift+ Ctrl+←：选定内容扩展至单词开头
- Shift+ Ctrl+→：选定内容扩展至单词结尾
- Shift+Home：选定内容扩展至行首
- Shift+End：选定内容扩展至行末
- Shift+ Ctrl+Home：选定内容至文档开始处
- Shift+ Ctrl+End：选定内容至文档结尾处

注意：

要取消选定的文本，用户可以用鼠标单击选定区域外的任意位置，或者按任何一个可在文档中移动的键，如上、下、左、右键等。

2.3.4 移动和复制文本

移动和复制是在编辑文档中最常用的编辑操作，例如，对于重复出现的文本不必一次次地重复输入，可以采用复制的方法快速输入；对于放置不当的文本，可以快速将其移动到满意的位置。

1. 利用鼠标移动或复制文本

如果要在当前文档中短距离地移动文本，用户可以利用鼠标拖放的方法快速移动，具体步骤如下：

（1）选定要移动的文本。

（2）将鼠标指针指向选定的文本，当鼠标指针呈现箭头状时按住鼠标左键，拖动鼠标时指针将变成 状，同时还会出现一条虚线插入点，如图 2-25 所示。

（3）移动虚线插入点到要移到的目标位置，松开鼠标左键，选定的文本就从原来的位置被移动到了新的位置。

如果在拖动鼠标的同时按住 Ctrl 键，则将执行复制文本的操作。

注意：

用户还可以通过按住鼠标右键拖动进行移动或复制文本的操作，使用鼠标右键拖动选定的内容，到达目的位置后松开鼠标右键会弹出一个菜单，如图 2-26 所示，在菜单中用户可选择具体操作。

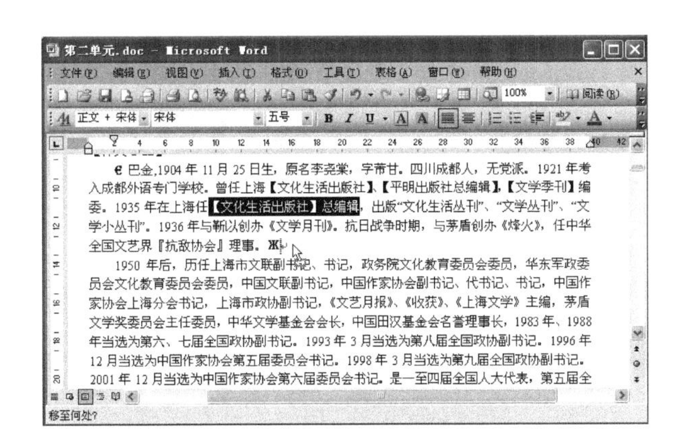

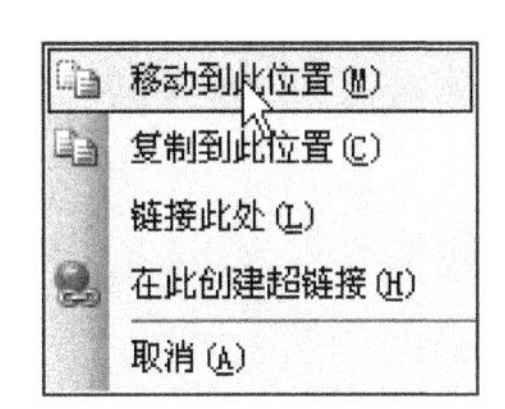

图 2-25　利用鼠标拖动移动文本　　　图 2-26　鼠标右键的移动快捷菜单

2. 利用剪贴板移动或复制文本

如果要长距离地移动文本，例如，将文本从当前页移动到另一页，或将当前文档中的部分内容移动到另一篇文档中，此时如果再用鼠标拖放的办法显然非常不方便，在这种情况下用户可以利用剪贴板来移动文本，具体步骤如下：

（1）选定要移动的文本。

（2）单击“编辑”|“剪切”命令，或单击“常用”工具栏上的“剪切”按钮 ，或按快捷键 Ctrl+X，此时剪切的内容被暂时放在剪贴板上。

（3）将插入点定位在需要放入的新位置，单击“粘贴”按钮 ，或按 Ctrl+V 组合键，或单击“编辑”|“粘贴”命令，选中的文本被移到了新的位置。

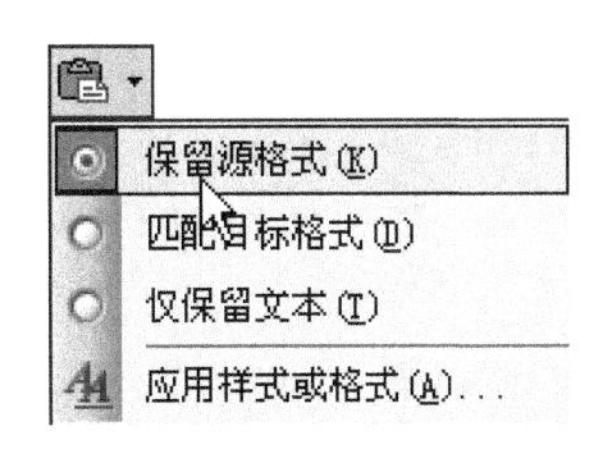

图 2-27　粘贴选项按钮菜单

如果要进行复制操作，在“编辑”菜单中选择“复制”命令即可。

注意：

用户无论在执行复制还是移动文本的操作后总会出现一个图标，这就是“粘贴选项”按钮，把鼠标指向它并单击，会出现一个下拉菜单，如图 2-27 所示。默认情况下，在 Word 2003 中，当用户移动或复制文本时，也同时移动和复制了该文本的格式，如果用户不想移动或复制文本的格式，可在“粘贴选项”菜单中选择如何保留复制或移动后的格式。

3. Office 剪贴板

前面介绍的使用剪贴板复制和移动文本的操作使用的是系统剪贴板，使用系统剪贴板一次只能移动或复制一个项目，当再次执行移动或复制操作时，新的项目将会覆盖剪贴板中原有的项目。Office 剪贴板独立于系统剪贴板，它由 Office 创建，使用户可以在 Office 的应用程序如 Word、Excel 中共享一个剪贴板。Office 的剪贴板的最大优点是一次可以复制多个项目并且用户可以将剪贴板中的项目进行多次粘贴。单击“编辑”|“Office 剪贴板”命令，打开“剪贴板”任务窗格，如图 2-28 所示。

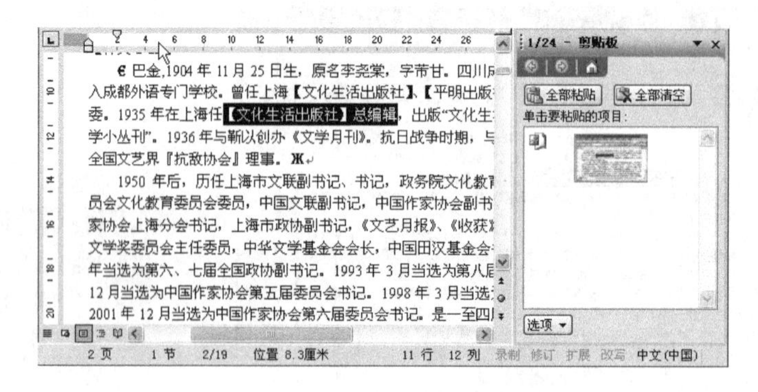

图 2-28 “剪贴板”任务窗格

在使用 Office 剪贴板时应首先打开“剪贴板”任务窗格，然后单击“编辑”菜单命令，在菜单中选择“剪切”或“复制”命令就可以向 Office 剪贴板中复制项目，剪贴板中可存放包括文本、表格、图形等 24 个项目对象，如果超出了这个数目最旧的对象将自动从剪贴板上删除。

在 Office 剪贴板中单击一个项目，即可将该项目粘贴到当前文档中当前光标所在的位置，单击 Office 剪贴板中各项目后的下三角箭头，在打开的菜单中选择“粘贴”命令，也可以将所选项目粘贴到文档中的当前光标所在位置。如果在“剪贴板”任务窗格中单击“全部粘贴”按钮，可将存储在 Office 剪贴板中的所有项目全部粘贴到文档中去。如果要删除剪贴板中的一个项目，可以单击要删除项目后的下三角箭头，在打开的下拉菜单中选择“删除”命令；如果要删除 Office 剪贴板中的所有项目，可以在任务窗格中单击“全部清空”按钮。

有了 Office 剪贴板，用户在编辑具有多种内容对象的文档时就更为方便了。例如，用户可以事先将所需要的各种对象，如文本、表格和图形等预先制作好，并将它们都复制到 Office 剪贴板中。然后在 Word 2003 中再根据编制内容的需要，随时随地将它们一一复制到文档的相应位置，从而避免了反复调用各种工具软件所带来的繁琐操作。

2.3.5　保存文档

在保存文件之前，用户对文件所作的操作保留在计算机内存中。如果用户关闭计算机，或遇突然断电等意外情况，用户所做的工作就会丢失，因此用户应及时对文件进行保存。

1．保存新建文档

Word 2003 在建立新文档时系统默认了文档的名称，但是它没有分配在磁盘上的文档名，因此，在保存新文档时，需要给新文档指定一个文件名。

保存新建的文档的具体步骤如下：

（1）单击“文件”|“保存”命令，或者在“常用”工具栏上单击“保存”按钮 ，打开“另存为”对话框，如图 2-29 所示。

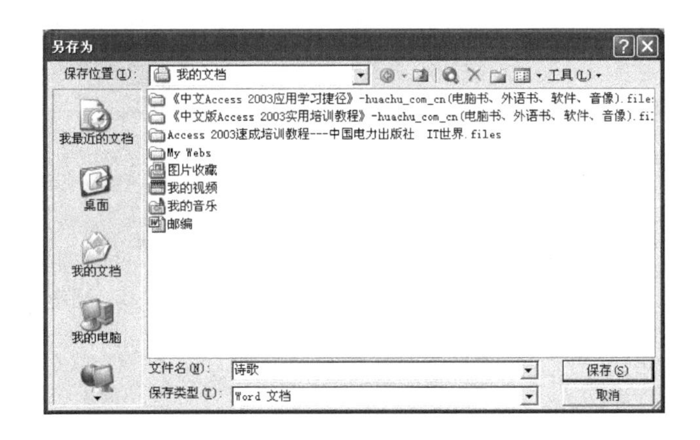

图 2-29　“另存为”对话框

（2）在“保存位置”下拉列表中选择文档的保存位置。

（3）在“文件名”文本框中输入新的文档名，默认情况下，Word 2003 应用程序默认的扩展名为 Word 文档。

（4）单击“保存”按钮。

注意：

如果要以其他的文件格式保存文件，可以在“保存类型”下拉列表中选择要保存的文档格式。

2．保存打开并修改的文档

对于保存过的文档，进行修改后，若要保存可直接执行“文件”|“保存”命令或单击“常用”工具栏中的“保存”按钮，此时不会打开“另存为”对话框，Word 会以用户原来保存的位置进行保存，并且将已修改过的内容覆盖掉原来文档的内容。

如果用户需要保存现有文件的备份，即对现有文件进行了修改，但是还需要保留原始文件，或在不同的目录下保存文件的备份，用户也可以使用“另存为”命令，在“另存为”对话框中指定不同的文件名或目录保存文件，这样原始文件保持不变。此外，如果要以其他的格式保存文件，也可使用“另存为”命令，在“另存为”对话框的“保存类型”下拉列表中列出了可以保存的文件类型，用户可根据需要选取。

注意：

在执行“另存为”操作时，如果要保持原来的文件名就不能保持原来的存放位置，如果要保持原来的存放位置就不能保持原来的文件名。

3．文档的自动保存功能

操作过程中难免会有突然断电或死机等意外发生，如没及时进行保存将会导致文件内容丢失，造成无法挽回的损失。为了防止上述情况的发生，Word 2003 提供了自动保存功能，即在设置的时间内 Word 自动存盘。

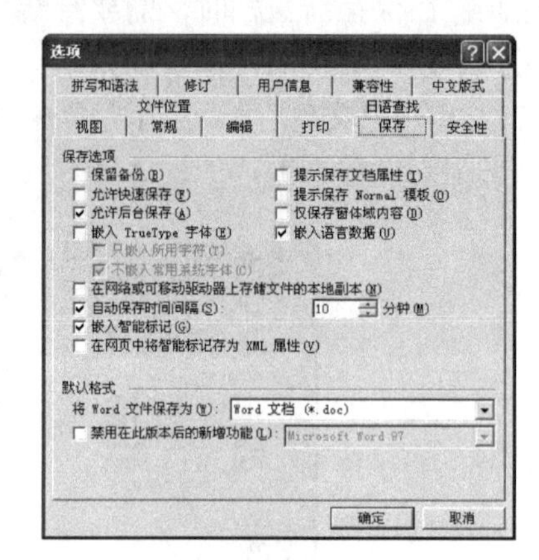

图 2-30 设置自动保存

默认情况下，自动保存功能是打开的，如果该功能没有打开用户可以对它进行设置，具体操作步骤如下：

（1）单击“工具”|“选项”命令，打开“选项”对话框，选择“保存”选项卡，如图 2-30 所示。

（2）在“保存选项”区域选中“自动保存时间间隔”复选框，并在后面的文本框中选择或输入保存时间间隔。间隔越短，保存文件越频繁，则在发生断电或类似情况下，文件可恢复的信息越多。

（3）单击“确定”按钮。

注意：

启用了自动保存功能后，就可以让 Word 周期性地自动保存文件。自动保存的文件以特殊的格式保存在指定的目录下，关闭文件之前仍需用“保存”或“另存为”命令来保存被修改的文件。

设置了自动保存功能后，如果因意外事件（比如停电、死机等）而关机，则在下次打开该文档时在窗口的左侧将会出现“文档恢复”窗格，如图 2-31 所示。

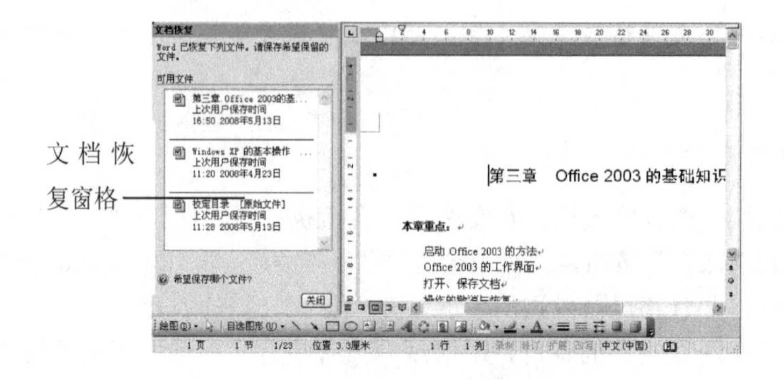

图 2-31 文档恢复窗格

在“文档恢复”窗格中，列出了所有已恢复的文档名及保存时间。单击“文档恢复”窗格中的一个恢复文件，在右侧编辑窗口中将出现恢复文档的内容；单击“文档恢复”窗格中的“关闭”按钮则可关闭“文档恢复”窗格。

Word 2003 的“自动恢复”功能不能代替文档的正常保存，打开恢复的文件后如果是用户需要的，用户可以用它取代原文件保存或另存为一个新的文件；如果打开的恢复文件不是自己需要的，用户可以将其关闭，在关闭时将会打开如图 2-32 所示的对话框，在对话框中单击“删除”按钮就可以将这个恢复文档删除了；如果单击“另存为”按钮则可以将恢复文件另存。

图 2-32　关闭恢复文件的警告对话框

2.3.6　关闭文档

对文档的操作全部完成后，用户就可以关闭文档了。要关闭一个文档，可单击标题栏右侧的“关闭”按钮，也可以单击“文件”|“关闭”命令。

如果在上次保存文档之后对文档进行了修改，在关闭文档时系统会询问是否保存所做的修改，如图 2-33 所示。如果单击“是”按钮，那么就保存对文件的修改，如果单击“否”按钮，就放弃对文件所做的修改，如果单击“取消”按钮，则放弃当前这一操作而返回文档。

图 2-33　关闭文档时的警告对话框

2.3.7　打开文档

打开文档是在 Office 2003 中经常遇到的操作之一。用户经常需要打开某个文件，以便对其进行编辑、排版或打印的操作。在 Word 2003 中可以打开任何位置上的文件，其中包括本地硬盘、网络驱动器以及在 Internet 上的文件。

打开文档的最基本方法是在“我的电脑”中找到文档的存放位置，然后直接双击将其打开，在 Word 2003 中则可以利用下面的方法之一打开文档。

1．利用“打开”对话框打开文档

在 Word 2003 中如果要打开一个已经存在的文档可以利用“打开”对话框将其打开，具体步骤如下：

（1）单击“文件”|“打开”命令，或者单击“常用”工具栏上的“打开”按钮

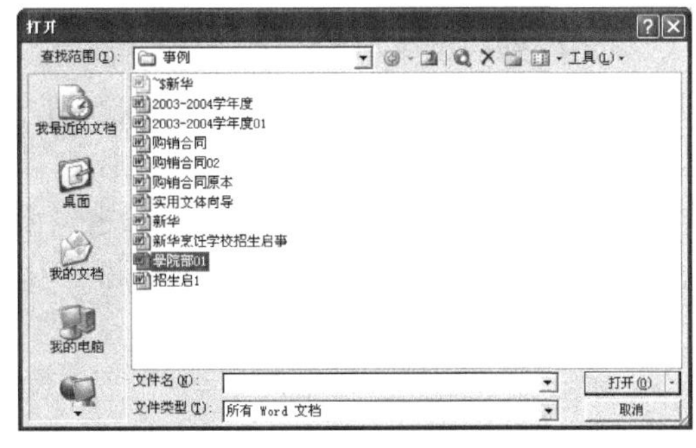

图 2-34　“打开”对话框

都可以打开“打开”对话框，如图 2-34 所示。

（2）在“查找范围”下拉列表中选择文件所在的驱动器或文件夹，在文件名列表中选择所需的文件。如果文件在某个文件夹中，双击该文件夹打开文件夹的下一级列表进行选择。

（3）单击“打开”按钮，或者在文件列表中双击要打开的文件名，即可将文档打开。

注意：

在“打开”对话框中只列出扩展名为“.DOC”的 Word 文档。如果要打开扩展名不是“.DOC”的文件，必须在“文件类型”列表框中选择需要列出文件的文件类型。

2. 以只读或副本方式打开文档

默认情况下，文档都是以读写方式打开的。不过用户为了保护文档内容不会被错误操作而更改，可以自己定义文档的打开方式，例如，以只读方式或以副本方式打开文档。

当以只读方式打开文档时，可以保护原文档不被修改，即使对原文档进行了修改，Word 也不允许以原来的文件名保存。要想以原来的文件名保存就不能保存在原先的位置。

当以副本方式打开文档时，系统默认是在原文档所在的文件夹中创建并打开原文档的一个副本，因此，用户必须对该文档所在的文件夹具有读写权。对副本的任何修改都不会影响原文档，所以以副本方式打开文档，同样可以起到保护原文档的作用。以副本方式打开时，程序会自动在文档原名称后加上序号。例如，以副本方式打开名为“Word 2003 的基本操作”的文档，那么，Word 会以“Word 2003 的基本操作（2）”的名称标识此文档的第一个副本。若再次以副本的方式打开此文档，第二个副本的名称就是“Word 2003 的基本操作（3）”，依此类推。

以只读或副本方式打开文档的具体步骤如下：

（1）单击“文件”|“打开”命令或者单击“常用”工具栏中的“打开”按钮，打开“打开”对话框。

（2）在“查找范围”下拉列表中找到要打开的文档所在位置，在文件列表中选中要打开的文档。

（3）单击“打开”按钮后的下三角箭头，打开下拉菜单，在菜单中选择“以只读方式打开”或“以副本方式打开”。

3. 打开最近操作过的文档

Word 2003 具有自动记忆功能，它可以记忆最近几次打开的文档。在“文件”菜单的底部列出了最近打开的文档，如图 2-35 所示，用户可以直接单击其中的文档将它打开。

另外，在 Word 2003 的“开始工作”任务窗格中也可以快速打开已有文档，“开始工作”任务窗格如图 2-36 所示。在任务窗格的“打开”区域，列出了最近使用过的文档，单击其中的一个即可将其打开，如果单击“其他”选项将会打开“打开”对话框。

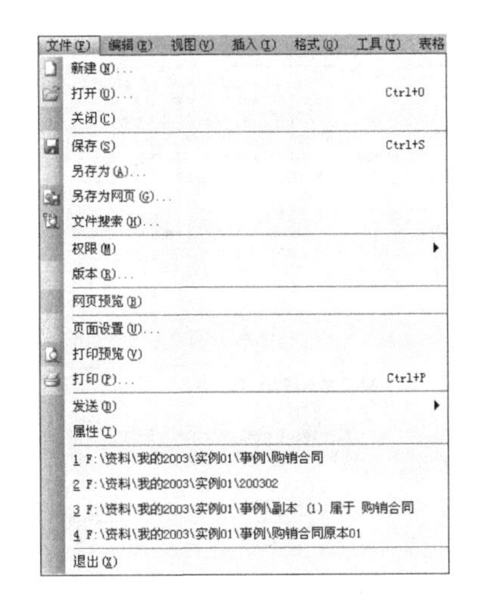

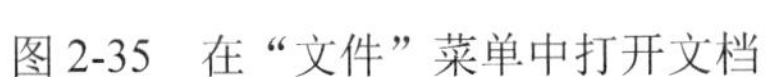
图 2-35　在“文件”菜单中打开文档

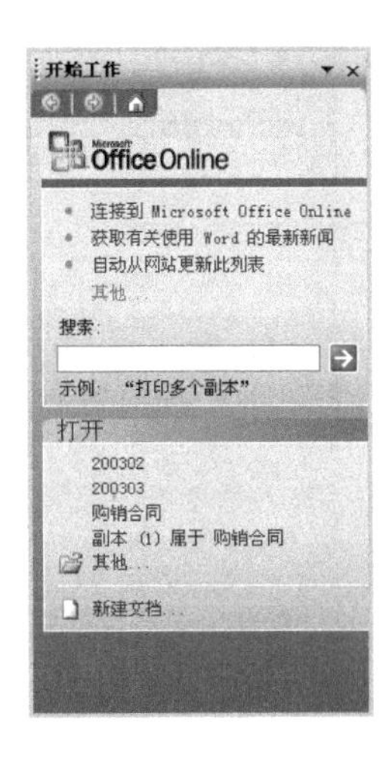

图 2-36　“开始工作”任务窗格

2.4　Word 2003 的视图方式

Word 2003 提供了多种视图方式，用户可以选择最适合自己的工作方式来显示文档。例如，可以使用普通视图来输入、编辑和排版文本；使用大纲视图来查看文档结构；使用页面视图来查看与打印效果相同的页。

2.4.1　页面视图

页面视图是系统默认的视图方式，在页面视图中，所显示的文档与打印出来的结果几乎是完全一样的，页面视图是一种“所见即所得”的方式。文档中的页眉、页脚、脚注、分栏等项目都显示在实际的位置处。在页面视图中，不以一条虚线表示分页符，而是直接显示页边距，如图 2-37 所示。用户可以单击“视图”|“页面”命令，或者单击水平滚动条左侧的“页面视图”按钮 ▣ 切换到页面视图。

2.4.2　普通视图

普通视图是最常用的视图方式，可以完成大多数输入和编辑工作。在该视图方式中，可以显示字体、字号、字形、段落缩进以及行距等格式，但是只能将多栏显示成单栏格式，而且不显示页眉和页脚、页号及页边距等。

在该视图方式中，Word 2003 能够连续显示正文，页与页之间用一条虚线表示分页符，节与节之间用双行虚线表示分节符，使文档阅读起来比较连贯，如图 2-38 所示。用户可以单击“视图”|“普通”命令，或者单击水平滚动条左侧的“普通视图”按钮 ☰ 切换到普通视图方式。

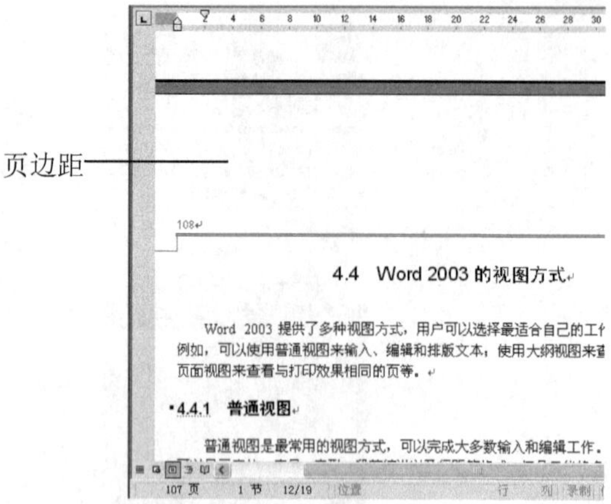

图 2-37　页面视图方式

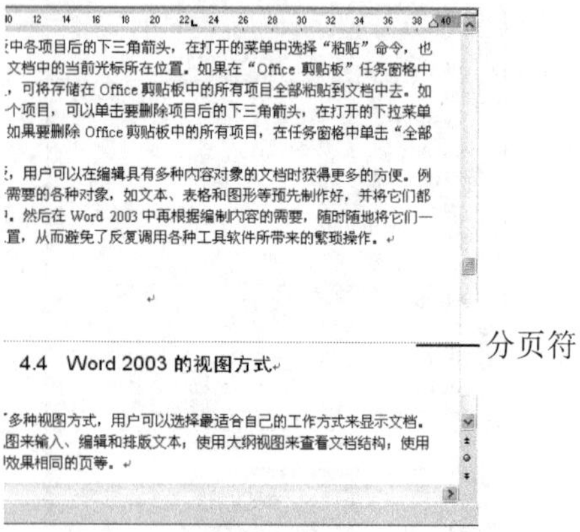

图 2-38　普通视图方式

2.4.3　Web 版式视图

Web 版式视图用于创作 Web 页，它能够仿真 Web 浏览器来显示文档。在 Web 版式视图下，可以看到给 Web 文档添加的背景，文本将自动折行以适应窗口的大小，如图 2-39 所示。用户可以单击“视图”|“Web 版式”命令，或者单击水平滚动条左侧的“Web 版式视图”按钮 切换到 Web 版式视图方式。

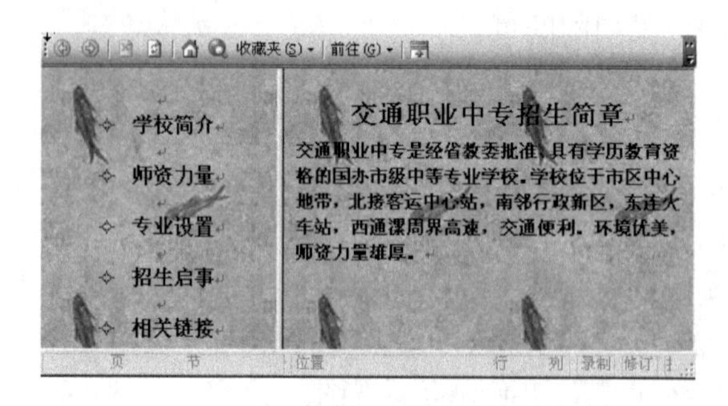

图 2-39　Web 版式视图方式

2.4.4　大纲视图

在大纲视图中，能查看文档的结构。可以通过拖动标题来移动、复制和重新组织文本；可以通过折叠文档来查看主要标题，或者展开文档以查看所有标题以至正文。

大纲视图还使得主控文档的处理更为方便。主控文档有助于较长文档的组织和维护。在大纲视图中不显示页边距、页眉、页脚和背景，如图 2-40 所示。用户可以单击“视图”|“大纲”命令，或者单击水平滚动条左侧的“大纲视图”按钮 切换到大纲视图。

2.4.5　阅读版式视图

在阅读版式视图中可以把整篇文档分屏显示，文档中的文本为了适应屏幕自动换行，在该视图中不显示页眉和页脚，在屏幕的顶部显示了当前文档所在的屏数和总屏数，如图

2-41 所示。总屏数会随着窗口大小的变化而变化，用户将文档窗口调大，则总屏数会自动减少；将文档窗口缩小，则总屏数会自动增加。用户可以单击“视图”|“阅读版式”命令，或者单击水平滚动条左侧的“阅读版式视图”按钮 切换至“阅读版式”视图。

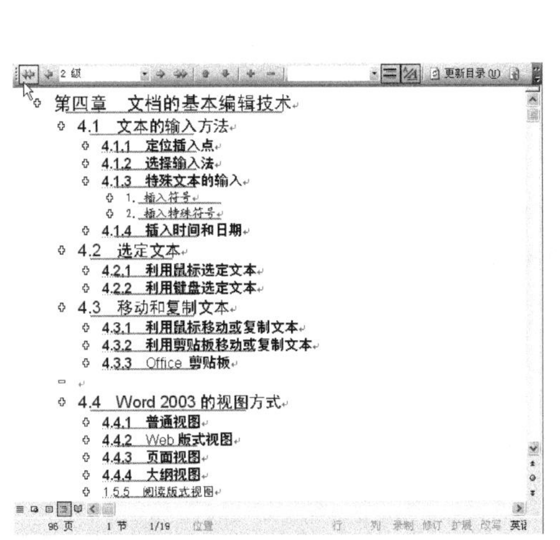

图 2-40　大纲视图方式

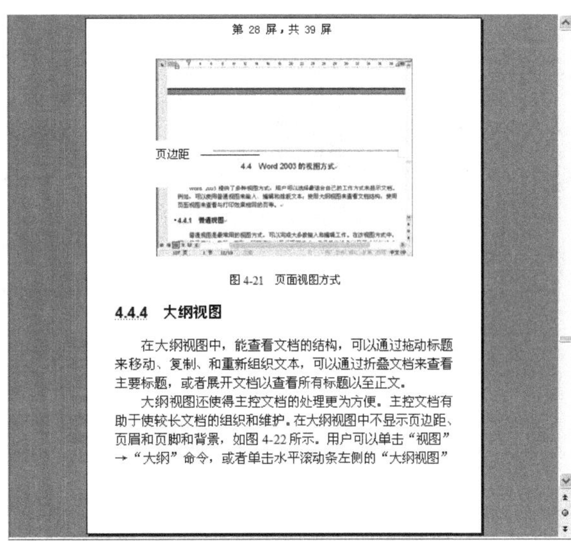

图 2-41　阅读版式视图

2.5　控制文档的显示比例

在 Word 2003 中，为了方便工作，用户可以通过调整文档的显示比例、隐藏空白区域等操作来控制文档的显示方式。

2.5.1　选择显示比例

在 Word 窗口中查看文档时，可以按照某种比例来放大或者缩小显示的比例。放大显示时，当然可以看到比较清楚的文档内容，但是相对看到的内容就少了许多，这种显示通常用于修改细节数据或编辑较小的字体。相反，如果缩小显示比例时，可以观察到的内容数量很多，但是文档的内容就看得不清晰，这通常是用于整页快速浏览或者排版时观察整个页面。

单击“常用”工具栏中“显示比例”框右边的下拉箭头，出现一个下拉列表框。在该列表框中用户可以选择不同的显示比例，如图 2-42 所示。

此外，用户还可以在“显示比例”对话框中对显示比例进行更加详细的设置，具体操作方法如下：

（1）单击“视图”|“显示比例”命令，打开“显示比例”对话框，如图 2-43 所示。

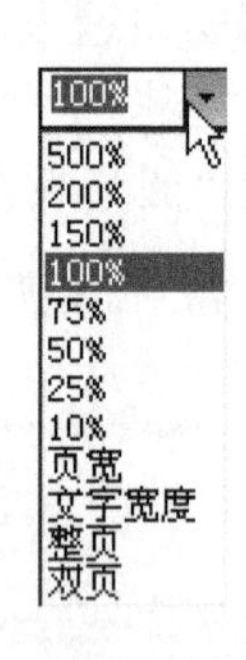

图 2-42 “显示比例”下拉列表框

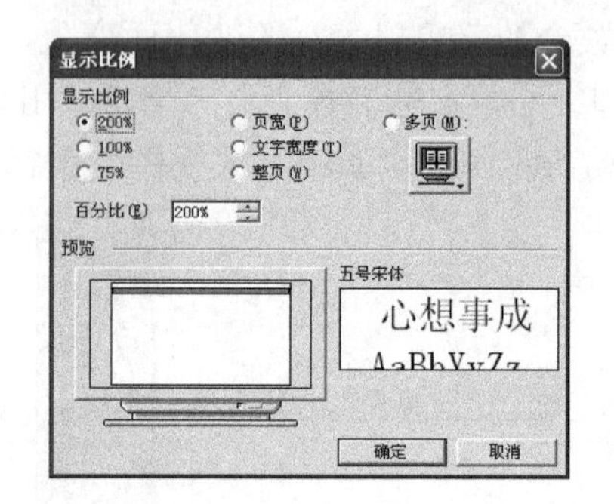

图 2-43 “显示比例”对话框

（2）在“显示比例”区域中选择一种合适的显示比例。

（3）单击“确定”按钮。

注意：

如果选择“多页”单选按钮，可以查看多页文档，单击下方的显示器按钮会出现网格，用户可以单击并拖动网格来确认希望在屏幕上一次能看到的页数。

2.5.2 全屏显示

为了增加更多的显示空间，也可以将页面扩大到满屏幕，单击“视图”|“全屏显示”命令即可切换到全屏显示视图中，如图 2-44 所示。在全屏显示视图中，标题栏、菜单栏、工具栏、状态栏以及其他的屏幕元素都被隐藏起来了，从而使有限的屏幕空间可以更多地显示文档内容。

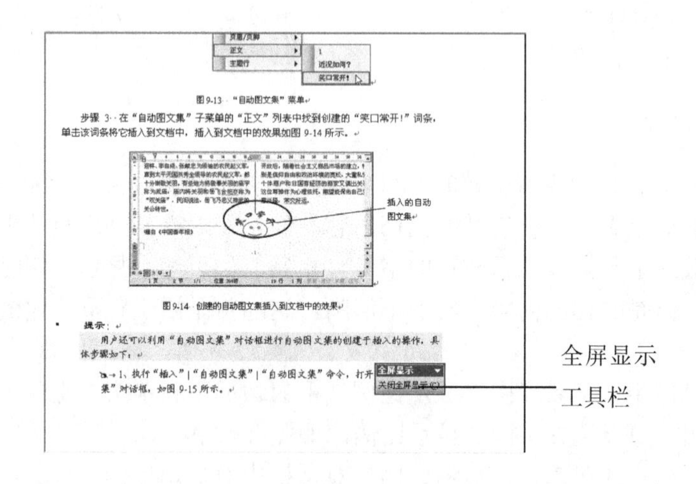

图 2-44 全屏显示视图

注意：

若要在全屏显示视图下选择菜单命令，只需将鼠标指针指向窗口的顶部，就会显示菜单栏。单击“全屏显示”工具栏中的“关闭全屏显示”按钮或者按 Esc 键即可切换到原来的视图方式。

2.5.3　隐藏空白区域

在页面视图中，如果用户觉得页面与页面之间的空白区域影响了自己的视线，用户可以将它们隐藏。隐藏空白区域的具体操作方法如下：

（1）在页面视图中将鼠标指针移到页与页的分界处。

（2）当鼠标变成 状时单击鼠标左键，在文档中只留下了一条黑色的横线，如图 2-45 所示。

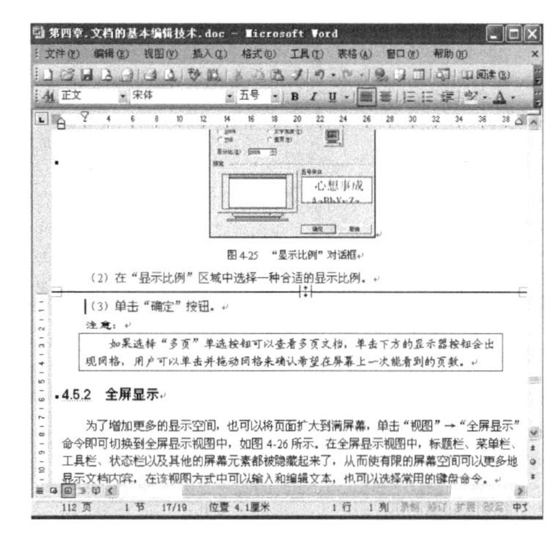

图 2-45　隐藏文档中的空白

（3）如果要显示空白区域，再次将鼠标移到黑色的粗实线上，当出现屏幕提示内容“显示空白”时单击鼠标左键即可恢复到没有隐藏空白区域时的状态。

2.6　查找与替换

查找和替换是一个字处理程序中非常有用的功能，Word 2003 允许对文字甚至文档的格式进行查找和替换。Word 2003 强大的查找和替换功能使在整个文档范围内枯燥的修改工作变得方便迅速和有效。

2.6.1　查找文本

在文档中查找文本的具体步骤如下：

（1）将插入点定位在文档中的任意位置。

（2）单击“编辑”|“查找”命令，打开“查找和替换”对话框，如图 2-46 所示。

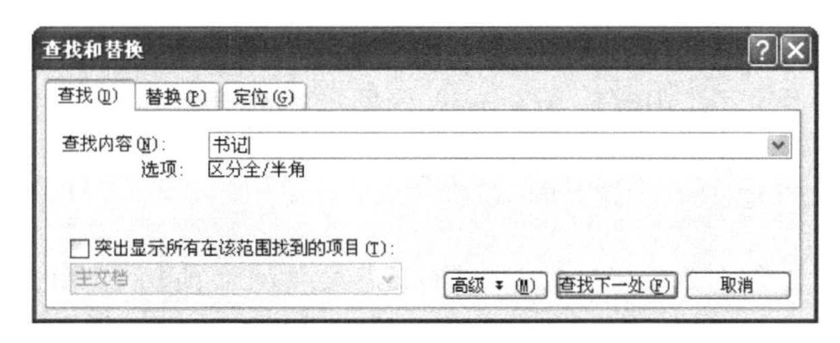

图 2-46　在文档中执行查找操作

（3）在“查找内容”文本框中输入要查找的内容，如“书记”，单击“查找下一处”按钮，Word 就开始进行查找。如果找到了要查找的内容就会将其反白显示。若要继续查找，可以再次单击“查找下一处”按钮。

（4）单击“取消”按钮，关闭“查找和替换”对话框，返回到文档中。

注意：

如果要一次选中所有的指定内容，在“查找和替换”对话框中选中“突出显示所有在该范围找到的项目”复选框，然后在下面的列表中选择查找范围，此时“查找下一处”按钮变为“查找全部”按钮。单击“查找全部”按钮，Word 就会将所有指定内容选中。

2.6.2 替换文本

在文档中执行替换操作的具体步骤如下。

（1）将插入点定位在文档中的任意位置。

（2）执行“编辑”|“替换”命令，打开“查找和替换”对话框，如图 2-47 所示。

（3）在“查找内容”文本框中输入要替换的内容，如“书记”，在“替换为”文本框中输入要替换成的内容，如“主席”。

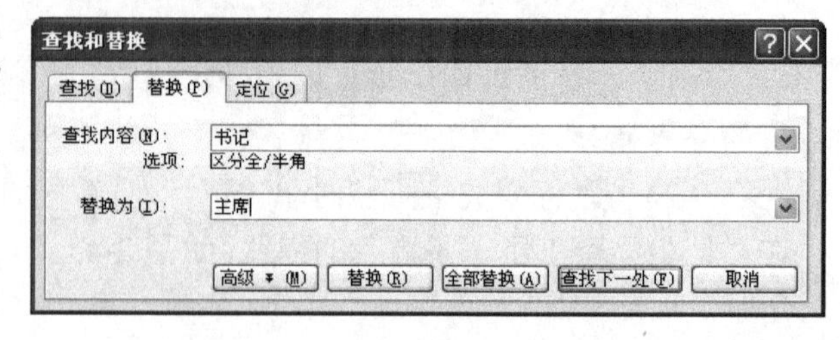

图 2-47 在文档中执行替换操作

（4）单击“查找下一处”按钮，系统从插入点处开始向下查找，查找到的内容反白显示在屏幕上。

（5）单击“替换”按钮将会把该处的“书记”替换成“主席”，并且系统继续查找。如果查找的内容不是需要替换的内容，可以单击“查找下一处”按钮继续查找。

（6）替换完毕，单击“取消”按钮关闭对话框。

注意：

如果用户确信所有查找到的文本“书记”都可以替换为“主席”，则可以单击“全部替换”按钮，将所有文本“书记”全部替换为“主席”。

2.7 本 章 练 习

一、填空题

1．在用鼠标选定文本时如果在按住________键的同时，在要选择的文本上拖动鼠标，可以选定一个矩形块文本区域。

2．按________方向键，插入点从当前位置向左移动一个字符。按________方向键，插入点从当前位置向右移动一个字符。

3．在输入文本时，当到达页边距之前要结束一个段落时用户可以按________键，如果用户不想另起一个段落而是想切换到下一行可以按下________键。

4．Office 剪贴板中可存放包括文本、表格、图形等________项目对象，如果超出了这个数目，最旧的对象将自动从剪贴板上删除。

二、选择题

1．在 Word 2003 文档中插入合适格式的时间和日期可以通过下面那个菜单来执行？（　　）

A．文件　　B．编辑　　C．格式　　D．插入

2．下面哪种方法可以将所选内容暂存到剪贴板上？（　　）

A．按组合键 Ctrl+Shift　　B．按组合键 Ctrl+S

C．按组合键 Ctrl+X　　D．按组合键 Ctrl+C

3．下面哪种方法可以将剪贴板上的内容粘贴到插入点的位置？（　　）

A．按组合键 Ctrl+S　　B．选择“编辑”菜单中的“粘贴”命令

C．按组合键 Ctrl+V　　D．按组合键 Ctrl+C

4．选定了一块文本之后，在按下（　　）键的同时拖动鼠标可以同时选择其他的文本。

A．Shift　　B．Alt　　C．Ctrl　　D．Ctrl+空格键

三、判断题

下面各题中叙述正确的打“√”，错误的打“×”。

1．“符号”以及“查找和替换”对话框不关闭用户也可以继续在文档中操作。（　　）

2．按住 Ctrl 键并单击文档中任意位置的选择条可以选中整篇文档。（　　）

3．在文档中插入的时间和日期可以自动更新。（　　）

4．在段中的任意位置连续三次单击鼠标可以选中该段落。（　　）

四、操作题

1．**新建文件**：在 Word 2003 中新建一个文档，文件名为 A2.DOC，保存至用户文件夹。

2．**录入文本与符号**：按照【样文 2-1A】，录入文字、字母、标点符号、特殊符号等。

3．**复制粘贴**：将随书所附光盘素材文件夹 DATA2 文件夹中 TF2-1B.DOC 文档中所有文字复制到用户录入文档之后。

4．**查找替换**：将文档中所有“教导”替换为“教育”，结果如【样文 2-1B】所示。

【样文 2-1A】

☎郑渊洁是著名的【儿童文学作家】，他【教导】孩子的方式恐怕也已经相当『出名』了。前几年，他儿子在大学读了两个星期，回家对爸爸说，我在学校学不到东西，不想上了！郑渊洁点头赞同："不上就不上吧，我教你不比他们教得差。"于是孩子就在他的辅导下自学。

【样文 2-1B】

☎郑渊洁是著名的【儿童文学作家】，他【教育】孩子的方式恐怕也已经相当『出名』了。前几年，他儿子在大学读了两个星期，回家对爸爸说，我在学校学不到东西，不想上了！郑渊洁点头赞同："不上就不上吧，我教你不比他们教得差。"于是孩子就在他的辅导下自学。

或许有的读者不服气：郑渊洁是名人，孩子即使将来出了问题，他也有足够的资源买单。其实，名作家的财产和企业家还是没法相比的。财产超过郑渊洁的企业家，恐怕一个小城市里就有一大把，而他们并不敢这样开放地教育孩子。

郑渊洁敢于这样教育孩子，关键在于他有自己的教育理想。《童话大王》这本杂志是他的舆论阵地。上面除了刊登商业化的儿童文学作品外，几乎每期都有一篇文章，直接谈他的教育思想，评议现行教育体制。作为一个只有小学文凭，完全靠自学起家的作家，他不接受现行教育制度，自己独树一帜，可谓顺理成章。

第 3 章　文档基本格式的编排

本章主要介绍字符格式、段落格式、项目符号和编号以及中文版式的设置等文档基本格式设置的操作，它们是 Word 2003 中比较重要的基本内容，掌握本章内容，可以使文档变得更整洁条理。

本章重点：

- 设置字符格式
- 设置段落格式
- 设置项目符号和编号
- 中文版式的设置

3.1　设置字符格式

在 Word 2003 中，字符是指作为文本输入的汉字、字母、数字、标点符号及特殊符号等。字符是文档格式化的最小单位，对字符格式的设置决定了字符在屏幕上或打印时的形式。字符格式包括字体、字号、字形、颜色及特殊的阴影、阴文、阳文、动态等修饰效果。

默认情况下，在新建的文档中输入文本时文字以正文文本的格式输入，即宋体五号字。通过设置字体格式可以使文字的效果更加突出。

比如，有些文档中字体格式过于单一，为了使读者能够更加方便地阅读它，用户可以为文档的标题和部分内容设置字体格式，使标题更加醒目，使文档更具有吸引力。

3.1.1　利用对话框设置字符格式

如果要设置的字符格式比较复杂，可以利用“字体”对话框对字符的格式进行设置。

例如，利用“字体”对话框将文档的标题“病榻呓语”设置为：华文新魏、一号、加粗倾斜、加双下划线，具体步骤如下：

（1）选中文档的标题文本“病榻呓语”。

（2）单击“格式”|“字体”命令，打开“字体”对话框，单击“字体”选项卡，如图 3-1 所示。

（3）在“中文字体”下拉列表中选择“华文新魏”。

（4）在“字号”下拉列表中选择“一号”，在“字形”下拉列表中选择“加粗 倾斜”，在“下划线线型”下拉列表中选择“双下划线”。

（5）单击“确定”按钮，设置标题字体格式后的效果如图 3-2 所示。

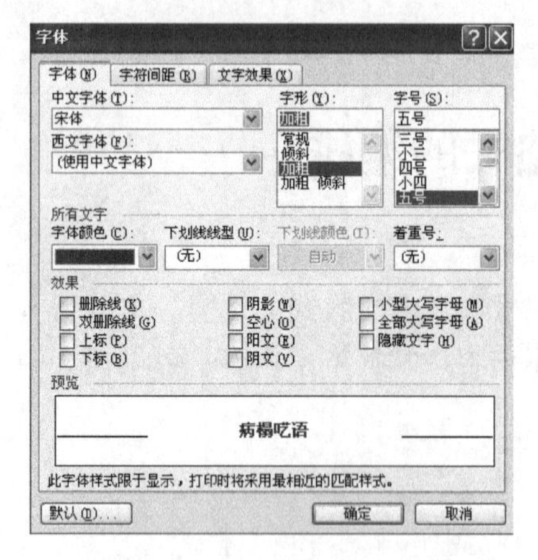

图 3-1 “字体”对话框

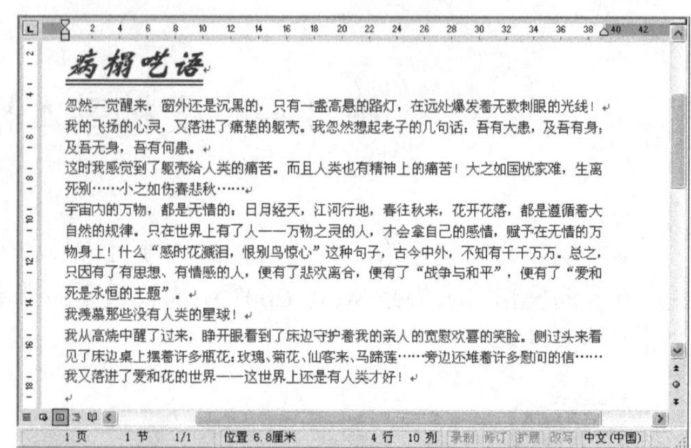

病榻呓语

忽然一觉醒来，窗外还是沉黑的，只有一盏高悬的路灯，在远处爆发着无数刺眼的光线！

我的飞扬的心灵，又落进了痛楚的躯壳。我忽然想起老子的几句话：吾有大患，及吾有身；及吾无身，吾有何患。

这时我感觉到了躯壳给人类的痛苦。而且人类也有精神上的痛苦！大之如国忧家难，生离死别……小之如伤春悲秋……

宇宙内的万物，都是无情的，日月经天，江河行地，春往秋来，花开花落，都是遵循着大自然的规律。只在世界上有了人——万物之灵的人，才会拿自己的感情，赋予在无情的万物身上！什么“感时花溅泪，恨别鸟惊心”这种句子，古今中外，不知有千千万万。总之，只因有了有思想、有情感的人，便有了悲欢离合，便有了“战争与和平”，便有了“爱和死是永恒的主题”。

我羡慕那些没有人类的星球！

我从高烧中醒了过来，睁开眼看到了床边守护着我的亲人的宽慰欢喜的笑脸。侧过头来看见了床边桌上摆着许多瓶花：玫瑰、菊花、仙客来、马蹄莲……旁边还堆着许多慰问的信……我又落进了爱和花的世界——这世界上还是有人类才好！

图 3-2 设置标题字体格式后的效果

另外在“效果”区域内还有删除线、上标和下标、阴文和阳文、阴影、空心等效果。

在 Word 中，可利用“号”和“磅”两种单位来度量字体大小。当以“号”为单位时，数值越小，字体越大。如果以“磅”为单位时，数值越小，字体越小。表 3-1 列出了字体大小“号”和“磅”的对应关系。

表 3-1 字体大小“号”和“磅”的对应关系

号	对应磅值	号	对应磅值	号	对应磅值	号	对应磅值
八号	5 磅	七号	5.5 磅	小六	6.5 磅	六号	7.5 磅
小五	9.0 磅	五号	10.5 磅	小四	12 磅	四号	14 磅
小三	15 磅	三号	16 磅	小二	18 磅	二号	22 磅
小一	24 磅	一号	26 磅	小初	36 磅	初号	42 磅

3.1.2 利用工具栏设置字符格式

如果要设置的字体格式比较简单，可以利用工具栏中的按钮进行设置。用户可以利用“格式”工具栏，快速地设置最常用的字体格式：字体、字号、粗体、斜体和下划线等。例如，将文档标题 “病榻呓语”的正文设置为“隶书、小四”的格式，第二段加下划线，具体步骤如下：

（1）选中要设置字体格式的文本。

（2）单击“格式”工具栏中的“字体”组合框右侧的下三角箭头，打开“字体”下拉列表框，如图 3-3 所示。

（3）在“字体”下拉列表中选择“隶书”，选定的文本就设置为隶书。

（4）单击“格式”工具栏中的“字号”组合框右侧的下三角箭头，打开“字号”下拉列表框，如图 3-4 所示。

（5）在“字号”下拉列表中选择“小四”，选定的文本便被设置为“小四”字体。

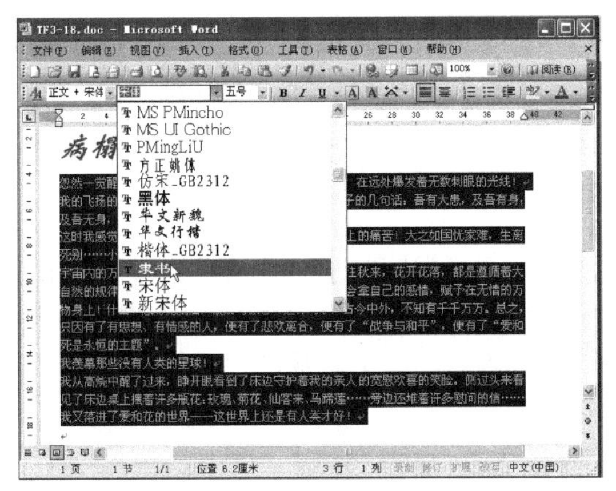

图 3-3　设置字体

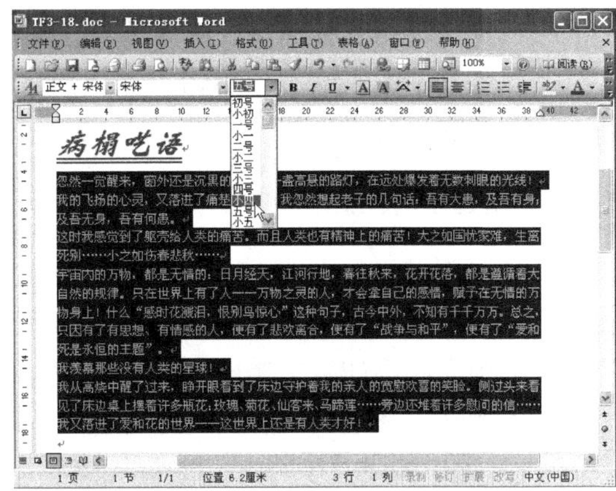

图 3-4　设置字号

（6）在工具栏上单击“下划线”按钮U，则字体被添加了下划线，设置的字体最终效果如图 3-5 所示。

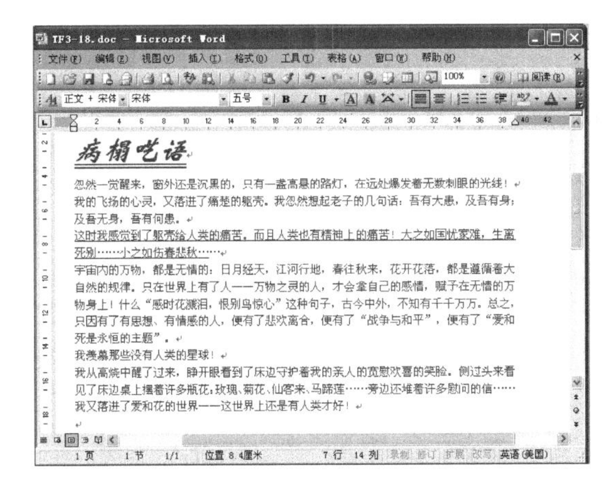

图 3-5　利用工具栏设置的字体格式

“格式”工具栏中设置字形和效果的按钮主要有以下几个：

- 加粗 **B**：单击“加粗”按钮，可以使选中文本出现加粗效果，再次单击“加粗”按钮可取消加粗效果。
- 倾斜 *I*：单击“倾斜”按钮，可以使选中文本出现倾斜效果，再次单击“倾斜”按钮可取消倾斜效果。
- 下划线 U ▾：单击“下划线”按钮，可以为选中文本自动添加下划线，单击按钮右侧的下三角箭头可以选择下划线的线型和颜色，再次单击“下划线”按钮取消下划线效果。
- 字体颜色 A ▾：单击“字体颜色”按钮，可以改变选中文本字体颜色，单击按钮右侧的下三角箭头选择不同的颜色，选择的颜色显示在该符号下面的矩形条上。
- 突出显示按钮 ▾：单击“突出显示”按钮，选定的文本将变成带有背景色的文本。如果没有选定文本，单击“突出显示”按钮则鼠标变为状，这时按住鼠标左键用它拖过的文本都会带上背景色，再次单击“突出显示”按钮，鼠标恢复到文本编辑状态。单击“突出显示”按钮右侧的下三角箭头出现颜色下拉列表，在这里可以设置背景色。

3.1.3 设置字符间距

字符间距指的是文档中两个相邻字符之间的距离。通常情况下，采用单位“磅”来度量字符间距。调整字符间距操作指的是按照用户规定的值均等地增大或缩小所选文本中字符之间的距离，例如，文档的标题“病榻呓语”文字较少，为了美观可以增加它的字符间距，具体步骤如下：

（1）选中要设置字符间距的标题文本。

（2）单击“格式”|“字体”命令，打开“字体”对话框，单击“字符间距”选项卡，如图 3-6 所示。

（3）在“间距”下拉列表中选择“加宽”，并在其后的文本框中选择或输入“3 磅”，在下面的“预览”窗口中即可预览到设置字符间距后的效果。

（4）单击“确定”按钮，设置字符间距后的效果如图 3-7 所示。

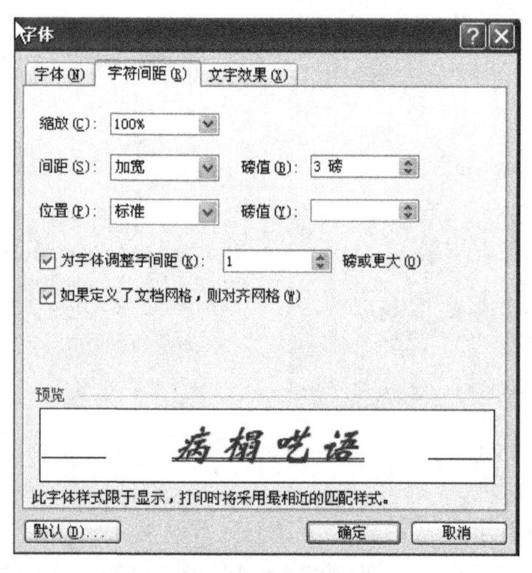

图 3-6 设置字符间距

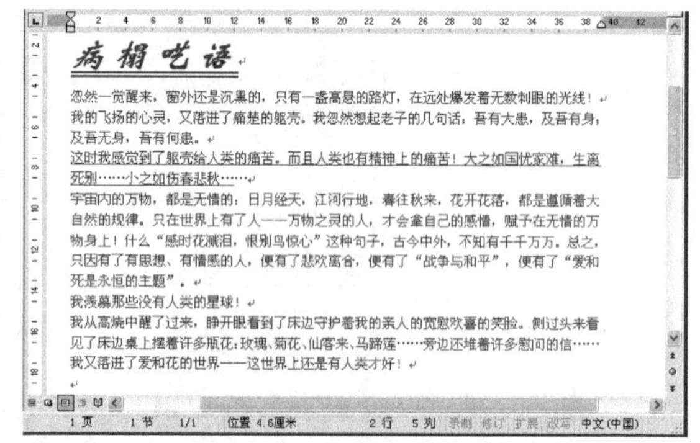

图 3-7 设置字符间距后的效果

在“字符间距”选项卡中有“缩放”、“间距”和“位置”三个设置选项。

“缩放”用于缩放选定字符的横向尺寸，它和工具栏中“字符缩放”按钮 的功能相同。用户既可以在下拉列表框中选择 Word 里面已经设定的比例，也可以通过直接单击文本框输入自己所需的百分比。需要注意的是，如果用户通过键盘输入一个字体缩放的百分比（如 70%）后又要将文本尺寸改回 100%，必须同样通过键盘输入。缩放字符只能在水平方向上进行缩小或放大，以下是字符缩放的示例：

字符缩放（100%）

字符缩放（200%）

字符缩放（80%）

“间距”用于设置选定字符之间的间隔距离，在此列表框中有“标准”、“加宽”、“紧缩”三个选项。如果选择了“加宽”或“紧缩”选项，则还要进一步在其右侧的“磅值”文本框中输入加宽或紧缩的磅值。字符间距的默认值设置为“标准”。以下是字符“间距”格式化的示例：

标准：职业技能培训指导中心

加宽（2 磅）：职 业 技 能 培 训 指 导 中 心

紧缩（1 磅）：职业技能培训指导中心

“位置”用于提升或降低选定的字符，一般情况下，字符以行基线为中心，处于标准位置。在位置列表框中有“标准”、“提升”、“降低”三个选项。如果选择了“提升”或“降低”选项，则还要进一步在其右侧的“磅值”文本框中输入提升或降低的磅值。位置的默认值设置为“标准”。以下是字符“位置”格式化的示例。

提升（5 磅）：职业技能培训指导中心

降低（5 磅）：职业技能培训指导中心

3.1.4　设置动态效果

字符的动态效果可以方便用户进行 Web 页或演示文档的制作，在 Word 2003 中这些功能得到了很大的扩充。

设置文字动态效果的具体步骤如下：

（1）选定要设置动态效果的文本。

（2）单击“格式”|“字体”命令，打开“字体”对话框，单击“文字效果”选项卡，如图 3-8 所示。

（3）在“动态效果”列表中选择一种字符动态效果，在“预览”文本框中可以预览目前所设置文字的动态效果。

（4）单击“确定”按钮。

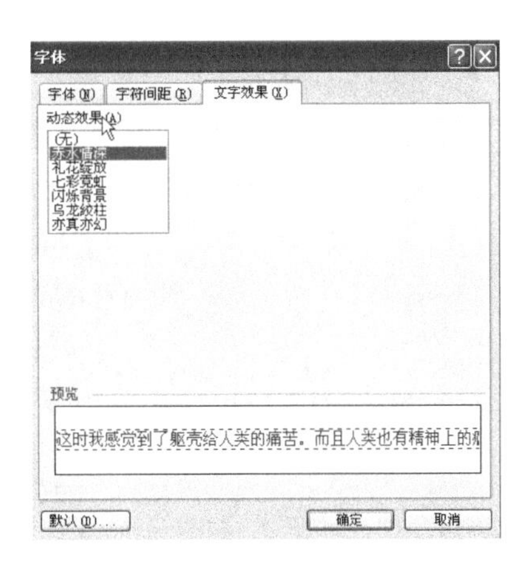

图 3-8　设置字符的动态效果

3.2　设置段落格式

段落就是以回车键结束的一段文字，它是独立的信息单位。字符格式表示的是文档中局部文本的格式化效果，而段落格式的设置则将帮助用户设计文档的整体外观。

在设置段落格式时，用户可以将鼠标定位在要设置格式的段落中，然后再进行设置。当然，如果要同时对多个段落进行设置，则应先选定这些段落。

3.2.1　设置段落对齐格式

段落的对齐直接影响文档的版面效果，段落的对齐方式分为水平对齐和垂直对齐。水平对齐方式控制了段落在页面水平方向上的排列方式，垂直对齐方式则可以控制文档中未满页的排布情况。

1．水平对齐方式

段落的水平对齐方式控制了段落中文本行的排列方式，段落的水平对齐方式有“两端对齐”、“左对齐”、“右对齐”、“居中对齐”和“分散对齐”5 种。

- 两端对齐：段落中除了最后一行文本外，其余行的文本的左右两端分别以文档的左右边界为基准向两端对齐。这种对齐方式是文档中最常用的，也是系统默认的对齐方式，平时用户看到的书籍的正文都采用该对齐方式。
- 左对齐：段落中每行文本一律以文档的左边界为基准向左对齐。对于中文文本来说，左对齐方式和两端对齐方式没有什么区别。但是如果文档中有英文单词，左对齐将会使文档右边缘参差不齐，此时如果使用“两端对齐”的方式，右边缘就可以对齐了。
- 右对齐：文本在文档右边界被对齐，而左边界是不规则的，一般文章的落款多采用该对齐方式。
- 居中对齐：文本位于文档上左右边界的中间，一般文章的标题都采用该对齐方式。
- 分散对齐：段落的所有行的文本的左右两端分别沿文档的左右两边界对齐。

在“格式”工具栏上设置了相应的对齐方式按键，不过在“格式”工具栏只有四种对齐方式，如图 3-9 所示。当工具栏上某一对齐方式按键呈按下的状态时，表示目前的段落编辑状态是相应的对齐方式。例如，要将文档的标题“病榻呓语”设置为居中对齐，首先选中要设置对齐格式的标题段落或将鼠标定位在标题段落中，然后直接单击居中按钮即可。

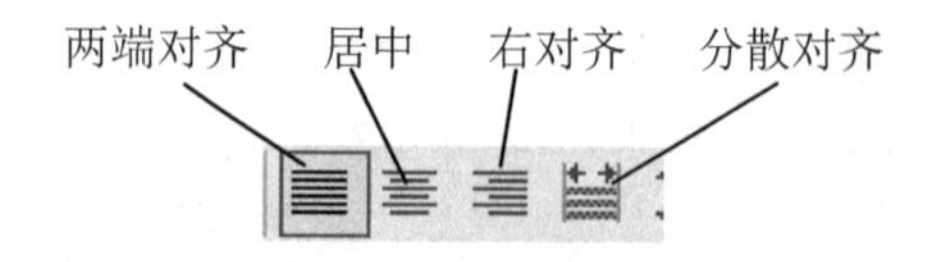

图 3-9　对齐方式工具按键

在 Word 2003 中用户还可以利用“段落”对话框设置段落的水平对齐方式，具体方法如下：

（1）选中要设置对齐格式的标题段落或将鼠标定位在标题段落中。

（2）单击“格式”|“段落”命令，打开“段落”对话框，单击“缩进和间距”选项卡，如图 3-10 所示。

（3）在“常规”区域的“对齐方式”下拉列表中选择一种对齐方式。

（4）单击“确定”按钮。

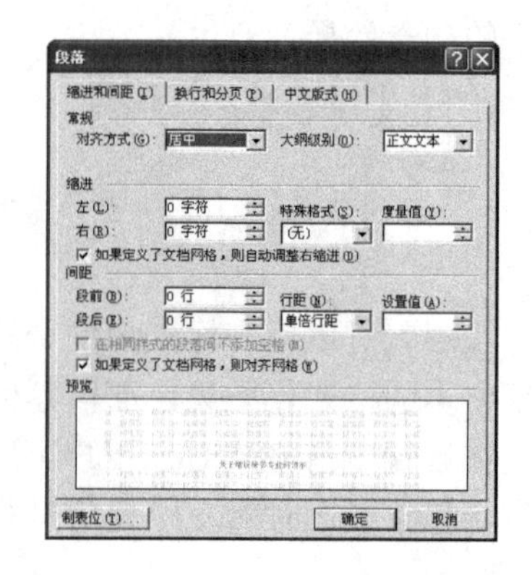

图 3-10　“段落”对话框

2．垂直对齐方式

如果一篇文档的字数较少，为了能够使打印效果更加美观，用户还可以将其设置为垂直居中的对齐方式，具体操作步骤如下：

（1）将插入点定位在文档中的任意位置。

（2）单击“文件”|“页面设置”命令，打开“页面设置”对话框，单击“版式”选项卡，如图 3-11 所示。

（3）在“垂直对齐方式”的下拉列表中选择一种对齐方式。

（4）单击“确定”按钮。

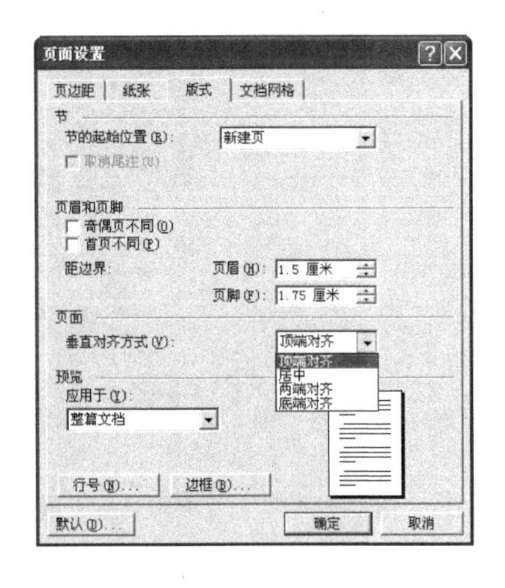

图 3-11 设置段落的垂直对齐方式

3.2.2 设置段落缩进

文本的方向有横排和竖排两种。默认情况下是横排的，段落中的文字从左边距一直排到右边距；竖排时，段落中的文字从上边距一直排到下边距。段落缩进可以调整一个段落与边距之间的距离。设置段落缩进可以将一个段落与其他段落分开，或显示出条理更加清晰的段落层次，方便阅读。缩进可分为首行缩进、左缩进、右缩进和悬挂缩进 4 种方式。

- 左（右）缩进：整个段落中的所有行的左（右）边界向右（左）缩进，左缩进和右缩进通常用于嵌套段落。
- 首行缩进：段落的首行向右缩进，使之与其他的段落区分开。
- 悬挂缩进：段落中除首行以外的所有行的左边界向右缩进。

利用“格式”工具栏中的按钮、标尺或“段落”对话框都可以设置段落缩进。

1. 利用标尺设置段落缩进

在标尺上拖动缩进滑块可以快速灵活地设置段落的缩进，水平标尺上有四个缩进滑块，如图 3-12 所示。将鼠标放在缩进滑块上，当鼠标变成箭头状时稍作停留将会显示该滑块的名称。在使用鼠标拖动滑块时可以根据标尺上的尺寸确定缩进的位置。

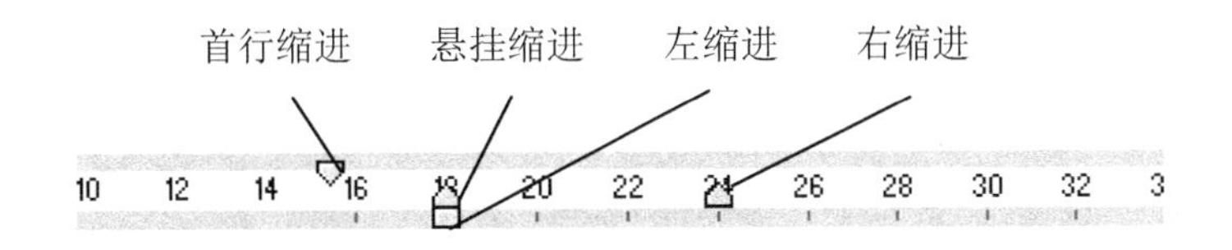

图 3-12 标尺上的缩进滑块

例如，利用标尺设置“病榻呓语”文档中正文第一个段落首行缩进，具体步骤如下：

（1）将插入点定位在文档中正文第一个段落的任意位置处。

（2）拖动标尺上的首行缩进滑块，拖动时，文档中显示一条虚线，虚线所在位置即是段落的缩进位置，如图 3-13 所示。

（3）当到达合适位置时松开鼠标。

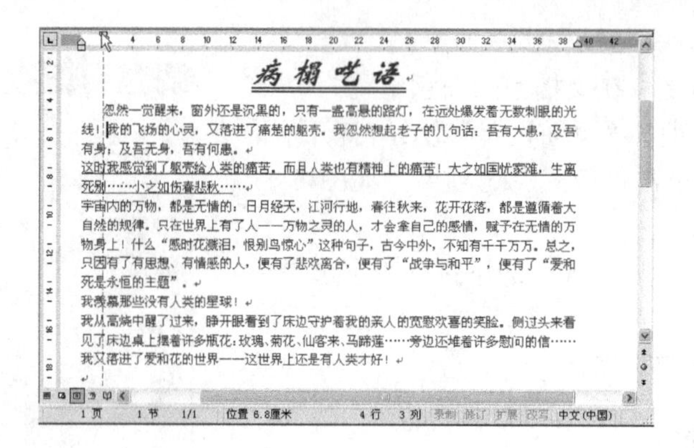

图 3-13 利用标尺设置段落缩进

2．利用对话框设置段落缩进

虽然可以拖动标尺上的缩进滑块设置段落的缩进，但是不够精确。如果要精确地设置段落的缩进量，可以在“段落”对话框中的“缩进和间距”选项卡中设置：

- 在“左”文本框中设置段落从文档左边界缩进的距离，正值代表向右缩进，负值代表向左缩进。
- 在“右”文本框中设置段落从文档右边界缩进的距离，正值代表向左缩进，负值代表向右缩进。
- 在“特殊格式”下拉列表框中可以选择“首行缩进”或“悬挂缩进”中的一项，选好后在度量值中输入缩进量。

例如，将“病榻呓语”文档中的所有正文段落设置首行缩进两个字符，具体步骤如下：

（1）选中要设置首行缩进两个字符的所有段落。

（2）单击“格式”|“段落”命令，打开“段落”对话框，单击“缩进和间距”选项卡。

（3）在“缩进”区域的“特殊格式”下拉列表中选择“首行缩进”，然后在“度量值”文本框中选择或输入“2 个字符”。

（4）单击“确定”按钮。设置首行缩进 2 个字符后的效果，如图 3-14 所示。

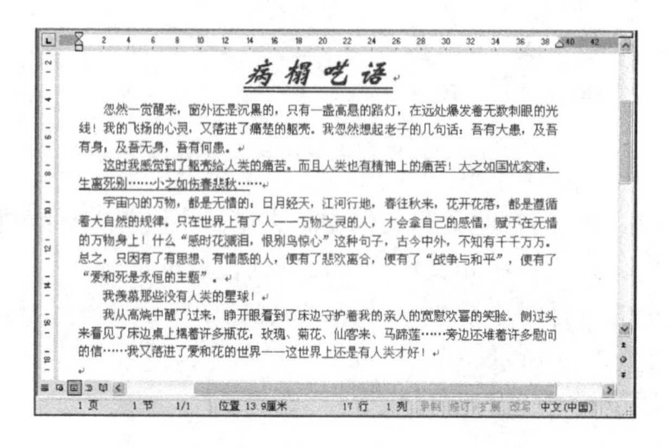

图 3-14 设置首行缩进 2 个字符后的效果

注意：

用户还可以利用工具栏中的按钮快速设置段落的缩进。将鼠标定位在要设置段落缩进的段落中或选中该段落，单击“格式”工具栏上的“减少缩进量”按钮 [按钮图标] 或“增加缩进量”按钮 [按钮图标] 一次，选中段落的所有行将减少或增加一个汉字的缩进量。

3.2.3　设置行间距和段落间距

段落间距是指两个段落之间的间隔，设置合适的段落之间的距离，可以增强文档的可读性。行间距是一个段落中行与行之间的距离，行间距和段落间距的大小影响整个版面的排版效果。

1．设置段落间距

调整段落间距可以有效地改善版面的外观效果，例如，文档标题与后面文本之间的距离常常要大于正文的段落间距。设置段落间距最简单的方法是在一段的末尾按回车键来增加空行，但是这种方法的缺点是不够确切。为了能够精确设置段落间距并将它作为一种段落格式保存起来，用户可以在“段落”对话框中进行设置。

例如，要设置“病榻呓语”文档的标题的段落间距，具体步骤如下：

（1）将插入点定位在标题段落中，或选定该段落。

（2）单击“格式”｜“段落”命令，打开“段落”对话框，单击“缩进和间距”选项卡。

（3）在“间距”区域的“段后”文本框中选择或输入“0.5 行”。

（4）单击“确定”按钮，设置标题段落间距的效果如图 3-15 所示。

（5）用户可以按照相同的方法设置正文段前段后 0.5 行，效果如图 3-16 所示。

2．设置行间距

行距是指段落内部行与行之间的距离。如果想在较小的页面上打印文档，使用单倍行距会使正文行与行之间很紧凑；如果要打印出来让别人校对文档，应该用较宽的行距，以便给修改者提供书写批注的空间。

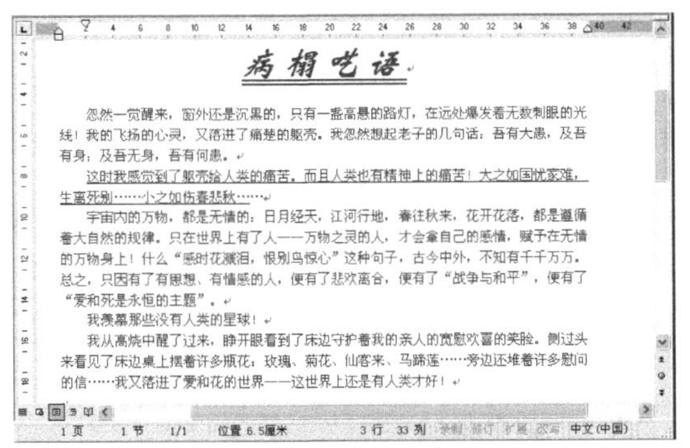

病榻呓语

忽然一觉醒来，窗外还是沉黑的，只有一盏高悬的路灯，在远处爆发着无数刺眼的光线！我的飞扬的心灵，又落进了痛楚的躯壳。我忽然想起老子的几句话：吾有大患，及吾有身；及吾无身，吾有何患。

这时我感觉到了躯壳给人类的痛苦。而且人类也有精神上的痛苦！大之如国忧家难，生离死别……小之如伤春悲秋……

宇宙内的万物，都是无情的：日月经天，江河行地，春往秋来，花开花落，都是遵循着大自然的规律。只在世界上有了人——万物之灵的人，才会拿自己的感情，赋予在无情的万物身上！什么“感时花溅泪，恨别鸟惊心”这种句子，古今中外，不知有千千万万。总之，只因有了有思想、有情感的人，便有了悲欢离合，便有了“战争与和平”，便有了“爱和死是永恒的主题”。

我羡慕那些没有人类的星球！

我从高烧中醒了过来，睁开眼看到了床边守护着我的亲人的宽慰欢喜的笑脸。侧过头来看见了床边桌上摆着许多瓶花：玫瑰、菊花、仙客来、马蹄莲……旁边还堆着许多慰问的信……我又落进了爱和花的世界——这世界上还是有人类才好！

图 3-15　设置标题段落间距后的效果

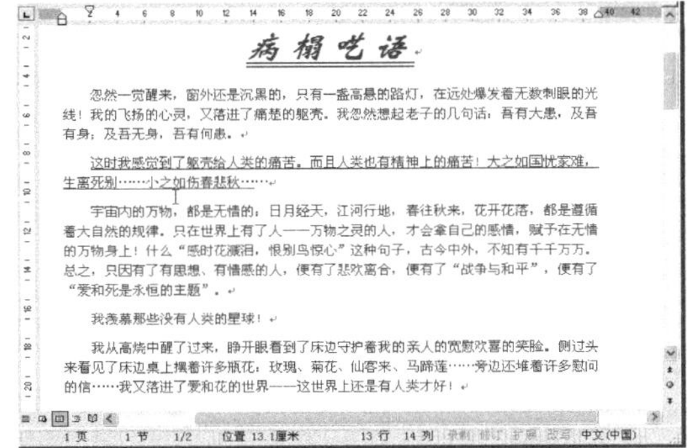

病榻呓语

忽然一觉醒来，窗外还是沉黑的，只有一盏高悬的路灯，在远处爆发着无数刺眼的光线！我的飞扬的心灵，又落进了痛楚的躯壳。我忽然想起老子的几句话：吾有大患，及吾有身；及吾无身，吾有何患。

这时我感觉到了躯壳给人类的痛苦。而且人类也有精神上的痛苦！大之如国忧家难，生离死别……小之如伤春悲秋……

宇宙内的万物，都是无情的：日月经天，江河行地，春往秋来，花开花落，都是遵循着大自然的规律。只在世界上有了人——万物之灵的人，才会拿自己的感情，赋予在无情的万物身上！什么“感时花溅泪，恨别鸟惊心”这种句子，古今中外，不知有千千万万。总之，只因有了有思想、有情感的人，便有了悲欢离合，便有了“战争与和平”，便有了“爱和死是永恒的主题”。

我羡慕那些没有人类的星球！

我从高烧中醒了过来，睁开眼看到了床边守护着我的亲人的宽慰欢喜的笑脸。侧过头来看见了床边桌上摆着许多瓶花：玫瑰、菊花、仙客来、马蹄莲……旁边还堆着许多慰问的信……我又落进了爱和花的世界——这世界上还是有人类才好！

图 3-16　设置正文段落间距后的效果

例如，将“病榻呓语”文档最后一段段落的行距设为固定值 20 磅，具体步骤如下。

（1）选中要设置行距的正文最后一个段落。

（2）单击“文件”|“段落”命令，打开“段落”对话框，单击“缩进和间距”选项卡。

（3）在“间距”区域的“行距”下拉列表中选择“固定值”，磅值为 20 磅。

（4）单击“确定”按钮，设置行距的效果如图 3-17 所示。

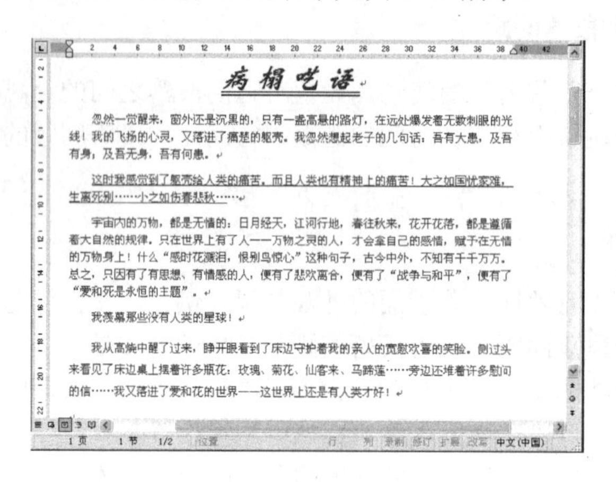

图 3-17　设置固定值 20 磅行距后的效果

用户可以在“行距”文本框的下拉列表框中选择所需要的行距选项。如果选择了“固定值”或“最小值”选项，需要在“设置值”文本框中键入所需值；如果选择“多倍行距”选项，需要在“设置值”框中键入所需行数。在设置行距时要注意，如果设置的行距为“固定值”，则行间距不会自动调整，当在行中输入了较大字体时，较大的文本可能会显示不完全。当设置了除固定值以外的行距时，Word 会自动调整行距以容纳较大的字体。在图 3-18 中分别给出了设置行距的最小值为 15.6 磅（上）和行距的固定值为 15.6 磅（下）的两个段落在输入较大字号文本时的情况。

注意：

用户也可以利用“格式”工具栏快速设置行距，将插入点定位在要设置行距的段落中或选中段落，单击“格式”工具栏上的“行距”按钮，然后在下拉菜单中选择需要的行距。

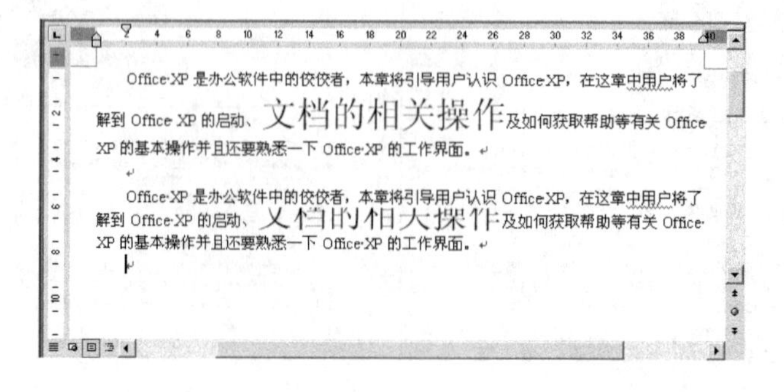

图 3-18　行距设置为最小值和固定值的效果

3.2.4　设置换行与分页

默认情况下，Word 按照页面设置自动分页，但自动分页有时会使一个段落的第一行排在页面的最下面，或是一个段落的最后一行出现在下一页的顶部。为了保证段落的完整性及更好的外观效果，用户可以通过设置“换行和分页”条件来控制段落的分页。

首先将鼠标定位在要设置换行与分页的段落中，单击“格式”|“段落”命令，打开“段落”对话框，单击“换行和分页”选项卡，如图 3-19 所示。

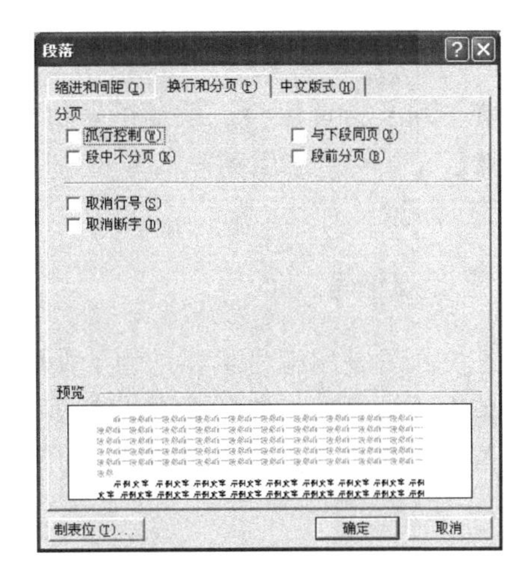

图 3-19　设置换行与分页

在分页区域用户可以对段落的分页与换行进行设置。

- 孤行控制：选中“孤行控制”复选框，Word 会自动调整分页。如果段落的第一行出现在页面的最后一行，Word 将自动调整将该行推至下一页；如果段落的最后一行出现在下一页的顶部，Word 自动将孤行前面的一行也推至下页，使段落的最后一行不再是孤行。
- 与下段同页：如果选中该复选框，则可以使当前段落与下一段落同处于一页中。
- 段中不分页：如果选中该复选框，则段落中的所有行将同处于一页中，中间不能分页。
- 段前分页：如果选中该复选框，则可以使当前段落排在新页的开始。

3.2.5　格式刷的应用

Word 2003 提供了格式刷的功能，格式刷可以复制文本或段落的格式，利用它可以快速地设置文本或段落的格式。

利用格式刷快速复制段落格式的具体步骤如下：

（1）将插入点定位在样本段落或选中样本段落。

（2）单击工具栏上的格式刷按钮 ，此时鼠标光标变成刷子状 。

（3）移动鼠标到需要复制格式的目标段落，单击鼠标左键，则将样本段落的格式应用到目标段落。

注意：

在使用格式刷时双击格式刷按钮，格式刷可以多次应用；如果要结束使用可再次单击格式刷按钮。

3.3　设置项目符号和编号

在制作文档的过程中，为了增强文档的可读性，使段落条理更加清楚，用户可在文档各段落前添加一些有序的编号或项目符号。Word 2003 提供了添加段落编号、项目符号的功能。

在 Word 2003 中添加项目符号和编号的方式有两种：一种是用户在文档中首先输入正文，然后在正文上应用列表；另一种是在一个空行中设置插入点，先对该行应用列表格式，然后输入正文。

3.3.1 设置编号

在文档中使用编号主要是为了使段落层次清楚，用户可以使用“格式”工具栏创建编号，单击“格式”工具栏上的“编号”按钮 可以把当前默认的编号格式应用于所选中的段落。如果要设置复杂的编号，可利用“项目符号和编号”对话框进行设置。

1. 应用编号

为文档中的内容创建编号，具体步骤如下：

（1）选中要设置编号的段落。

（2）单击“格式”|“项目符号和编号”命令，打开“项目符号和编号”对话框，单击“编号”选项卡，如图 3-20 所示。

（3）在“编号”列表中选择一种编号的格式。

（4）单击“确定”按钮。

2. 自定义编号

如果系统提供的编号不能满足需要，用户可以自定义编号样式，具体步骤如下：

（1）首先在“项目符号和编号”对话框中的“编号”选项卡中选中一种编号样式，此时对话框中的“自定义”按钮变为可用。

（2）在对话框中单击“自定义”按钮，打开“自定义编号列表”对话框，如图 3-21 所示。

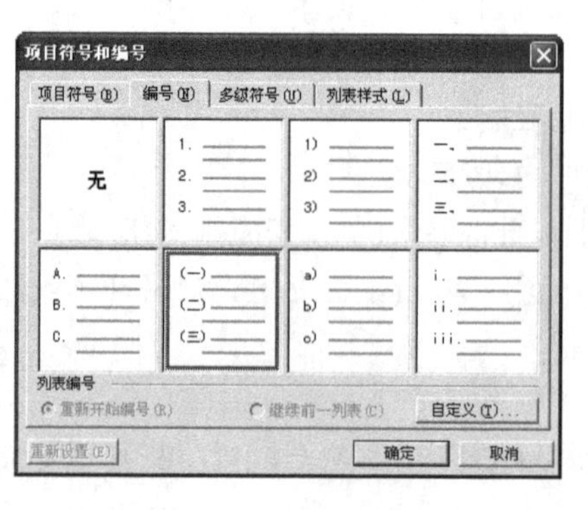

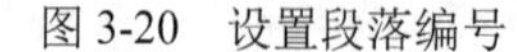
图 3-20　设置段落编号

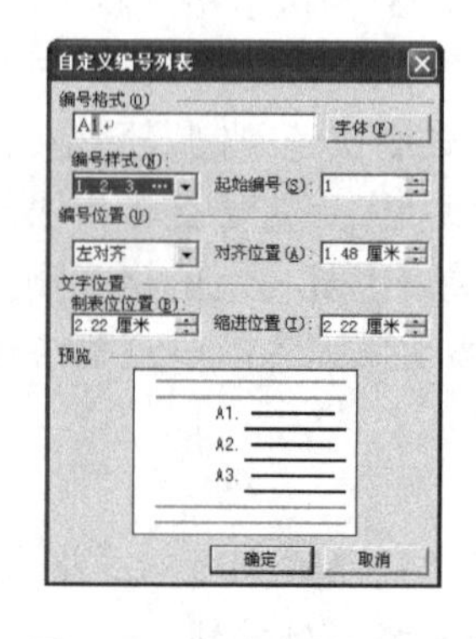

图 3-21　自定义编号列表

（3）在“编号格式”文本框中输入一种自定义的格式，在“编号样式”下拉列表中选择一种编号样式。

（4）在“编号位置”区域设置编号的位置，在“文字位置”区域设置文字的位置。

（5）单击“确定”按钮，返回到“项目符号和编号”对话框，在编号列表中即可出现用户自定义的编号列表格式。

（6）单击“确定”按钮。

注意：

在文档中创建编号时，如果前面已存在用户设置的编号列表格式，则“项目符号和编号”对话框中“重新开始编号”和“继续前一列表”两个单选按钮呈可用状态。这时如果选择“继续前一列表”单选按钮，列表编号将继续文档中前面部分的列表编号；如果选择“重新开始编号”单选按钮，列表编号将重新开始。

3.3.2　设置项目符号

设置项目符号最简单的方法是利用“格式”工具栏上的“项目符号”按钮来格式化段落。单击“格式”工具栏上的“项目符号”按钮 ☰，可以把当前默认的项目符号格式应用于所选中的段落。

用户还可以在“项目符号和编号”对话框中选择更多的项目符号来格式化段落，具体步骤如下：

（1）选中要创建项目符号的段落或者将鼠标定位在即将输入文本的段落开始处。

（2）单击“格式”|“项目符号和编号”命令，打开“项目符号和编号”对话框，单击“项目符号”选项卡，如图 3-22 所示。

（3）在对话框中显示了 8 种不同的项目符号，这些项目符号是 Word 已经设置好的。用户选择除“无”以外的其余 7 个选项中的一个，就可以用选定的项目符号格式化当前段落。

（4）单击“确定”按钮。

注意：

如果系统自带的项目符号不能满足用户的要求，用户也可以在文档中创建符合要求的项目符号样式，例如，可以设置以图片为项目符号的格式。在“项目符号和编号”对话框中的“项目符号”选项卡中选中一种项目符号后，单击“自定义”按钮，打开“自定义项目符号列表”对话框，如图 3-23 所示。在该对话框中用户可以设置符合要求的项目符号样式。

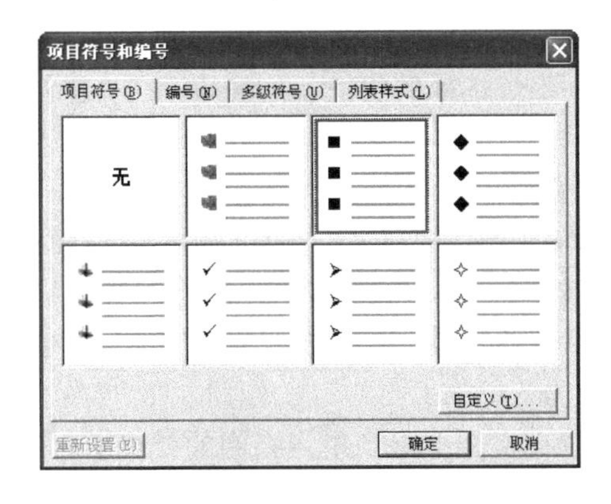

图 3-22　设置项目符号

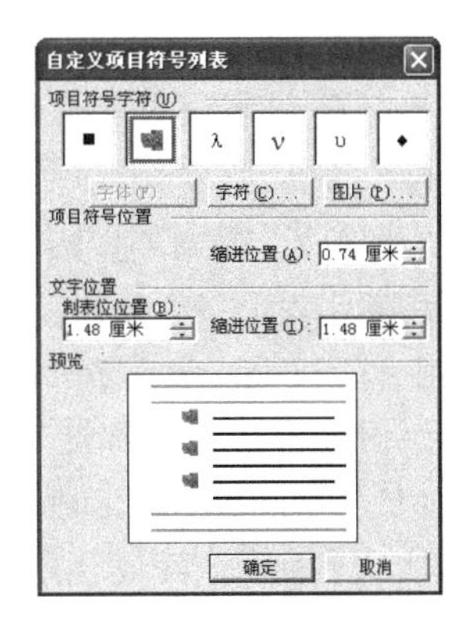

图 3-23　自定义项目符号格式

3.3.3 创建多级符号

在文档中创建编号的段落是并列的，为了区分各段落的级别可以在文档中使用多级符号编号，在文档中为段落创建多级符号的具体步骤如下：

（1）选中要创建项目符号的段落或者将鼠标定位在即将输入文本的段落开始处。

（2）单击"格式"|"项目符号和编号"命令，打开"项目符号和编号"对话框，单击"多级符号"选项卡，如图 3-24 所示。

（3）用户选择除"无"以外的其余 7 个选项中的一个，就可以用选定的多级符号对当前段落进行格式化。

（4）单击"确定"按钮。

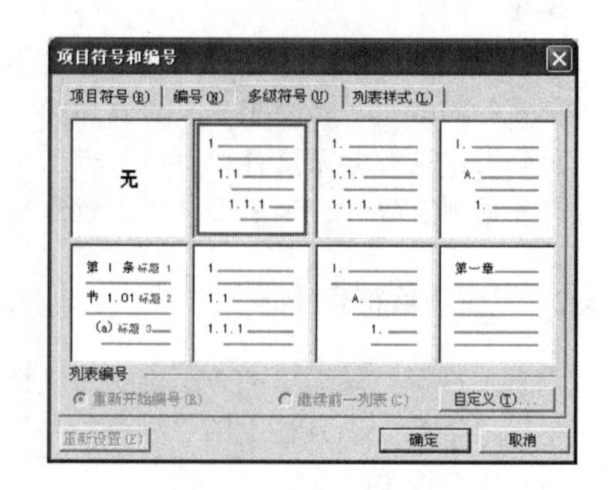

图 3-24　设置多级符号

3.4　中文版式的设置

中文版式是 Word 2003 中比较重要的特性，它集中了一些对文档中的字符做特殊处理的命令，用来生成特殊的格式。这种格式在亚洲使用比较多，所以也叫亚洲版式。Word 2003 的中文版式支持包括"拼音指南"、"带圈字符"、"纵横混排"、"合并字符"和"双行合一"等几种功能。

3.4.1 拼音指南

在一些拼音教材、儿童读物等中文文档中，可能需要在每个字的上面标注拼音。在 Word 2003 中用户可以轻而易举地做到这一点，给某些文字加注拼音的具体操作方法如下。

（1）选中需要加注拼音的文本。

（2）单击"格式"|"中文版式"|"拼音指南"命令，打开"拼音指南"对话框，如图 3-25 所示。

（3）在"基准文字"下面的表格中列出了选择的要注音的文本，在"拼音文字"下面的表格中列出了系统为对应的每个字输入的拼音，如果系统为文字添加的拼音不正确，用户可以在"拼音文字"表格中为文字加上正确的注音。

（4）如果单击"单字"按钮，则按单字注音，拼音字母就平均地分排在每个字的头上。如果单击"组合"按钮，就是按组合词汇注音，它们的拼音将平均地分排在整个词汇上。

（5）在"对齐方式"文本框中选择拼音的对齐方式；在"字体"文本框中选择拼音的字体；在"字号"文本框中选择拼音的字号。

（6）单击"确定"按钮，用户就可以在文档上看到拼音指南的效果了。图 3-26 所示为单字注音时拼音居中的效果。

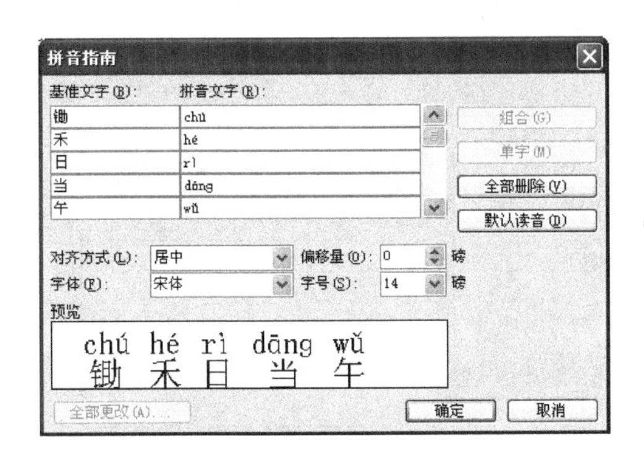

图 3-25　“拼音指南”对话框

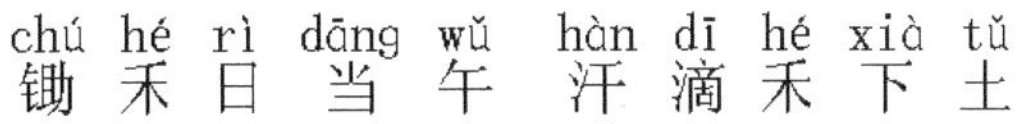

chú hé rì dāng wǔ　hàn dī hé xià tǔ
锄 禾 日 当 午　汗 滴 禾 下 土

图 3-26　拼音指南效果

3.4.2　带圈字符

在文档中使用带圈字符可以突出文字的显示效果，提高文字的趣味性。在 Word 2003 中用户可以为单个汉字或两位数字加圈。

创建带圈字符的具体操作方法如下：

（1）在文档中选中单个汉字或两位数字。

（2）单击“格式”|“中文版式”|“带圈字符”命令，打开“带圈字符”对话框，如图 3-27 所示。

（3）在“样式”区域选择一种样式，其中“缩小文字”意思是将文字缩小来配合圈的大小，“增大圈号”是把圈增大来配合文字的大小。

（4）在“圈号”列表框中选择圈的形式。

（5）单击“确定”按钮，字符加圈后的效果如图 3-28 所示。

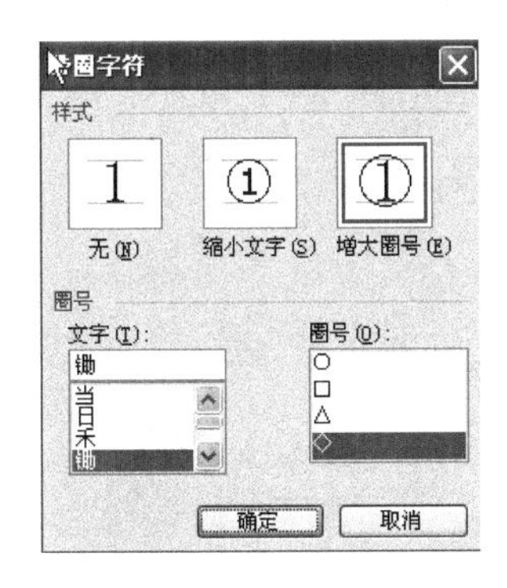

图 3-27　“带圈字符”对话框

图 3-28　带圈字符效果

注意：

如果用户在操作前没有选定字符，则可以在“带圈字符”对话框中的“文字”文本框中输入一个字符进行设置，单击“确定”按钮后，输入的字符被加圈显示在插入点处。如果要删除带圈字符的效果可首先选中带圈字符，然后在“带圈字符”对话框中的“样式”区域选择“无”。

3.4.3 纵横混排

Word 2003 还提供了将字符横放的功能，如将“禾”转置成“禾”。该功能在制作某些特殊符号时很有用，例如，可以将符号“▲”通过转置后获得符号“◀”。纵横混排文本的具体操作方法如下：

（1）选中要纵向排列的文本。

（2）单击“格式”|“中文版式”|“纵横混排”命令，打开“纵横混排”对话框，如图 3-29 所示。

（3）如果选中“适应行宽”复选框，那么纵排的文本将与行宽相适应，如果不选“适应行宽”复选框，则纵排的字符就会按本身的大小占用版面。

（4）单击“确定”按钮。

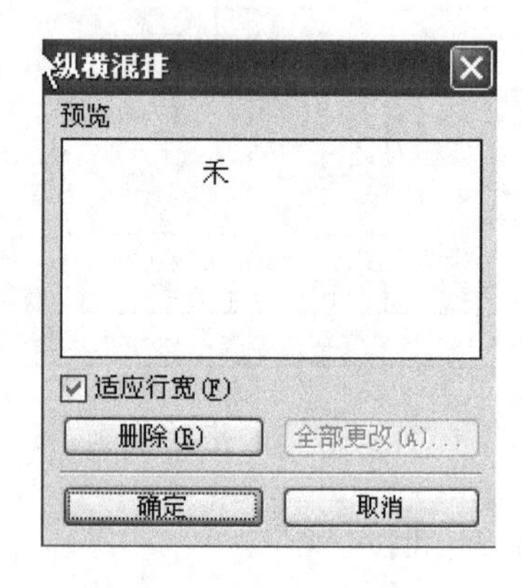

图 3-29 “纵横混排”对话框

3.4.4 合并字符

合并字符是把选定的文本合并成一个字符，占用一个字符的空间。做了合并处理的字符在文档里就像单个字符一样，用鼠标单击就会选中所有的字符，按 Delete 键就会把所有合并的字符删除。

合并字符的具体操作方法如下：

（1）选中要设置合并字符的文本，注意不要超过 6 个字符。

（2）单击“格式”|“中文版式”|“合并字符”命令，打开“合并字符”对话框，如图 3-30 所示。

（3）在“字体”下拉列表中选择要设置合并字符的字体。

（4）在“字号”文本框中设置合并字符的字号。

（5）单击“确定”按钮，合并字符后的效果如图 3-31 所示。

图 3-30 “合并字符”对话框

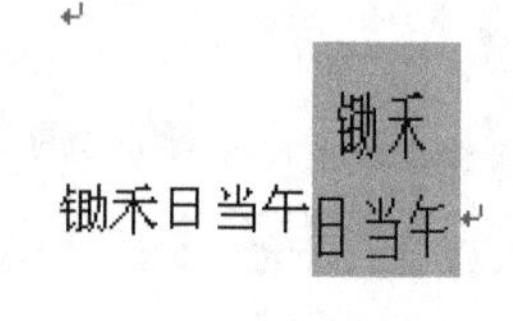

图 3-31 合并字符后的效果

3.4.5 双行合一

“双行合一”命令用来把选择的一段文本分成两行，这两行文本同时与其他文字水平方向保持一致。

例如，要将古诗“锄禾日当午，汗滴禾下土”的文本设置成双行合一的效果，具体操作方法如下：

（1）选中文本“锄禾日当午,汗滴禾下土”。

（2）单击“格式”|“中文版式”|“双行合一”命令，打开“双行合一”对话框，如果用户需要带括号，可以选中“带括号”复选框，在“括号样式”下拉列表框中选择一种括号类型，如图 3-32 所示。

（3）单击“确定”按钮，设置双行合一的效果如图 3-33 所示。

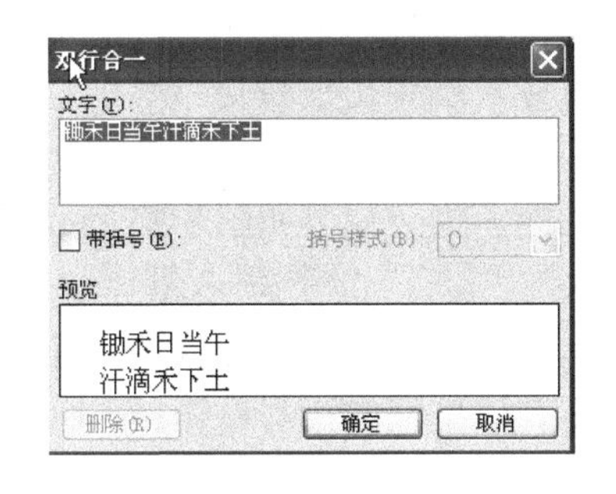

图 3-32　“双行合一”对话框

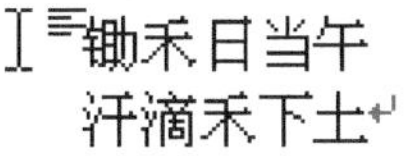

锄禾日当午
汗滴禾下土

图 3-33　设置双行合一后的效果

注意：

如果要删除双行合一的效果，可以首先选中设置双行合一的文本，然后在“双行合一”对话框中单击“删除”按钮，即可取消双行合一的效果。

3.5　操作的撤销与恢复

当用户对文档进行编辑操作时，Word 会把每一步操作和内容变化记录下来，Word 的这种暂时存储能力使撤销与恢复变得十分容易和方便。用户合理地利用“撤消”和“恢复”命令可以提高工作效率。

3.5.1　撤销操作

如果只撤销最后一步操作，可单击“常用”工具栏中的“撤消”按钮 或者选择“编辑”菜单中的“撤消”命令。如果想撤消多步操作，可连续单击“撤消”按钮多次，或者单击“撤销”按钮旁的下三角箭头，出现如图 3-34 所示的下拉列表，在列表中选择要撤销的内容即可。

图 3-34　“撤销”操作

3.5.2　恢复操作

执行完一次“撤消操作”命令后，如果用户又想恢复“撤消”操作之前的内容，可单击“恢复”按扭 ，或者单击“编辑”菜单中的“恢复”命令。同样，要想恢复多步操作，可重复单击“恢复”按钮或单击“恢复”按钮旁边的下三角箭头，在下拉列表中选择相应的恢复操作。不过只有在进行了“撤消”操作后，“恢复”命令才生效。

3.6 拼写和语法检查

当文本输入结束后，会在一些词语或句子的下面出现红色和绿色的波浪线，绿色波浪线表示语法错误，红色波浪线表示拼写错误。

用户仔细观察系统的提示，如果确实有误，可以直接将其更正，也可以把鼠标定位在带有红色波浪线或绿色波浪线的词语中，右击鼠标，在弹出的快捷菜单中选择相应的命令进行更正。

例如，用户在标有红色波浪线的词中右击鼠标，将会弹出如图 3-35 所示的菜单。

用户可以利用菜单进行如下操作：

- 菜单的顶部是系统给出的建议替换的单词，用户可以选择认为正确的进行替换。
- 选择“全部忽略”命令将忽略文档中所有该单词的拼写错误。
- 选择“添加到词典”命令则会把该单词添加到字典，Word 2003 在以后的编辑中视该单词为正确的单词。
- 选择“自动更正”子菜单中的一个替换单词，可以创建一个自动更正词条。
- 选择“拼写检查”命令将会弹出“拼写”对话框，在对话框中用户可以进行更加详细的拼写设置，如图 3-36 所示。

Word 2003 的这种拼写和检查功能非常有利于用户发现在编辑过程中出现的错误，虽然这些都是系统认为的错误，并不一定是真正的错误。

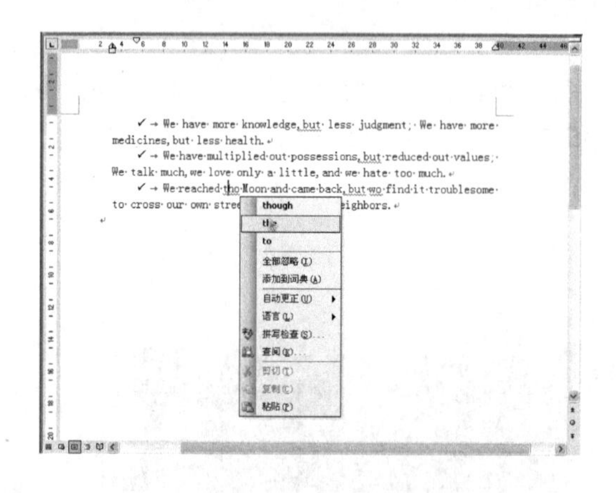

图 3-35　更改拼写错误

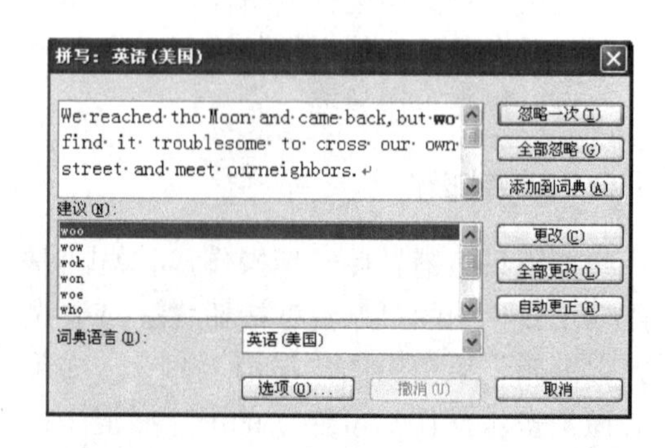

图 3-36　“拼写”对话框

3.7 本 章 练 习

一、填空题

1．默认情况下，在新建的文档中输入文本时文字以__________的格式输入，即

__________字。

2．字符间距指的是文档中__________之间的距离，通常情况下，采用单位__________来度量字符间距。

3．段落的水平对齐方式控制了段落中文本行的排列方式，段落的水平对齐方式有__________、__________、__________、__________和__________五种。

4．段落的缩进可分为__________、__________、__________和__________四种方式。

二、简答题

1．什么是即点即输功能？

2．在选定文本时应遵循什么原则？

3．段落的对齐方式有几种？各有什么功能？

4．设置段落间距和行间距有何作用？

三、操作题

将随书所附光盘素材文件夹中 DATA1 文件夹内的 TF3-4.doc 文件复制到用户文件夹中，并重命名为 A3.DOC。然后打开文档 A3.DOC，按下列要求设置、编排文档格式。

（一）设置【文本 3-1A】如【样文 3-1A】所示

1．**设置字体：**第一行标题为幼圆；正文第一段为仿宋；正文第二段为华文细黑；正文第三段为楷体；最后一段为楷体。

2．**设置字号：**第一行标题为二号；正文为五号。

3．**设置字形：**第一行标题加粗；最后一段倾斜。

4．**设置对齐方式：**第一行标题居中。

5．**设置段落缩进：**正文首行缩进 2 字符。

6．**设置行（段落）间距：**第一行标题段前、段后各 1 行；正文第二段段前、段后各 1 行；正文固定行距 18 磅。

（二）设置【文本 3-1B】如【样文 3-1B】所示

1．**拼写检查**：改正【文本 3-1B】中的单词拼写错误。

2．**项目符号或编号**：按照【样文 3-1B】设置项目符号或编号。

（三）设置【文本 3-1C】如【样文 3-1C】所示

设置中文版式：按照【样文 3-1C】为“红豆生南国，春来发几枝”加上拼音。

【样文 3-1A】

科学家与死神

一位科学家得知死神正在寻找他，便利用克隆技术复制出了 12 个“自己”，想在死神面前以假乱真保住性命。

面对 13 个一模一样的人，死神一时分辨不出哪个才是真正的目标，只好悻悻离去。但是没过多久，对人性的弱点了如指掌的死神，想出了一个识别真假的好办法。

死神又找到那 13 个一模一样的科学家，对他们说：“先生，你确实是个天才，能够克隆出如此近乎完美的复制品。但很不幸，我还是发现你的作品有一处微小的瑕疵。”

话音未落，那个真的科学家暴跳起来大声辩解道：“这不可能！我的技术是完美的！哪里有瑕疵？”“就是这里。”死神一把抓住那个说话的人，把他带走了。

一句批评或者奉承的话往往会使人暴露出自己的弱点。

【样文 3-1B】

- ✓ We have more knowledge,but less judgment; We have more medicines,but less health.
- ✓ We have multiplied out possessions,but reduced out values; We talk much,we love only a little,and we hate too much.
- ✓ We reached the Moon and came back,but we find it troublesome to cross our own street and meet our neighbors.

【样文 3-1C】

hóng dòu shēng nán guó chūn lái fā jǐ zhī
红 豆 生 南 国，春 来 发 几 枝。

第 4 章　文档的版面设置与打印

在编辑需要打印或有特殊格式要求的文档时，用户应首先对文档的页面进行设置，然后再对文档的版面进行编排，最后执行打印的操作。这种操作流程可以避免在打印时打印的效果与页面编排内容不一致造成版面混乱，可以避免一些不必要的重复操作，提高工作效率。

本章重点：

- 文档的页面设置
- 文档的分页与分节
- 特殊版面的设置
- 添加页眉和页脚
- 设置边框和底纹
- 文档的打印

4.1　文档的页面设置

在基于模板创建一篇文档后，系统将会默认给出纸张大小、页面边距、纸张的方向等。如果用户制作的文档对页面有特殊的要求或者需要打印，这时用户就要对页面进行设置。

4.1.1　设置纸张大小

Word 2003 提供了多种预定义的纸张，系统默认的是“A4”纸，用户可以根据自己的需要选择纸张大小，还可以自定义纸张的大小。

设置纸张大小的具体步骤如下：

（1）单击“文件”|“页面设置”命令，打开“页面设置”对话框，单击“纸张”选项卡，如图 4-1 所示。

（2）在“纸张大小”的下拉列表框中选择打印纸型，如果选择了 A4、B4、16 开等标准纸型，在“高度”和“宽度”文本框中会显示纸张的大小；如果选择了“自定义大小”，自己可以在“高度”和“宽度”文本框中设置纸张大小。

（3）在“纸张来源”区域内定制打印机的送纸方式。在“首页”列表框中为第一页选择一种送纸方式，在“其他页”列表框中为其他页设置送纸方式。例如，第一页打印文档封面，以后打印的是内容，可能需要打

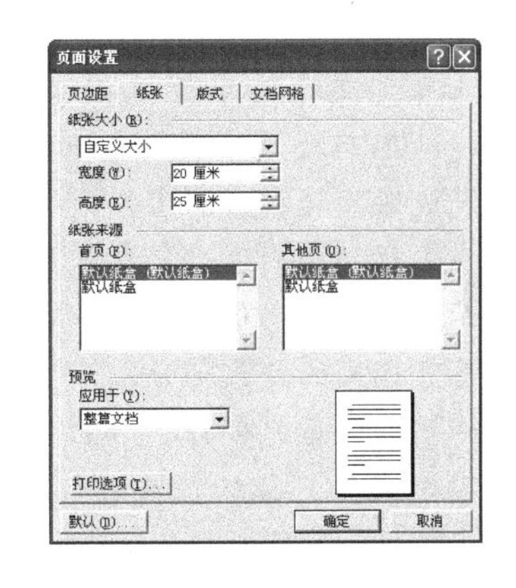

图 4-1　设置文档纸张大小

印机采取不同的送纸方式。

（4）在“应用于”文本框中设置纸张设置的应用范围。

（5）设置完毕，单击“确定”按钮。

4.1.2 设置页面边距

页边距是正文与页面边界之间的距离，在页边距中存在页眉、页脚和页码等图形或文字，为文档设置合适的页边距可以使打印出的文档更加美观。只有在页面视图中才可以见到页边距的效果，因此在设置页边距时应在页面视图中进行。

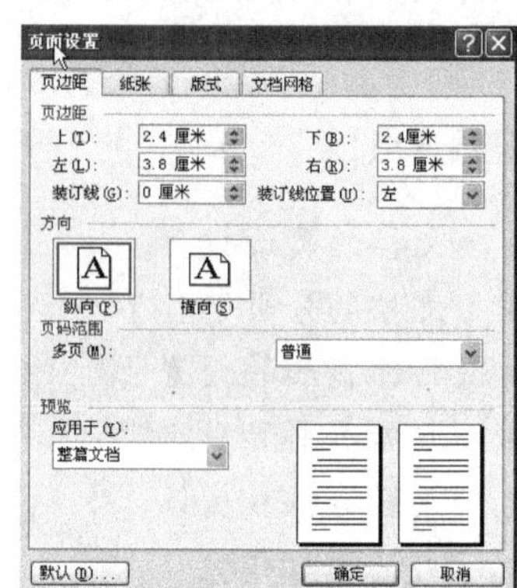

图 4-2　设置页边距

设置页边距的具体步骤如下：

（1）单击“文件”|“页面设置”命令，打开“页面设置”对话框，单击“页边距”选项卡，如图 4-2 所示。

（2）在“页边距”区域的“上”、“下”、“左”、“右”文本框中分别输入页边距的数值。

（3）在“方向”区域选择“纵向”或“横向”可以决定文档页面的方向。

（4）如果打印后需要装订，在“装订线”框中输入装订线的宽度，在“装订线位置”文本框中选择装订线的位置。

（5）在“应用于”文本框中选择该设置的应用范围。

- 选择“整篇文档”，表示整篇文档采用相同的页边距。
- 选择“所选文字”，Word 会在所选文字的前后各加一个分节符，将所选文本放在一个独立的节中，该节应用设置的页边距。
- 选择“插入符之后”，Word 自动在插入点处插入一个分节符，并将页边距应用在插入点后面的一节中。

（6）如果要将当前设置恢复为默认的设置，单击“默认”按钮。

（7）设置完毕单击“确定”按钮。

注意：

用户还可以通过拖动标尺来调整页边距，这种方法比较方便但不准确。水平标尺的白色部分表示页面的宽度，两端的淡蓝色部分表示左右的页边距。垂直标尺的白色部分表示页面的高度，两端的淡蓝色部分表示上下的页边距。用户只要将鼠标移到白色与淡蓝色的交界处，当鼠标指针变成 ⟷ 状式 ↕ 状时按住左键拖动即可调整纸张的左

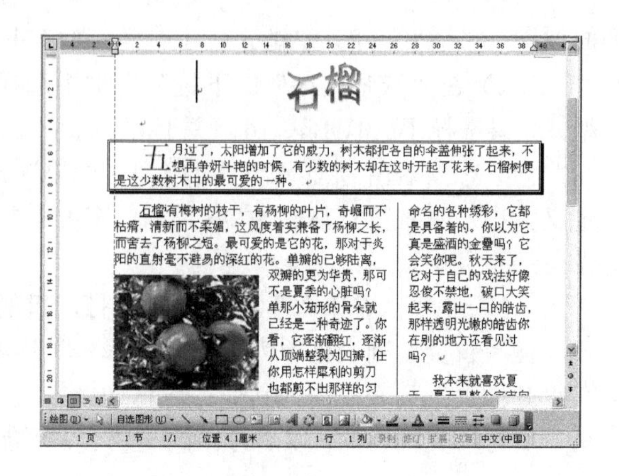

图 4-3　利用鼠标调整页边距时的效果

右、上下页边距，如图 4-3 所示。

4.1.3 设置文档网格

如果用户需要文档中每行有固定字符数或是每页有固定行数，可以使用文档网格实现。用户可以在文档中设置每页的行网格数和每行的字符网格数，具体步骤如下。

（1）单击“文件”|“页面设置”命令，打开“页面设置”对话框，单击“文档网格”选项卡，如图 4-4 所示。

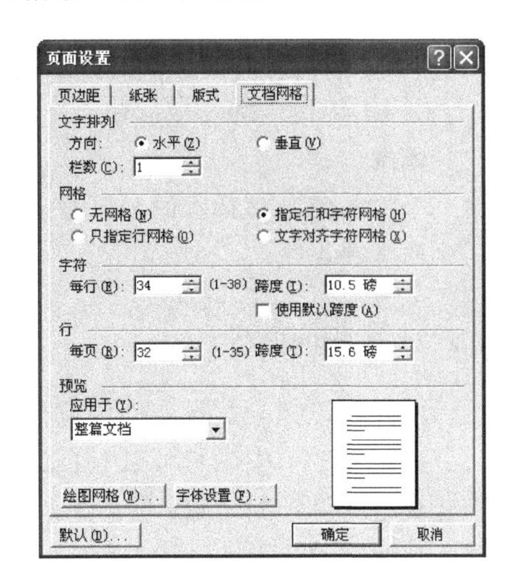

图 4-4 设置文档网格

（2）在“网格”区域中用户可以进行以下选择：

- 选中“只指定行网格”单选按钮，可以在“每页”文本框中输入行数，或在它右面的“跨度”文本框中输入跨度的值，来设定每页中的行数。
- 选中“指定行和字符网格”单选按钮，那么除了可以设定每页的行数外，还可以在“每行”文本框中输入每行的字符数。
- 选中“文字对齐字符网格”单选按钮，则输入每页的行数和每行的字符数后 Word 会严格按照输入的数值设定页面。

（3）在“文字排列”区域中可以选择文字的排列方向。

（4）在“应用于”下拉列表中选择应用的范围。

（5）单击“确定”按钮。

4.2 文档的分页与分节

在编辑文档时用户往往需要一些特殊的格式，例如，用户可以利用分页和分节技术来调整文档的页面；可以利用首字下沉分栏排版技术来美化文档页面。

4.2.1 文档的分页

为了方便文档的处理，用户可以把文档分成若干节，然后再对每节进行单独设置。用户对当前节的设置不会影响其他节。为了保证版面的美观，用户可以对文档进行强制性分页。

在文档输入文本或其他对象满一页时，Word 会自动进行换页，并在文档中插入一个分页符，在普通视图方式下看到的是一条水平的虚线。

在有些情况下，用户可以对文档进行强制分页，例如，为了使文档的页面更加整洁，用户可以在文档中插入一个分页符将某些语言段落移至下一页中。

插入的分页符在普通视图和页面视图方式下是以一条水平的虚线存在，并在中间标有“分页符”字样。在页面视图方式下，Word 把分页符前后的内容分别放置在不同的页面中。

插入分页符最简单的方法是使用快捷键 Ctrl+Enter，另外，用户也可以利用“分隔符”

对话框插入分页符。

利用“分隔符”对话框插入分页符的具体步骤如下：

（1）将插入点定位在要插入分页符的位置。

（2）单击“插入”|“分隔符”命令，打开“分隔符”对话框，如图 4-5 所示。

（3）在“分隔符类型”区域选中“分页符”单选按钮。

（4）单击“确定”按钮。

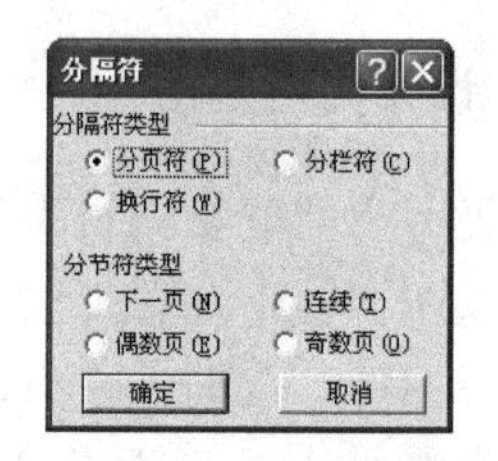

图 4-5 “分隔符”对话框

注意：

系统自动插入的分页符是无法删除的，而强行插入的人工分页符可根据用户的需要删除。

4.2.2 文档的分节

用户可以把一篇长文档任意分成多个节，每节都可以按照不同的需要设置为不同的格式。在不同的节中用户可以对页边距、纸张的方向、页眉（页脚）的位置和页眉（页脚）的格式进行详细的设置。

节通常用“分节符”来标识，在普通视图方式下，分节符是两条水平平行的虚线。Word 2003 会自动把当前节的页边距、页眉和页脚等被格式化了的信息保存在分节符中。

用户可以利用“分隔符”对话框在文档中插入分节符，在如图 4-5 所示的“分隔符”对话框的“分节符类型”区域提供了四种分节符类型：

- 下一页：表示在当前插入点处插入一个分节符，新的一节从下一页开始。
- 连续：表示在当前插入点处插入一个分节符，新的一节从下一行开始。
- 偶数页：表示在当前插入点插入一个分节符，新的一节从偶数页开始，如果这个分节符已经在偶数页上，那么下面的奇数页是一个空页。
- 奇数页：表示在当前插入点插入一个分节符，新的一节从奇数页开始，如果这个分节符已经在奇数页上，那么下面的偶数页是一个空页。

插入分节符的具体步骤如下：

（1）将插入点定位在要创建新节的开始处。

（2）单击“插入”|“分隔符”命令，打开“分隔符”对话框。

（3）在“分节符类型”对话框中选中一种分节符。

（4）单击“确定”按钮。

注意：

在普通视图中将插入点定位在分节符的前面或选取分页符，按下 Delete 键，分节符将被删除。

4.3 特殊版面的设置

可以利用首字下沉、分栏排版、中文版式等技术来美化文档页面，使整个文档版面看起来更加大方美观。

4.3.1　设置首字下沉

首字下沉是文档中比较常用的一种排版方式，就是将段落开头的第一个或若干个字母的文字字号变大，从而使文档的版面出现显著效果使文档更美观。用户可以为段落开头的一个文字或多个字符设置首字下沉的效果。

例如，将“石榴”文档中第一段的第一个字“五”设置首字下沉效果，具体步骤如下：

（1）将鼠标定位在文档第一段中。

（2）单击“格式”|“首字下沉”命令，打开“首字下沉”对话框，如图 4-6 所示。

（3）在“位置”区域选中“下沉”样式。

（4）在“字体”下拉列表中选择“宋体”。

（5）在“下沉行数”文本框中选择或输入数值 2。

（6）单击“确定”按钮，设置首字下沉的效果如图 4-7 所示。

图 4-6　“首字下沉”对话框

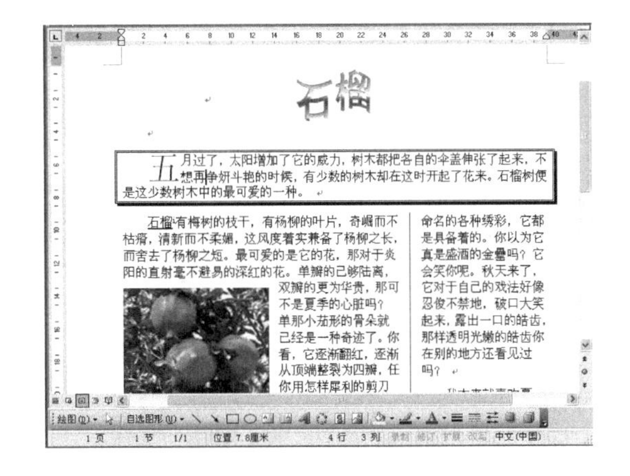

图 4-7　设置首字下沉的效果

注意：

如果要为段落开头的多个字符设置首字下沉的效果，用户应首先选中段落开始的几个字符。

4.3.2　设置分栏版面

设置分栏，就是将整篇文档或文档的某一部分设置成具有相同栏宽或不同栏宽的多个栏。Word 2003 为用户提供了控制栏数、栏宽和栏间距的多种分栏方式，用户可以使用“分栏”按钮和“分栏”对话框设置栏数。

如果用户要对文档中的某一部分文本进行分栏，在进行分栏时用户应首先选中要设置分栏的文本，这样在进行分栏时系统将自动为选中的文本添加分节符。如果要对文档中的某一节进行分栏，则在进行分栏时应将插入点定位到该节中；如果要对没有分节的整篇文档进行分栏，则可以将鼠标定位在文档的任意位置。

1. 使用“分栏”按钮分栏

使用“常用”工具栏中的“分栏”按钮可以快速建立宽度相同的栏，具体步骤如下：

（1）将鼠标定位在文档中，如果文档进行了分节表示对当前节进行分栏，如果没有分节表示对整篇文档分栏。用户也可以选中要分栏的文本。

（2）单击“常用”工具栏上的“分栏”按钮 ，按钮下方显示出分栏窗口，在窗口中拖动鼠标选择所需的栏数。

（3）如果分栏窗口中显示的栏数不能满足要求，在窗口中继续拖动鼠标直至栏数符合要求，如图 4-8 所示。

（4）选中符合要求的栏数后松开鼠标即可完成分栏的操作。

2. 使用“分栏”对话框分栏

使用“分栏”按钮可以快速创建等宽的栏，为了能够创建比较复杂的分栏可以在“分栏”对话框中进行设置，具体步骤如下：

（1）将鼠标定位在文档中。

（2）单击“格式”|“分栏”命令，打开“分栏”对话框，如图 4-9 所示。

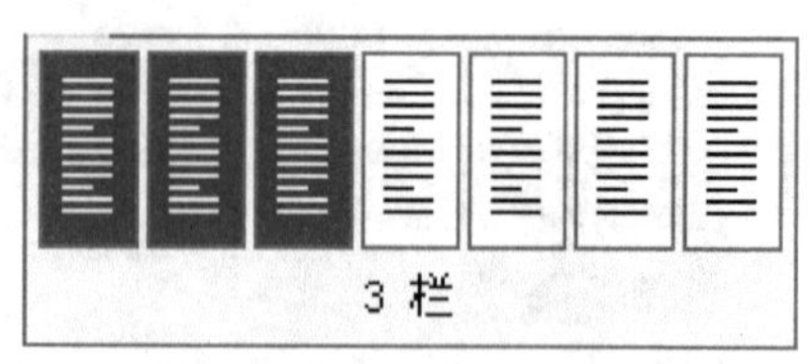

图 4-8　选定栏数

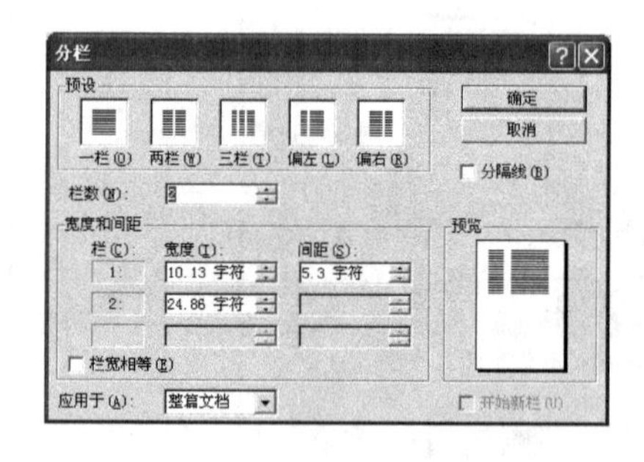

图 4-9　“分栏”对话框

（3）用户可以在“预设”区域选择 Word 给出的 5 种分栏方式中的一种，如果选定了一种方式则在下面的“栏数”、“宽度和间距”区域会自动给出预设的值。

（4）用户可以在“栏数”文本框中自定义要分的栏数，输入栏数后，在“宽度和间距”区域会显示出各栏的宽度和栏间距，如果给出的值不满意，用户可以对各栏的栏宽和栏间距进行调整。

（5）如果选中“栏宽相等”复选框则会使所有的栏宽都相等，在设置不等宽的栏时应取消该复选框的选中状态。

（6）在“应用于”下拉列表框中选择应用的范围。如果选择“整篇文档（当前节）”则为整篇文档（当前节）进行分栏；如果选择“插入点之后”系统自动在插入点处插入一个连续分节符，并为插入点后面的一节进行分栏。

（7）如果选中“分隔线”复选框，则可以在各栏间显示分隔线。

（8）单击“确定”按钮。

图 4-10 中的第二段就是在“预设”区域选择“偏右”选项，第一栏的“间距”为“2.02 字符”，没有添加分隔线的分栏效果。

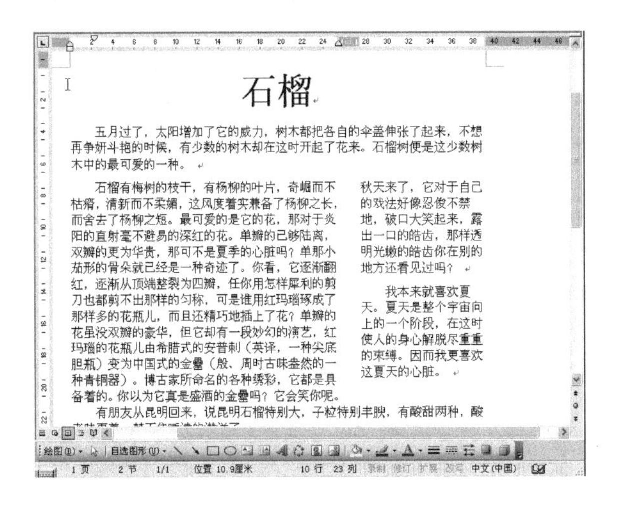

石榴

五月过了，太阳增加了它的威力，树木都把各自的伞盖伸张了起来，不想再争妍斗艳的时候，有少数的树木却在这时开起了花来。石榴树便是这少数树木中的最可爱的一种。

石榴有梅树的枝干，有杨柳的叶片，奇崛而不枯瘠，清新而不柔媚，这风度着实兼备了杨柳之长，而舍去了杨柳之短。最可爱的是它的花，那对于炎阳的直射毫不避易的深红的花。单瓣的已够陆离，双瓣的更为华贵，那可不是夏季的心脏吗？单那小茄形的骨朵就已经是一种奇迹了。你看，它逐渐翻红，逐渐从顶端整裂为四瓣，任你用怎样犀利的剪刀也都剪不出那样的匀称，可是谁用红玛瑙琢成了那样多的花瓶儿，而且还精巧地插上了花？单瓣的花虽没双瓣的豪华，但它却有一段妙幻的演艺，红玛瑙的花瓶儿由希腊式的安普刺（英译，一种尖底胆瓶）变为中国式的金罍（殷、周时古味盎然的一种青铜器）。博古家所命名的各种绣彩，它都是具备着的。你以为它真是盛酒的金罍吗？它会笑你呢。

秋天来了，它对于自己的戏法好像忍俊不禁地，破口大笑起来，露出一口的皓齿，那样透明光嫩的皓齿你在别的地方还看见过吗？

我本来就喜欢夏天。夏天是整个宇宙向上的一个阶段，在这时使人的身心解脱尽重重的束缚。因而我更喜欢这夏天的心脏。

有朋友从昆明回来，说昆明石榴特别大，子粒特别丰腴，有酸甜两种，酸

图 4-10　分栏的效果

3．取消分栏排版

如果要取消文档的分栏，在“分栏”对话框的“预设”区域选择“一栏”即可。在取消分栏时，用户还可以取消分栏文档中的部分文本的分栏。在分栏文档中选中要取消分栏的部分文本，然后在“分栏”对话框的“预设”区域选择“一栏”，单击“确定”按钮后，系统将自动为文档分节，选中的文本被分在一节中，该节的分栏版式被取消。

4．平衡栏宽

在对整篇文档或某一节文档进行分栏时往往会出现文档的最后一栏的正文不能排满，出现一大片空白的情况，这样会影响文档的整体美观。此时用户可以建立长度相等的栏，具体步骤如下：

（1）将插入点定位在分栏的结尾处。

（2）单击“插入”|“分隔符”命令，打开“分隔符”对话框。

（3）在“分节符类型”区域选中“连续”单选按钮。

（4）单击“确定”按钮，就可平均每栏内容。

5．控制栏中断

如果希望某段文字处于下一栏的开始处，可以采用在文档中插入分栏符的方法，使当前插入点以后的文字移至下一栏。

在文档中插入分栏符的具体步骤如下：

（1）将插入点定位在要移至下一栏的段落开始处。

（2）单击“插入”|“分隔符”命令，打开“分隔符”对话框。

（3）在“分隔符类型”区域选中“分栏符”单选按钮。

（4）单击“确定”按钮，插入分栏符的效果如图 4-11 所示。

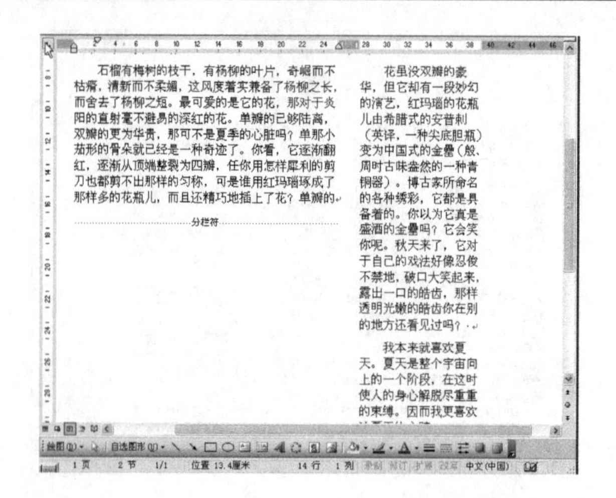

图 4-11　插入分栏符后的效果

4.4　设 置 页 码

设置页码是文字处理软件必备的功能之一。在 Word 2003 中，设置页码有两种方法：

方法一：使用“插入”菜单中的“页码”命令，所插入页码将自动成为页眉或页脚的组成部分。

方法二：使用“视图”菜单中的“页眉和页脚”命令，页码作为页眉和页脚的内容插入。

页码只能在页面视图或打印预览状态下看到。

4.4.1　插入页码

插入页码的操作步骤如下：

（1）将插入点置于要插入页码的节中，若文档没有分节，则对整个文档设置页码。

（2）单击“插入”|“页码”命令，打开“页码”对话框，如图 4-12 所示。

（3）在“位置”下拉列表框中，选定页码的位置，如页面顶端（页眉）、页面底端（页脚）、页面纵向中心、纵向内侧、纵向外侧。

（4）在“对齐方式”下拉列表框中，选定页码的对齐方式，如左侧、居中、右侧、内侧、外侧。

（5）如果不希望首页显示页码，可取消“首页显示页码”复选框的选中标记。无论第一页是否显示页码，第二页的页码都是 2。

（6）单击“确定”按钮，页码即设定。

Word 2003 默认页码格式是 1，2，3……如果用户有特殊的要求，可单击“页码”对话框中的“格式”按钮，打开“页码格式”对话框，如图 4-13 所示。

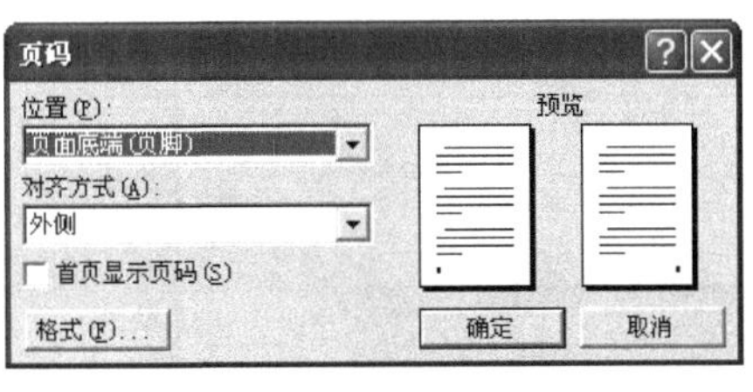

图 4-12　“页码”对话框

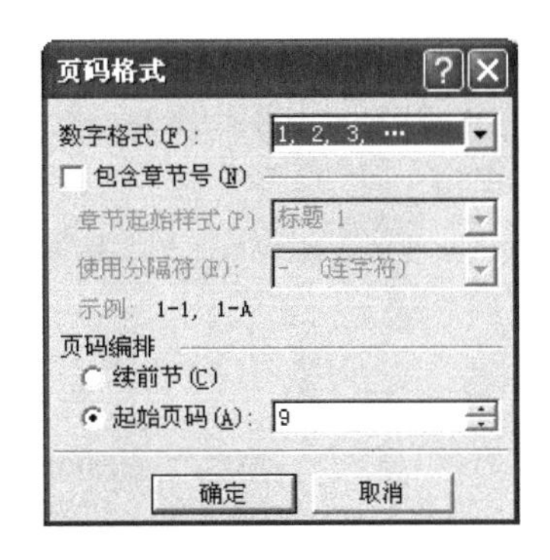

图 4-13　“页码格式”对话框

在“页码格式”对话框中，不但可以选择页码的“数字格式”，还可以设置含有章节号的页码。在“页码编排”区域，指定页码的起始编号。

设置完成后，单击“确定”按钮，返回“页码”对话框，再单击“确定”按钮，则文档中插入指定格式的页码。

4.4.2　删除页码

如果要删除页码则必须进入页眉和页脚区，在页脚编辑区中找到设置的页码，进行删除。删除已经建立页码的具体步骤如下：

（1）若文档中存在多个节，那么把插入点移动到要删除的节中的任意位置；若文档中没有设置节，那么就把插入点移动到文档的任意位置。

（2）选择“视图”菜单中的“页眉和页脚”命令，进入页眉或页脚区。

（3）在页眉或页脚区找到页码将它选定，按 Delete 键删除；如果插入的页码不在页眉或页脚区，例如在页面的纵向处，用户可以在插入页码的位置找到页码并将它删除。

（4）单击“页眉和页脚”工具栏中的“关闭”按钮。

4.5　添加页眉和页脚

页眉和页脚是指在文档页面的顶端和底端重复出现的文字或图片等信息，插入的页码就是最简单的页眉和页脚。在普通视图方式下无法显示页眉和页脚，在页面视图中页眉和页脚会呈现灰色。用户可以将首页的页眉和页脚设置成与其他页不同的形式，也可以对奇数页和偶数页设置不同的页眉和页脚。在页眉和页脚中还可以插入域，如在页眉和页脚中插入时间、页码就是插入了一个提供时间和页码信息的域。当域的内容被更新时，页眉页脚中的相关内容就会发生变化。

4.5.1　创建页眉和页脚

页眉和页脚与文档的正文处于不同的层次上，因此，在编辑页眉和页脚时不能编辑文档的正文，同样在编辑文档正文时也不能编辑页眉和页脚。

在文档中创建页眉和页脚的具体步骤如下：

（1）将插入点定位在文档中的任意位置。

（2）单击“视图”|“页眉和页脚”命令，进入页眉和页脚编辑模式，同时打开“页眉和页脚”工具栏，如图 4-14 所示。

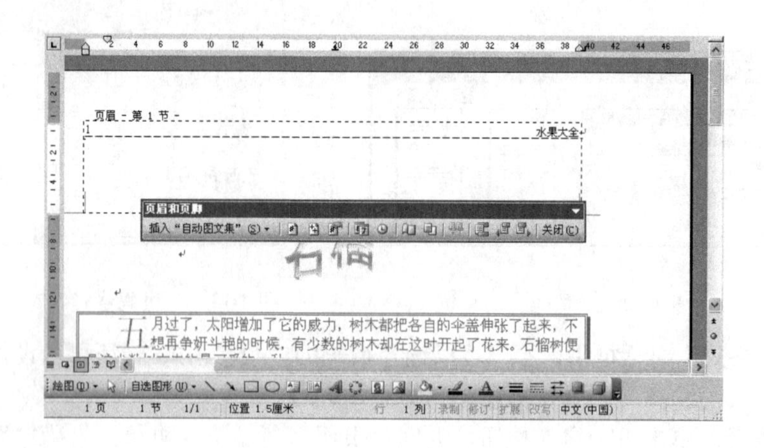

图 4-14 创建页眉和页脚

（3）在“页眉”区域中用户可以输入文本并设置文本的格式。例如，输入文本“水果大全”，将字体设置为宋体，字号设置为五号，对齐方式为右对齐，如图 4-15 所示。

（4）在“页眉和页脚”工具栏上单击“插入页数”按钮，则在页眉区插入文档的页数，如图 4-15 所示。

（5）单击“页眉和页脚”工具栏上的“在页眉和页脚间切换”按钮，切换到页脚区。

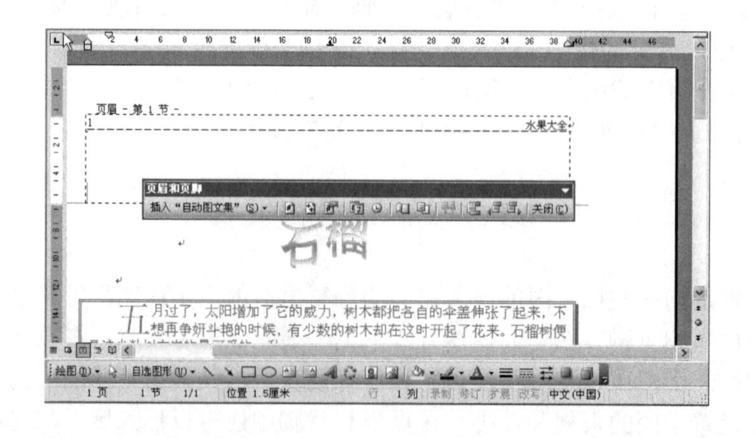

图 4-15 设置页眉后的效果

（6）单击“页眉和页脚”工具栏上的“插入‘自动图文集’”按钮，打开如图 4-16 所示的菜单。

（7）在“插入‘自动图文集’”下拉菜单中可选择“作者、页码、日期”、“作者”、“创建日期”等选项，在页脚区插入需要的自动图文集。

（8）编辑完毕，在“页眉和页脚”工具栏中单击“关闭”按钮，返回到正常的编辑模式。

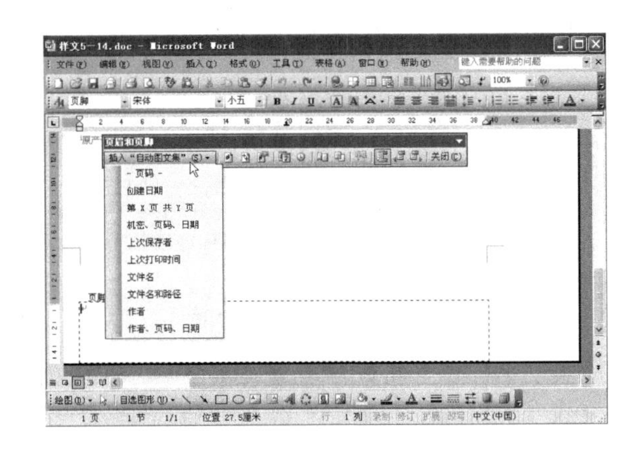

图 4-16　在页眉区插入自动图文集

“页眉和页脚”工具栏上各按钮的功能如下：

- 单击“插入‘自动图文集’”按钮，出现一个下拉菜单，在菜单中列出了系统提供的作者、文件名、日期或时间等自动图文集词条，用户可以选定其中的词条插入到页眉或页脚中。
- 单击“插入页数”按钮 可以插入当前节或整篇文档的页数。
- 单击“插入页码”按钮 可以插入页码，在插入页码后用户可以单击“设置页码格式”按钮 ，在出现的“设置页码格式”对话框中对页码的格式进行设置。
- 单击“插入日期”按钮 可以插入当前日期。
- 单击“插入时间”按钮 可以插入当前时间。

4.5.2　特殊格式页眉和页脚的创建

在一篇文档中为了使文档的版面更加吸引人，用户可为文档创建不同风格的页眉和页脚，例如，可以设置首页不同的页眉页脚，奇偶页不同的页眉页脚。

1．创建首页不同的页眉和页脚

创建首页不同的页眉和页脚的具体步骤如下：

（1）将插入点定位在文档中，单击“视图”|“页眉和页脚”命令，进入页眉和页脚编辑模式。

（2）在“页眉和页脚”工具栏中单击“页面设置”按钮，打开“页面设置”对话框，单击“版式”选项卡，如图 4-17 所示。

（3）在“页眉和页脚”区域选中“首页不同”复选框。

（4）单击“确定”按钮，这时在页眉区顶部显示“首页页眉”字样，在页脚区显示“首页页脚”字样，如图 4-18 所示。

（5）在首页页眉和页脚中进行编辑，如果用户不需要在首页编辑页眉或页脚，把页眉区域、页脚区域的内容删除即可。

（6）单击“页眉和页脚”工具栏中的“显示下一项”按钮 ，切换到文档的其他页眉或页脚编辑区中进行编辑。

（7）编辑完毕，单击“关闭”按钮返回文档，这样用户就可以创建与首页风格不同的页眉和页脚。

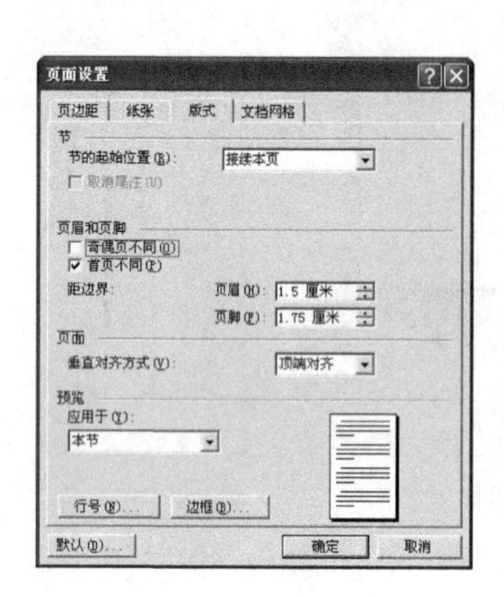

图 4-17　设置首页不同的页眉和页脚

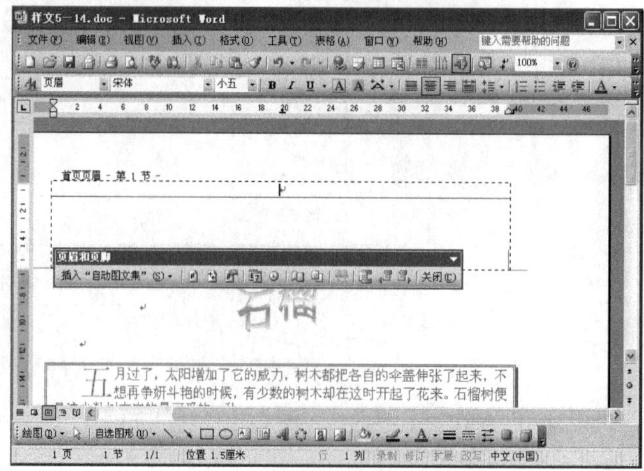

图 4-18　创建首页不同的页眉和页脚

2．创建奇偶页不同的页眉和页脚

为文档创建奇偶页不同的页眉和页脚的具体步骤如下：

（1）将插入点定位在文档中的任意位置，单击“视图”|“页眉和页脚”命令，进入页眉和页脚编辑模式。

（2）在“页眉和页脚”工具栏中单击“页面设置”按钮，打开“页面设置”对话框，单击“版式”选项卡。

（3）在“页眉和页脚”区域选中“奇偶页不同”复选框。

（4）单击“确定”按钮，返回到文档中，这时在页眉区顶部显示“奇数页页眉”字样，在页脚区底部显示“奇数页页脚”字样。如图 4-19 所示。

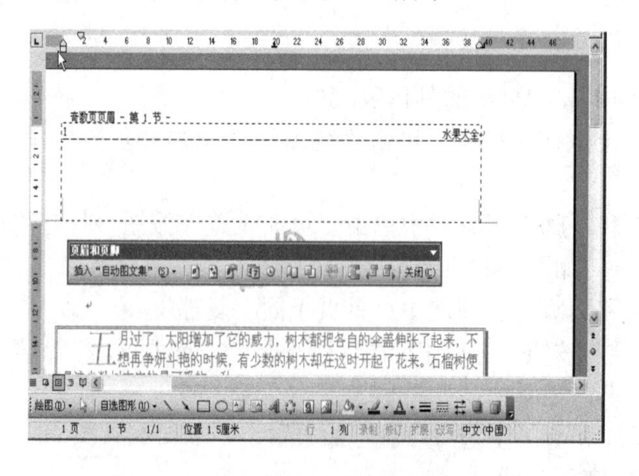

图 4-19　创建奇偶页不同的页眉和页脚

（5）在奇数页页眉和页脚区中进行编辑，编辑完毕，在“页眉和页脚”工具栏中单击“显示下一项”按钮 切换到偶数页的页眉和页脚编辑区中进行编辑。

（6）编辑完毕，单击“关闭”按钮返回文档。

4.6　设置边框和底纹

在文档中往往有一些比较重点或特殊的文本，可以为这些特殊的文本添加边框和底纹，用来突出这些文本的显示效果。

4.6.1　添加边框

利用“格式”工具栏中的“字符边框”按钮 A ，可以方便地为选定的一个或多个字符添加默认边框。如果用户要设置复杂的边框可以利用“边框和底纹”对话框为段落或选中的文本设置不同效果的边框，在“边框和底纹”对话框的“边框”选项卡（如图 4-20 所示）中的“设置”区域用户可以设置边框的类型。

- 无：表示不设边框，它可以用来消除文档当前的所有边框设置。
- 方框：可以为选中的文本或段落添加边框。
- 阴影：可以为选中的文本或段落添加具有阴影效果的边框。
- 三维：可以为选中的文本或段落添加具有三维效果的边框。
- 自定义：该选项只有在给段落添加边框时才有效，利用它可以为段落的一条或几条边添加边框。选中自定义选项后，可以在“预览”区内示意图中自由选择要添加的边框。

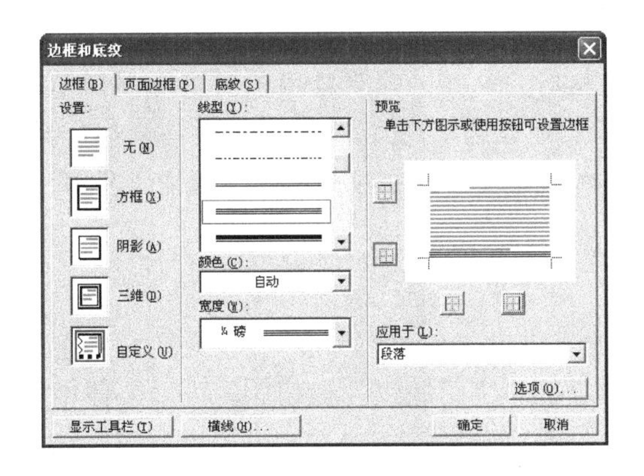

图 4-20　设置边框

例如，为了使“普陀山简介”文档看起来更漂亮一些，用户可以为正文第二段加入天蓝色双线边框，具体步骤如下：

（1）选中要添加边框的文本。

（2）单击“格式”|“边框和底纹”命令，打开“边框和底纹”对话框，单击“边框”选项卡。

（3）在“线型”列表框中选择“双线”类型，在“颜色”下拉列表中选择“天蓝色”。

（4）在“宽度”下拉列表中选择边框线的宽度为“0.5”磅，用户选择的线型不同，则在宽度下拉列表中供选择的宽度值也不同。

（5）在“设置”区域中单击“方框”按钮，然后在“预览”区域中显示出方框效果。

（6）在“应用于”文本框中选择边框的应用范围为“段落”。

（7）设置完毕单击“确定”按钮，设置标题边框后的效果如图 4-21 所示。

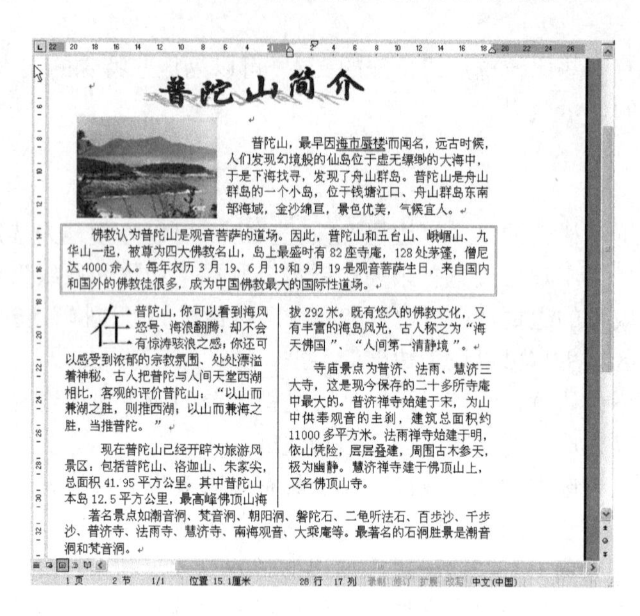

图 4-21 为正文第二段添加边框后的效果

注意：

在为文本设置边框时，选择的应用范围不同将会得到不同的效果。如果在应用范围中选择“文字”，则为选中的文本添加的边框是以行为单位添加的，即选中的文本的每一行都添加边框；如果在应用范围中选中“段落”，则是为整个段落添加边框。

4.6.2 添加底纹

利用“格式”工具栏中的“字符底纹”按钮A，可以方便地为选定的一个或多个字符添加默认底纹。如果要为段落或选定的文本添加更多样式的底纹，则可在“边框和底纹”对话框中进行设置。例如，为“普陀山简介”正文第二段添加玫瑰红底纹的具体步骤如下：

（1）选中要添加底纹的段落。

（2）单击“格式”|“边框和底纹”命令，打开“边框和底纹”对话框，单击“底纹”选项卡，如图 4-22 所示。

（3）在“填充”区域的颜色列表中选择所需的底纹填充颜色，如果选择“无填充颜色”将取消所有的底纹填充。

（4）在“图案”区域中，用户可以设置应用于底纹的样式。在“样式”下拉列表中，用户可以选择一种自己满意的底纹样式。如果选择“清除”选项，Word 2003 将只在文档中填充前面设置的颜色而不使用任何底纹样式。

（5）在“颜色”文本框中设置底纹样式的颜色，如果在“样式”选择框中选择“清除”

项，则该选项框呈现灰色不可用。

（6）在“应用于”文本框中选择所设底纹应用的范围是应用于文字还是段落。

（7）设置完毕，单击“确定”按钮。

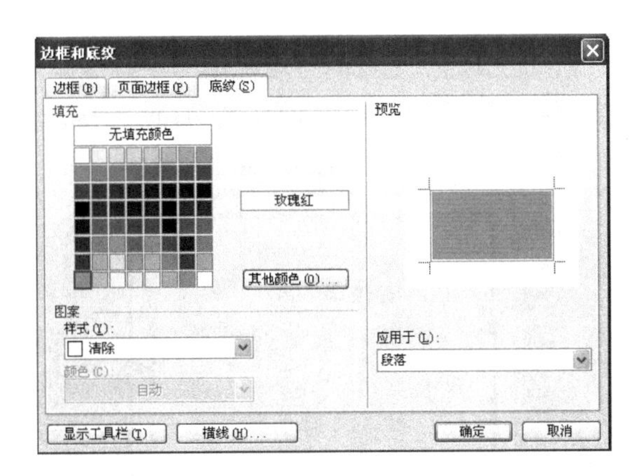

图 4-22　设置底纹

4.6.3　添加页面边框

如果用户要设置整个页面的边框，可以利用“边框和底纹”对话框为页面设置不同的边框效果，在“边框和底纹”对话框中选中“页面边框”选项卡，如图 4-23 所示，用户可以设置页面边框的艺术类型。

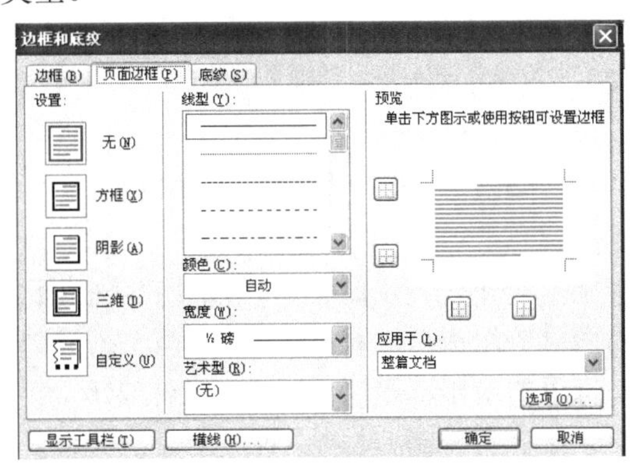

图 4-23　设置页面边框

其基本设置和边框选项卡类似，其中在“艺术型”下拉列表中选择一种艺术型样式，应用于整篇文档。例如，为“普陀山简介”正文添加页面边框的具体步骤如下：

（1）光标可定位在文档的任意位置。

（2）单击“格式”|“边框和底纹”命令，打开“边框和底纹”对话框，单击“页面边框”选项卡。

（3）在“设置”区域中可选择一种边框，在“线型”下拉列表框中选择一种线型，在“颜色”下拉列表中选择一种颜色，

（4）在“宽度”下拉列表中选择边框线的宽度，用户选择的线型不同，则在宽度下拉

列表中供选择的宽度值也不同。

（5）在“艺术型”下拉列表框中选择一种艺术类型。

（6）在“设置”区域中单击“方框”按钮，可选择一种边框，然后在“预览”区域中显示出方框效果。

（7）在“应用于”文本框中选择边框的应用范围为“段落”。

（8）设置完毕单击“确定”按钮，设置页面边框后的效果如图 4-24 所示。

图 4-24　设置页面边框

4.7　为文档添加注释

注释是对文档中的个别术语作进一步的说明，以便在不打断文章连续性的前提下把问题描述得更清楚。注释由两部分组成：注释标记和注释正文。注释一般分为脚注和尾注，一般情况下，脚注出现在每页的末尾，尾注出现在文档的末尾。

4.7.1　插入脚注和尾注

在 Word 2003 中用户可以很方便地为文档添加脚注和尾注。

例如，为文档中第一段中的词语“老态龙钟”插入尾注，具体步骤如下：

（1）将插入点定位在第一段中的词语“老态龙钟”的后面。

（2）单击“插入”｜“引用”｜“脚注和尾注”命令，打开“脚注和尾注”对话框，如图 4-25 所示。

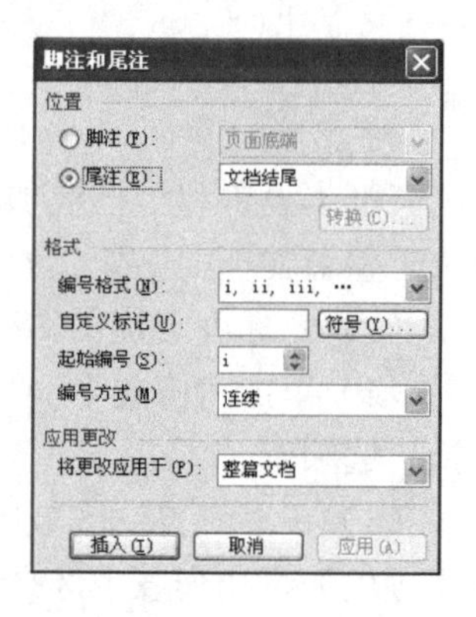

图 4-25　插入尾注

（3）在“位置”区域，选中“尾注”单选按钮，并在其后的下拉列表中选择“文档结尾”。

（4）在“格式”区域的“编号格式”下拉列表中选择一种编号格式，在“起始编号”文本框中选择或输入起始编号的数值，在“编号方式”下拉列表中选择“连续”选项。

（5）单击“插入”按钮，即可在插入点处插入注释标记，光标自动跳转至脚注编辑区，在编辑区中对脚注进行编辑，如图 4-26 所示。

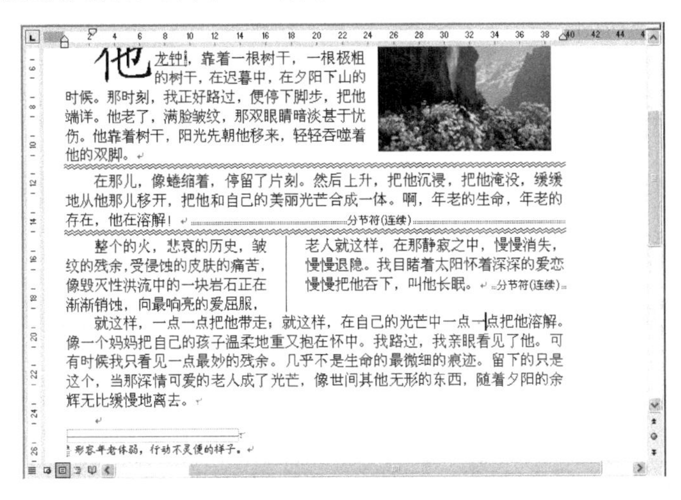

图 4-26　插入尾注的效果

4.7.2　查看和修改脚注或尾注

若要查看脚注或尾注，只要把鼠标指向要查看的脚注或尾注的注释标记，页面中将出现一个文本框显示注释文本的内容，如图 4-27 所示。

修改脚注或尾注的注释文本需要在脚注或尾注区进行，单击“视图”|“脚注”命令打开“查看脚注”对话框，如图 4-28 所示。在对话框中选择要查看的注释区，单击“确定”按钮即可进入相应的脚注或尾注区，然后用户就可以对它们进行修改了。

如果文档中只包含脚注或尾注，在执行“视图”|“脚注”命令后即可直接进入脚注区或尾注区。

图 4-27　显示脚注提示

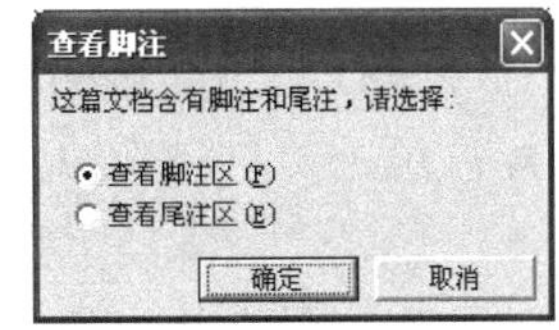

图 4-28　“查看脚注”对话框

4.7.3 脚注和尾注之间相互转换

脚注和尾注之间可以互相转换，例如，将插入的脚注转换为尾注的具体步骤如下：

（1）单击“插入”|“引用”|“脚注和尾注”命令，打开“脚注和尾注”对话框。

（2）在对话框中单击“转换”按钮，打开“转换注释”对话框，如图 4-29 所示。

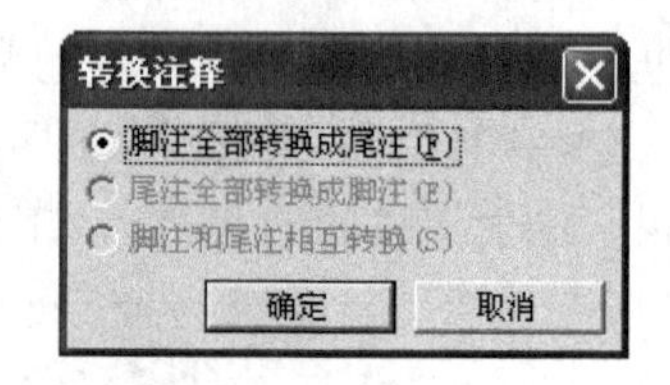

图 4-29 “转换注释”对话框

（3）在对话框中选中“脚注全部转换成尾注”单选按钮。

（4）单击“确定”按钮，即可使在文档页面底端的脚注转换成在文档的末尾出现的尾注。

4.7.4 移动、删除脚注和尾注

如果不小心把脚注或尾注插错了位置，用户可以使用移动脚注或尾注位置的方法来改变脚注或尾注的位置。移动脚注或尾注只需用鼠标选定要移动的脚注或尾注的注释标记，并将它拖动到所需的位置即可。

删除脚注或尾注只要选定需要删除的脚注或尾注的注释标记，然后按 Delete 键即可，此时脚注或尾注区域的注释文本同时被删除。进行移动或删除操作后，Word 2003 都会自动重新调整脚注或尾注的编号。例如，删除了编号为 1 的脚注，无需手动调整编号，Word 2003 会自动将编号 1 以后的所有脚注的编号前移一位。

4.8 文档的打印

在计算机安装了打印机的情况下，用户还可以将编排好的文档打印出来。Word 2003 提供了多种打印方式，包括打印多份文档、打印输出到文件、手动双面打印等功能，此外利用打印预览功能，用户还能在打印之前就看到打印的效果。

4.8.1 打印预览

利用 Word 2003 的打印预览功能，用户可以在正式打印文档之前就看到文档被打印后的效果，如果不满意，还可以在打印前进行必要的修改。

打印预览视图是一个独立的视图窗口，与页面视图相比，可以更真实地表现文档外观。而且在打印预览视图中，可任意缩放页面的显示比例，也可同时显示多个页面。

单击“文件”|“打印预览”命令或单击“常用”工具栏中的“打印预览”按钮 都可以进入打印预览视图，如图 4-30 所示。用户通过单击打印预览窗口上方的工具按钮，可以进行一些打印预览的设置。

- 单击“打印”按钮 ，可以打印当前预览的文档。
- 单击“放大镜”按钮 ，然后将鼠标移动到预览文档的上方，鼠标指针将变成放大镜形状。当放大镜带有加号时，单击文档，可以将文档放大预览；当放大镜带有减号时，单击文档，可以将文档缩小预览。如果“放大镜”按钮没有被按下，

系统将允许用户对文档进行编辑。

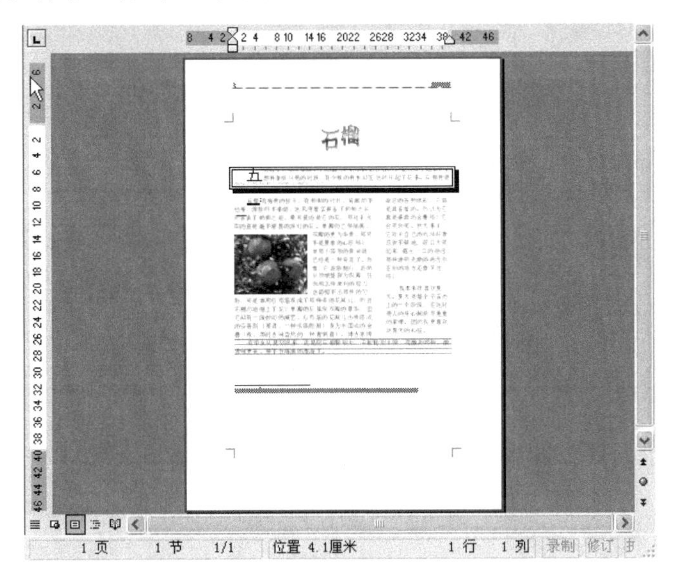

图 4-30　“打印预览”视图

- 单击“单页”按钮，可以使窗口中只预览一页文档。
- 单击“多页”按钮，然后在出现的下拉菜单中选择要显示的页面数目，即可以多页的形式显示文档。
- 在“显示比例”文本框中可以调整预览中文档的显示比例。
- 单击“查看标尺”按钮，可以使标尺在显示和隐藏之间切换。在打印预览的状态下，使用标尺可以很容易地调节页面边距等设置。
- 如果文档只超出一页少许时，可以使用“缩小字体填充”按钮 让系统自动压缩超出的部分显示在一页中。
- 单击“全屏显示”按钮，即可使预览窗口呈全屏显示。
- 单击“关闭”按钮 关闭(C) ，即可关闭预览视图返回到文档编辑状态。

4.8.2　快速打印

在打印文档时如果用户想快速打印，可直接单击“常用”工具栏上的“打印”按钮，这样就可以按 Word 2003 默认的设置进行打印。

4.8.3　一般打印

默认的打印设置不能够满足用户的要求时，用户可以在“打印”对话框中对打印的具体方式进行设置。

例如，要将文档打印 20 份，具体步骤如下：

（1）单击“文件”|“打印”命令，打开“打印”对话框，如图 4-31 所示。

（2）在“副本”区域的“份数”文本框中选择或者输入 20。

（3）单击“确定”按钮。

Word 2003 提供了多种打印方式，用户不但可以打印多份文档，还可以按指定范围打印文档或将文档打印到文件、打印双面文档等。

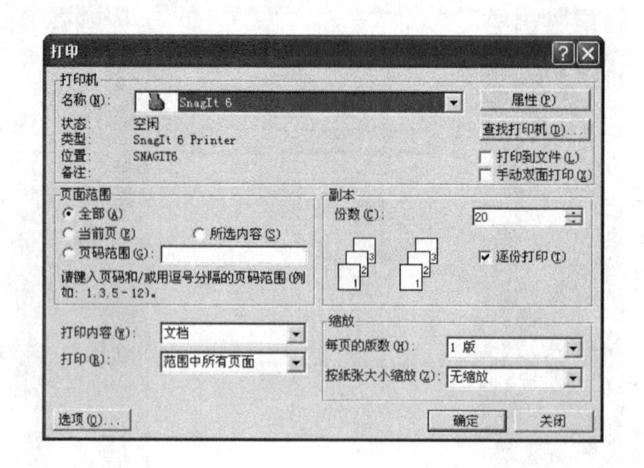

图 4-31　“打印”对话框

1．选择打印的范围

Word 2003 打印文档时，可以打印全部的文档，也可以打印文档的一部分。用户可以在“打印”对话框中的“页面范围”区域设置打印的范围。

- 选择“全部”单选按钮，即可以打印文档的全部内容。
- 选择“当前页”单选按钮，即可打印插入点所在的页。
- 选定“页码范围”单选按钮，在文本框中输入需要打印的页码范围后，即可打印文档指定页码范围的内容。
- 选择“所选内容”单选按钮，即可打印文档中选定的内容。

此外，在“打印”下拉列表中还可以选择打印的是奇数页还是偶数页，或者是用户在页面范围中所选的全部页面。

2．打印特殊文档项目

用户可以打印那些放入文档中的特殊项目，如批注、样式和自动图文集词条。当选择要打印这些项目时，将提供一页或几页列有批注、样式等所选项目的页面，这些页面与文档主体是分开的。用户可以在“打印内容”下拉列表中选择需要打印的项目。

3．手动双面打印文档

在使用送纸盒或手动进纸的打印机进行双面打印时，利用“手动双面打印”功能可大大提高打印速度，避免打印过程中的手工翻页操作，如先打印 1、3、5……页，然后把打印了单面的纸放回纸盒再打印 2、4、6……页。要利用“手动双面打印”功能，在“打印”对话框中选中“手动双面打印”复选框即可。

4．可缩放的文件打印

在 Word 2003 中，文档可以按照缩小或放大的比例进行打印。在“打印”对话框中的

“缩放”区域的“每页的版数”下拉列表中设置每页纸上将要打印的版数，可在每张纸上打印多页文件内容。如果文件页面大于或小于打印纸张，在“按纸张大小缩放”下拉列表中选择打印文件的纸型，可使文件按照纸张大小缩放后打印。这项功能对于需要预览多页文档输出结果，或是经常要调整文档输出格式的用户来说，可大大提高打印的效率。

5. 打印到文件

有时，需要把文档打印到一个文件中，而不是打印到打印机上，这样就可以把原来设定用于打印到打印机的一个文档打印到一个文件中，然后可以将得到的文件送到打印中心，执行高质量的打印。

在“打印”对话框中选中“打印到文件”复选框，则可以将文档打印到文件。然后在对话框中对打印选项进行设置，最后，单击“确定”按钮，就会打开“打印到文件”对话框，如图 4-32 所示。

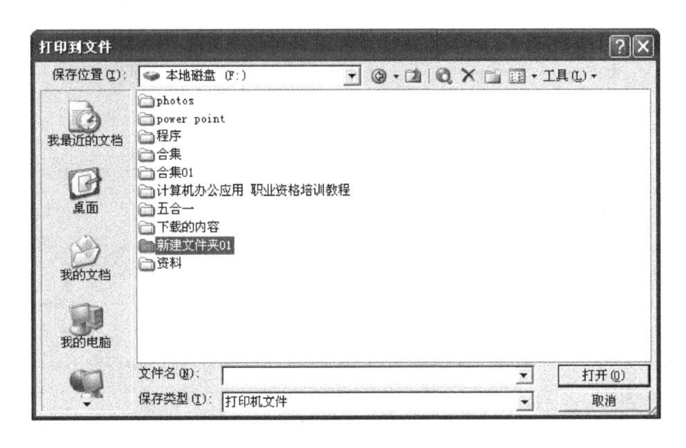

图 4-32　“打印到文件”对话框

在“保存位置”列表中选定驱动器和文件夹，在文件名文本框中输入文件名。单击“确定”按钮，发送到打印机上的信息就会被存储到指定的文件中。

设定打印到文件还有一个用途，就是打印到文件后，可以在没有安装 Word 程序的计算机上使用这个文件进行打印，甚至不需运行 Word 程序就可以直接输出打印文件。

4.9　本 章 练 习

一、填空题

1．Word 2003 提供了多种预定义的纸张，系统默认的是________纸，用户可以根据需要选择纸张大小，还可以自定义纸张的大小。

2．页边距是__________边缘之间的距离，在页边距中存在__________、__________和__________等图形或文字，为文档设置合适的页边距可以使打印出的文档美观。

3．插入的分页符在普通视图和页面视图方式下是以____________的虚线存在，并在中间标有____________。

4．Word 2003 提供了四种类型的分节符，它们分别为____________、____________、____________和____________。

5．注释是对文档中的个别术语作进一步的说明，注释由两部分组成：________和________。注释一般分为脚注和尾注，一般情况下脚注出现在________，尾注出现在________。

6．利用________工具栏中的“字符边框”按钮 A，可以方便地为选定的一个或多个字符添加默认边框。如果用户要设置复杂的边框可以利用________菜单中的“边框和底纹”命令进行设置。

二、简答题

1．设置页边距有几种方法？

2．设置文档网格的意义是什么？

3．打印预览功能有什么优点？

4．如何快速地打印一份文档？

第 5 章　文档的图文混排

本章主要介绍在文档中应用艺术字和图片以及绘制图形等图文混合排版的操作，在文档中使用图文混排可以增强文章的表现力，并且使整个文档的版面显得美观大方。本章的内容对于文档的版面编排至关重要，是读者学习的重点。

本章重点：

- 在文档中应用艺术字
- 在文档中应用图片
- 绘制自选图形
- 应用文本框

5.1　在文档中应用艺术字

通过字符的格式化可将字符设置为多种字体，但这远远不能满足文字处理工作中对字形艺术性的设计需求。使用 Word 2003 提供的艺术字功能，可以创建出各种各样的艺术文字效果。

5.1.1　创建艺术字

例如，用户可以将文档的标题设置为艺术字效果，来增强文档的可读性，使文档更具吸引力，具体步骤如下：

（1）将鼠标定位在要插入艺术字的位置。

（2）执行“插入”|“图片”|“艺术字”命令，打开“艺术字库”对话框，如图 5-1 所示。

（3）在艺术字库列表中选择一种艺术字样式，如选择“第 4 行第 2 列”，单击“确定”按钮，打开“编辑‘艺术字’文字”对话框，如图 5-2 所示。

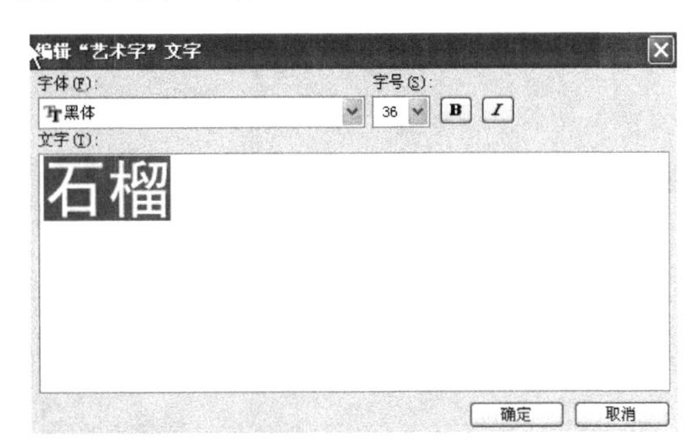

图 5-1　“艺术字库”对话框

图 5-2　“编辑‘艺术字’文字”对话框

（4）在“字体”下拉列表中选择艺术字字体，在“字号”下拉列表中选择艺术字字号；在“文字”文本框中输入艺术字的文本，如输入“石榴”。

（5）单击“确定”按钮，在文档中插入艺术字的效果如图 5-3 所示。

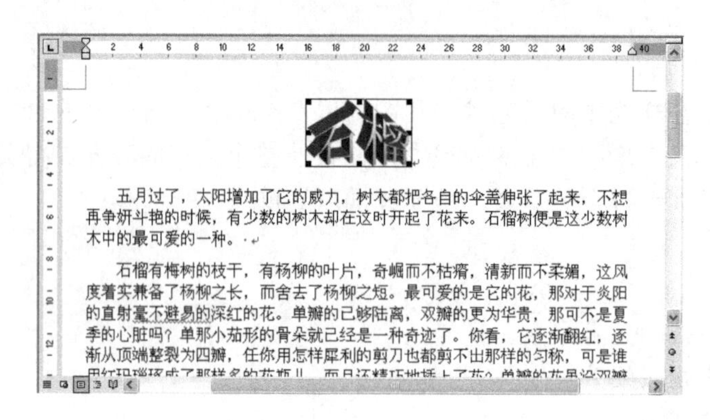

图 5-3 在文档中插入艺术字的效果

5.1.2 设置艺术字效果

插入艺术字后，用户可以根据需要对艺术字进行颜色的填充、形状大小的改变、阴影效果等的设置，来增加艺术字的可读性。

1. 调整艺术字的大小

如果插入的艺术字大小不合适，用户还可以调整艺术字的大小。例如，调整文档标题“石榴”大小的具体步骤如下：

（1）单击选中艺术字，在其周围出现了 8 个控制点。

（2）将鼠标移至艺术字四角的控制点上，当鼠标变成 ↘ 状时，按下鼠标左键并拖动，在拖动时显示出一个虚线框，显示调整艺术字后的大小，如图 5-4 所示。

（3）当拖动到合适位置时，松开鼠标即可。

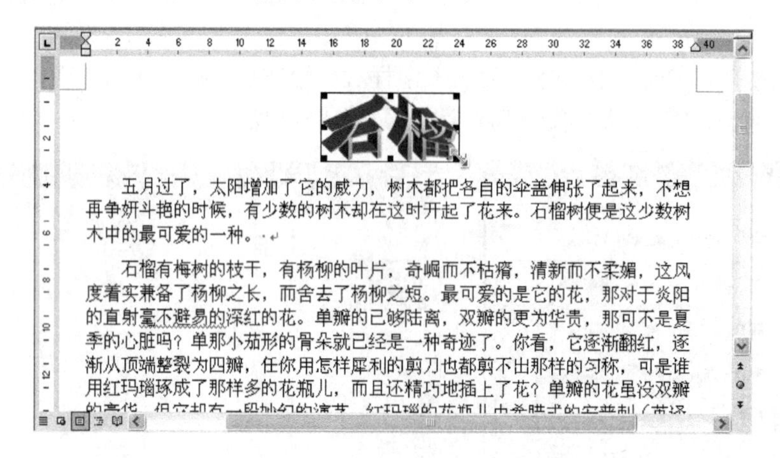

图 5-4 调整艺术字大小时的效果

2．设置艺术字版式

在文档中插入的艺术字是作为图形对象插入的，因此用户可以像设置图片版式一样设置艺术字的版式。设置艺术字版式的具体步骤如下：

（1）在艺术字上单击鼠标选中艺术字。

（2）执行“格式”|“艺术字”命令，打开“设置艺术字格式”对话框，单击“版式”选项卡，如图 5-5 所示。

（3）在“环绕方式”区域选择一种版式，如选择“四周型”，单击“确定”按钮。设置艺术字版式后的效果，如图 5-6 所示。

图 5-5　“设置艺术字格式”对话框

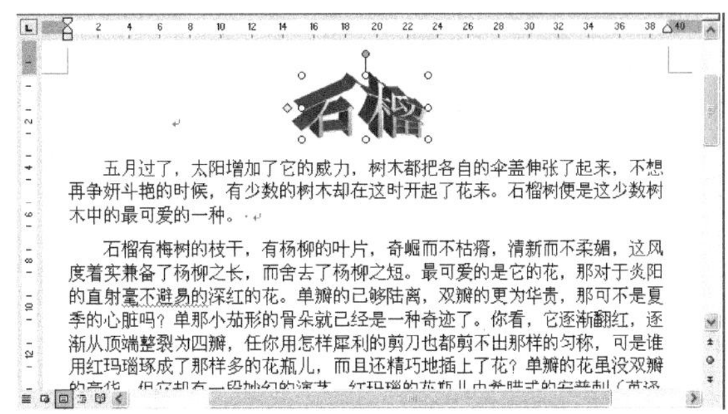

图 5-6　设置艺术字版式的效果

3．调整艺术字位置

如果艺术字的位置不合适，用户可以调整它的位置使之符合要求。调整艺术字的位置的具体步骤如下：

（1）将鼠标移至艺术字上，当鼠标变成 ✥ 状时，按住鼠标左键不放，拖动鼠标移动艺术字，如图 5-7 所示。

（2）拖动鼠标到合适位置后松开鼠标即可。

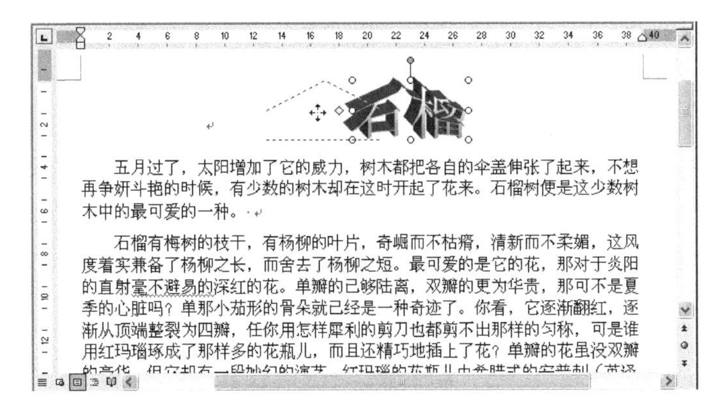

图 5-7　移动艺术字时的效果

4. 设置艺术字填充效果

用户可以为艺术字设置填充效果和线条颜色，具体步骤如下：

（1）单击选中插入的艺术字，打开“艺术字”工具栏，如果“艺术字”工具栏没有显示，执行“视图”|“工具栏”|“艺术字”命令，打开“艺术字”工具栏。

（2）在工具栏中单击“设置艺术字格式”按钮 ，打开“设置艺术字格式”对话框，单击“颜色与线条”选项卡，如图 5-8 所示。

（3）在“填充”区域的“颜色”下拉列表中选择一种颜色，如选择“填充效果”则打开“填充效果”对话框。单击“渐变”选项卡，如图 5-9 所示。在“颜色”区域中选择“预设”单选按钮，在“预设颜色”下拉列表中选择“熊熊火焰”。

（4）单击“确定”按钮返回“设置艺术字格式”对话框。

（5）在“线条”区域的“颜色”下拉列表中选择一种颜色，在“虚实”下拉列表中选择一种线型；在“粗细”文本框中输入或选择线条的粗细。如果用户不需要线条，在“线条”下拉列表中选择“无线条颜色”。

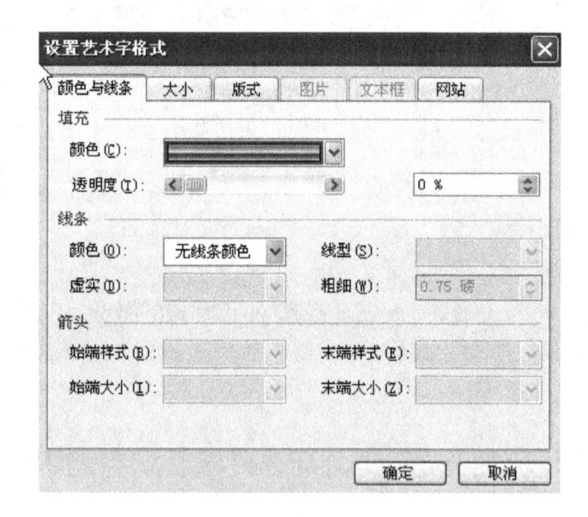

图 5-8 “设置艺术字格式”对话框

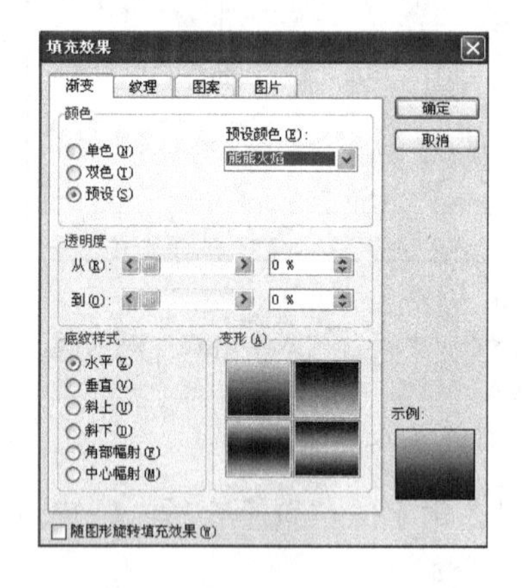

图 5-9 “填充效果”对话框

（6）单击“确定”按钮，设置艺术字填充后的效果如图 5-10 所示。

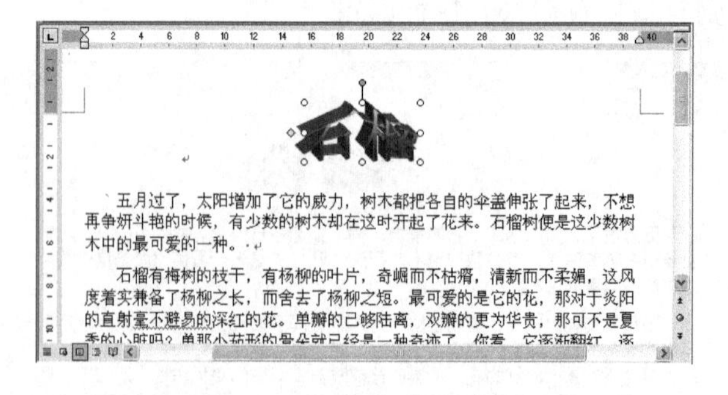

图 5-10 设置艺术字填充后的效果

5. 设置艺术字阴影

用户可以为艺术字设置阴影效果，并且还可以对艺术字的阴影进行设置。

例如，为“石榴”艺术字设置阴影的具体步骤如下：

（1）单击选中艺术字。

（2）在“绘图”工具栏中单击“阴影样式” 按钮，打开样式列表，如图 5-11 所示。

（3）在“阴影样式”列表中选择一种阴影样式，如选择“阴影样式 18”，则艺术字被添加了阴影效果。

（4）在“阴影样式”列表中单击“阴影设置”命令，打开“阴影设置”工具栏，如图 5-12 所示。

图 5-11　“阴影样式”列表

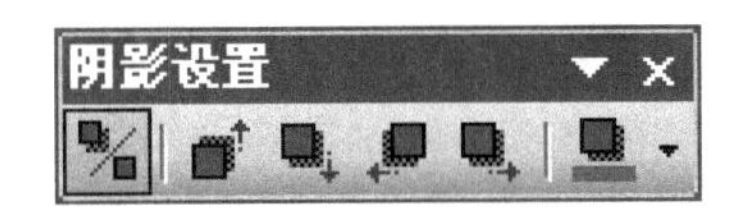

图 5-12　“阴影设置”工具栏

（5）单击“略向上移” 按钮或“略向下移” 按钮，使阴影向上或向下移动，单击“略向左移” 按钮或“略向右移” 按钮，使阴影向左或向右移动。

（6）单击“阴影颜色” 按钮后的下三角箭头，打开“阴影颜色”下拉列表，在列表中可以选择一种阴影颜色。

6. 设置艺术字形状

当用户在“艺术字库”的对话框中选择艺术字样式时就已经选择了艺术字的形状。用户还可以在艺术字的形状列表中进行更多样式的选择。

设置艺术字形状的具体步骤如下：

（1）选中艺术字，打开“艺术字”工具栏。

（2）在“艺术字”工具栏中单击“艺术字形状”按钮 ，打开艺术字形状列表，在艺术字形状列表中选择需要的形状，如图 5-13 所示。

设置艺术字形状后的效果如图 5-14 所示。

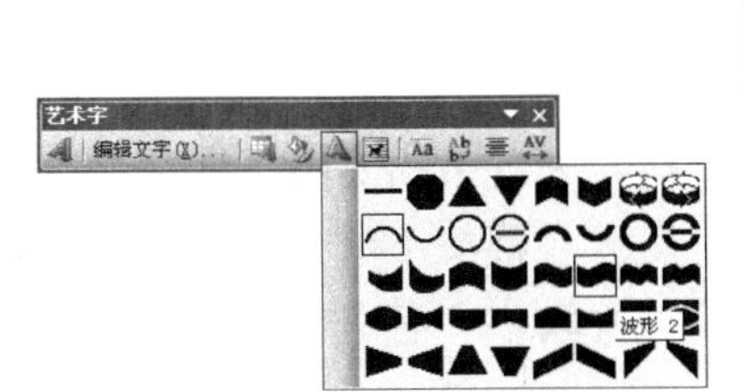

图 5-13　选择艺术字形状

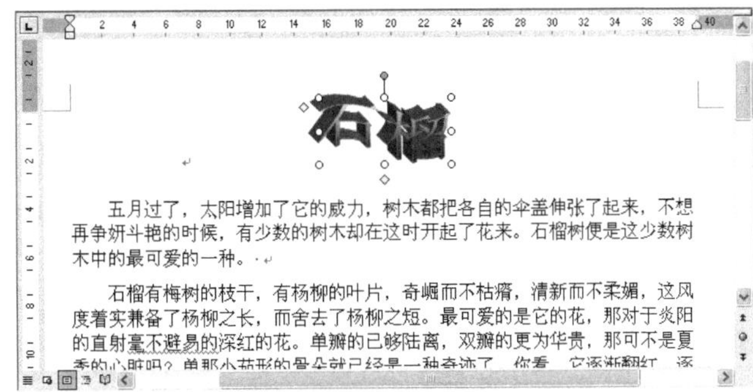

图 5-14　设置艺术字的形状效果

5.2 在文档中应用图片

Word 2003 是一套图文并茂、功能强大的图文混排系统。Word 2003 允许用户在文档中导入多种格式的图片文件，并且可以对图片进行编辑和格式化。在文档中使用图文混排功能可以增强文章的说服力，并且使整个文档的版面显得美观大方。

5.2.1 插入图片

用户可以很方便地在 Word 2003 中插入图片，Word 2003 提供了一个巨大的含有大量现成图片（.wmf 格式）的剪贴画库，用户也可以使用网站上的或使用扫描仪得到的图片。

1．插入来自文件的图片

用户不但可以很方便地在 Word 2003 中插入剪辑库中的图片，同时也可以插入多种格式的外部图片，比如*.bmp、*.jpg、*.tif 格式的图片。

在文档中插入来自文件中图片的具体步骤如下：

（1）将插入点定位在文档中要插入图片的位置。

（2）单击“插入”|“图片”|“来自文件”命令，打开“插入图片”对话框，如图 5-15 所示。

（3）在“查找范围”列表中选中要插入的图片所在的位置，在文件列表中选择需要插入的图片。

（4）单击“插入”按钮，在文档中插入图片后的效果如图 5-16 所示。

图 5-15 “插入图片”对话框

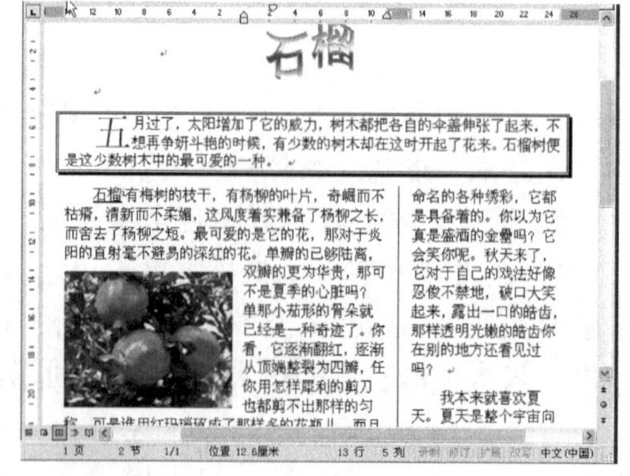

图 5-16 在文档中插入图片的效果

2．插入剪贴画

Word 2003 提供了一个功能强大的剪辑管理器，在剪辑管理器中的 Office 收藏集中收藏了多种系统自带的剪贴画，使用这些剪贴画可以活跃文档。收藏集中的剪贴画是以主题为单位进行分类组织的，如用户想使用 Word 2003 提供的与“动物”有关的剪贴画时，就可以在以“动物”为主题的收藏集中进行选择。

在文档中插入剪贴画的具体步骤如下：

（1）将插入点定位在要插入剪贴画的位置。

（2）执行“插入”|“图片”|“剪贴画”命令，打开“剪贴画”任务窗格。

（3）在“剪贴画”任务窗格的“搜索文字”文本框中输入要插入剪贴画的主题，如输入“工业”。

（4）在“搜索范围”下拉列表中选择所要搜索的剪贴画的范围。

（5）在“结果类型”下拉列表中选择所要搜索的剪贴画的媒体类型。

（6）单击“搜索”按钮，即可在任务窗格中列出搜索到的结果，如图 5-17 所示。

（7）在剪贴画列表中直接单击需要的剪贴画即可将其插入到文档中。

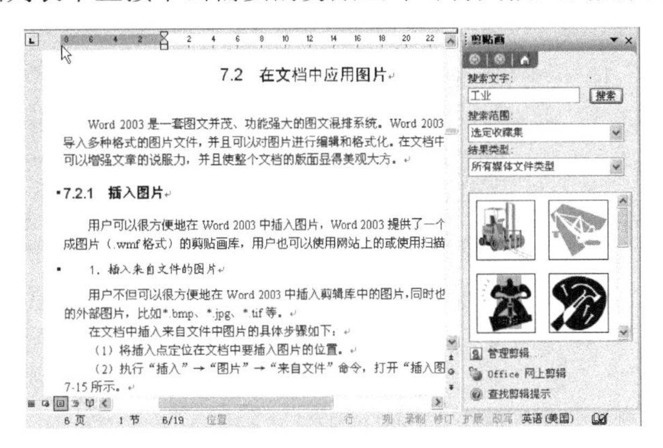

图 5-17　搜索剪贴画的结果

5.2.2　编辑图片

图片插入文档后，可以根据排版的需要进行编辑修改，如改变图片的大小、对图片进行剪裁。编辑图片要用到“图片”工具栏，如图 5-18 所示。

1．“图片”工具栏

在文档中插入图片后会自动显示“图片”工具栏，如果“图片”工具栏没有显示出来，选择“视图”|“工具栏”|“图片”命令可以将它显示出来。使用“图片”工具栏，用户可以对文档中的图片进行诸如裁剪、增加对比度，设置线型以及文字环绕方式等图片编辑操作。

图 5-18　“图片”工具栏

在“图片”工具栏中，Word 2003 提供了供用户编辑图片用的多个命令按钮，移动鼠标到各按钮上，将显示按钮的名称。使用这些命令按钮，用户可以方便地对文档中的图片进行编辑操作。工具栏中各按钮的意义如下：

- “插入图片”按钮 ：用来向文档中插入一幅来自文件的图片，单击它将出现“插入图片”对话框。

- “颜色”按钮：控制图像颜色，单击该按钮，在弹出的菜单中可以选择“自动”、“灰度”、“黑白”或“冲蚀”效果。
- “增加对比度”按钮、“降低对比度”按钮、“增加亮度”按钮、“降低亮度”按钮：用来设置图片的图像属性。选定图片后，单击“增加对比度”等四个按钮可以调整图片的对比度和亮度。
- “裁剪”按钮：用来裁剪图片。
- “向左旋转”按钮：单击该按钮图片将向左旋转 90 度。
- “线型”按钮：用来为图片加上边框，单击该按钮。在弹出的菜单中选择适当的线型即可。
- “文字环绕”按钮：使用此按钮，可以设置图文混排属性。
- “设置图片格式”按钮：单击该按钮，则会弹出“设置图片格式”对话框。
- “设置透明色”按钮：使用此按钮可以使部分图片变为透明，单击该按钮后鼠标外观变为一支笔的样式，用它单击选定图片上的某一颜色区域，则该颜色变为透明色。
- “重设图片”按钮：使用此按钮可把图像恢复成刚插入时的样子。

2．设置图片版式

用户可以通过使用 Word 2003 设置图片版式的功能，将图片置于文字中的任何位置，并可以通过设置不同的环绕方式得到各种环绕效果。

设置文档中插入图片版式的具体步骤如下：

（1）在图片上单击鼠标选中图片。

（2）单击“格式”|“图片”命令，打开“设置图片格式”对话框，单击“版式”选项卡，如图 5-19 所示。

图 5-19　设置图片版式

（3）在“环绕方式”区域有 5 种版式供用户选择。

- “嵌入型”版式，这是图片默认的插入方式，即可把图片嵌入在文本中，此时可将图片作为普通文字处理。
- “四周型”版式，可将文字排列在图片的四周，如果图片的边界是不规则的，则文字可以按一个规则的矩形边界排列在图片的四周。此时把鼠标放到图片上，鼠标呈现指向四个方向的箭头状，按住鼠标左键不放，拖动鼠标可以把图片放到任何位置。
- “浮于文字上方”版式，在这种版式下图片可以浮于文字上方，此时被图片覆盖的文字是不可视的，用鼠标拖动图片可以把图片放在任意位置。
- “衬于文字下方”版式，图片将衬于文本的下方，此时把鼠标放在文本空白处，显示图片的地方也可拖动鼠标移动图片位置。
- “紧密型”版式与“四周型”版式类似，但如果图片的边界是不规则的，则文字会紧密地排列在图片的周围。

（4）选择一种版式，单击“确定”按钮。

3. 调整图片大小

如果插入的图片大小及位置不合适将会使文档显得不具条理性，在这种情况下，用户可以对图片的大小及位置进行调整。

利用鼠标可以方便快速地调整图片的大小，方法是：单击图片选中它，把鼠标指针移动到图片四个角的控制点上，这时指针变成斜向的双向箭头，按住左键拖动，虚线表示改变后图片的大小，这样可以保持原有图形的长宽比。

还可以从水平方向或垂直方向调整图片的大小。把鼠标移动到图片左右两侧的控制点上，指针变成横向的双向箭头，按住左键拖动时，出现的虚线表示改变后图片的大小，这样只能在水平方向上改变图片的宽度；把鼠标移动到图片上下两边的控制点上，指针变成竖向的双向箭头，按住左键拖动时，虚线表示改变后图片的大小，这样只能在垂直方向上改变图片的高度。

如果要精确地调整图片的大小，可以在“设置图片格式”对话框中进行调整。双击图片或者在“图片”工具栏上单击“设置图片格式”按钮，在“设置图片格式”对话框中选择“大小”选项卡，如图 5-20 所示。

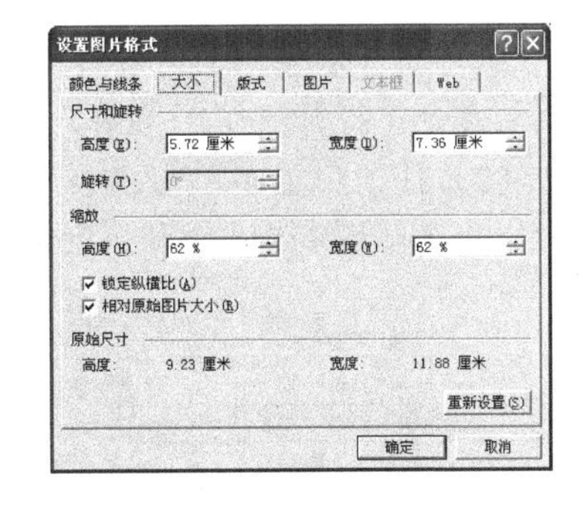

图 5-20　“大小”选项卡

在对话框中更改文档中所选图片的大小有两种方法。一种方法是在“尺寸和旋转”选项区域中直接键入所选图片的高度和宽度的确切数值；另外一种方法是在“缩放”区域中键入欲设置的高度和宽度相对于原始尺寸的百分比。

在对话框中对所选图片高度和宽度的设置只针对未旋转的图片有效。如果对选中的图片设置了旋转格式，则对所选图片高度和宽度的设置将是无效的，但在对话框中可以设置旋转的角度。

如果选中了“锁定纵横比”复选框，则 Word 2003 将限制所选图片的高与宽的比，以便其相互保持原始的比例。此时，如果更改对象的高度，则对象的宽度也会根据相应的比例进行调整，反之亦然。如果选中了“相对原始图片大小”复选框，则 Word 2003 将根据图片的原始尺寸计算“缩放”选项区域中的百分比。该选项只对图片类型的对象有效。

4. 调整图片位置

先用鼠标单击图片，然后将鼠标指针指向图片并按下鼠标左键，待鼠标指针旁出现虚线框时，拖动图片。此时插入点变成虚竖线，将插入点移到目标位置后，松开鼠标左键，图片就移到了新位置。

5. 裁剪图片

先单击“图片”工具栏中的“裁剪”按钮，鼠标指针旁即出现一个裁剪标记，然后将鼠标指针移到图片边框的控制标记上，按住鼠标左键拖动，此时图片周边出现一虚线，此虚线随鼠标拖动而移动，松开鼠标左键，虚线之外的部分已被裁剪掉。

5.3 绘制自选图形

利用 Word 2003 的绘图功能，用户可以很轻松快速地绘制出各种外观专业、效果生动的图形来。对于绘制出来的图形可以调整其大小，进行旋转、翻转、添加颜色等。还可以将绘制的图形与其他图形组合，制作出各种更复杂的图形。

5.3.1 绘制自选图形

如果要绘制直线、箭头、矩形、椭圆等简单的图形，只需单击“绘图”工具栏中的对应按钮，在文档中会出现一块绘图画布，在要绘制图形的开始位置单击鼠标左键并拖动到目的位置松开鼠标左键即可。

如果要绘制比较复杂的图形，可以利用 Word 2003 提供的绘制自选图形的功能进行绘制。

例如，在文档中绘制“心形”自选图形的具体步骤如下：

（1）在“绘图”工具栏中单击“自选图形”按钮，打开一个菜单，将鼠标指向“基本形状”命令，打开一个子菜单，如图 5-21 所示。

（2）在子菜单中单击“心形”命令，此时在文档中出现“在此处创建图形。”的绘图画布，并且鼠标变为十字状，如图 5-22 所示。

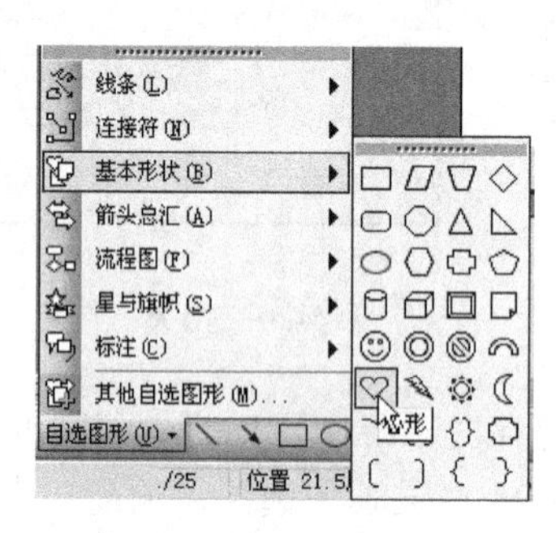

图 5-21 “自选图形”菜单

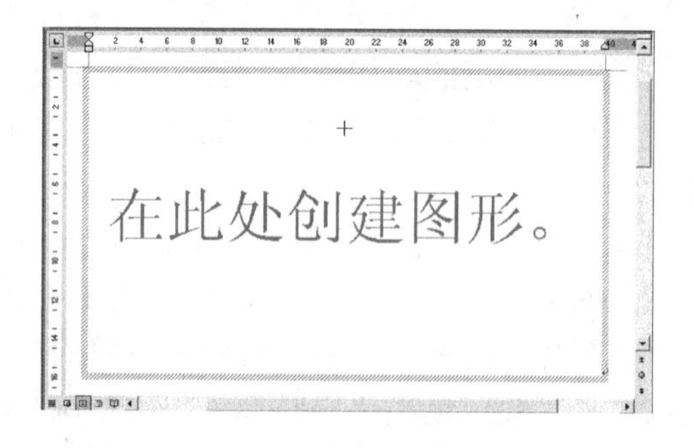

图 5-22 绘图画布

（3）在文档中拖动鼠标，即可绘制出自选图形，如图 5-23 所示。

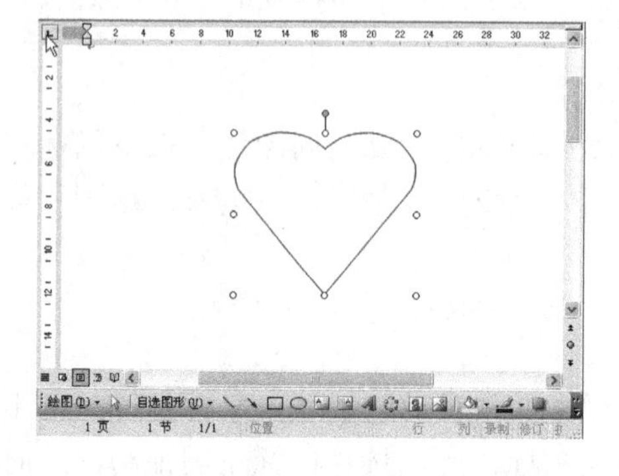

图 5-23 绘制的自选图形

5.3.2　设置自选图形的效果

在文档中绘制图形对象后，可以为自选图形加上一些特殊的效果来修饰图形，如图形对象的线型、填充颜色。

1．调整自选图形大小

在选定图形后，在图形对象周围出现的 8 个圆圈控制点可以调整图形的大小。拖动对象控制点调整图形大小的具体步骤如下。

（1）选中自选图形。

（2）将鼠标移到上下边线中间的控制点上，当鼠标变成 ↕ 状时上下拖动即可调整图形对象的高度。

（3）将鼠标移到左右边线中间的控制点上，当鼠标变成 ↔ 状时左右拖动即可调整图形对象的宽度。

（4）将鼠标移到四角的控制点上，当鼠标变成 ↘ 状时向里或向外拖动即可整体缩放图形的大小。

2．设置自选图形填充效果

用户可以利用普通的颜色来填充自选图形，也可以为自选图形设置渐变、纹理、图片或图案等填充效果。

例如，为“心形”自选图形设置填充玫瑰红色效果的具体步骤如下：

（1）在“心形”对象上单击鼠标右键，在打开的快捷菜单中选择“设置自选图形格式”命令，打开“设置自选图形格式”对话框，单击“颜色与线条”选项卡，如图 5-24 所示。

图 5-24　“设置自选图形格式”对话框

（2）在“填充”区域的“颜色”下拉列表中选择“玫瑰红”，用户也可以为图形添加“填充效果”，在“填充”区域的“颜色”下拉列表中选择“填充效果”，打开“填充效果”对话框，如图 5-25 所示。利用“填充效果”对话框，用户可以设置“渐变”、“纹理”、“图案”、“图片”等效果。单击“确定”按钮返回“设置自选图形格式”对话框。

（3）在“线条”区域的“颜色”下拉列表中选择一种颜色，如“黑”色，在“虚实”下拉列表中选择一种线型，如粗实线。

（4）单击“确定”按钮，设置后的自选图形如图 5-26 所示。

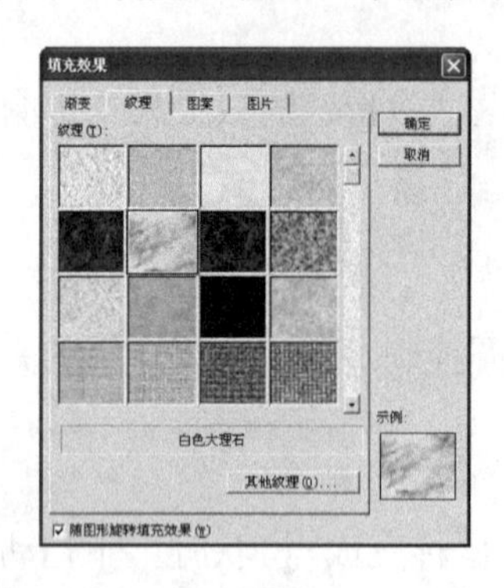

图 5-25 “填充效果”对话框

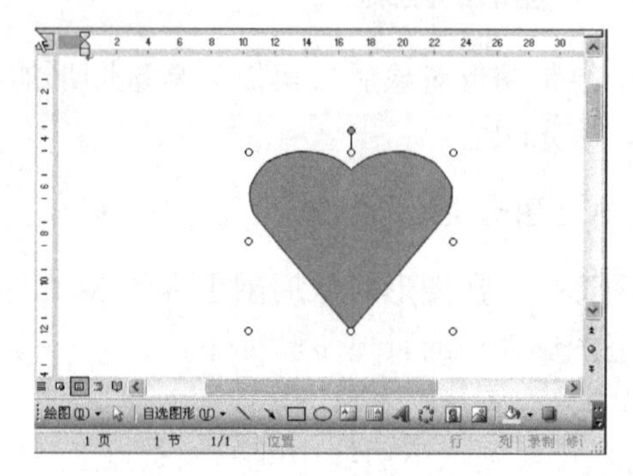

图 5-26 设置自选图形的填充效果

3．添加文字

除了直线、箭头等线条图形外，其他的所有图形都允许向其中添加文字。具体步骤如下：

（1）在自选图形上单击鼠标右键，打开快捷菜单。

（2）在快捷菜单中选择“添加文字”命令，此时在自选图形外侧多了一个文本框，并且鼠标自动定位在自选图形中。

（3）输入需要的文本，用户还可以设置文本的字符格式，添加文字后的自选图形显得更加美观。

5.3.3 旋转或翻转自选图形

用户可以将图形对象以任意角度自由旋转，或者将图形水平或垂直翻转。在 Word 2003 中，用户可以利用鼠标和菜单命令进行图形对象的旋转或翻转操作。

1．利用鼠标

利用鼠标可以将图形对象旋转任意角度，具体步骤如下：

（1）选定要旋转的图形对象，此时在图形的上部出现了一个绿色的旋转控制点。

（2）将鼠标移到绿色的旋转控制点附近，当鼠标变成 ↻ 状时按住鼠标向目的方向拖动旋转，在旋转的过程中出现一个虚线框，如图 5-27 所示。

（3）当旋转到合适程度时松开鼠标，在对象外单击完成旋转，将自选图形旋转 180°后的效果如图 5-28 所示。

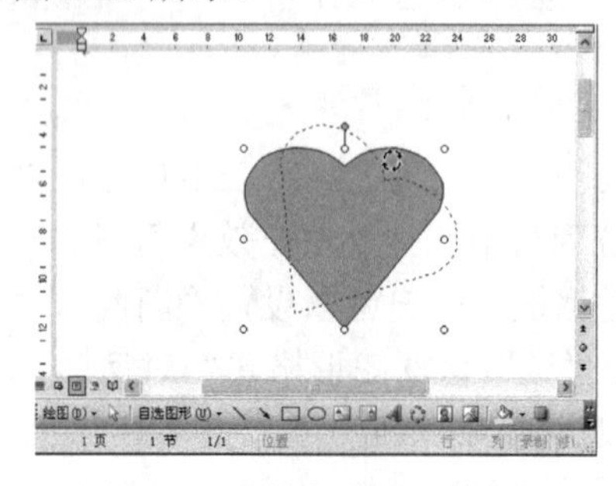

图 5-27 旋转自选图形时的效果

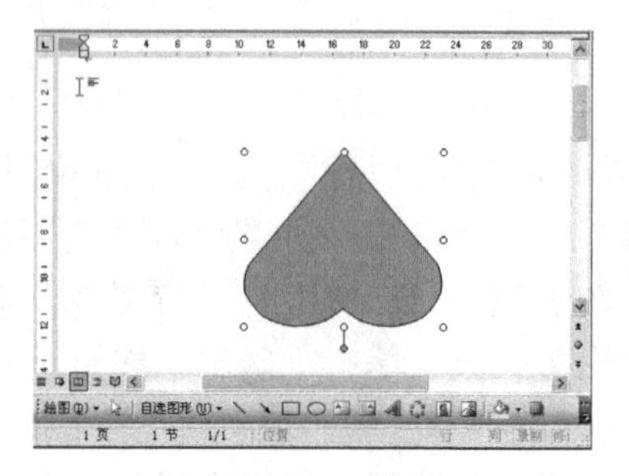

图 5-28 旋转自选图形后的效果

2．利用菜单命令

如果要利用菜单命令旋转图形对象，可以先选定要旋转或翻转的图形，然后单击“绘图”工具栏中的“绘图”按钮后的下三角箭头，在打开的菜单中单击“旋转或翻转”命令，打开级联菜单，如图 5-29 所示。

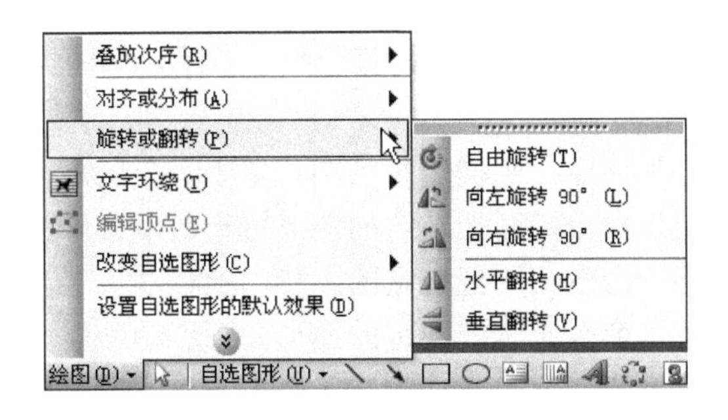

图 5-29　“旋转或翻转”级联菜单

级联菜单中各命令的功能如下：

- 选择“自由旋转”命令，可使用鼠标拖动手柄按需要旋转图形对象。
- 选择“向左旋转 90°”命令，即可使图形对象向左旋转 90°。
- 选择“向右旋转 90°”命令，即可使图形对象向右旋转 90°。
- 选择“水平翻转 90°”命令，即可使翻转后的图像与原图像以 Y 轴对称。
- 选择“垂直翻转 90°”命令，即可使翻转后的图像与原图像以 X 轴对称。

5.3.4　设置自选图形的形状

在选中自选图形后，在自选图形的四周除了出现调整图像大小的控制点和绿色的旋转控制点外，一般还有一个或多个用于调整图形形状的黄色菱形状的句柄。

利用黄色菱形状的句柄，用户可以对图形的形状进行调整，将鼠标移到黄色的菱形块上，当鼠标变成 ▷ 状时向里或向外拖动，可以改变自选图形的形状，拖动到合适程度后松开鼠标即可，如图 5-30 所示。

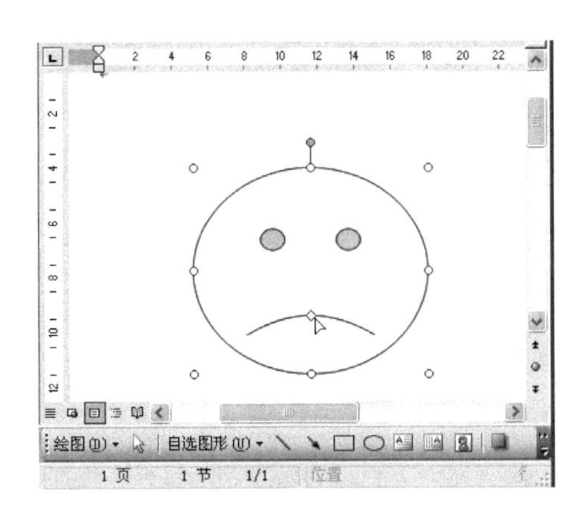

图 5-30　调整自选图形形状时的效果

5.3.5 设置叠放次序

在文档中绘制多个图形时，后来绘制的图形将覆盖住前面的图形。有时，可能需要改变图形对象的叠放次序。

首先选定要设置叠放次序的对象，然后单击“绘图”工具栏中的“绘图”按钮打开一个菜单，在菜单中选择“叠放次序”命令，打开一子菜单，如图 5-31 所示。子菜单中各命令的功能如下。

- 选择“置于顶层”命令，则把选定的图形置于最上层。
- 选择“置于底层”命令，则把选定的图形置于最下层。
- 选择“上移一层”命令，则把选定的图形向上移动一层。
- 选择“下移一层”命令，则把选定的图形向下移动一层。
- 选择“浮于文字上方”命令，则把选定的图形置于文字的上方，如果图形填充了颜色，则图形下面的文字不可见。
- 选择“衬于文字下方”命令，则把选定的图形置于文字的底层。

例如，在图 5-32 中将“笑脸”自选图形放在“心形”自选图形的上面，具体步骤如下：

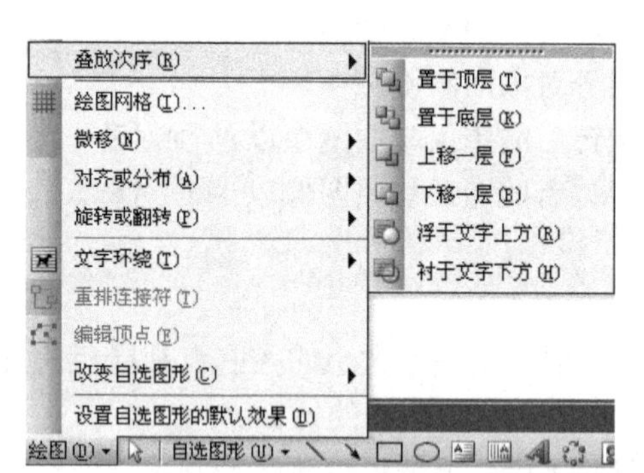

图 5-31 叠放次序子菜单

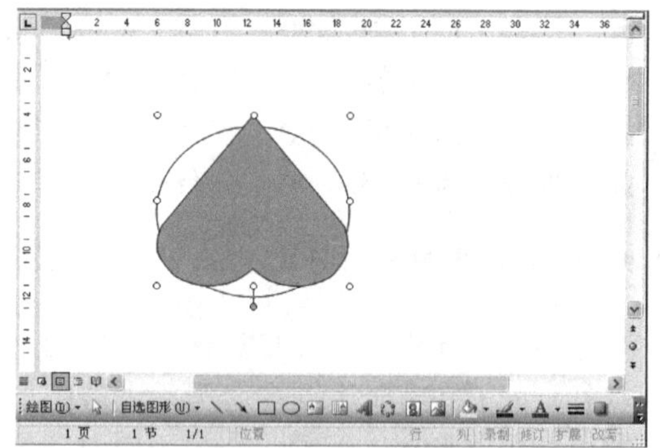

图 5-32 设置叠放次序前的效果

（1）选定“心形”自选图形，如果不好选定可运用绘图工具栏上的“选择对象”按钮。

（2）单击“绘图”工具栏中的“绘图”按钮，在“叠放次序”子菜单中选择“置于底层”命令，设置叠放次序后的效果如图 5-33 所示。

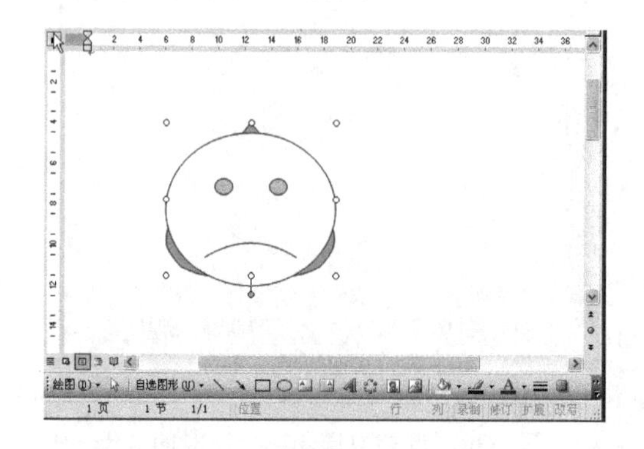

图 5-33 设置叠放次序后的效果

5.3.6　对齐或分布图形

用户可以利用鼠标拖动的方法来移动对齐图形，为了可以使多个图形对象排列得很整齐，在 Word 2003 中用户可以利用“网格线”和“绘图”工具栏中的“绘图”按钮进行对齐图形对象的操作。

利用菜单命令对齐或分布图形对象，首先选定要对齐的多个图形对象，然后在“绘图”工具栏中单击“绘图”按钮，打开一个菜单。在菜单中单击“对齐或分布”命令，打开级联菜单，如图 5-34 所示。用户可以根据需要选择不同的“对齐或分布”命令进行操作。

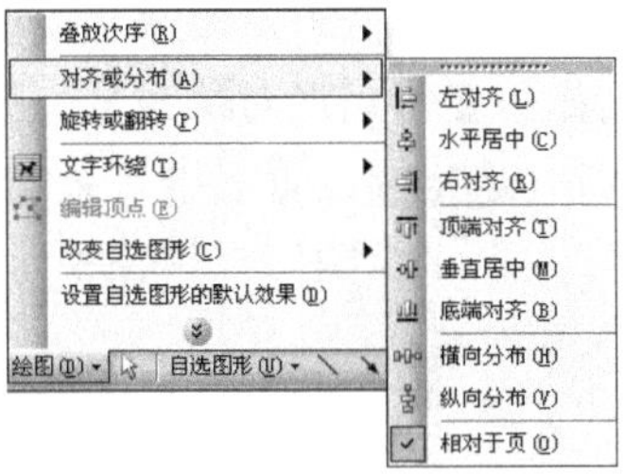

图 5-34　“对齐或分布”菜单

级联菜单中各命令的功能如下：

- 选择“左对齐”命令，即可将各图形对象的左边界对齐。
- 选择“水平居中”命令，即可将各图形对象横向居中对齐。
- 选择“右对齐”命令，即可将各图形对象的右边界对齐。
- 选择“顶端对齐”命令，即可将各图形对象的顶边界对齐。
- 选择“垂直居中”命令，即可将各图形对象纵向居中对齐。
- 选择“底端对齐”命令，即可将各图形对象的底边界对齐。
- 选择“横向分布”命令，即可将各图形对象在水平方向上等距离排列。
- 选择“纵向分布”命令，即可将各图形对象在竖直方向上等距离排列。
- 选择“相对于页”命令，图形对象对齐的参照标准为“页”边框，此时可以只选中一个图形对象进行相对于页的对齐操作。如果要进行图形对象之间的对齐和排列操作，需取消此项的选择。

5.3.7　设置阴影

用户可以给图形对象添加阴影，还可以设置阴影的方向和颜色。

例如，为图形“矩形”对象设置阴影的具体操作方法如下：

（1）选定“矩形”对象。

（2）在“绘图”工具栏中单击“阴影”按钮，打开“阴影”菜单。

（3）在“阴影”菜单中选择“阴影样式 10”选项，即可给图形对象设置阴影，设置阴影的效果如图 5-35 所示。

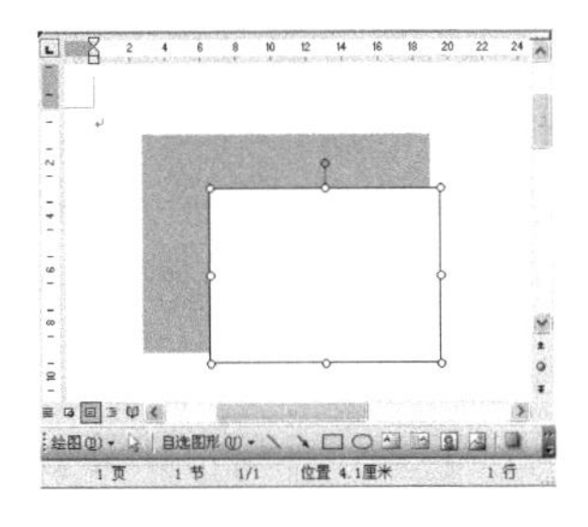

图 5-35　设置阴影样式后的效果

5.3.8 设置三维效果

用户不但可以为图形设置阴影还可以为图形对象添加三维效果，并且可以修改三维对象的延伸深度、照明颜色、旋转度、角度、方向和表面纹理等设置选项。但是需要注意的是，不能同时给图形对象添加阴影和三维效果。

例如，要给矩形对象设置三维效果，具体操作方法如下：

（1）选定要设置三维效果的对象。

（2）在“绘图”工具栏中单击“三维效果样式”按钮，打开“三维效果样式”菜单，如图 5-36 所示。

（3）在“三维效果样式”菜单中选择“三维样式 6”选项，即可为选中图形对象设置三维效果。

如果用户对设置的三维效果不满意，可以在“三维效果样式”菜单中单击“三维设置”命令，打开“三维设置”工具栏，如图 5-37 所示。

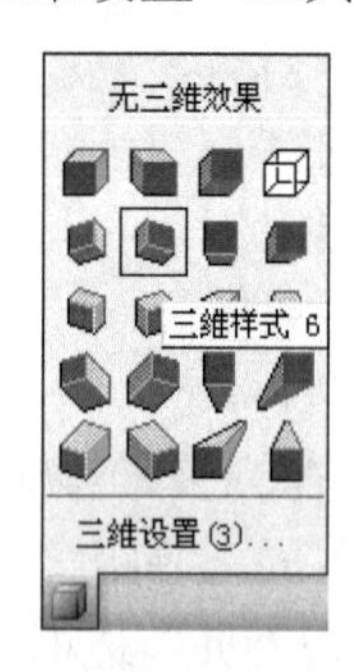

图 5-36 “三维效果样式”菜单

图 5-37 “三维设置”工具栏

“三维设置”工具栏中各按钮的名称及功能如下：

- “设置/取消三维效果”按钮 ：单击该按钮可以为图形对象添加或取消三维效果样式。
- “下俯”按钮 ：单击该按钮可以使三维效果向下倾斜。
- “上翘”按钮 ：单击该按钮可以使三维效果向上倾斜。
- “左偏”按钮 ：单击该按钮可以使三维效果向左倾斜。
- “右偏”按钮 ：单击该按钮可以使三维效果向右倾斜。
- “深度”按钮 ：单击该按钮可以调整三维效果的深度。
- “方向”按钮 ：单击该按钮可以调整三维效果的倾斜方向。
- “照明角度”按钮 ：单击该按钮可以调整三维效果中光源的位置。
- “表面效果”按钮 ：单击该按钮可以设置三维图形的表面效果。
- “三维颜色”按钮 ：单击该按钮可以设置三维效果的颜色。

利用工具栏对设置三维效果的图形对象调整后的效果如图 5-38 所示。

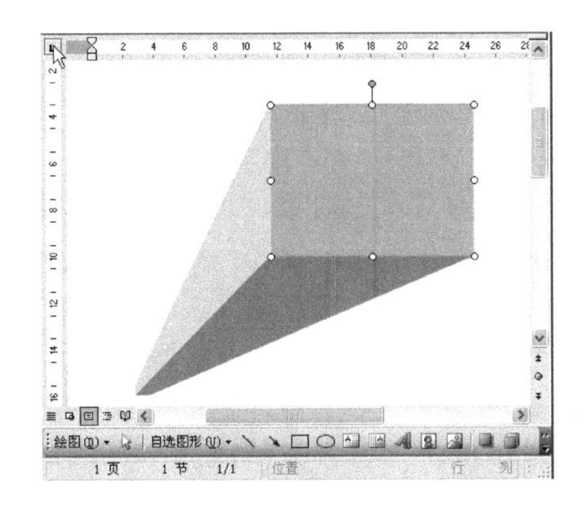

图 5-38　设置三维效果后的图形对象

5.3.9　组合图形

组合图形就是指把绘制的多个图形对象组合在一起，同时把它们当作一个整体使用，如把它们一起进行翻转、调整大小。选中多个图形，在任一个选中的图形上单击鼠标右键，在打开的快捷菜单中选择“组合”命令，打开一个子菜单，如图 5-39 所示。

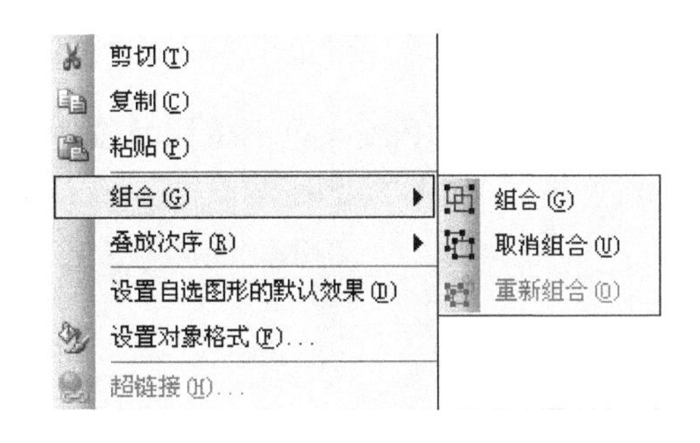

图 5-39 “组合”子菜单

在打开的子菜单上可以看到“组合”、“取消组合”和“重新组合”命令。如果自选图形是组合过的，那么“组合”命令将呈现灰色不可用，“取消组合”命令可用。如果是没组合的图形，“组合”命令可用。单击“组合”命令，即可将选中的多个图形组合为一个图形。用户可以发现原来被选中的每个图形上都显示控制点，如图 5-40 所示。被组合后的图形则只显示为一个图形的控制点，如图 5-41 所示。对被组合后的图形进行设置时，组合图形中的每个图形都进行相同的变化。

把多个图形组合在一起后，如果还要对某个图形单独做修改，可以取消组合。在快捷菜单中单击“取消组合”命令即可。

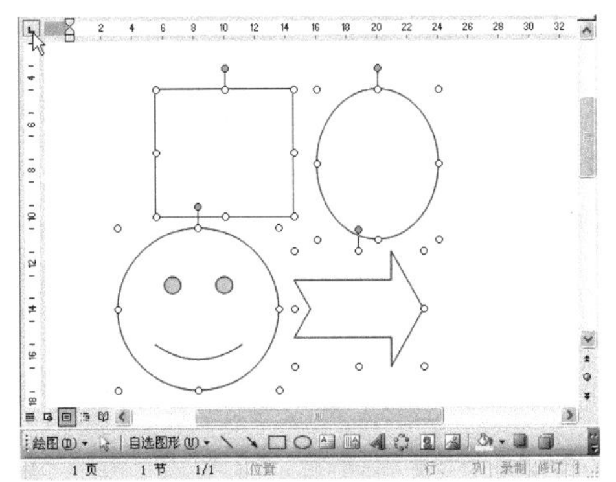

图 5-40　组合前的图形

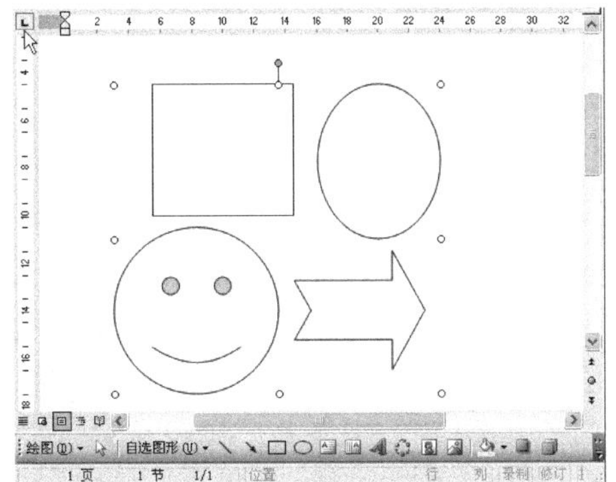

图 5-41　组合后的图形

5.4 应用文本框

在文档中灵活使用 Word 中的文本框对象，可以将文字和其他各种图形、图片、表格等对象在页面中独立于正文放置并方便地定位。

5.4.1 绘制文本框

文本框是独立的对象，可以在页面上进行任意调整。可以将文本输入或复制到文本框中，文本框中的内容可以在框中进行任意调整。根据文本框中文本的排列方向，可将文本框分为“竖排”文本框和“横排”文本框两种。

在文档中创建“横排”和“竖排”文本框的方法相似，在文档中创建横排文本框的步骤如下：

（1）在“绘图”工具栏上单击“横排文本框”按钮，或执行“插入”|“文本框”|“横排”命令，此时的鼠标指针变为 ＋ 状。此时在文档中会出现标明有“在此处创建图形。”的绘图布。

（2）在要插入文本框的位置处按住鼠标左键拖动，画出一个大小合适的文本框，输入需要的文字，如图 5-42 所示。

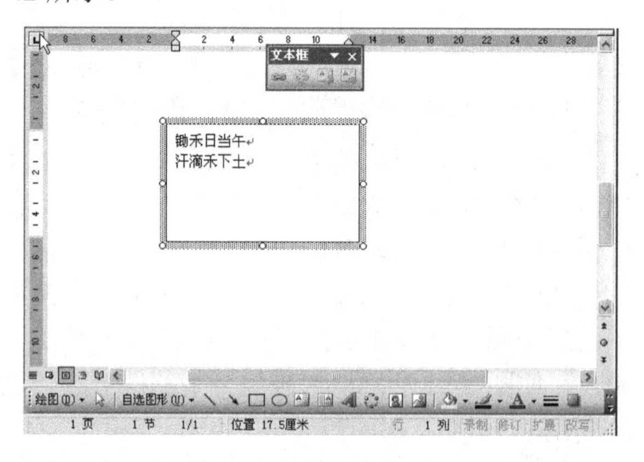

图 5-42 在文档中插入文本框

5.4.2 设置文本框

默认情况下，插入的文本框带有边线，并且有白色的填充颜色，显然，边线和填充颜色影响了文档的版面美观性，用户可以将文本框的线条颜色和填充颜色设置为“无颜色”，这样可以使文本框具有透明效果，从而不影响整个版面的美观。

设置文本框的具体操作方法如下：

（1）在文本框的边线上单击鼠标选中文本框，然后单击鼠标右键，打开一个快捷菜单。

（2）在快捷菜单中选择“设置文本框格式”命令，打开“设置文本框格式”对话框，单击“颜色与线条”选项卡，如图 5-43 所示。

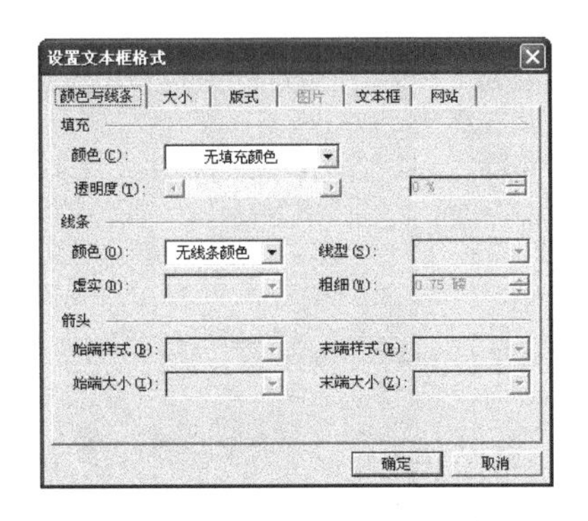

图 5-43　“设置文本框格式”对话框

（3）在“填充”区域的“颜色”下拉列表中可以设置文本框的填充颜色，如果不设置文本框的填充颜色，可以选择“无填充颜色”。在“线条”区域的“颜色”下拉列表中可以设置文本框的线条颜色，如果不设置线条的颜色，可以选择“无线条颜色”。

（4）单击“确定”按钮。

5.4.3　移动文本框

用户还可以将绘制的文本框移动位置，将鼠标移至文本框边框上，当指针呈 状时，按下鼠标左键拖动鼠标，此时将显示一个虚线框，表明文本框的移动位置。当虚线框到达合适位置后，松开鼠标。在文本框的区域之外单击鼠标，文本框的虚线会立即消失。

5.5　本 章 练 习

一、填空题

1．利用____________工具栏中的“阴影样式”按钮可以为艺术字设置阴影。

2．利用____________工具栏中的“艺术字形状”按钮可以设置艺术字形状。

3．剪贴画库中的图片格式是______。

4．用户可以利用_______菜单绘制文本框，也可以利用______工具栏绘制文本框。

二、选择题

1. 在调整图片时当鼠标变成 状时，按下鼠标并拖动，此时执行的是调整图片（　）的操作。

A．位置　　B．形状　　C．大小　　D．宽度

2．Word 2003 中（　）版式为图片默认的插入版式。

A．浮于文字上方　　B．紧密型　　C．四周型　　D．嵌入型

3．下面哪种自选图形可以直接向其中添加文字？（ ）

A．直线 B．标注 C．矩形 D．笑脸

三、判断题

下面叙述正确的打“√”，错误的打“×”。

1．文本框是独立的对象，可以在页面上任意调整位置。（ ）

2．在选择艺术字样式时实际上就已经选择了艺术字的形状及填充效果。（ ）

3．文档中的艺术字和图片都可以设置阴影效果。（ ）

四、操作题

将随书所附光盘素材文件夹中 DATA1 文件夹内的 TF5-5.doc 文件复制到用户文件夹中，并重命名为 A5.DOC。然后打开文档 A5.DOC，按下列要求设置、编排文档的版面如【样文 5-1】所示。

1．**页面设置**：纸型为 Letter；页边距为上、下各 2.5 厘米，左、右各 3.5 厘米。

2．**艺术字**：标题“母亲，人类一个永远的话题”设置为艺术字，艺术字式样为第 4 行第 4 列；字体为方正姚体；形状为双波形 1；阴影为阴影样式 18；环绕方式为四周型。

3．**分栏**：将正文第三、四、五段设置为两栏格式，第 1 栏宽 13.5 字符，间距 2.02 字符；加分隔线。

4．**边框和底纹**：为正文最后 1 段设置底纹，图案样式为浅色网格，颜色为浅青绿；为正文最后 1 段设置上下双波浪线边框。

5．**首字下沉**：为正文第一段设置首字下沉效果，下沉行数为 2。

6．**图片**：在样文所示位置插入素材文件夹中 DATA2 文件夹下的 pic5-5.jpg 文件；图片缩放为 30%；环绕方式为紧密型。

7．**脚注和尾注**：为正文第 1 段 “母爱”添加双下划线；插入尾注“母爱是一种巨大的火焰。”

8．**页眉和页脚**：按样文添加页眉文字，插入页码，并设置相应的格式。

【样文 5-1】

第 1 页　　亲情倾诉

母亲，人类一个永远的话题

有人说，人与动物有共通性，这共通性就是母爱[i]。

一个老猎人，寻猎、打猎、卖钱、换物，就是他生活的全部。一次，他看到一只母鹿，这是一只肥硕的母鹿，老猎人果断地举起了枪。然而令他惊诧的是，母鹿并没有逃走，而是向他跑了下去，眼中渗出泪。老猎人手微微一抖，但作为一个职业猎人，他还是打出了他生命中最沉重的一枪。割皮、开肚、清脏，老猎人像往日一样清理这只母鹿，然而令他震撼的是母鹿肚里裹着一只幼鹿……

毕业于旧国民女子高等学校的付兰波是一位有着五个子女的母亲，由于历史的原因，老伴被错划成右派，投入监狱 20 年。在困境中，她用柔弱的肩膀担负起家庭的重任，独立抚养着 5 个子女。为了生活，夏天她压面条，冬天卖烤地瓜，每天晚上还要伴着月光打草帘子，生活的艰难可想而知。但是，20 年中她从未在子女面前流过眼泪，坚强地面对一切。在入不敷出的生活中，孩子的书还能不能念下去？她的回答是，砸锅卖铁也不能让一个孩子失学。她把做生意换来的几分钱、几角钱积攒起来供孩子读书，孩子们看到妈妈太难了，几次想辍学帮助母亲减轻家庭负担，都被她拒绝。在经历了“反右”、“三年自然灾害”和“文革”后，她没让一个孩子失学，全部读完了中学，如今，她的小儿子已在英国修完博士学位。从苦日子走过来的她，如今已 75 岁了，但是，她仍然过着俭朴的生活，却把节省下的钱资助困难户孩子上学，用真情书写了人类伟大的母爱。

人类的母爱高于动物的母爱。如果说付兰波苦心供养五个子女的故事类似于动物母爱的一种本能的话，那么她后来仍然极力节俭并把省下来的钱用来资助困难户孩子上学的行为就是一种高于动物母爱的爱，这也是人类伟大于动物之所在，人类能够由己及人，将爱普施于他人。

孟郊的《游子吟》：“慈母手中线，游子身上衣。临行密密缝，意恐迟迟归。谁言寸草心，报得三春晖。”这是一支亲切诚挚的母爱颂歌，艺术地再现了人所共感的平凡而又伟大的人性美，所以千百年来赢得了无数读者强烈的共鸣。

千百年来，唯有母爱是不断的音弦。

---

[i] 母爱是一种巨大的火焰。

第 6 章　在文档中应用表格

表格是编辑文档的常见的文字信息组织形式，它的优点是结构严谨、效果直观。以表格的方式组织和显示信息，可以给人一种清晰、简洁、明了的感觉。

本章重点：

- 创建表格
- 编辑表格
- 调整表格结构
- 修饰表格

6.1　创 建 表 格

Word 2003 提供了多种创建表格的方法，例如，使用“插入表格”按钮、“插入表格”命令或手工绘制表格。用户在创建表格时可以根据情况选择合适的方法。

6.1.1　利用“插入表格”按钮创建表格

利用“常用”工具栏中的“插入表格”按钮是创建 Word 表格的快捷方法。利用“插入表格”按钮创建表格的具体步骤如下：

（1）将插入点定位在文档中需要插入表格的位置。

（2）在“常用”工具栏中单击“插入表格”按钮，此时在屏幕上出现一个网格。按住鼠标左键沿网格左上角向右拖动指定表格的列数，向下拖动指定表格的行数。如图 6-1 所示即为准备绘制 5 行 6 列的表格。

（3）松开鼠标，即可在插入点处绘制一个平均分布各行、平均分布各列的规则的表格，如图 6-2 所示。

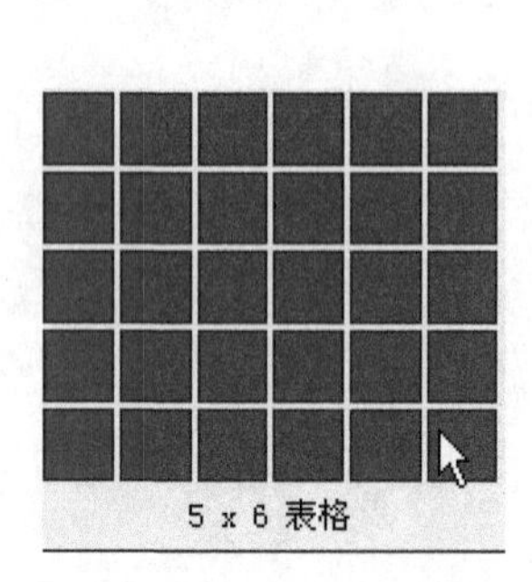

图 6-1　利用“插入表格”按钮创建表格

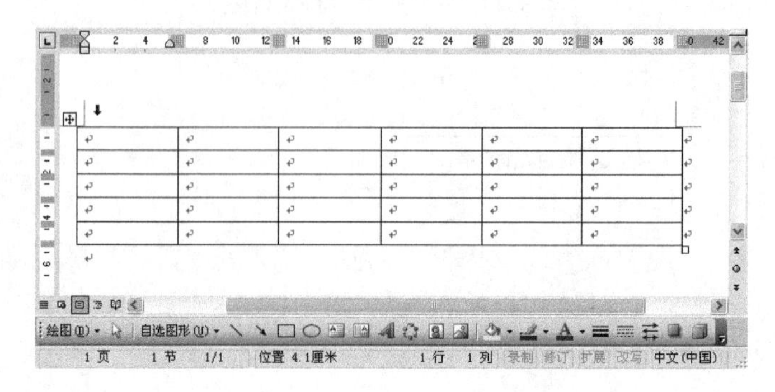

图 6-2　在文档中创建 5 行 6 列的表格

6.1.2　利用“插入表格”命令创建表格

用“插入表格”按钮创建表格虽然方便，但无法设置表格的列宽。利用“表格”对话框创建的表格不受表格行、列数的限制，并且可以同时设置表格的列宽。

利用“插入表格”对话框创建表格的具体步骤如下：

（1）将插入点定位在要插入表格的位置。

（2）单击“表格”|“插入”|“表格”命令，打开“插入表格”对话框，如图 6-3 所示。

（3）在“列数”文本框中选择或输入表格的列数值，在“行数”文本框中选择或输入行数值。

（4）单击“确定”按钮。

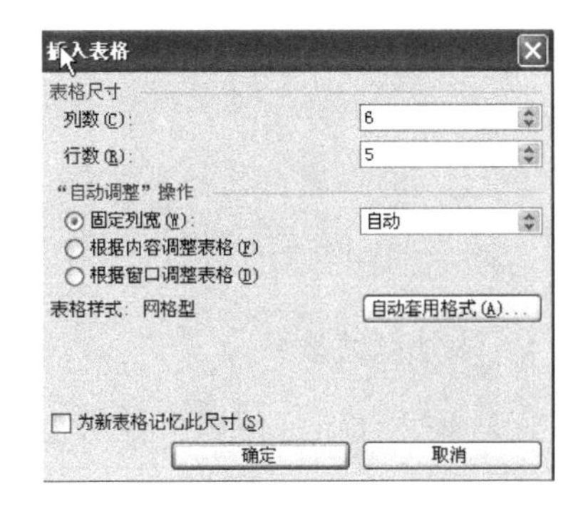

图 6-3　“插入表格”对话框

在利用对话框创建表格时用户可以根据需要在“‘自动调整’操作”区域对表格的列宽进行设置：

■ 选择“固定列宽”单选按钮，可以在数值框中输入或选择列的宽度，创建固定列宽的表格。也可以使用默认的“自动”选项让列宽等于正文区宽度除以列数。
■ 选择“根据窗口调整表格”单选按钮，可以使表格的宽度等于正文区的宽度。
■ 选择“根据内容调整表格”单选按钮，可以使列宽跟随在每一列中输入的内容而自动调整。
■ 如果单击“自动套用格式”按钮，则可打开“自动套用格式”对话框，在对话框中用户可以为创建的表格选择自动套用的格式。

6.1.3　自由绘制表格

Word 提供了用鼠标绘制任意不规则的自由表格的强大功能，单击“常用”工具栏中的“表格和边框”按钮，打开“表格和边框”工具栏。利用“表格和边框”工具栏上的按钮可以方便、灵活地绘制或修改表格，它适用于不规则的表格创建和带有斜线表头的复杂表格的创建。

创建任意不规则自由表格的具体步骤如下：

（1）单击“常用”工具栏中的“表格和边框”按钮，打开“表格和边框”工具栏。

（2）单击“表格和边框”工具栏中的“绘制表格”按钮，使之呈现凹下状态。此时鼠标指针变成铅笔形状。

（3）在文档窗口内把鼠标移动到绘制表格的位置，按住鼠标左键不放拖动鼠标，出现可变虚线框，松开鼠标左键，即可画出表格的矩形边框，如图 6-4 所示。

（4）边框绘制完成后，利用笔形指针可以在边框内任意绘制横线、竖线和斜线，创建出任意不规则的表格。

（5）单击“表格和边框”工具栏中的“擦除”按钮，这时鼠标指针变成橡皮状。按住鼠标左键拖过要删除的线，就可以删除表格的框线，如图 6-5 所示。

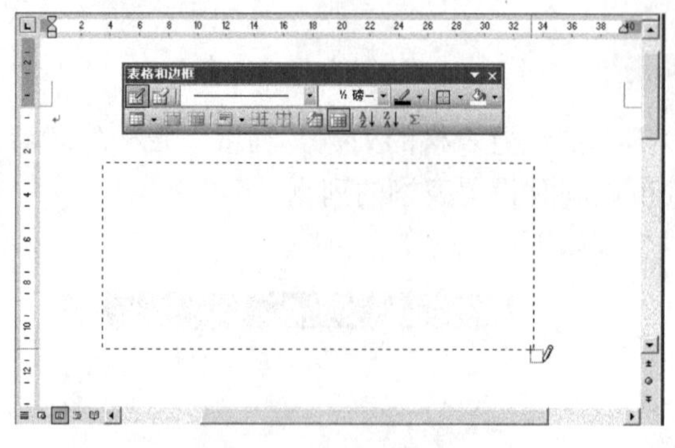

图 6-4　绘制表格边框

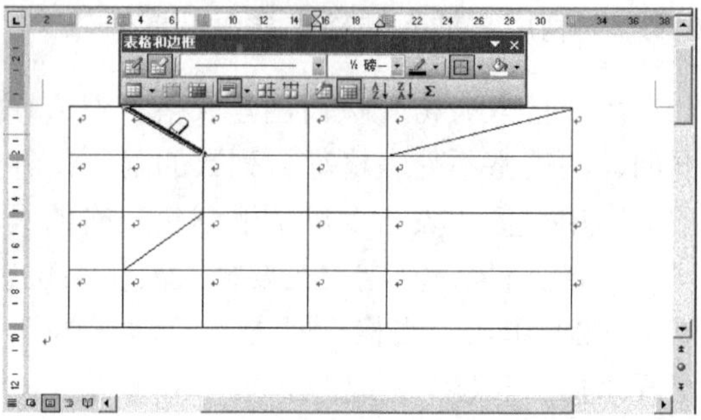

图 6-5　擦除表格框线

6.1.4　添加斜线表头

在日常生活中，用户经常用到斜线表头，利用表格和边框工具栏用户可以制作出简单的斜线表头，复杂的斜线表头需要在“插入斜线表头”对话框中进行设置。在添加了斜线表头的单元格中的斜线把单元格划分成不同的区域，在不同的区域可以输入不同的文本。

绘制斜线表头的具体步骤如下：

（1）将插入点定位在要添加斜线表头的单元格中。

（2）单击“表格”|“绘制斜线表头”命令，打开“插入斜线表头”对话框，如图 6-6 所示。

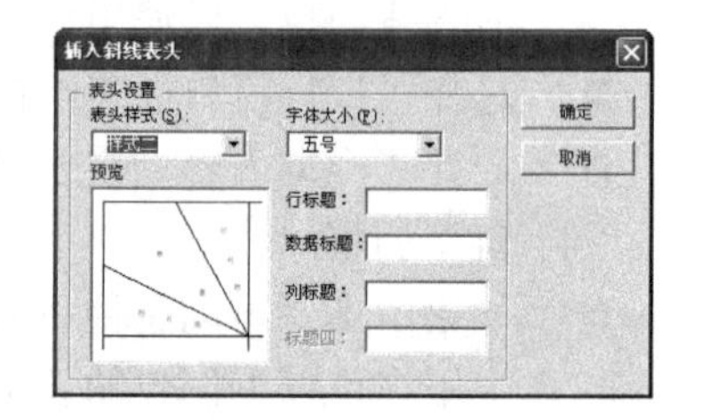

图 6-6　“插入斜线表头”对话框

（3）在“表头样式”下拉列表框中选择一种表头的样式。

（4）在“字体大小”下拉列表框中选择一种字体的大小。

（5）根据选择表头样式的不同，在“预览”的右侧输入表头区域的标题内容。

（6）单击“确定”按钮。

6.2　编 辑 表 格

在表格中输入数据和在表格外的编辑区输入文本的方法一样。为了提高工作效率，本节为用户介绍一下如何利用 Word 2003 以最优化的方式完成表格的制作。

6.2.1　直接输入

首先用鼠标单击某个单元格定位插入点，然后向表格中输入数据。每个单元格都是一个编辑区域，当输入的内容超过单元格的右边界时，文本会自动换行；当输入的内容超过单元格的行数时，会自动增加表格行的高度；按 Enter 键可以在单元格中开始一个新的段落。在单元格中，当用户输完一个单元格的内容后，按 Tab 键，插入点移动到下一个单元格，继续输入，然后再按 Tab 键，直至完成所有数据的输入。

在单元格中输入文本时如果出现错误，可以按 BackSpace 键删除插入点左边的字符，按 Delete 键则可以删除插入点右边的字符。

在单元格中输入数据时，用户可以利用键盘来完成移动插入点的操作，具体操作如表 6-1 所示。

表 6-1　利用键盘按键在表格中移动插入点

键盘按键	移动插入点的位置
↑	插入点移到当前单元格的上一行
↓	插入点移到当前单元格的下一行
Tab + Shift	插入点移到前一个单元格
Tab	插入点移到后一个单元格
Alt + Page Up	插入点移到当前列的第一个单元格
Alt + Page Down	插入点移到当前列的最后一个单元格
Alt + Home	插入点移到当前行的第一个单元格
Alt + End	插入点移到当前行的最后一个单元格

6.2.2　表格与文本之间相互转换

在 Word 2003 中可以方便地进行文本和表格之间的相互转换，这样可以更灵活地使用不同的信息源，或者利用相同的信息源实现不同的目的。

1. 文本转换成表格

如果以前用户输入过和表格内容类似的文本，现在可以直接把它变成表格进行分析，这样可以减少重复输入，提高工作效率。

将文本内容转换为表格的具体步骤如下：

（1）在需要转换文本的适当位置添加必要的分隔符，单击“常用”工具栏中的“显示/隐藏编辑标记”按钮 ，可以查看文本中是否包含适当的分隔符。选中需要转换为表格的文本，如图 6-7 所示。

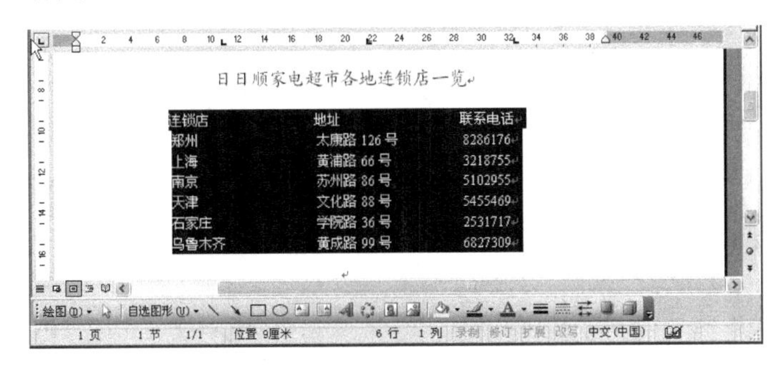

图 6-7　为文本添加制表符并选中文本

（2）单击“表格”|“转换”|“文本转换成表格”命令，打开“将文字转换成表格”对话框，如图 6-8 所示。

（3）在“列数”文本框中显示出系统辨认的列数，用户也可以在“列数”文本框中选择或输入所需的列数。

（4）在“行数”文本框中显示的是表格中将要包含的行数。

（5）在“‘自动调整’操作”区域中设置适当的列宽。

（6）在“文字分隔位置”区域中选择确定列的制表符。

（7）单击“确定”按钮，选中的文本将自动转换为一个表格，如图 6-9 所示。

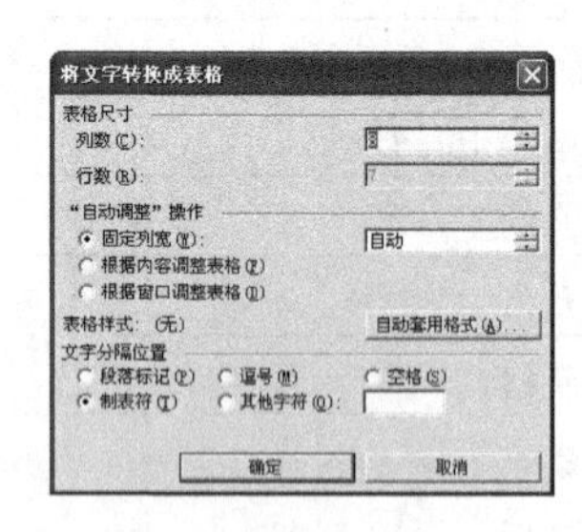

图 6-8 “将文字转换成表格”对话框

连锁店	地址	联系电话
郑州	太康路 126 号	8286176
上海	黄浦路 66 号	3218755
南京	苏州路 86 号	5102955
天津	文化路 88 号	5455469
石家庄	学院路 36 号	2531717
乌鲁木齐	黄成路 99 号	6827309

图 6-9 将文本转换为表格后的效果

注意：

在将文本转换为表格时，“行数”文本框是不可用的。此时的行数由选择的内容中所含的分隔符数和选定的列数决定。

2. 表格转换成文本

将表格转换为文本的具体步骤如下：

（1）将插入点定位在表格中的任意单元格中。

（2）单击“表格”|“转换”|“表格转换成文本”命令，打开“表格转换成文本”对话框，如图 6-10 所示。

（3）在“文字分隔符”区域选中一种文字分隔符。

（4）单击“确定”按钮，表格将转化为普通的文本。

图 6-10 “表格转换成文本”对话框

6.3 调整表格结构

通常用户新创建的表格远远不能符合要求，为了使表格的结构更加合理，用户还需要对表格的结构进行调整。用户可以通过调整表格的行高和列宽，增加单元格、行或列，删除单元格、行或列，合并拆分单元格等操作修改表格结构，使表格的结构更加合理。

6.3.1 选定单元格

选定单元格是编辑表格的最基本操作之一。在对表格的单元格、行或者列进行操作时必须先选定它们。可以选定表格中相邻的或不相邻的多个单元格，可以选择表格的整行或整列，也可以选定整个表格。在设置表格的属性时应选定整个表格，有一点要注意，选定表格和选定表格中的所有单元格性质是不同的。

1. 利用“选定”命令选定单元格

对于计算机操作并不十分熟练的用户，利用“表格”菜单中的“选定”命令来选中表格中的内容是比较容易的。把插入点定位在表格中，单击“表格”|“选定”命令，出现一

个子菜单，如图 6-11 所示。

用户可以在子菜单中进行选择：

- ■ 选择“单元格”则插入点所在的单元格被选中。
- ■ 选择“行”（或“列”）则光标所在单元格的整行（整列）被选中。
- ■ 选择“表格”则整个表格被选中。

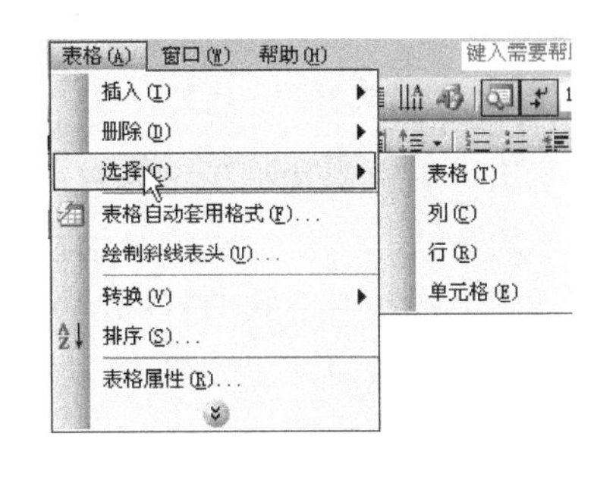

图 6-11　“选定”子菜单

2．利用鼠标选定单元格

Word 2003 还提供了利用鼠标直接选中单元格的方法，利用鼠标选定单元格常用的方法如下：

- ■ 选择单个单元格：将鼠标移动到单元格左边界与第一个字符之间，当鼠标指针变成 ⬈ 状时单击鼠标可选中该单元格，双击则可选中整行。
- ■ 选择多个单元格：如果选择相邻的多个单元格，在表格中按下鼠标左键拖动鼠标，即可选中多个单元格。
- ■ 选择一行：将鼠标移到该行左边界的外侧，当鼠标变成箭头状时 ⬀，单击鼠标则可选中该行。
- ■ 选择一列：将鼠标移到该列顶端的边框上，当鼠标变成一个向下的黑色实心箭头⬇时，单击鼠标，则整个列被选中。
- ■ 选择多行 / 列：先选定一行 / 列，按住 Shift 键单击另外一行/列，则两行/列之间的所有行/列被选中。
- ■ 选择整个表格：单击表格左上角的⊞ 标记可以选中整个表格，如果按住 Alt 键的同时双击该表格中的任意位置也可选中整个表格。

6.3.2　合并与拆分单元格

Word 2003 允许将多个单元格合并成一个单元格，或者将一个单元格拆分为多个单元格，这为制作复杂的表格提供了极大的便利。

1．合并单元格

在调整表格结构时，如果需要让几个单元格合并为一个单元格，可以利用 Word 2003 提供的合并单元格的功能。

合并单元格最简单的办法是使用“表格和边框”工具栏中的“擦除”按钮。在“表格和边框”工具栏上单击“擦除”按钮，鼠标将变成一个橡皮状，在单元格的边线上拖动橡皮状的鼠标，被鼠标拖过的边线将被擦除，相邻的单元格变为一个单元格。在合并多个单元格时使用这种方法显然比较麻烦，此时用户可以使用“合并单元格”命令来合并多个单元格。

例如，要将回执表表格中的“创意说明”右方的单元格进行合并，具体步骤如下：

（1）选中“创意说明”右方的单元格。

（2）单击“表格”|“合并单元格”命令，或者在“表格和边框”工具栏中单击“合

并单元格”按钮，即可将三个单元格合并成一个单元格。

2. 拆分单元格

使用“表格和边框”工具栏中的“绘制表格”按钮在单元格中画出边线是拆分单元格最简单的方法。单击“表格和边框”工具栏中的“绘制表格”按钮，鼠标将变成铅笔状，在单元格中拖动铅笔状的鼠标，被鼠标拖过的地方将出现边线。

在拆分比较复杂单元格时，可以使用“拆分单元格”命令对要拆分的单元格进行详细的设置，具体步骤如下：

（1）选中要拆分的单元格。

（2）单击“表格”|“拆分单元格”命令，或者在“表格和边框”工具栏中单击“拆分单元格”命令，打开“拆分单元格”对话框，如图 6-12 所示。

（3）在“列数”文本框中选择或输入“列”数值，在“行数”文本框中选择或输入“行”数值。

（4）单击“确定”按钮。

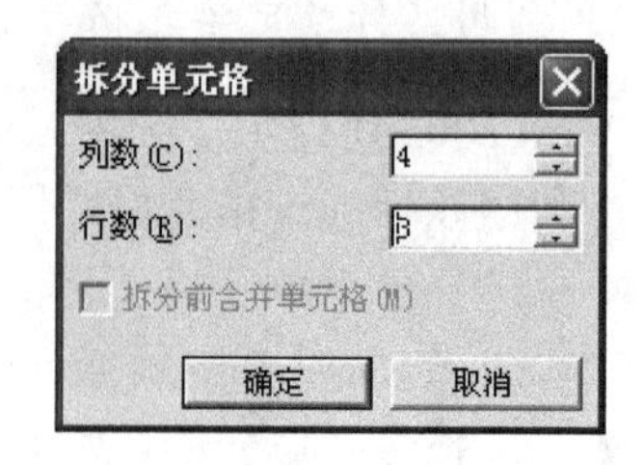

图 6-12 “拆分单元格”对话框

注意：

在“拆分单元格”对话框中用户还可以选中“拆分前合并单元格”复选框，这样在拆分时首先将选中的多个单元格进行合并，然后再拆分。

6.3.3 插入行、列或单元格

在表格中可以插入单元格、行或列，甚至可以在表格中插入表格。在表格中插入单元格、行或列，应首先确定插入位置。插入单元格、行或列就是让选定位置的内容上下移动或左右移动，插入的区域占据移动的区域位置，插入单元格可能会使表格变得参差不齐。

1. 插入行（列）

如果用户希望在表格的某一位置插入行（列），首先将鼠标定位在相应位置，然后单击“表格”|“插入”命令打开一个子菜单，如图 6-13 所示。子菜单中各命令的功能如下：

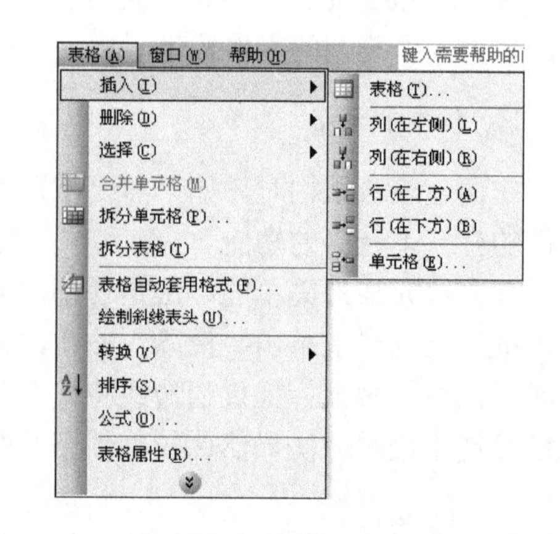

图 6-13 “插入”子菜单

- “表格”命令，在插入点处插入一个新表格。
- “列（在左侧）”命令，在插入点所在列的左边插入新列。
- “列（在右侧）”命令，在插入点所在列的右边插入新列。
- “行（在上方）”命令，在插入点所在行的上方插入新行。
- “行（在下方）”命令，在插入点所在行的下方插入新行。

2. 插入单元格

在表格中不但可以插入行或列，还可以插入单元格。将插入点定位在要插入单元格的位置，单击“表格”|“插入”|“单元格”命令，打开“插入单元格”对话框，如图 6-14 所示。对话框中各选项的功能如下：

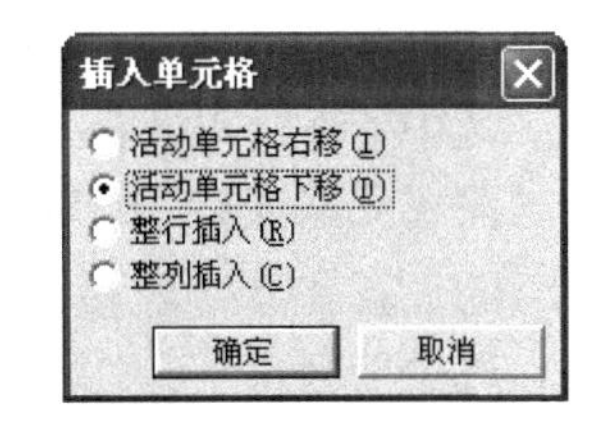

图 6-14　“插入单元格”对话框

- 选中“活动单元格右移”单选按钮，即可在插入点处插入新的单元格，此时表格的列不会增加，表格有可能变得参差不齐，如图 6-15 所示。
- 选中“活动单元格下移”单选按钮，即可在插入点处插入新单元格，当前单元格下移，此时表格会增加一行，如图 6-16 所示。
- 选中“整行插入”单选按钮，即可在插入点处插入新的一行。
- 选中“整列插入”单选按钮，即可在插入点处插入新的一列。

学生统计表

	姓名	学号	性别	班级
刘明	2003150201	男	01	
李丰	2003150202	男	01	
李志华	2003150204	男	01	
王杰	2003150226	女	02	
张继伟	2003150207	男	02	
陈燕	2003150208	女	02	
赵华	2003150203	女	01	
张弘	2003150205	女	01	
李思华	2003150208	女	01	
备注				

图 6-15　活动单元格右移效果

学生统计表

	学号	性别	班级
姓名	2003150201	男	01
刘明	2003150202	男	01
李丰	2003150204	男	01
李志华	2003150226	女	02
王杰	2003150207	男	02
张继伟	2003150208	女	02
陈燕	2003150203	女	01
赵华	2003150205	女	01
张弘	2003150208	女	01
李思华			
备注			

图 6-16　活动单元格下移的效果

6.3.4　删除行、列或单元格

在进行表格操作时，有时会出现多余的行或列，用户可以根据需要删除多余的行或列。在删除单元格、行或列时，单元格、行或列中的内容也将同时被删除。

1. 删除行（列）

如果表格中的某行或列是多余的，用户可以将它们删除。删除行或列具体步骤如下：

（1）将插入点定位在需要删除的行或列中的某一个单元格中，还可以选中需要删除的行或列。

（2）单击“表格”|“删除”|“行”或“表格”|“删除”|“列”命令，行或列就可以被删除了。

2. 删除单元格

在表格中不但可以删除多余的行或列，而且还可以删除单元格。将插入点定位在要删除的单元格中，单击“表格”|“删除”|“单元格”命令，打开“删除单元格”对话框，如

图 6-17 所示。对话框中各选项的功能如下：

- 选中“右侧单元格左移”单选按钮，即可将当前单元格删除，右侧的单元格填充当前单元格的位置。此时表格可能会变得参差不齐。
- 选中“下方单元格上移”单选按钮，即可将当前单元格删除，下方的单元格填充当前单元格的位置，此时表格的行不会减少。
- 选中“删除整行”单选按钮，即可将当前单元格所在的行删除。
- 选中“删除整列”单选按钮，即可将当前单元格所在的列删除。

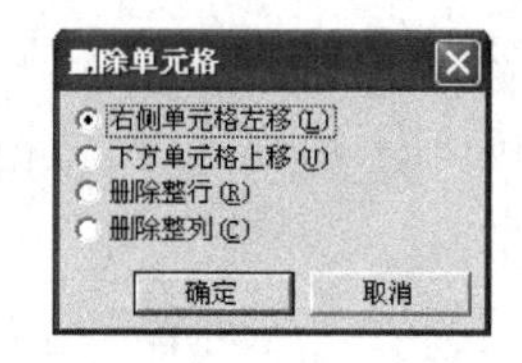

图 6-17　“删除单元格”对话框

6.3.5　调整行高与列宽

对于已有的表格，为了突出显示标题行的内容，或者让各列的宽度与内容相符，用户可以调整行高与列宽。在 Word 中不同的行可以有不同的高度，但同一行中的所有单元格必须具备相同的高度；列则有点特殊，同一列中各单元格的列宽可以不同。

1．自动调整行高与列宽

Word 2003 提供了自动调整行高和列宽的功能，用户可以利用该功能方便地调整表格的行高和列宽。首先将插入点定位在表格中，然后单击“表格”|“自动调整”命令，打开一个子菜单，如图 6-18 所示。子菜单中各命令的功能如下：

- 选择“根据内容调整表格”命令，则表格按每一列的文本内容重新调整列宽，调整后的表格看上去更加整洁、紧凑。
- 选择“根据窗口调整表格”命令，则表格中每一列的宽度将按照相同的比例扩大，调整后的表格宽度与正文区宽度相同。
- 选择“平均分布各行”命令，则表示将整个表格或选中的行设置成相同的高度。
- 选择“平均分布各列”命令，则表示将整个表格或选中的列设置成相同的宽度。

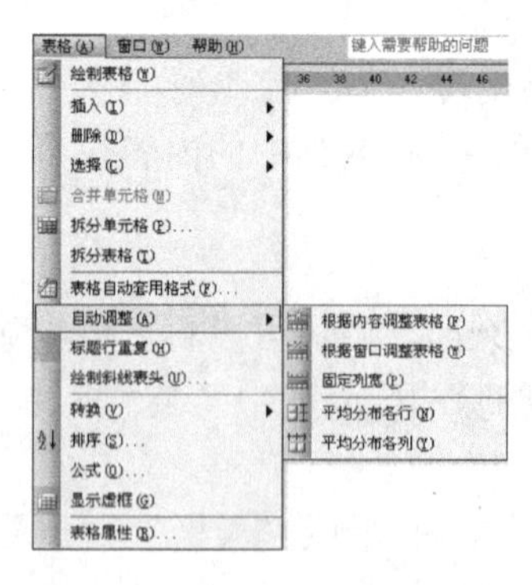

图 6-18　“自动调整”子菜单

2．调整列宽

如果表格中列的宽度不能够满足要求，用户可以对列宽进行调整。

例如，调整“学号”单元格所在的列的宽度的具体步骤如下：

（1）将鼠标指针移到“学号”所在单元格的右边框线上。

（2）当鼠标变成 ⫲ 状时，按住鼠标左键拖动鼠标，此时出现一条垂直的虚线，显示列改变后的宽度，如图 6-19 所示，当到达合适位置后松开鼠标。

学生统计表

姓名	学号	性别	班级
刘明	2003150201	男	01
李丰	2003150202	男	01
李志华	2003150204	男	01
王杰	2003150226	女	02
张继伟	2003150207	男	02
陈燕	2003150208	女	02
赵华	2003150203	女	01
张弘	2003150205	女	01
李思华	2003150208	女	01
备注			

图 6-19　利用鼠标拖动调整列宽时的效果

这种方法改变的是相邻两个列的大小，而且这两列的总宽度不变，整个表格的大小也不发生改变。如果在拖动鼠标时，按住 Shift 键，则将会改变边框左侧一列的宽度，并且整个表格的宽度将发生变化，但是其他各列的宽度不变。如果在拖动鼠标时按住 Ctrl 键，则边框右侧的各列宽度发生均匀变化，整个表格宽度不变。如果在拖动鼠标时，按住 Alt 键，可以在标尺上显示列宽。

3．调整行高

用户可以适当调整行高，使它能够容纳更多的内容或使行中的内容更加适合行高。

例如，利用鼠标拖动调整“姓名”所在行的高度的具体步骤如下：

（1）将光标移至“姓名”行的下边框线上。

（2）当鼠标变成 ≑ 状时按住鼠标左键向下拖动鼠标，此时出现一条水平的虚线，显示改变行高后的高度，如图 6-20 所示。

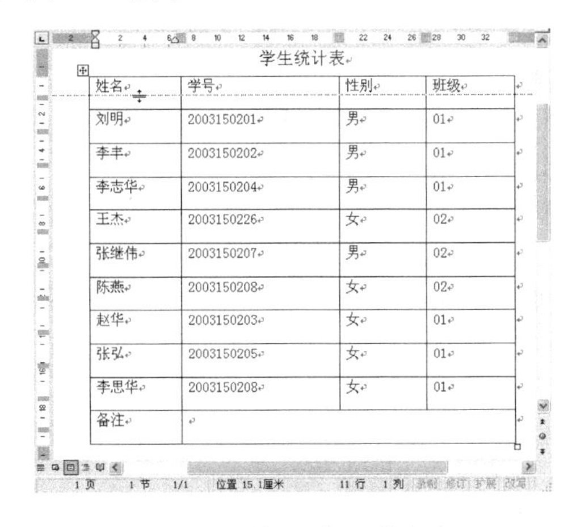

学生统计表

姓名	学号	性别	班级
刘明	2003150201	男	01
李丰	2003150202	男	01
李志华	2003150204	男	01
王杰	2003150226	女	02
张继伟	2003150207	男	02
陈燕	2003150208	女	02
赵华	2003150203	女	01
张弘	2003150205	女	01
李思华	2003150208	女	01
备注			

图 6-20　利用鼠标调整行高

（3）当行高适当时松开鼠标即可。

4．精确调整行高和列宽

利用鼠标和“自动调整”命令都可以方便快速地改变行高和列宽，但是这两种方法都不能精确地设置行高和列宽。用户可以使用“表格属性”命令对表格的行高和列宽进行精确的设置。使用该命令调整行高和列宽的方法相似，这里介绍一下调整行高的步骤。

（1）将插入点定位到要改变高度行的任意单元格中，也可以选定一行或者多行。

（2）单击“表格”菜单中的“表格属性”命令，打开“表格属性”对话框。在对话框中选择“行”选项卡，如图 6-21 所示。

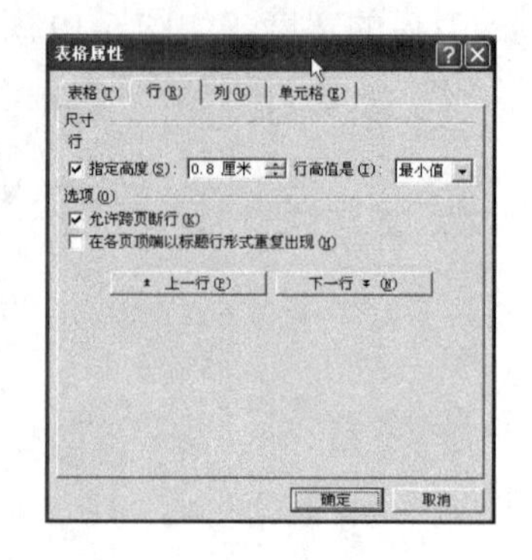

图 6-21　设置行高

（3）选中“指定高度”复选框，输入设置的行高度，在“行高值是”文本框中可以设置行高的值是最小值或固定值。如果选择“最小值”则输入的行高度将作为该行的默认高度，如果在该行中输入的内容超过了行高，Word 会自动加大行高以适应内容。如果选择了“固定值”则，输入的行高度不会改变，如果内容超过了行高，将不能完整地显示。

（4）单击“上一行”或者“下一行”按钮可以设置其他行的高度。

（5）在“选项”区域，用户可以进行如下设置。

- 选中“允许跨页断行”复选项，则允许所选中的行跨页断行。
- 选中“在各页顶端以标题行形式重复出现”复选项，只有当用户选择了表格中的第一行或自第一行开始的多行时才有效。选中该复选项后，当表格被分成多页时，当前选中的一行或多行会以标题的形式出现在每一页的顶端。

（6）设置完毕，单击“确定”按钮。

6.3.6　移动与复制内容

在单元格中移动或复制文本与在文档中的操作基本相同，可以用拖动、使用菜单命令、工具按钮或快捷菜单等方法进行移动或复制。当选中要移动或复制的单元格、行或列并执行“剪切”或“复制”的操作后，“编辑”菜单中的“粘贴”命令会相应地变成“粘贴单元格”、“粘贴行”或“粘贴列”。

1．移动或复制单元格

选择单元格中的内容时，如果选中的内容不包括单元格结束符，则只是将选中单元格中的内容移动或复制到目标单元格内，并不覆盖原有文本。如果选中的内容包括单元格结束标记，则将替换目标单元格中原有的文本和格式。

如果用户想快速移动或复制单元格，可以利用鼠标拖放进行操作，具体步骤如下：

（1）选中单元格，包括单元格的结束符。

（2）将鼠标移到选中的单元格上，鼠标变成 ↖ 状时，按住鼠标左键拖动，此时鼠标

变成 ⇲ 状，并且还伴随有一短虚线，虚线所在的单元格即是目标单元格。

（3）到达目标位置，松开鼠标即可完成单元格的移动操作。

在拖动鼠标的同时如果按下 Ctrl 键，则鼠标变成箭头下带一加号矩形框的形状，此时执行复制的操作。

如果要长距离地移动或复制单元格，则可以利用菜单命令进行，具体步骤如下。

（1）选定要移动或复制的单元格，包括单元格的结束符。

（2）单击“编辑”|“剪切”命令或者“编辑”|“复制”命令，把选定的内容暂时存放到剪贴板中。

（3）将插入点定位到目标单元格的左上角。

（4）单击“编辑”|“粘贴单元格”命令，此时 Word 就把剪切或复制的内容粘贴到指定的位置，并且替换单元格中已经存在的内容。

2．移动或复制行和列

在复制或移动整行（列）内容时，目标行（列）的内容则不会被替换，被移动或复制的行（列）将会插入到目标行（列）的上方（左侧）。

如果要快速地移动行（列），可以利用鼠标进行，具体步骤如下：

（1）选中要移动的行（列）。

（2）将鼠标移到选中的行（列）上，当鼠标变成 ↖ 状时，按住鼠标左键拖动，此时鼠标变成 ⇲ 状，并且还伴随有一短虚线。

（3）当虚线到达目标行（列）的最左边（最上边）的单元格中，松开鼠标即可在目标行（列）的上方（左侧）插入一行（列）内容。

在拖动鼠标的同时如果按下 Ctrl 键，则鼠标变成箭头下带一加号矩形框的形状，此时执行复制的操作。

如果要长距离地移动或复制表格中的某一整行或整列，则可以利用菜单命令进行，具体步骤如下：

（1）选定表格中的一整行（或一整列），包括行结束符。

（2）单击“编辑”|“剪切”命令或者“编辑”|“复制”命令，把选定的内容暂存放在剪贴板中。

（3）将插入点定位在目标行（或列）的第一个单元格中，或选中该行（或列）。

（4）单击“编辑”|“粘贴行”（或“粘贴列”）命令，此时 Word 就把剪切或复制的行（或列）插入到目标行的上方（目标列的左侧），不替换目标行（或列）的内容。

6.4 修饰表格

表格创建完成后，为了使其更加美观大方，可以对表格进行修饰，例如，为表格添加边框和底纹、设置表格中文本的对齐方式、自动套用表格格式。

6.4.1 设置表格中的文本

为了使表格看起来更正式，需要设置单元格中文本的格式。设置表格中文本的格式和在普通文档中一样，用户可以采用设置文档中文本格式的方法设置表格中文本的字体、字号、字形等格式。

1．设置文字方向

默认状态下，表格中的文本都是横向排列的，在特殊情况下，用户可以更改表格中文字的排列方向。

例如，将表格中“姓名”一行的单元格中的文本竖排，具体步骤如下：

（1）选中“姓名”一行单元格。

（2）单击“格式”|“文字方向”命令，打开“文字方向 - 表格单元格”对话框。

（3）在方向区域选定如图 6-22 所示的文字方向样式。

（4）单击“确定”按钮即可完成对文字方向的设置。

设置文字方向后的效果如图 6-23 所示。

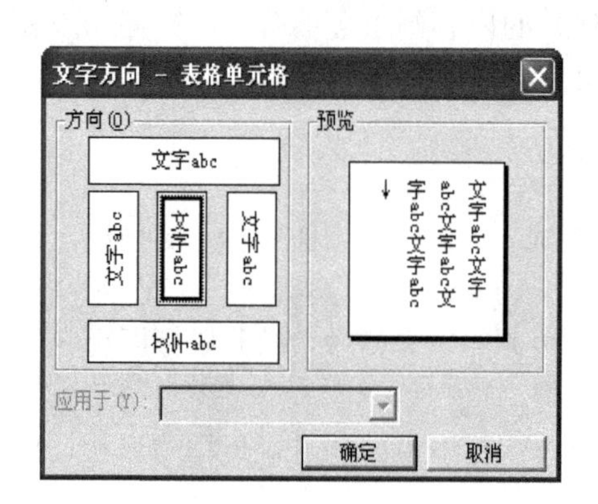

图 6-22 “文字方向－表格单元格”对话框

学生统计表

姓名	学号	性别	班级
刘明	2003150201	男	01
李丰	2003150202	男	01
李志华	2003150204	男	01
王杰	2003150226	女	02
张继伟	2003150207	男	02
陈燕	2003150208	女	02
赵华	2003150203	女	01
张弘	2003150205	女	01
李思华	2003150208	女	01
备注			

图 6-23 调整文字方向后的效果

2．设置单元格中文本的对齐方式

单元格默认的对齐方式为“靠上两端对齐”，即单元格中的内容以单元格的上边线为基准向左对齐。如果单元格的高度较大，但单元格中的内容较少不能填满单元格时，顶端对齐的方式会影响整个表格的美观，用户可以对单元格中文本的对齐方式进行设置。

首先选中要设置文本对齐的单元格，在“表格和边框”工具栏上单击“靠上两端对齐”按钮右侧的下三角箭头，在下拉列表中选择一种对齐方式，如图 6-24 示。

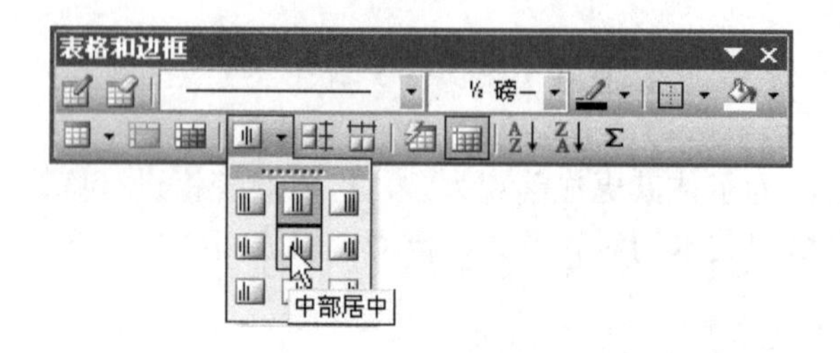

图 6-24 设置单元格中竖排文本对齐方式

6.4.2　设置表格边框和底纹

文字可以通过使用 Word 2003 提供的修饰功能，变得更加漂亮，表格也不例外。颜色、线条、底纹可以随心所欲设置，任意选择。用户可以为表格中的单元格设置边框和底纹，还可以为整个表格添加边框和底纹。

如果要为表格添加边框，按照下面的步骤进行。

（1）选定要设置边框的单元格或整个表格。

（2）单击“格式”|“边框和底纹”命令，打开“边框和底纹”对话框。在对话框中选择“边框”选项卡，如图 6-25 所示。

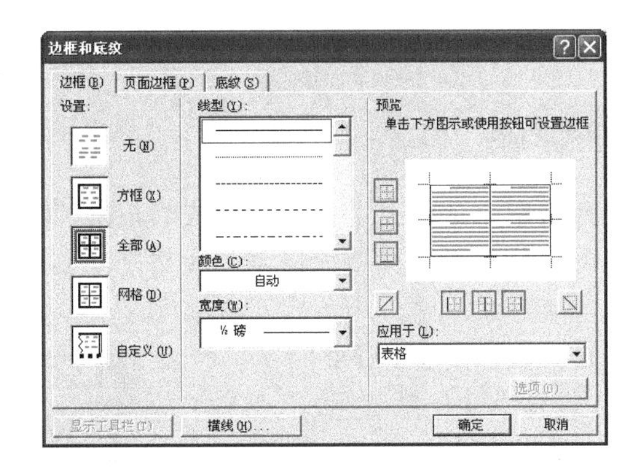

图 6-25　“边框”选项卡

（3）在“设置”选项区域中选择一种方框样式，系统提供了 4 种边框样式供用户选择。

- 方框：在表格的四周外框设置一个方框，线型可在线型处自定义。
- 全部：在表格四周设置一个边框，同时也为表格中行列线条设置格栅线。格栅线的线型和表格边框的线型一致。
- 网格：在表格四周设置一个边框，同时也为表格中行列线条设置格栅线。格栅线的线型是默认的，而边框线型是设置的线型。
- 自定义：选择自定义时，可以在预览表格中设置任意的边框线和格栅线。

（4）在“线型”列表框中选择线型样式，在“宽度”下拉列表框中选择线的宽度值，在“颜色”下拉列表框中选择线条的颜色。

（5）在“应用于”下拉列表框中选择设置边框的应用范围，是表格还是单元格。

（6）单击“确定”按钮，完成添加边框的设置。

为表格设置底纹的操作方法和为表格添加边框的方法类似，在这里就不再具体介绍。

提示：

用户也可以利用“表格和边框”工具栏为表格设置边框和底纹：选中整个表格或某个单元格，在“表格和边框”工具栏的“线型”下拉列表中选择一种线型，单击“边框”右侧的下三角箭头，在下拉列表中单击相应的边框线；而添加底纹则是单击此的下三角箭头，从中选择相应的底纹。见图 6-26 所示。

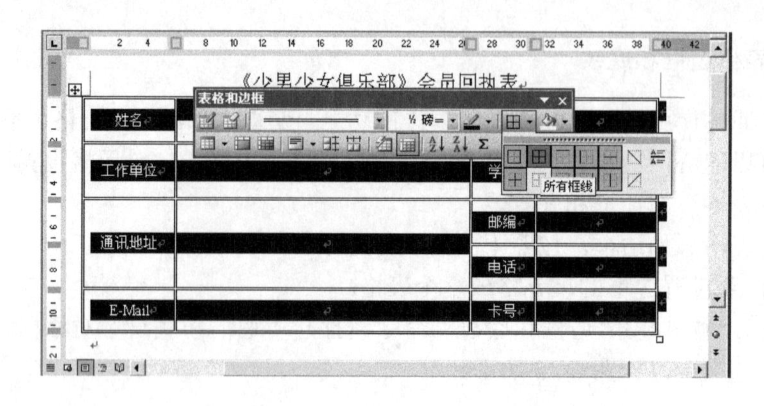

图 6-26　利用工具栏添加边框和底纹

6.4.3　设置单元格的边距和间距

单元格边距指的是单元格中正文与上下左右边框线的距离。如果单元格边距设置为零，则正文会挨着边框线。单元格间距则是指单元格与单元格之间的距离，默认为单元格间距等于零。

设置单元格边距和间距的具体步骤如下：

（1）将插入点定位在表格中的任意位置。

（2）单击“表格”|“表格属性”命令，在打开的“表格属性”对话框中单击“表格”选项卡。

（3）单击“选项”按钮，打开“表格选项”对话框，如图 6-27 所示。

（4）在其中的“上”、“下”、“左”、“右”文本框中分别输入要设置的单元格边距。

（5）选中“允许调整单元格间距”复选框，在其右侧输入具体的数值。

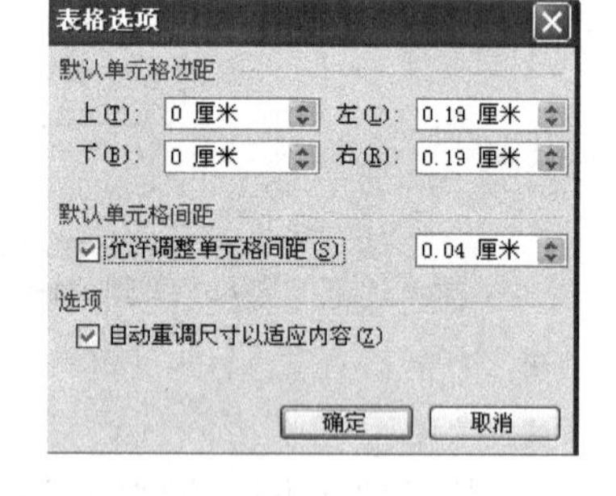

图 6-27　“表格选项”对话框

（6）单击“确定”按钮，返回到“表格属性”对话框。

（7）单击“确定”按钮。

6.4.4　调整表格位置及大小

在 Word 2003 中用户可以方便地将表格移到其他位置，还可以改变表格的整体大小。将光标置于表格中任意位置。此时表格的左上角和右下角将出现表格控制点。用鼠标单击左上角的表格控制按钮⊞，则可选中整个表格。在该控制按钮上按住鼠标左键并拖动可以移动整个表格。将鼠标放在右下角的控制点上，当鼠标外观变为斜的双向箭头时↘，按住鼠标左键拖动可以缩放表格。若要整个表格按比例缩放，可以按住 Shift 键以后拖动。

6.4.5　设置表格的环绕特性

如果用户希望文档中的文字环绕在表格周围，可以通过设定表格的文字环绕属性而实现，具体步骤如下：

（1）将插入点定位在表格中的任意位置。

（2）单击“表格”|“表格属性”命令，打开“表格属性”对话框，单击“表格”选项卡，如图 6-28 所示。

（3）在“文字环绕”区域中选择“环绕”，单击“定位”按钮，打开“表格定位”对话框，如图 6-29 所示。

（4）在该对话框中用户可以详细地设置表格相对位置和距正文的距离。

（5）设置完毕，单击“确定”按钮，回到“表格属性”对话框，单击“确定”按钮。

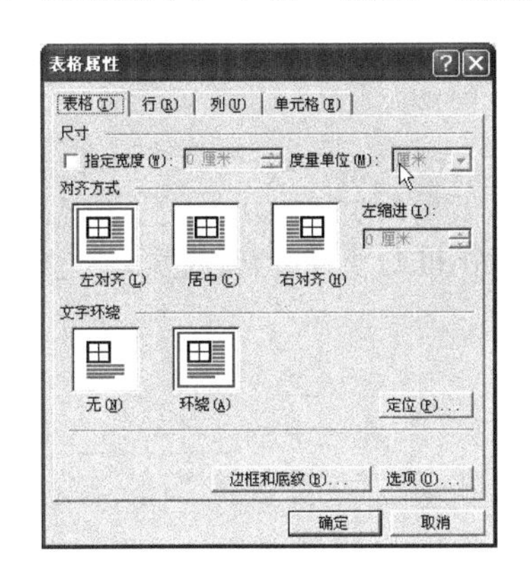

图 6-28　“表格属性”对话框

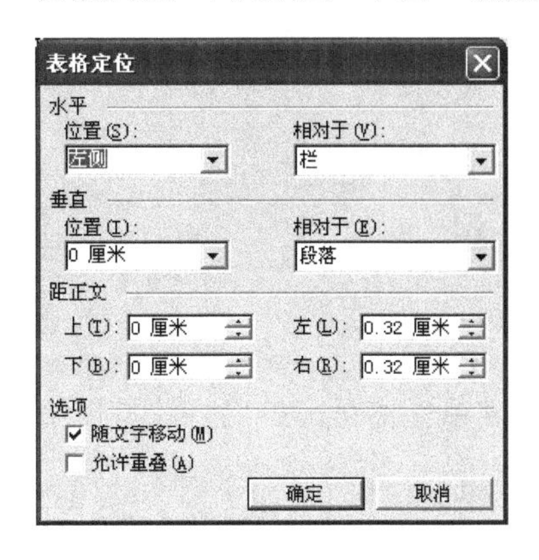

图 6-29　“表格定位”对话框

6.4.6　自动套用表格格式

在为表格设置格式时，可以使用自动套用格式特性来快速完成。这个特性可以使用户从 Word 提供的 40 多种预定义的表格格式中进行选择，无论是新建的空白的表格还是已输入数据的表格，都可以通过自动套用格式来快速编排表格格式，具体操作步骤如下：

（1）将插入点定位在要进行快速编排格式的表格中。

（2）单击“表格”|“表格自动套用格式”命令，打开“表格自动套用格式”对话框，如图 6-30 所示。

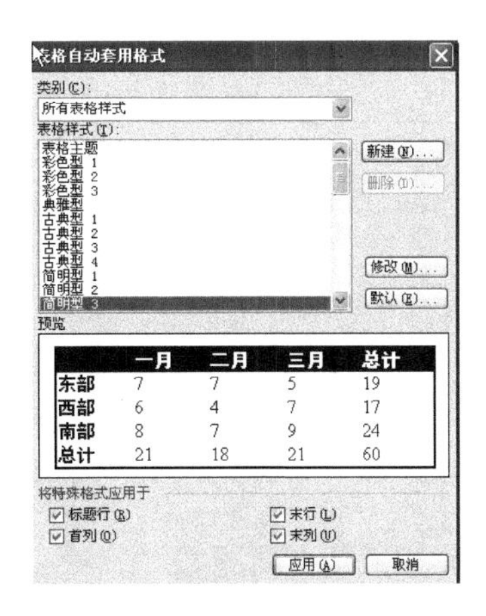

图 6-30　“表格自动套用格式”对话框

（3）在“表格样式”列表框中选择合适的表格样式，同时可以在预览框中预览当前所选定的表格样式的效果。

（4）在“将特殊格式应用于”区域中选择特殊格式的应用范围。

（5）单击“应用”按钮。

6.5 本 章 练 习

一、填空题

1．在表格中按_________键，插入点移动到下一个单元格；按_________键插入点移到前一个单元格；按_________键插入点移到当前单元格的上一行；按_________键插入点移到当前单元格的下一行。

2．合并单元格最简单的办法是使用“表格和边框”工具栏中的_________按钮，在合并多个单元格时可以利用_________命令来合并。

3．在插入单元格时会出现_________和_________两种情况。

4．在利用鼠标拖动调整列宽时，在拖动鼠标时，按住_________键，则将会改变边框左侧一列的宽度，并且整个表格的宽度将发生变化，但是其他各列的宽度不变。如果在拖动鼠标时按住_________键，则边框右侧的各列宽度发生均匀变化，整个表格宽度不变。如果在拖动鼠标时，按住_________键，可以在标尺上显示列宽。

5．在 Word 中不同的行可以有不同的高度，但同一行中的所有单元格必须_________，同一列中各单元格的列宽_________。

6．单元格边距指的是_____________________的距离，如果单元格边距设置为零，则正文会挨着边框线。单元格间距则是指_____________________的距离，默认为单元格间距等于零。

二、简答题

1．创建表格有几种方法？
2．如何绘制斜线表头？
3．在将文本转换为表格时应注意什么问题？
4．如何利用鼠标选定单元格、行或列？
5．在移动单元格时应注意哪些问题？

三、操作题

将随书所附光盘素材文件夹中 DATA1 文件夹内的 TF4-5.doc 文件复制到用户文件夹中，并重命名为 A6.DOC。然后打开文档 A6.DOC，按下列要求创建、设置表格如【样文 6-1】所示。

1. **创建表格并自动套用格式：** 将光标置于文档第一行，创建一个 2 行 4 列的表格；为新创建的表格自动套用彩色型 2 的格式。
2. **表格行和列的操作：** 将“902818”一行移至“9023928”一行的上方；删除“9021037”一行下面的空行；将表格第一行行高设置为 1 厘米，其余行平均分布各行。
3. **合并或拆分单元格：** 将第一行的“流行歌曲榜”与其右侧的单元格进行合并。
4. **表格格式：** 将表格中各单元格的对齐方式分别设置为中部居中；将第一行的字体设置为黑体四号，颜色为深红色；第一行设置为水绿色底纹；第二、第三、第四行设置为天蓝色底纹；第五、第六、第七、第八行设置为浅绿色底纹。
5. **表格边框：** 将表格外边框设置为深红的实线，粗细为 1.5 磅；将表格的竖网格线设置为点划线，粗细为 1 磅；将第五、第六行的下边线设置为蓝色的双实线。

【样文 6-1】

彩铃下载曲目

流行歌曲榜			
编号	名称	歌手	价格（元）
902874	求佛	誓言	0.5
902859	大城小爱	王力宏	0.5
9021037	不想让你哭	王强	0.5
90285	大海	张雨生	2
902818	不怕不怕	王美美	1
9023928	黄金甲	周杰伦	2

第 7 章　文档的高级编排技术

Word 2003 提供了一些高级的文档编辑和排版技术，例如，可以应用样式快速格式化文档，可以对文档中的文本添加脚注和尾注，这些编辑功能和排版技术为文字处理提供了强大的支持。

本章重点：

- 应用样式
- 设置制表位
- 邮件合并功能的运用
- Word 与其他 Office 共享信息
- 使用宏工具

7.1　应 用 样 式

样式就是指一组已经命名的字符样式或者段落样式。每个样式都有唯一确定的名称，用户可以将一种样式应用于一个段落，或段落中选定的一部分字符之上。按照这种样式定义的格式，能够快速地完成段落或字符的格式编排，而不必逐个选择各种样式指令。

7.1.1　使用样式

样式是存储在 Word 中的一组段落或字符的格式化指令，Word 2003 中的样式分为字符样式和段落样式：

- 字符样式是指用样式名称来标识字符格式的组合，字符样式只作用于文档中选定的字符，如果要突出段落中的部分字符，那么可以定义和使用字符样式，字符样式只包含字体、字形、字号、字符颜色等字符格式的信息。
- 段落样式是指用某一个样式名称保存的一套段落格式，一旦创建了某个段落样式，就可以为文档中的一个或几个段落应用该样式。段落样式包括段落格式、制表符、边框、图文框、编号、字符格式等信息。

1．利用“样式和格式”任务窗格使用样式

Word 2003 的“样式和格式”任务窗格提供了方便使用样式的用户界面，例如，用户要在“中等职业学校汽车类专业教学指导方案”文档中使用样式，具体步骤如下：

（1）打开文档，单击“格式”|“样式和格式”命令，打开“样式和格式”任务窗格。

（2）选中要应用样式的段落“招生对象学制”，在“所选文字的格式”文本框中显示出当前段落的格式如图 7-1 所示。

（3）在“请选择要应用的格式”区域内列出了一系列的样式列表，单击“标题 2，H2”

样式，选中的段落被应用了该样式，在“所选文字的格式”文本框中显示出应用的样式，如图 7-2 所示。

（4）利用相同的方法用户可以为说明书中相应的段落应用样式。

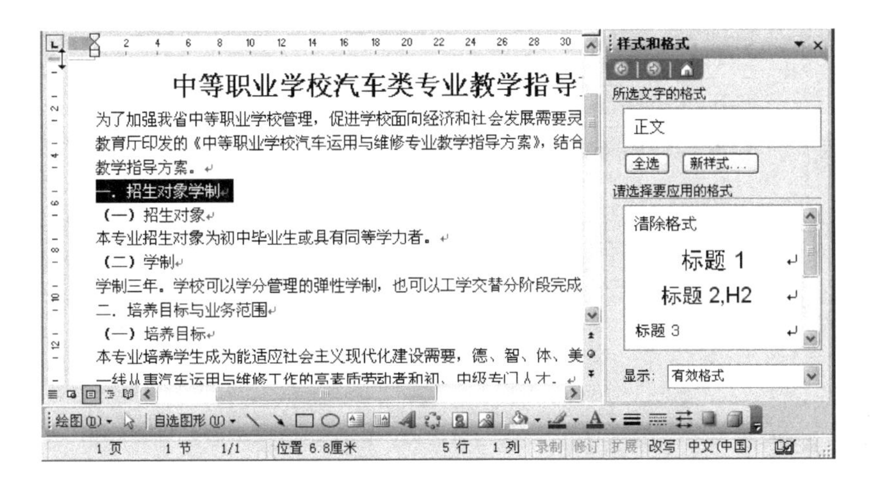

图 7-1　选中要应用样式的段落

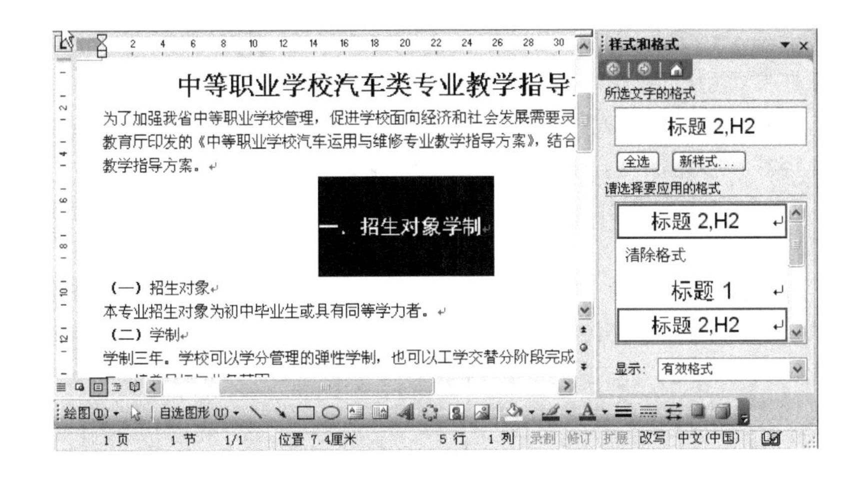

图 7-2　选中的段落应用样式后的效果

2．利用样式列表使用样式

在文档中不仅可以通过“样式和格式”任务窗格应用样式，而且还可以利用样式列表快速应用样式，具体步骤如下：

（1）在文档中选中要应用样式的段落或文本。

（2）单击“格式”工具栏中的“样式”组合框 正文 右侧的下三角箭头，打开一个样式列表，如图 7-3 所示。

（3）在样式列表中单击要应用的样式即可。

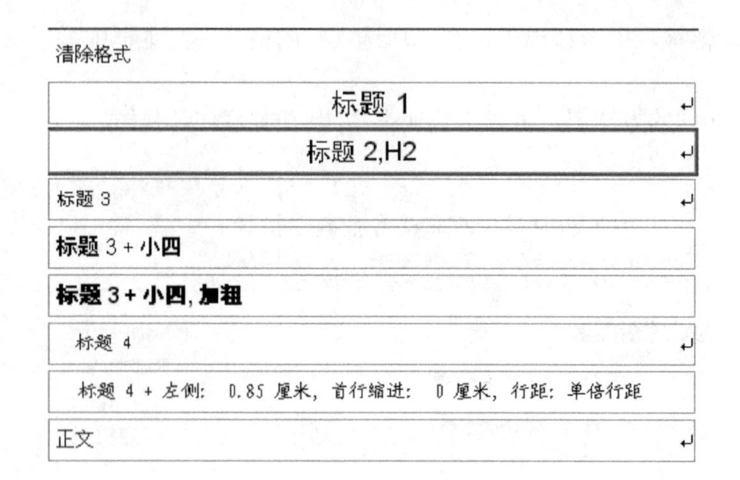

图 7-3　样式列表

7.1.2　创建样式

Word 2003 提供了许多常用的样式，如正文、脚注、各种标题、索引、目录、行号等。对于一般的文档，这些内置样式还是能够满足需要的，但在编辑复杂的文档时，这些内置的样式常常不能满足要求，用户可以自定义新的样式来满足特殊排版格式的需要。

例如，要在文档中创建一个三级标题的新样式，具体步骤如下：

（1）单击“格式”|“样式和格式”命令，打开“样式和格式”任务窗格，在任务窗格中单击“新样式”按钮，打开“新建样式”对话框，如图 7-4 所示。

（2）在“名称”文本框中，输入用户自定义的样式名称“三级标题”。默认名为“样式 1”。

（3）在“样式类型”框中，选择样式类型“字符”或“段落”，本例选用“段落”。

（4）在默认情况下，Word 2003 将把当前段落的样式作为新样式的基准样式。任何已定义的样式都可被指定为“基准样式”，这里选择“标题 3”。如果不想为新样式指定基准样式，则可选择“无样式”。

（5）在“后续段落样式”框中，为自定义的段落样式指定一个后续段落的样式，这里选择“正文文本”。

（6）在“格式”区域可以简单地设置字体、字号与字型。这里设置“字体”为“仿宋_GB2312”，“字号”为四号。

（7）单击“格式”按钮，在弹出的菜单中选择相应的选项，就可以详细地设置字符、段落、制表位、边框、语言、编号等格式。这里选择“段落”命令，打开“段落”对话框，单击“缩进和间距”选项卡，如图 7-5 所示。

（8）在“常规”区域的“对齐方式”下拉列表框中选择“居中”，在“间距”区域的“段前”文本框中选择或输入“7 磅”，在“段后”文本框中选择或输入“7 磅”，在“行距”下拉列表中选择“单倍行距”。

（9）单击“确定”按钮，返回到“新建样式”对话框。

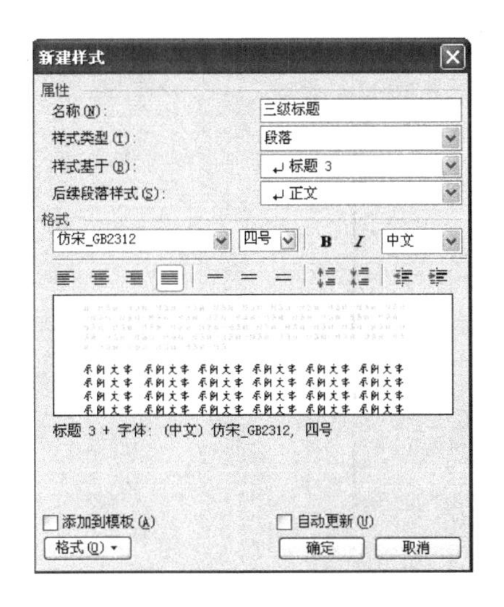

图 7-4 “新建样式”对话框

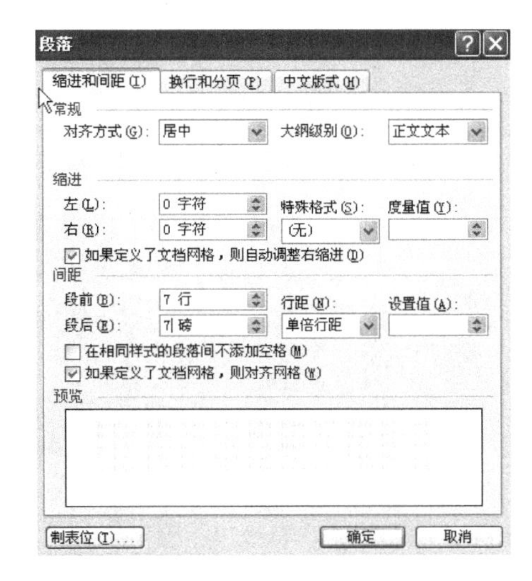

图 7-5 “段落”对话框

（10）如果选中“添加到模板”复选框，则可将创建的样式添加到模板中，单击“确定”按钮，新创建的样式已经出现在“样式和格式”任务窗格中了，如图 7-6 所示。

注意：

所谓“基准样式”就是新建样式在其基础上进行修改的样式；“后继段落”样式就是应用该段落样式后面段落默认的样式。

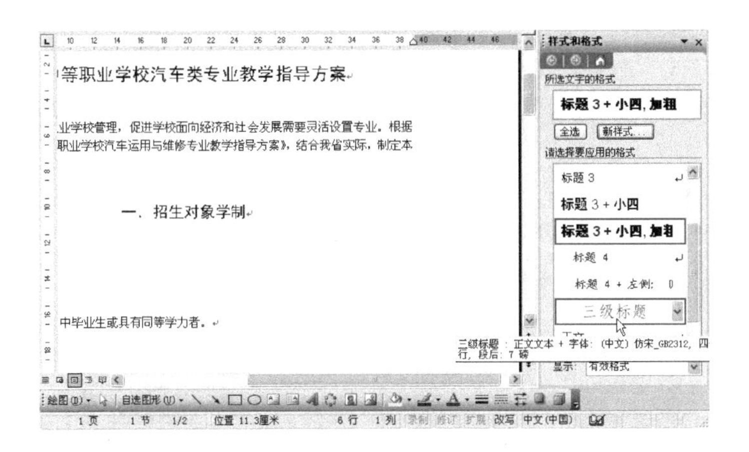

图 7-6 新创建的样式

7.1.3 修改样式

如果用户对已有样式不满意可以对其进行修改，对于内置样式和自定义样式都可以进行修改，修改样式后，Word 会自动使文档中使用这一样式的文本格式都进行相应地改变。

在“样式和格式”任务窗格中“请选择要应用的格式”区域内选中要修改的样式，单击该样式右侧的下三角箭头，在下拉列表中选择“修改”选项，出现“修改样式”对话框如图 7-7 所示。在对话框中用户可以根据需要对样式中的格式进行修改。

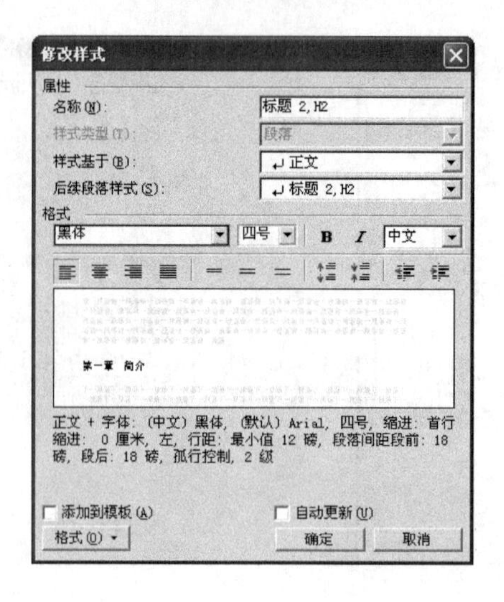

图 7-7 “修改样式”对话框

7.1.4 删除样式

用户可以删除那些没用的样式，系统内置的样式是不能被删除的，只有用户自己创建的样式才可以被删除。删除样式的具体步骤如下：

（1）单击“格式”|“样式和格式”命令，打开“样式和格式”任务窗格。

（2）在“请选择要应用的格式”列表中单击要删除样式右侧的下三角箭头，在下拉菜单中选择“消除格式”命令，如图 7-8 所示。

（3）系统此时打开警告对话框，单击“是”按钮，则选中的样式将从样式列表中消失。

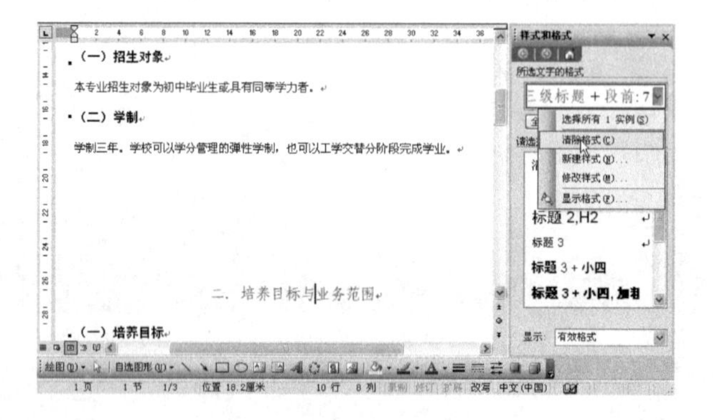

图 7-8 删除样式

7.2 邮件合并功能的应用

邮件合并是首先建立两个文档：一个主文档，它包括报表、信件或录取通知书共有的内容；另一个是数据源，它包含需要变化的信息，如姓名、地址等。然后利用 Word 提供的邮件合并功能，即在主文档中需要加入变化的信息的地方插入称为合并域的特殊指令，指示 Word 在何处打印数据源中的信息，以便将两者结合起来。这样 Word 便能够从数据源中将相应的信息插入到主文档中。

关于邮件合并的基本概念有三个。

- 主文档：所谓主文档，就是所含文本和图形对合并文档的每个版本都相同的文档，即信件的内容和所含的域码（file code）。这是每一封信都需要的内容。在建立主文档前要先建立数据源，然后才能完成主文档。
- 数据源：数据源是一个信息目录，如所有收信人的姓名和地址，它的存在使得主文档具有收信人个人信息。数据源可以是已经存在的，如数据库、电子通讯簿等，也可以是新建的数据源。创建数据源主要是建立数据表格。一般第一行是域名。所谓域，就是插入主文档的不同信息，域可以是姓名、地址、地区、电话等。每个域都有一个域名，这个域的内容就在这个域名所在的列中。Word 数据源中预先设定了可供使用的域，用户也可以自定义域。
- 合并文档：只有当两个文档都建成以后，才可以进行合并。Word 将生成一个大的文档，按照数据源中的记录，每一条记录生成一封有收信人个人信息的信件。这个最终生成的文档可以打印，也可以保存。

7.2.1　创建主文档

主文档可以是信函、信封、标签或其他格式的文档，在主文档中除了包括那些固定的信息外，还包括一些合并的域。

1. 创建信函主文档

用户可以创建一个新文档作为信函主文档，另外，用户也可以将一个已有的文档转换成信函主文档。例如，用户要创建一个新文档作为录取通知单信函，具体操作方法如下：

（1）创建一个新的 Word 文档，单击“工具”|“信函与邮件”|“邮件合并”命令打开“邮件合并”任务窗格，如图 7-9 所示。

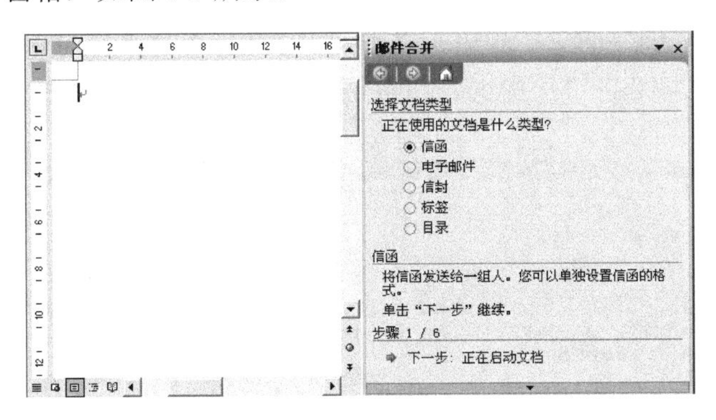

图 7-9　选择主文档类型

（2）在任务窗格中的“选择文档类型”区域选中“信函”单选按钮，单击“下一步：正在启动文档”进入邮件合并第二步，如图 7-10 所示。

（3）在“想要如何设置信函？”区域选中“使用当前文档”单选按钮。

（4）在主文档中对文档的内容进行编辑，图 7-10 所示即是创建信函主文档的效果。

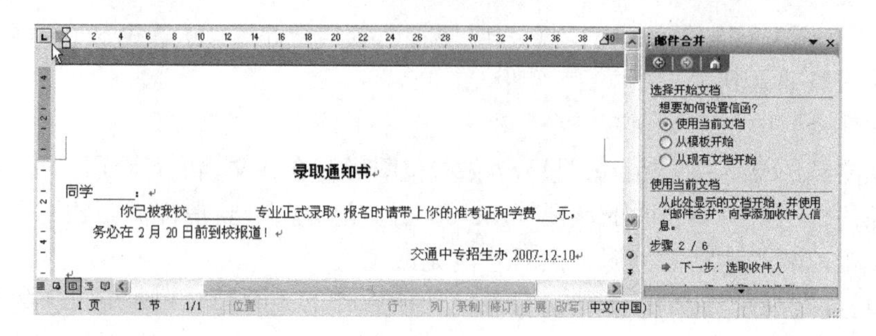

图 7-10 新创建的信函主文档

2．信封与标签

信封和标签也是用户在进行邮件合并时最常用的两种主文档格式，包括一些寄信人的地址、邮编，收信人的姓名等。信封用来把信件装入其中，而标签则用来粘贴在信封、明信片、包裹等邮件的表面。它除了可制作邮件标签之外，还可以制作明信片、名片等。制作标签时用户可以利用邮件合并向导进行制作，另外，如果制作的标签比较简单，不需要插入合并域，此时用户可以直接创建标签文档。

7.2.2 打开或创建数据源

主文档信函创建好了，但还需要明确被录取的学生、被录取的系别及专业等信息，在邮件合并操作中这些信息以数据源的形式存在。

1．打开数据源

用户可以使用多种类型的数据源，例如，Microsoft Word 表格、Microsoft Outlook 联系人列表、Microsoft Excel 工作表、Microsoft Access 数据库和文本文件。

如果在计算机上存在要使用的数据源，用户可以在邮件合并的过程中直接打开数据源，具体操作方法如下：

（1）在邮件合并向导的第二步单击“下一步：选取收件人”进入邮件合并的第三步，在“选择收件人”区域选中“使用现有列表”单选按钮，如图 7-11 所示。

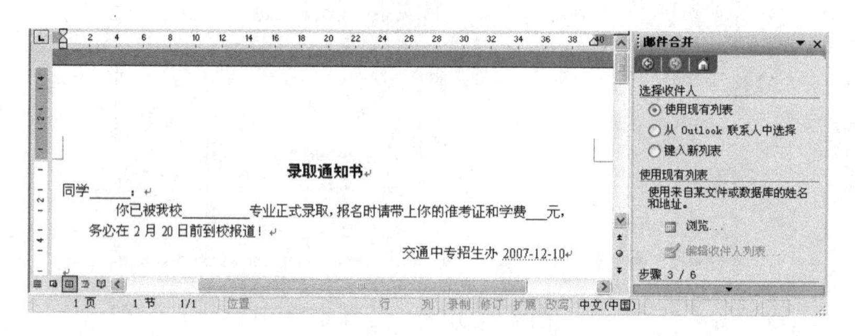

图 7-11 打开数据源

（2）在“使用现有列表”区域单击“浏览”选项，打开“选取数据源”对话框，如图 7-12 所示。

（3）在对话框中单击所需要的数据源，单击“打开”按钮，出现“选择表格”对话框，如图 7-13 所示。

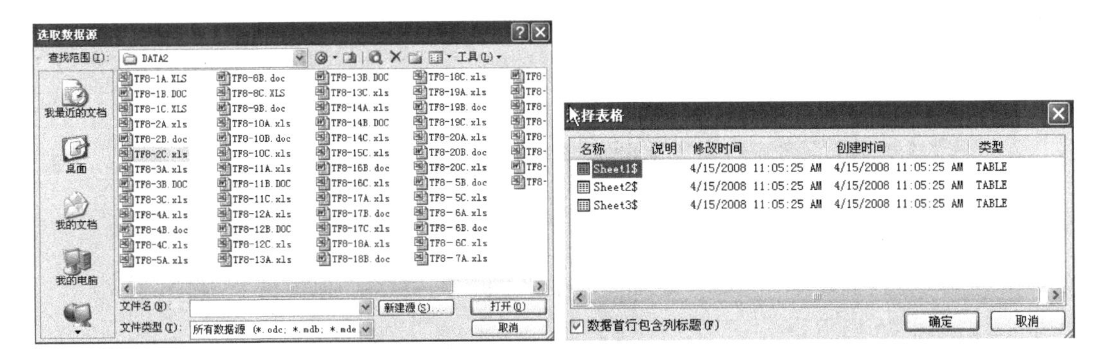

图 7-12　“选取数据源”对话框　　　　　　图 7-13　“选择表格”对话框

（4）在“选择表格”对话框中选中“Sheet1$”，单击“确定”按钮出现“邮件合并收件人”对话框，如图 7-14 所示。

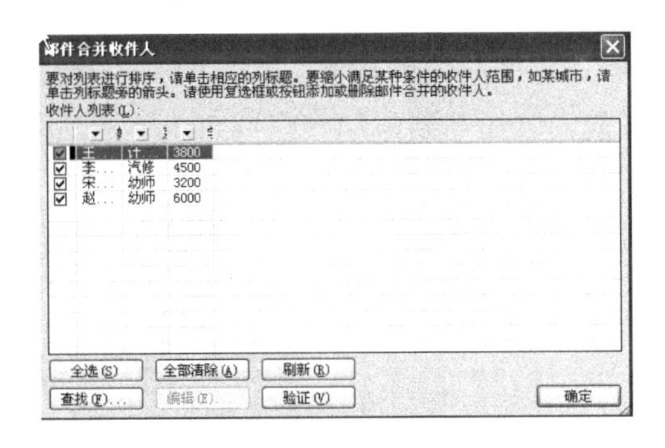

图 7-14　“邮件合并收件人”对话框

（5）单击“确定”按钮完成数据源的打开工作。

2．创建数据源

如果在计算机中不存在用户进行邮件合并操作的数据源，可以创建新的数据源。例如，在信函主文档中创建数据源，具体操作方法如下：

（1）在邮件合并向导的第二步单击“下一步：选取收件人”进入邮件合并的第三步，在“选择收件人”区域选中“键入新列表”单选按钮，如图 7-15 所示。

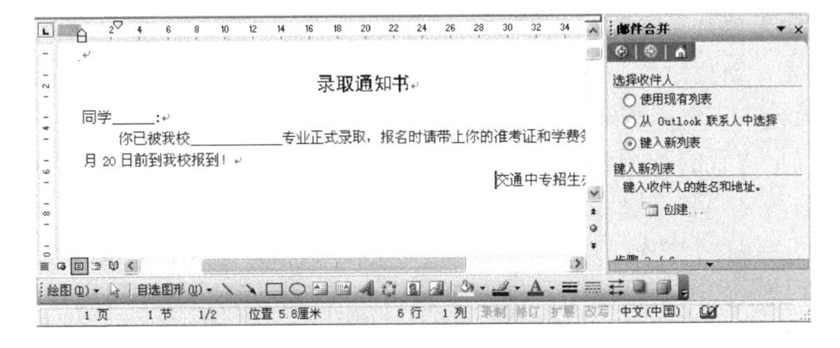

图 7-15　创建数据源

（2）在“键入新列表”区域单击“创建”选项，打开“新建地址列表”对话框，如图7-16 所示。

（3）在对话框中单击“自定义”按钮，打开“自定义地址列表”对话框，如图 7-17 所示。

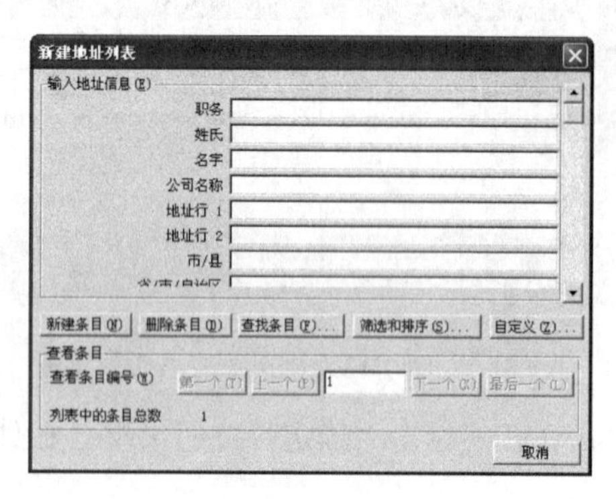

图 7-16 “新建地址列表”对话框

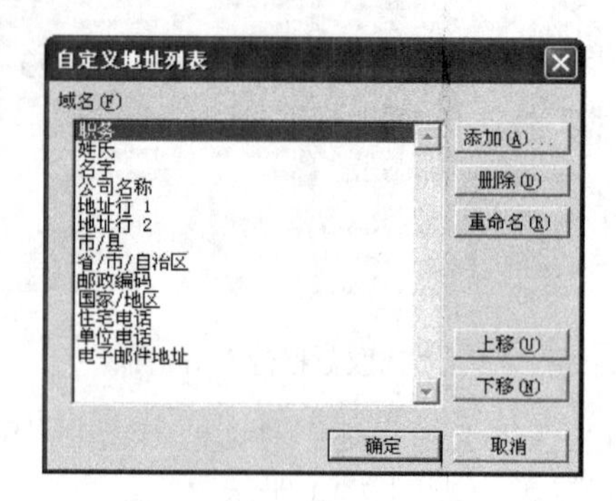

图 7-17 “自定义地址列表”对话框

（4）在“域名”列表中选中要删除的域名，单击“删除”按钮即可将无用的域名删除。

（5）根据录取通知书的内容还需要添加一些域名，单击“添加”按钮打开“添加域”对话框，如图 7-18 所示。

（6）在“键入域名”文本框中输入新的域名“姓名”，单击“确定”按钮，根据需要添加其他的域名。在“自定义地址列表”对话框中添加或删除域名后的效果如图 7-19 所示。

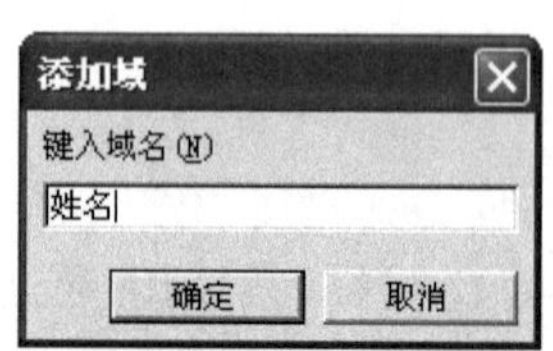

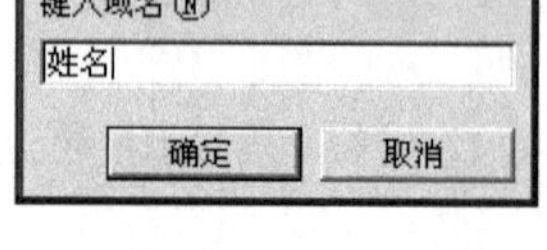

图 7-18 “添加域”对话框

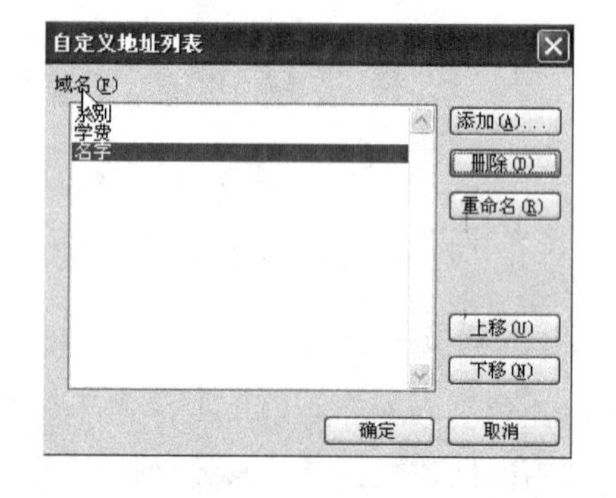

图 7-19 添加域名后的“自定义地址列表”对话框

（7）单击“确定”按钮返回到“新建地址列表”对话框。

（8）在“输入地址信息”区域的文本框中输入信息内容，如图 7-20 所示。

（9）输入完一条记录后，单击“新建条目”按钮，接着输入下面的记录。

（10）记录输入完毕，单击“关闭”按钮，打开“保存通讯录”对话框，在对话框中默认的保存位置是“我的数据源”文件夹，用户可以选择另外的位置进行保存，在“文件名”文本框中输入文件名“录取通知书记录”，如图 7-21 所示。

（11）单击“保存”按钮，打开“邮件合并收件人”对话框，如图 7-22 所示。在对话框中列出了前面输入的数据，单击“确定”按钮完成数据源的创建工作。

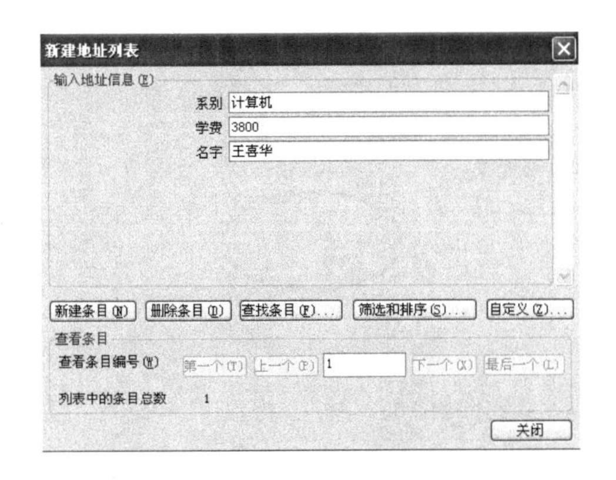

图 7-20　输入记录

图 7-21　保存记录

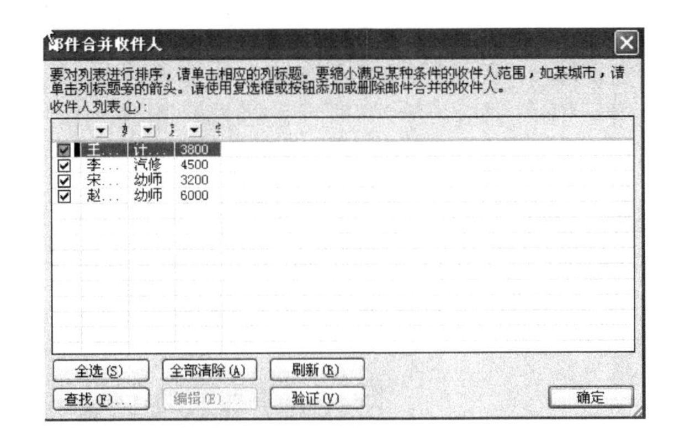

图 7-22　“邮件合并收件人”对话框

7.2.3　插入合并域

主文档和数据源创建成功后，就可以进行合并操作了，不过在进行主文档和数据源的合并前还应在主文档中插入合并域。

1．邮件合并域的意义

可使用合并域自定义单独文档的内容。将邮件合并域插入主文档时，这些邮件合并域映射到数据源中相应的信息列。如果 Word 未发现将合并域自动映射到数据源中的标题所需的信息，在插入地址和问候字段或预览合并时，将会提示进行该操作。

2．插入合并域的操作

插入合并域的操作在邮件合并的第四步，在邮件合并的第三步单击“下一步：撰写信函”进入邮件合并第四步，如图 7-23 所示。在“撰写信函”区域中单击“地址块”、“问候语”、“电子邮政”和“其他项目”按钮即可在主文档中插入域。

单击“地址块”按钮，即可打开“插入地址块”对话框，在此对话框中，Word 可以使用两个合并域插入每个收件人的基本信息，如图 7-24 所示。

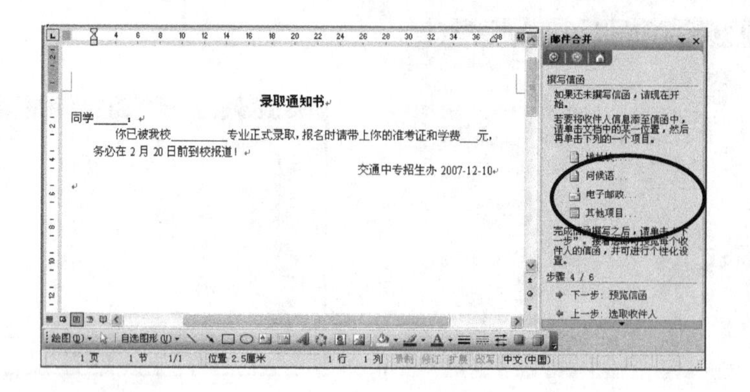

图 7-23　邮件合并第四步

单击“问候语”按钮，即可打开“问候语”对话框，在此对话框中用户可以自定义这些域中每一个域的内容。例如，用户可能希望选择正式的姓名格式；在称呼中，用户可能希望使用“Dear”来代替“To”，如图 7-25 所示。当然也可使用汉字的一些称呼来代替对话框中的域。

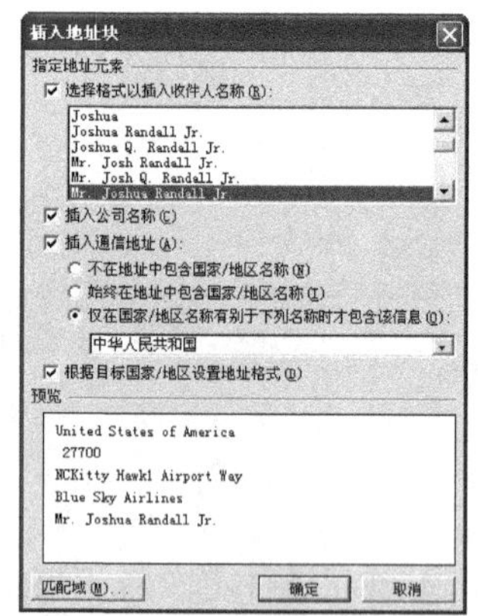

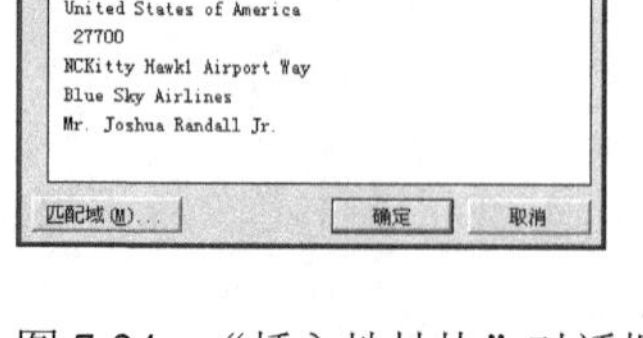

图 7-24　“插入地址块”对话框　　　　图 7-25　“问候语”对话框

地址块和问候语域都有其缺陷，其基本的编制方法完全按照英语的语法和语序来进行设置的。在汉语中编辑邮件合并时，应多采用其他项目域来完成编辑主文档的操作。

在信函主文档中利用“其他项目”插入合并域的具体操作方法如下：

（1）将插入点定位在信函中“同学”文本的后面。

（2）在任务窗格中单击“其他项目”按钮，打开“插入合并域”对话框，如图 7-26 所示。

（3）在“域”列表中选中“姓名”后单击“插入”按钮，可将“姓名”域插入到文档中。

（4）按照相同的方法插入其他的几个域，在文档中插入域后的最终效果如图 7-27 所示。

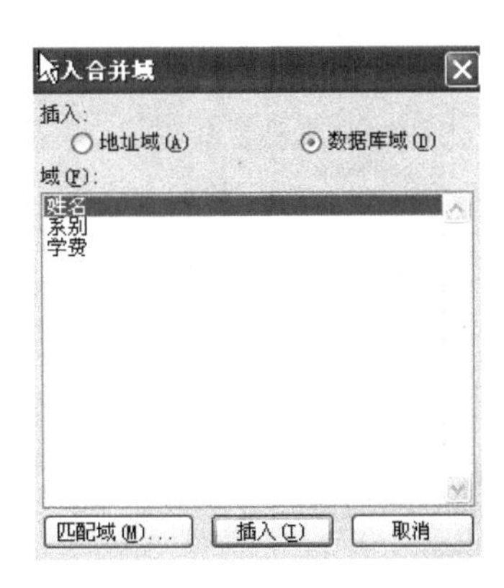

图 7-26　“插入合并域”对话框

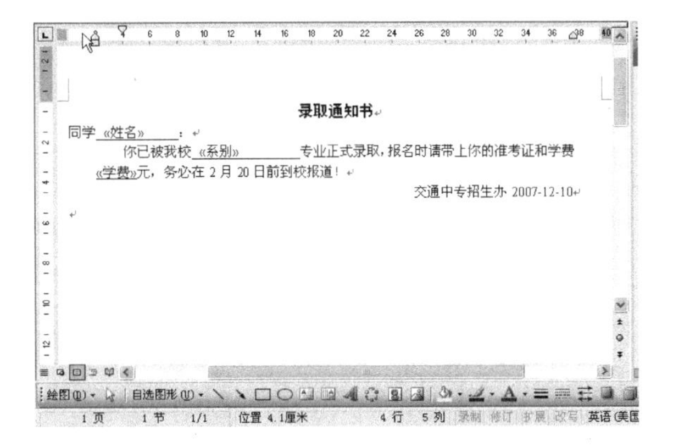

图 7-27　插入合并域后的效果

3. 查看合并结果

在对文档进行合并之前用户可以首先查看合并结果，如果合并结果中有错误用户还可以重新修改收件人列表，并且还可以将某些收件人排除在合并结果之外。

在邮件合并第四步单击“下一步：预览信函”进入邮件合并向导第五步，在任务窗格中单击“预览信函”区域中“收件人”的左右箭头可以在屏幕上对具体的信函进行预览。在预览时如果发现某个信函可以不要，此时，在“做出更改”区域单击“排除此收件人”选项将该收件人排除在合并工作之外，如图 7-28 所示。

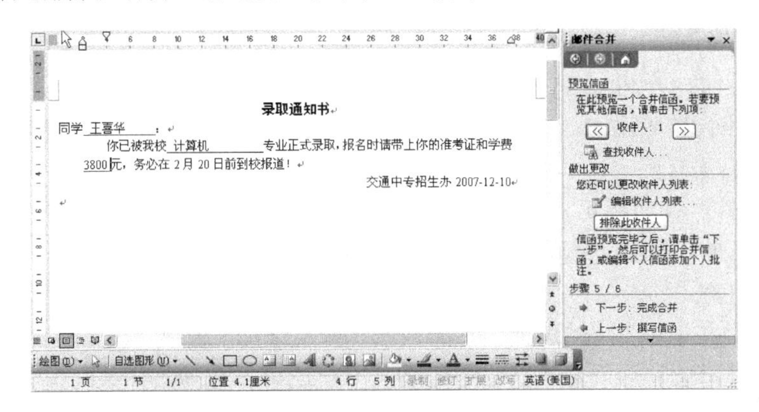

图 7-28　信函预览效果

7.2.4　合并文档

合并文档是邮件合并的最后一步。如果对预览的结果满意，就可以进行邮件合并的操作了。用户可以将文档合并到打印机上，也可以合并成一个新的文档，以 Word 文件的形式保存下来，供以后打印。

1. 打印合并文档

在合并文档时用户可以直接将文档合并到打印机上进行打印，具体操作方法如下：

（1）在邮件合并向导的第五步单击“下一步：完成合并”按钮进入邮件合并向导的第

六步，如图 7-29 所示。

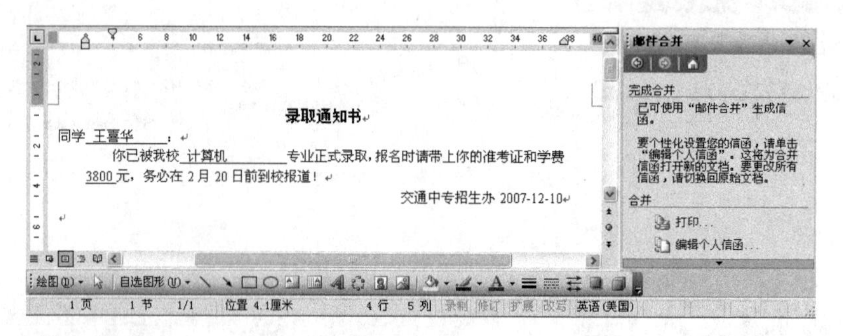

图 7-29 邮件合并向导第六步

（2）在任务窗格中的“合并”区域单击“打印”按钮，打开“合并到打印机”对话框，如图 7-30 所示。

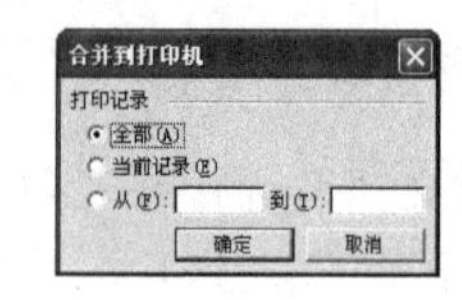

图 7-30 “合并到打印机”对话框

（3）在“打印记录”区域选择打印的范围，如果选择“全部”选项则打印全部的记录；如果选择“当前记录”则只打印当前的记录；用户还可以选择具体某几个记录进行打印。

（4）单击“确定”按钮，打开“打印”对话框，在对话框中设置打印的份数，单击“确定”按钮即可开始打印。

2．合并到新文档

在合并文档时用户可以直接将文档合并到新文档中，例如，将创建的信函主文档合并到一个新的文档，具体操作方法如下：

（1）在邮件合并向导第六步单击“合并”区域的“编辑个人信封”选项，打开“合并到新文档”对话框，如图 7-31 所示。

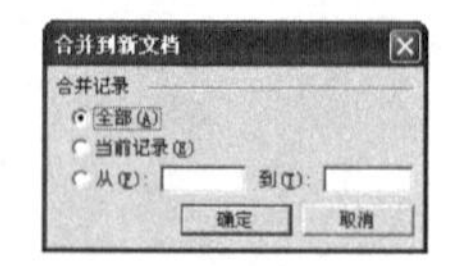

图 7-31 “合并到新文档”对话框

（2）在“合并记录”区域选择合并的范围，如果选择“全部”选项则合并全部的记录；如果选择“当前记录”则只合并当前的记录；用户还可以选择具体某几个记录进行合并；这里选择“全部”单选按钮。

（3）单击“确定”按钮，则主文档将与数据源合并，并建立一个新的文档，合并结果如图 7-32 所示。

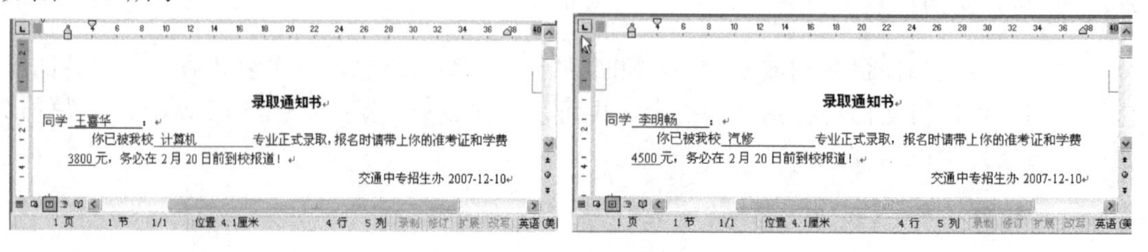

图 7-32 邮件合并最终效果

（4）单击“文件”菜单中的“保存”命令，打开“另存为”对话框，在对话框中设置文档的保存位置和文件名，单击“保存”按钮。

7.3　制作文档目录

制作文档目录的首要前提是在文档中应用了一些标题样式，在编制目录时，Word 2003 将搜索带有指定样式的标题，按照标题级别排序，引用页码，然后在文档中显示目录。编制目录后，可以利用它在联机文档中快速漫游，在目录中单击页码即可跳转到文档中的相应标题。

Word 2003 具有自动编制目录的功能，提取文档目录的具体步骤如下：

（1）将插入点定位在文档要插入目录的位置。

（2）单击“插入”|“引用”|“索引和目录”命令，打开“索引和目录”对话框，单击“目录”选项卡，如图 7-33 所示。

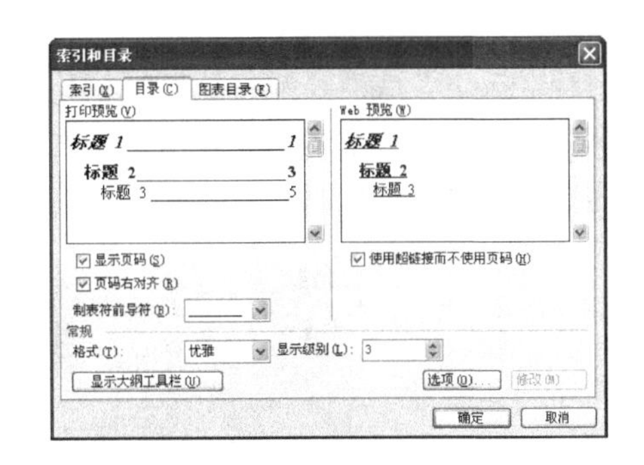

图 7-33　“索引和目录”对话框

（3）在“常规”区域的“格式”下拉列表中选择一种目录格式，如“优雅”，用户可以在“打印预览”框中看到该格式的目录效果。

（4）在“显示级别”文本框中选择或输入显示目录的级别，如“3”。

（5）选中“显示页码”复选框，将在目录的每一个标题后面显示页码。

（6）选中“页码右对齐”复选框，则目录中的页码居右对齐。

（7）在“制表符前导符”下拉列表框中选择一种前导符，如选择“……”。

（8）单击“确定”按钮，目录被提取出来并插入到文档中，如图 7-34 所示。

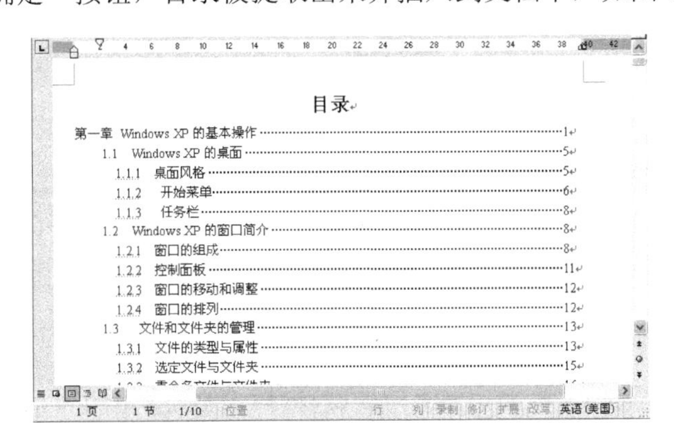
目录

第一章 Windows XP 的基本操作……1
1.1 Windows XP 的桌面……5
1.1.1 桌面风格……5
1.1.2 开始菜单……6
1.1.3 任务栏……8
1.2 Windows XP 的窗口简介……8
1.2.1 窗口的组成……8
1.2.2 控制面板……11
1.2.3 窗口的移动和调整……12
1.2.4 窗口的排列……12
1.3 文件和文件夹的管理……13
1.3.1 文件的类型与属性……13
1.3.2 选定文件与文件夹……15

图 7-34　提取出的目录

注意：

目录是以域的形式插入到文档中的，目录中的页码与原文档有一定的联系，当把鼠标指向提取出的目录时会给出一个提示，根据提示按住 Ctrl 键，然后单击目录标题或页码，则会跳转至文档中的相应标题处。

7.4 Word 与其他 Office 程序共享信息

在 Word 2003 中用户还可以将 Office 其他组件中的文档导入到 Word 文档中加以编辑。例如，可以在 Word 中调用 Excel、PowerPoint 演示文稿资源等。

7.4.1 在 Word 中调用 Excel 资源

用户使用剪贴板可以轻易地把 Excel 中的表格粘贴到 Word 中，并且还可以建立链接关系。在 Excel 中选中要应用的数据，单击“编辑”|“复制”命令，切换到 Word 中，单击“编辑”|“粘贴”命令，选中的数据将被粘贴到文档中。此时在粘贴数据的一旁会出现智能标签，单击标签，出现一个如图 7-35 所示的菜单，在菜单中，如果选择“保留源格式并链接到 Excel”或“匹配目标区域表格样式并链接到 Excel”，则可以在粘贴数据和源数据之间建立链接关系，此时如果改变源数据将会影响到粘贴的数据；如果选择其他的选项则在源数据和粘贴的数据之间不能建立链接关系。

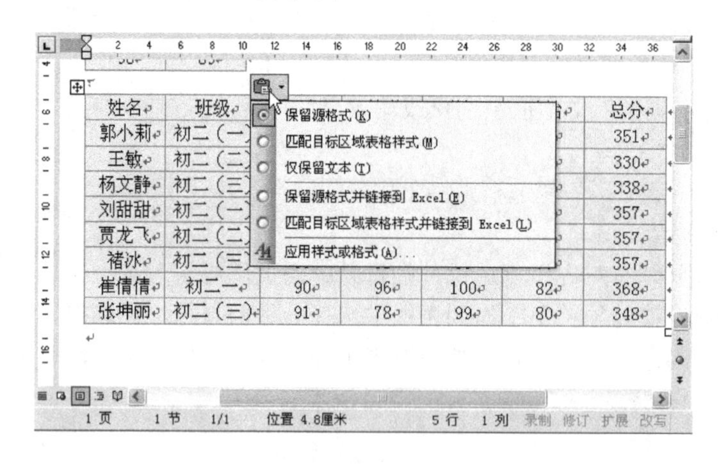

图 7-35 在文档中粘贴 Excel 中的数据

其实，用户可以在源数据和粘贴数据之间建立多种形式的链接模式，在 Excel 中复制数据后，在 Word 中单击“编辑”|“选择性粘贴”命令，出现“选择性粘贴”对话框，在对话框中选择“粘贴链接”单选按钮，则在“形式”列表框中列出了多种形式的链接模式，如图 7-36 所示。

在对话框“形式”列表中，各模式作用如下。

- Microsoft Excel 工作表 对象：粘贴数据作为 Word 中的一个 Excel 对象，双击对象出现源数据程序，用户可以对源数据进行编辑，此编辑影响到 Word 中的数据。
- 带格式文本（RTF）：粘贴数据作为一个具有与来源数据相同的格式化表格数据，在当前文档中无法打开源数据，但如果表格中的数据变化将会影响到 Word 中的数据。
- 无格式文本：粘贴数据作为一个没有格式的表格数据，在当前文档中无法打开源数据，但如果表格中的数据变化，将会影响到 Word 中的数据。

- 图片（Windows 图元文件）：粘贴数据作为一个图片数据，双击图片出现源数据程序，用户可以对源数据进行编辑，此编辑影响到 Word 中的数据。
- 位图：粘贴数据作为一个图片数据但以位图的方式来呈现，双击图片出现源数据程序，用户可以对源数据进行编辑，此编辑影响到 Word 中的数据。
- HTML 格式：粘贴数据作为一个以 HTML 格式来显示的格式化表格数据，在当前文档中无法打开源数据，但如果表格中的数据变化将会影响到 Word 中的数据。
- 无格式的 Unicode 格式：粘贴数据作为一个没有格式而数据为 Unicode 的表格数据，在当前文档中无法打开源数据，但如果表格中的数据变化将会影响到 Word 中的数据。

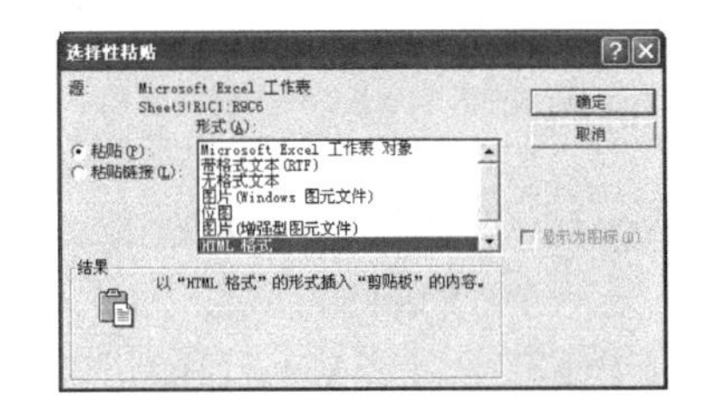

图 7-36　建立多种形式的链接模式

7.4.2　由 Word 大纲创建 PowerPoint 演示文稿

Word 的大纲和 PowerPoint 的大纲极为类似，它们都以标题的形式展示文件，在 Word 文档中用户可以将大纲文档导出到 PowerPoint 中创建 PowerPoint 的大纲。

例如，将图 7-37 所示的大纲文档导出到 PowerPoint 中，在大纲文档中单击“文件”|“发送”|“Microsoft PowerPoint”命令，此时系统会自动创建一个 PowerPoint 文档，如图 7-38 所示。在大纲文档中只有采用了“标题 1”、“标题 2”等样式的文本才能导入到 PowerPoint 中，其他文本被忽略。PowerPoint 将依据 Word 文档中的标题层次决定其在 PowerPoint 大纲文件中的地位。例如，应用“标题 1”样式的文本将成为幻灯片主标题，应用“标题 2”样式的文本将成为副标题，依此类推。

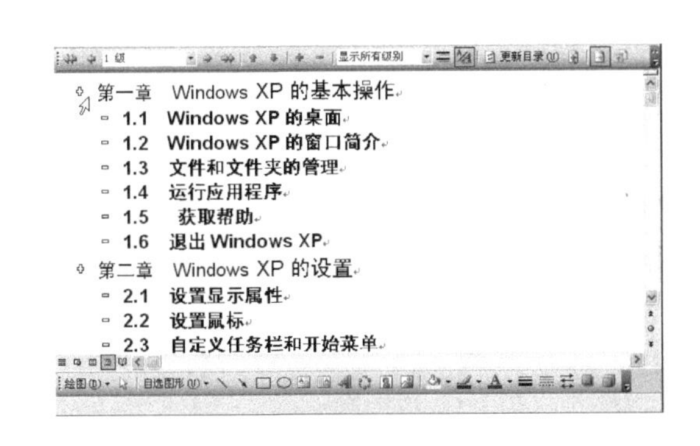

图 7-37　大纲文档

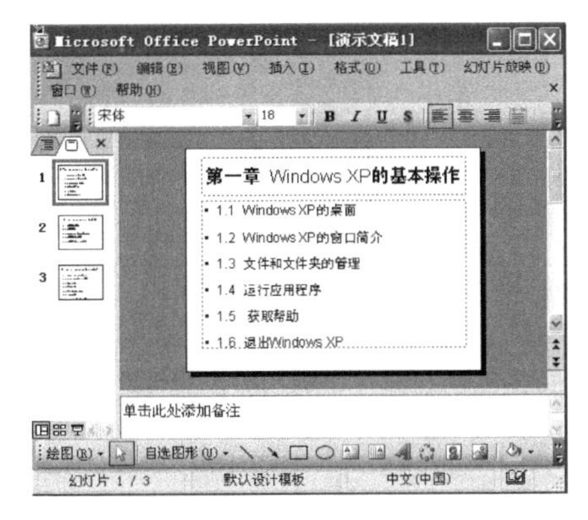

图 7-38　使用大纲文档创建的演示文稿

7.5　使用宏工具

宏是由一系列的菜单命令和操作指令组成的，是用来完成特定任务的指令集合。执行一个宏，就是依次执行宏中所有的指令。在 Word 中使用宏，不仅可以使繁琐的任务简单化，还可以实现重复操作自动化。

在 Word 中使用宏，主要有以下优点：

- 可以组合多个操作命令。
- 使对话框中的选项更易于访问。
- 可以使一系列复杂的任务自动执行，从而加速并简化操作过程。

7.5.1 创建宏

在 Word 2003 中用户可以使用宏录制器录制宏，或者使用 Visual Basic 编辑器编辑宏。宏实质上是一个 Visual Basic 程序，无论使用哪种方法创建的宏最终都将转换为 Visual Basic 代码。对于没有学习过 Visual Basic 的用户，可以利用宏录制器录制宏。

创建宏的基本操作方法如下：

（1）单击“工具”|“宏”|“录制新宏”命令，打开“录制宏”对话框，如图 7-39 所示。

（2）在“宏名”文本框中输入所要创建的宏的名称。

（3）在“将宏保存在”下拉列表中选定宏所要存放的位置。

（4）如果需要包含宏的说明，在“说明”编辑框中输入相应的文字。

（5）最后单击“确定”按钮，打开“停止录制”工具栏，如图 7-40 所示。在此工具栏中包括了两个按钮：停止录制和暂停录制。当要停止宏的录制操作时，单击“停止录制”按钮即可，如果要暂停录制，可单击“暂停录制”按钮。

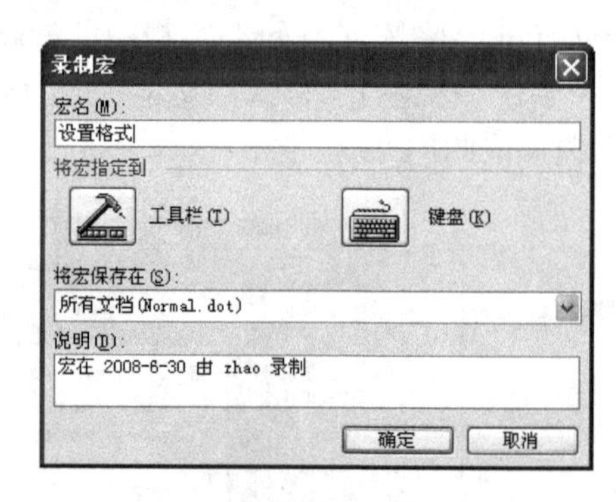

图 7-39 “录制宏”对话框

图 7-40 “停止录制”工具栏

7.5.2 运行宏

用录制或其他方法创建了宏后，就可以在文档中运行宏了，某个宏被运行后，系统就会自动执行该宏中所保存的操作系列，这样就省去了一些重复性的操作，节省了大量的时间，提高了工作效率。

运行录制宏的基本操作方法如下：

（1）单击“工具”|“宏”|“宏”命令，打开“宏”对话框，如图 7-41 所示。

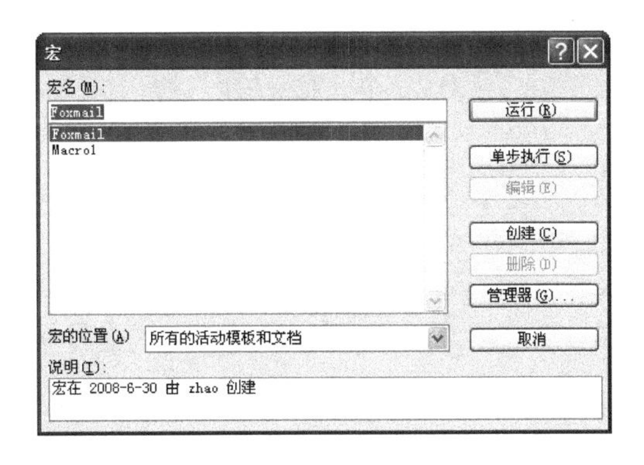

图 7-41　“宏”对话框

（2）在“宏名”列表框中选择要运行宏的名称。

（3）单击对话框中的“运行”按钮，则系统依次执行宏中所有的指令。

7.5.3　宏的安全性

任何事物都有正反两个方面，宏也不例外，虽然宏能给工作带来许多便利，但同时也会给病毒制造者以可乘之机。

宏病毒是一种寄存在宏中的计算机病毒。一旦打开包含宏的文档，宏病毒就会被激活，并使本机甚至其他计算机上的文档感染上这种病毒。因此为了安全起见，对于在 Word 中加载的宏就需要对其安全性进行检测，这样就可以有效地防止“宏病毒”的运行。对宏的安全性进行设置的具体操作方法如下：

（1）单击“工具”|“宏”|“安全性”命令，打开“安全性”对话框，单击“安全级”选项卡，如图 7-42 所示。

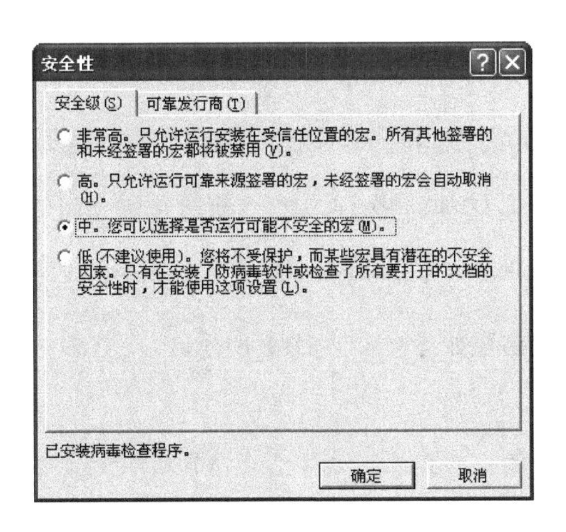

图 7-42　“安全性”对话框

（2）在此对话框中安全级别分为非常高、高、中、低（不建议使用）四个等级，在每一项安全性的后面都有对该安全性的说明，用户可以根据需要选择一种安全级别。

（3）设置完毕，单击“确定”按钮即可。

7.6 本 章 练 习

一、填空题

1．样式是存储在 Word 中的一组________的格式化指令，Word 2003 中的样式分为________和________。

2．如果用户对已有样式不满意可以对其进行修改，对于________样式和________样式都可以进行修改。

3．对于那些没用的样式用户可以删除，________样式是不能被删除的，只有用户自己创建的样式才可以被删除。

4．宏是由一系列的菜单命令和操作指令组成的，是用来完成特定任务的指令集合。执行一个宏，就是________________________。

二、操作题

将随书所附光盘素材文件夹中 DATA1 文件夹内的 TF8-4.doc 文件复制到用户文件夹中，并重命名为 A7.DOC。然后打开文档 A7.DOC，按下列要求操作。

1．**选择性粘贴**：在 Excel 中打开随书所附光盘素材文件夹中 DATA2 文件夹中的 TF8-4A.XLS，将工作表中的表格以“Microsoft Excel 工作表 对象”的形式复制到 A7.DOC 文档【8-4A】文本下，结果如【样文 7-1A】所示。

2．**文本与表格间的相互转换**：将【8-4B】“明达装修公司装修费一览表”下的文本转换成表格，表格为 4 列 5 行，列宽 3 厘米，文字分隔符为制表符，为表格套用“简明型 3”的格式，结果如【样文 7-1B】所示。

3．**录制新宏**：

- 在 Word 中新建一个文件，文件名为 A7-A.DOC，保存至用户文件夹。
- 在该文件中创建一个名为 A8A 的宏，将宏保存在 A7-A.DOC 文档中，用 Ctrl+Shift+F 作为快捷键，功能为将选定的文字设置为黑体，小四，颜色为玫瑰红。

4．**邮件合并**：

- 在 Word 中打开随书所附光盘素材文件夹中 DATA2 文件夹中的 TF8-4B.DOC，

另存为至用户文件夹中，文件名为 A7-B.DOC。

- 选择“信函”文档类型，使用当前文档，以随书所附光盘素材文件夹中 DATA2 文件夹中的文件 TF8-4C.XLS 为数据源，进行邮件合并，结果如【样文 7-1C】所示。
- 将邮件合并结果保存至用户文件夹中，文件名为 A7-C.DOC。

5．**绘图工具栏的使用**：在 Word 中新建一个文件，文件名为 A7-D.DOC，保存至用户文件夹。在文档中使用绘图工具栏绘制一个云形标注，输入文字并把云形标注的边线填充为蓝色；绘制一个正方体，为其填充“纸袋”纹理效果。结果如【样文 7-1D】所示。

【样文 7-1A】

某集团公司销售量统计

名称	第一季	第二季	第三季	第四季	年销量
巨龙公司	6732	5418	7689	4137	23976
金祥公司	7832	6418	7600	4200	26050
乐施公司	6825	6628	7589	4100	25142
麦可公司	6843	5500	7600	4800	24743

【样文 7-1B】

明达装修公司装修费一览表

公司名称	公司地址	装修时间	已付金额(元)
新苑小区	车站路东段	2005-7-4	465700
欣达小区	大庆路南段	2005-10-14	600035
明基伟业	东明路西段	2005-11-4	892520
速达搬运	文昌路中段	2005-12-9	781524

【样文 7-1C】

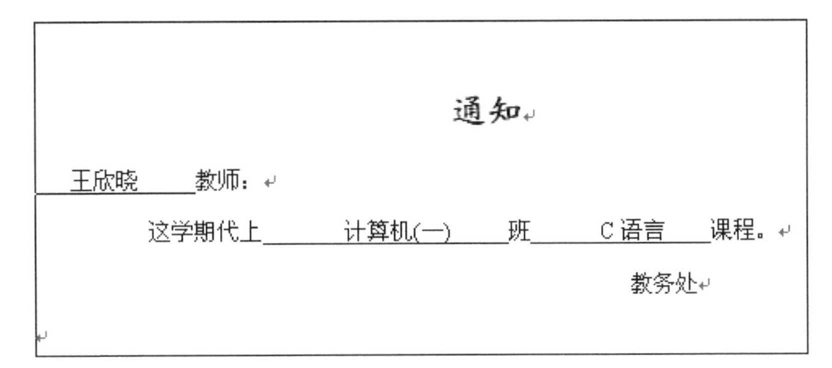

通知

王欣晓　教师：

这学期代上　计算机(一)　班　C 语言　课程。

教务处

通知

王雨纯 教师：

这学期代上 幼师 班 五线谱 课程。

教务处

通知

李明理 教师：

这学期代上 汽修 班 汽车构造 课程。

教务处

通知

秦飞 教师：

这学期代上 计算机(二) 班 建筑设计 课程。

教务处

【样文 7-1D】

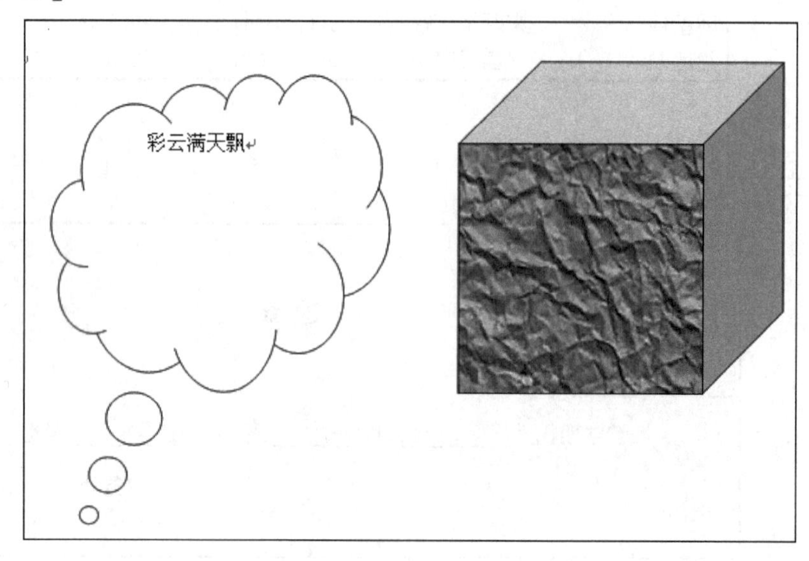

第 8 章　Excel 2003 的基本操作

Excel 2003 是 Office 2003 的重要组件之一，是一个优秀的电子表格软件，主要用于电子表格方面的各种应用。Excel 2003 在继承了 Excel 2002 的各种优秀特性的基础上，增加和完善了许多实用的功能，可以方便地对数据进行组织、分析，也可以把表格数据用各种统计图形象地表示出来。

Excel 2003 是以工作表的方式进行数据运算和分析的，因此数据是工作表中重要的组成部分，是显示、操作以及计算的对象。只有在工作表中输入一定的数据，然后才能根据要求完成相应的数据运算和数据分析工作。

本章重点：

- Excel 2003 的工作环境
- 输入数据与公式
- 自动填充数据
- 应用函数
- 编辑行列和单元格
- 移动或复制数据
- 操作工作表

8.1　Excel 2003 的工作环境

启动 Excel 2003 后的工作界面如图 8-1 所示。工作界面主要由标题栏、菜单栏、工具栏、编辑栏、状态栏和工作簿窗口等组成。其中一些窗口元素的作用和 Word 中的类似，如标题栏、工具栏及菜单栏，对于这些窗口元素在这里就不再作详细介绍，下面只对编辑栏、状态栏和工作簿窗口进行简单的介绍。

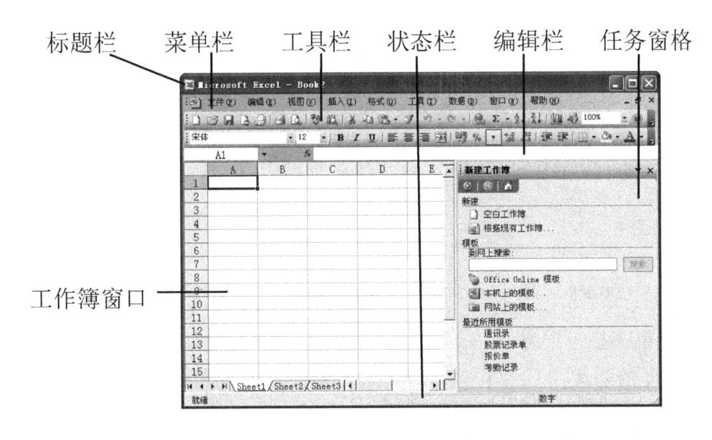

图 8-1　Excel 2003 的工作环境

8.1.1 编辑栏

编辑栏用来显示活动单元格中的数据或使用的公式，在编辑栏中还可以对单元格中的数据进行编辑。

编辑栏的左侧是名称框，用来定义单元格或单元格区域的名字，还可以根据名字查找单元格或单元格区域。如果单元格定义了名称则在名称框中将会显示单元格的名字；如果没有定义名字，在名称框中显示活动单元格的地址名称。

当在单元格中键入内容时，除了在单元格中显示内容外，还在编辑栏右侧的编辑区中显示。有时单元格的宽度不能显示单元格的全部内容，则可以在编辑栏的编辑区中编辑内容。当把鼠标指针移到编辑区中时，在需要编辑的地方单击鼠标选择插入点，可以插入新的内容或者删除插入点左右的字符。

在编辑栏中还有三个按钮：

- 取消按钮 ✕：单击该按钮取消输入的内容。
- 输入按钮 ✓：单击该按钮确认输入的内容。
- 插入函数按钮 fx：单击该按钮执行插入函数的操作。

8.1.2 状态栏

状态栏位于窗口的最底部，用来显示当前有关的状态信息。例如，准备输入单元格内容时，在状态栏中会显示“就绪”的字样。

在工作表中如果选中了一个单元格区域，在状态栏中有时会显示一栏的求和信息：“求和=？”这是 Excel 的自动计算功能。当检查数据汇总时，可以不必输入公式或函数，只要选择这些单元格，就会在状态栏的“自动计数”区中显示求和结果。

当要计算的是选择数据的平均值、个数、最大值或最小值等时，只要在状态栏的“自动计算”区中单击鼠标右键，打开如图 8-2 所示的快捷菜单，从中选择所需的命令即可。

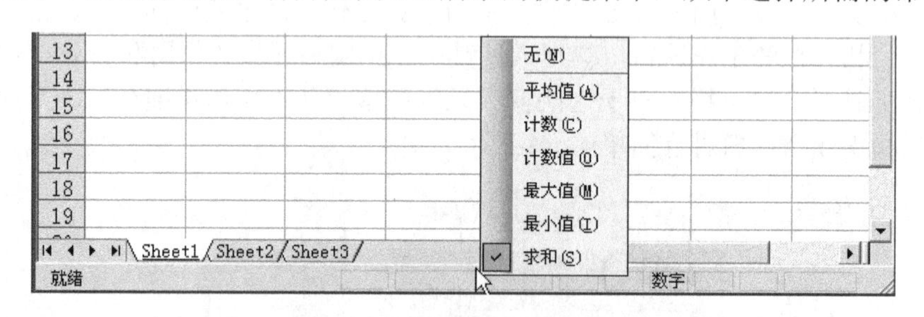

图 8-2　更改自动计算方式菜单

8.1.3 工作簿窗口

工作簿是计算和储存数据的文件，每一个工作簿都可以包含多张工作表，因此可以在单个文件中管理各种类型的相关信息。工作簿窗口位于 Excel 2003 窗口的中央区域，当启动 Excel 2003 时，系统将自动打开一个名为“Book1”的工作簿窗口。默认情况下，工作簿窗口处于最大化状态，与 Excel 2003 窗口重合。工作簿由若干个工作表组成，工作表又由单元格组成，如图 8-3 所示。

1．单元格

单元格是 Excel 工作簿组成的最小单位，在工作表中白色长方格就是单元格，是存储数据的基本单位，在单元格中可以填写数据。在工作表中单击某个单元格，此单元格边框加粗显示，它被称为活动单元格，并且活动单元格的行号和列标突出显示。可向活动单元格内输入数据，这些数据可以是字符串、数字、公式、图形等。单元格可以通过位置标识，每一个单元格都有对应的行号和列标，例如，第 D 列第 6 行的单元格表示为 D6。

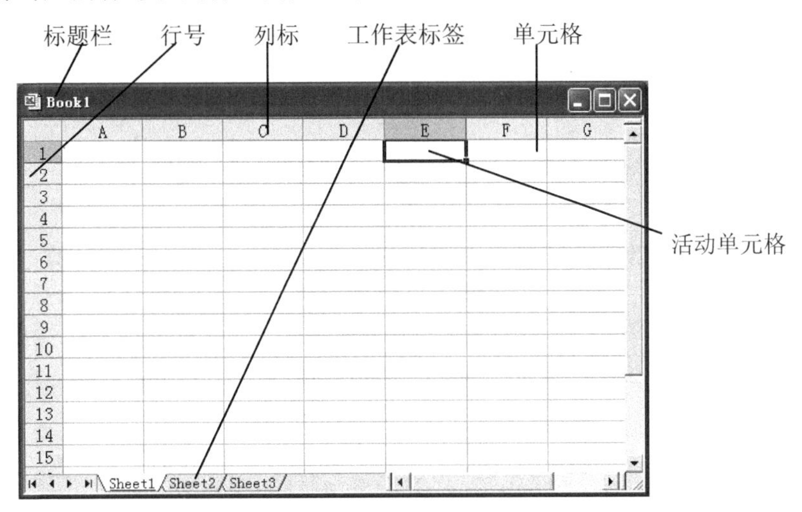

图 8-3　工作簿窗口

2．工作表

工作表是 Excel 完成工作的基本单位，位于工作簿窗口的中央区域，由行号、列标和网络线构成。工作表也称为电子表格，它是由 65536 行和 256 列构成的一个表格，其中行自上而下按 1～65536 进行编号，而列号则由左到右采用字母 A，B，C……进行编号。

使用工作表可以对数据进行组织和分析，可以同时在多张工作表上输入并编辑数据，也可以对来自不同工作表的数据进行汇总计算。

工作表的名称显示于工作簿窗口底部的工作表标签上。从一个工作表切换到另一工作表进行编辑，可以单击工作表标签进行工作表的切换，活动工作表的名称以单下划线显示并呈凹入状态显示，如 Sheet1 。默认的情况下，工作簿由 Sheet1、Sheet2、Sheet3 三个工作表组成。工作簿可以最多包括 255 张工作表和图表，用户可以根据自己的需要更改默认的工作表数目。设置默认工作表的个数的具体步骤如下：

（1）单击“工具”|“选项”命令，打开“选项”对话框，单击“常规”选项卡，如图 8-4 所示。

（2）在“新工作簿内的工作表数”文本框中选择或输入新打开工作簿中包含的工作表数。

（3）单击“确定”按钮。

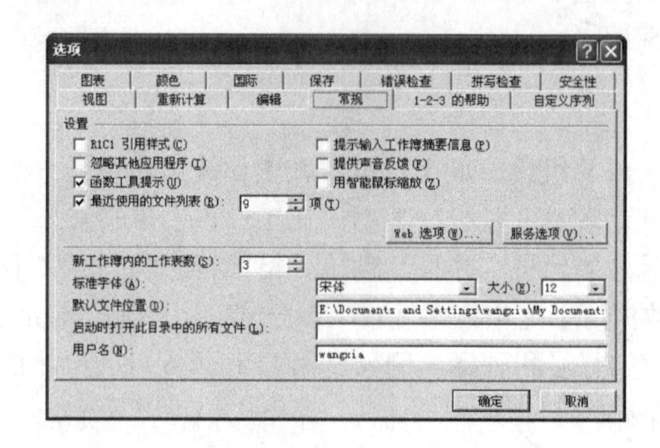

图 8-4　设置新建工作簿中的工作表数目

8.2　输入数据与公式

在表格中输入数据是编辑表格的基础，Excel 2003 提供了多种数据类型，不同的数据类型在表格中的显示方式是不同的。如果要在指定的单元格中输入数据，应首先选定单元格，然后输入数据。输入完毕，按回车键确认，当前单元格自动下移。用户也可以单击“编辑栏”上的 ✔ 按钮确认输入，此时当前单元格不变。如果单击“编辑栏”上的 ✖ 按钮则可以取消本次输入。

Excel 2003 提供的数据类型有十几种，在此主要介绍文本型数据、数字型数据、日期型数据的输入。

8.2.1　输入字符数据

在 Excel 2003 中，字符型数据包括汉字、英文字母、数字、空格以及其他合法的在键盘上能直接输入的符号，字符型数据通常不参与计算。在默认情况下，所有在单元格中的字符型数据均设置为左对齐。在 Excel 2003 中，每个单元格最多可包含 32000 个字符。

如果要输入中文文本，首先选中要输入内容的单元格，然后选择一种中文输入法直接输入即可。

如果用户输入的文字过多，超过了单元格的宽度，会产生两种结果。

- 如果右边相邻的单元格中没有数据，则超出的文字会显示在右边相邻的单元格中。
- 如果右边相邻的单元格中含有数据，那么超出单元格的部分不会显示。没有显示的部分在加大列宽或以换行的方式显示后，就可以看到。

例如，在新创建的空白工作簿 “Sheet1”工作表中的“B2”单元格中输入标题“利达公司 2008 年度各地市销售情况表”，具体步骤如下：

（1）用鼠标单击“B2”单元格将其选中。

（2）在单元格中直接输入“利达公司 2008 年度各地市销售情况表”，如图 8-5 所示。

（3）输入完毕，可按回车键确认，同时当前单元格自动下移。用户也可单击“编辑栏”上的 ✔ 按钮确认输入，此时当前单元格不变。如果单击“编辑栏”上的 ✖ 按钮则取消本次输入。

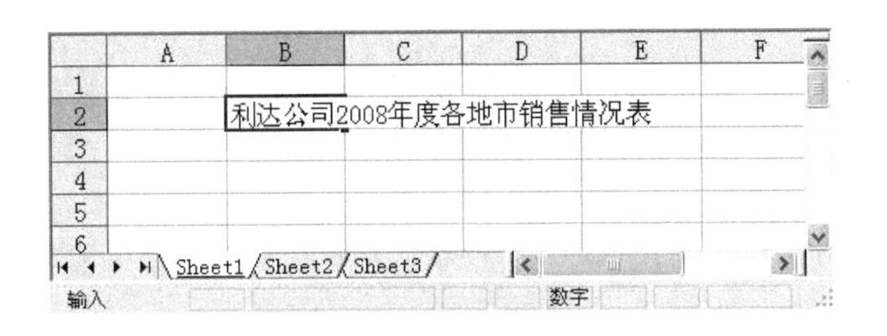

图 8-5　在单元格中输入文本型数据后的效果

如果输入的文本型数据全部由数字组成，如邮编、电话号码、学号，在输入时必须先输入“’”，这样系统才能把数字视作文本。如要在单元格中输入邮编“461400”，首先选中单元格，然后输入“’”符号，再输入“461400”，这样 Excel 2003 就会把它看作是文本型数据，将它沿单元格左边对齐。

当将数字当作文本输入后，用户会发现在单元格的左上角将显示有绿色错误指示符，如图 8-6 所示。选中含有绿色错误指示符的单元格后，在单元格的旁边将会出现按钮 ，单击该按钮，打开一个下拉菜单。在下拉菜单中如果单击“转换为数字”命令，则当前数字转换为数字型数据；如果单击“忽略错误”命令，则单元格左上角的绿色错误指示符将消失。

图 8-6　错误提示菜单

8.2.2　输入数字

Excel 2003 中的数字可以是 0、1、2……以及正号、负号、小数点、分数号“/”、百分号“%”、指数符号 E、e、货币符号“￥”等。在默认状态下，系统把单元格中的所有数字设置为右对齐。

如要在单元格中输入正数可以直接在单元格中输入，如要输入“70”，首先选中单元格，然后直接输入数字“70”。如要在单元格中输入负数，在数字前加一个负号，或者将数字括在括号内，如输入“-25”和“（25）”都可以在单元格中得到-25。

输入分数比较麻烦一些，如要在单元格中输入 1/5，首先选取单元格，然后输入数字 0，再输入一空格，最后输入“1 / 5”，这样表明输入了分数 1 / 5。如果不先输入 0 而直接输入 1 / 5，系统将默认这是日期型数据。

注意：

在输入小数时，如果是含有相同位数的小数，可以使用系统提供的“自动设置小数点”功能。单击“工具”|“选项”命令，单击“编辑”选项卡，选中“自动设置小数点”复选框，在“位数”文本框中选择或输入小数位数，如图 8-7 所示。例如，在对话框中设置的是 3 位小数，则在单元格中输入 11874 时，在单元格中将显示 11.874。

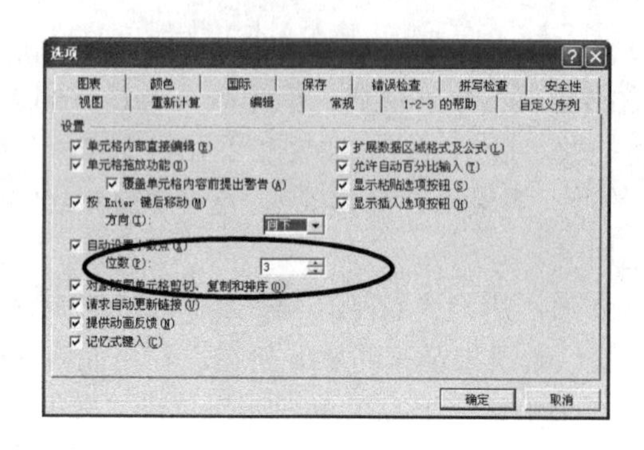

图 8-7 设置小数位数

8.2.3 输入日期和时间

Excel 2003 能够识别大部分常用表示法所输入的日期和时间格式。Excel 2003 将输入的日期和时间转换成一个序列数，其中时间是用 24 小时制的十进制的分数记录下来的。

在单元格中输入一个日期后，Excel 会把它转换成一个数，这个数代表了从 1900 年 1 月 1 日起到该天的总天数。尽管不会看到这个数（Excel 还是把用户的输入显示为正常日期），但它在日期计算中还是很有用的。在输入时间或日期时必须按照规定的输入方式，在输入日期或时间后，如果 Excel 认出了输入的是日期或时间，它将以右对齐的方式显示在单元格中。如果 Excel 没有认出，则把它看成文本，并左对齐显示。

输入日期，应使用 MM/DD/YY 格式，即先输入月份，再输入日期，最后输入年份。如 7/3/2007。如果在输入时省略了年份，则以当前年份作为默认值。

在输入时间时，要用冒号将小时、分、秒隔开。如 13：21：51。如果在输入时间后不输入 AM 或 PM，Excel 会认为使用的是 24 小时制。即在输入下午的 3：51 分时应输入 3：51 PM 或 15：51。必须要记住在时间和 AM 或 PM 标注之间输入一个空格。

如果要在单元格中插入当前日期，可以按 Ctrl+；组合键。如果在单元格中插入当前时间，可以按 Ctrl+Shift+；组合键。

8.2.4 输入公式

Excel 2003 具有非常强大的计算功能，为用户分析和处理工作表中的数据提供了极大的方便。在公式中，可以对工作表数值进行加、减、乘、除等运算。输入正确的计算公式之后，就会在单元格中显示计算结果。如果工作表中的数据有变化，系统会自动将变化后的答案算出，使用户能够随时看到正确的计算结果。

在输入公式进行运算时必须以等号（=）作为开始。在一个公式中可以包含各种运算符、常量、变量、函数以及单元格引用等。

1．公式中的运算符

运算符用于对公式中的元素进行特定类型的运算，分为算术运算符、文本运算符、比较运算符和引用运算符。

- 文本运算符：文本运算符只有一个&，使用该运算符可以将文本连结起来。其含义是将两个文本值连接或串联起来产生一个连续的文本值，如“中国”&“移动”的结果是“中国移动”。
- 算术运算符和比较运算符：算术运算符可以完成基本的算术运算，如加、减、乘、除，还可以连接数字并产生运算结果。比较运算符可以比较两个数值并产生逻辑值，逻辑值只有 FALSE 和 TURE 两个，即错误和正确。表 8-1 列出了算术运算符和比较运算符的含义。
- 引用运算符：引用运算符可以将单元格区域合并计算，它主要包括冒号、逗号、空格。表 8-2 列出了引用运算符的含义。

表 8-1　算术运算符和比较运算符

算术运算符	含义	比较运算符	含义
+	加	=	等于
−	减	<	小于
*	乘	>	大于
/	除	>=	大于等于
^	乘方	<=	小于等于
%	百分号	<>	不等于

表 8-2　引用运算符

引用运算符	含义
:	区域运算符，表示区域引用，对包括两个单元格在内的所有单元格进行引用
,	联合运算符，将多个引用合并为一个引用
空格	交叉运算符，对同时隶属两个区域的单元格进行引用

2．公式中的运算顺序

Excel 2003 根据公式中运算符的特定顺序从左到右计算公式。如果公式中同时用到多个运算符时，对于同一级的运算，则按照从等号开始从左到右进行计算，对于不同级的运算符，则按照运算符的优先级进行计算。表 8-3 列出了常用运算符的运算优先级。

表 8-3　公式中运算符的优先级

运算符	含　义
：（冒号）	区域运算符
（空格）	交叉运算符
，（逗号）	联合运算符
-（负号）	如-5
%	百分号
^	乘方
*和/	乘和除
+和-	加和减
&	文本运算符
=、>、<、>=、<=、<>	比较运算符

注意：

要更改求值的顺序，可以将公式中要先计算的部分用括号括起来。例如，公式“=10+5*8”的结果是“50”，因为 Excel 先进行乘法运算再进行加法运算。如果使用括号改变语法“=(10+5)*8”，Excel 先用“10”加上“5”，再用结果乘以“8”，得到结果“120”。

3．输入公式

创建公式时可以直接在单元格中输入，也可以在编辑栏里面输入，在编辑栏中输入和在单元格中输入效果是相同的。

例如，直接在单元格“G11”中输入公式计算出四个季度的总值，具体步骤如下：

（1）选定“G11”单元格，直接输入公式“=G5+G6+G7+G8+G9+G10”，如图 8-8 所示。

	A	B	C	D	E	F	G	H
2		利达公司2008年度各地市销售情况表（万元）						
3								
4			第一季度	第二季度	第三季度	第四季度	合计	
5		郑州	266	368	486	468	1588	
6		商丘	126	148	283	384	941	
7		漯河	0	88	276	456	820	
8		南阳	234	186	208	246	874	
9		新乡	186	288	302	568	1344	
10		安阳	98	102	108	96	404	
11						总值	=G5+G6+G7+G8+G9+G10	
12								

Sheet1 / Sheet2 / Sheet3
输入　数字

图 8-8　在单元格中输入公式

（2）按回车键，或单击编辑栏中的输入按钮 ✔ 即可在单元格中计算出结果，如图 8-9 所示。

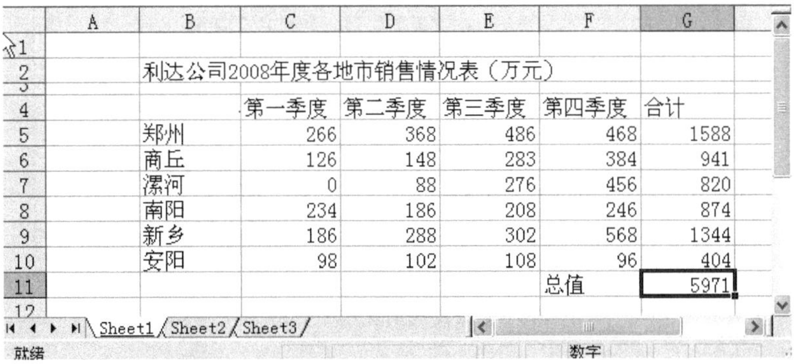

	A	B	C	D	E	F	G
1							
2		利达公司2008年度各地市销售情况表（万元）					
3							
4			第一季度	第二季度	第三季度	第四季度	合计
5		郑州	266	368	486	468	1588
6		商丘	126	148	283	384	941
7		漯河	0	88	276	456	820
8		南阳	234	186	208	246	874
9		新乡	186	288	302	568	1344
10		安阳	98	102	108	96	404
11						总值	5971
12							

Sheet1 / Sheet2 / Sheet3

就绪　　数字

图 8-9　利用公式计算出的结果

8.2.5　单元格的引用

在 Excel 2003 中，系统提供了三种不同的引用类型：相对引用、绝对引用和混合引用。它们之间既有区别又有联系，在引用单元格数据时，用户一定要弄清楚这三种引用类型之间的关系。

1. 相对引用

相对引用，指的是引用单元格的行号和列标。所谓相对就是可以变化，它的最大特点就是在单元格中使用公式时如果公式的位置发生变化，那么，所引用的单元格也会发生变化。

例如，在单元格“G11”中使用公式“=G5+G6+G7+G8+G9+G10”，想把其公式相对引用到“C11”单元格中，具体步骤如下：

（1）单击选中“G11”单元格。

（2）单击“编辑”|“复制”命令，在选中的单元格周围出现虚线边框。

（3）单击选中要相对引用的单元格“C11”，单击“编辑”|“粘贴”命令即可将“G11”单元格中的公式相对引用到“C11”单元格中，在该单元格中的公式将变为“=C5+C6+C7+C8+C9+C10”，如图 8-10 所示。

2. 绝对引用

绝对引用，顾名思义就是当公式的位置发生变化时，所引用的单元格不会发生变化，无论移到任何位置，引用都是绝对的。绝对引用使用时在单元格名前加一符号$，如$B$2 表示单元格“B2”是绝对引用。

例如，当把单元格“G11”中的公式改为“=$G$5+$G$6+$G$7+$G$8+$G$9+$G$10”，再把它复制到单元格“C11”中，这时单元格的引用不发生任何变化，如图 8-11 所示。

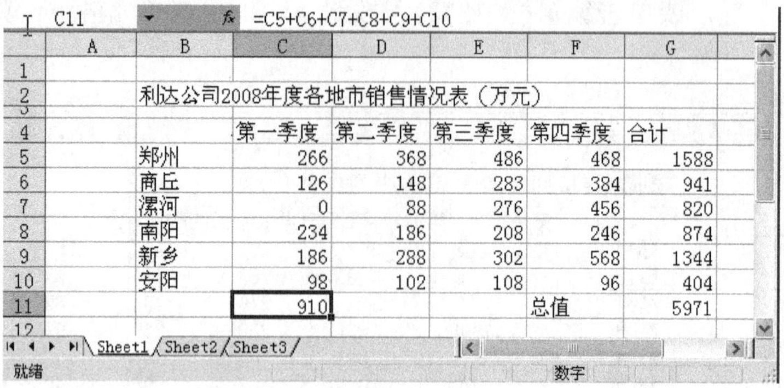

C11 =C5+C6+C7+C8+C9+C10

	A	B	C	D	E	F	G
1							
2		利达公司2008年度各地市销售情况表（万元）					
4			第一季度	第二季度	第三季度	第四季度	合计
5		郑州	266	368	486	468	1588
6		商丘	126	148	283	384	941
7		漯河	0	88	276	456	820
8		南阳	234	186	208	246	874
9		新乡	186	288	302	568	1344
10		安阳	98	102	108	96	404
11			910			总值	5971

Sheet1 Sheet2 Sheet3 就绪 数字

图 8-10　在公式中使用了相对引用

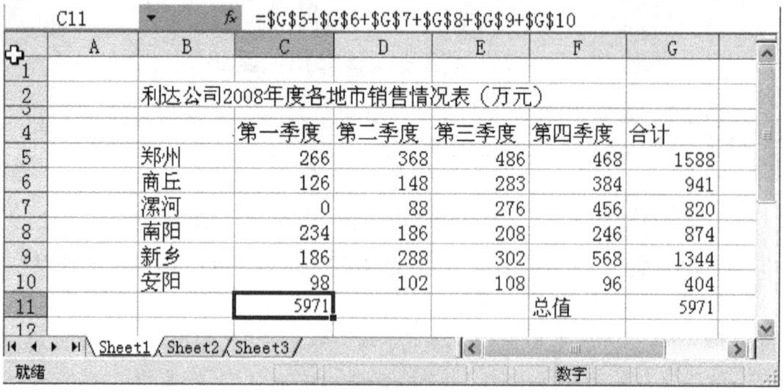

C11 =$G$5+$G$6+$G$7+$G$8+$G$9+$G$10

	A	B	C	D	E	F	G
1							
2		利达公司2008年度各地市销售情况表（万元）					
4			第一季度	第二季度	第三季度	第四季度	合计
5		郑州	266	368	486	468	1588
6		商丘	126	148	283	384	941
7		漯河	0	88	276	456	820
8		南阳	234	186	208	246	874
9		新乡	186	288	302	568	1344
10		安阳	98	102	108	96	404
11			5971			总值	5971

Sheet1 Sheet2 Sheet3 就绪 数字

图 8-11　绝对引用填充公式

3．混合引用

混合引用，就是指只绝对引用行号或者列标，如$B6 表示绝对引用列标，B$6 则表示绝对引用行号。当相对引用的公式发生位置变化时，绝对引用的行号或列标不变，但相对引用的行号或列标则发生变化。

如果多行多列地复制公式，则相对引用自动调整，而绝对引用不作调整。

8.3　自动填充数据

当所输入的行或列中的数据有规律可循时，用户可利用 Excel 2003 提供的自动填充数据功能来快捷地输入这些数据。

8.3.1　填充相同的数据

当遇到相邻的单元格中的数据相同时，可以快速填充而不必为每个单元格都输入相同的数据，用户可以单击“编辑”|“填充”命令，也可以利用鼠标来进行填充。

1．利用菜单命令填充相同的数据

使用 Excel 2003 中的自动填充命令，可以在工作表同行或同列中输入相同的内容，这简化了数据的操作。例如，在 A1 单元格中输入“郑州”，在 A2 单元格中输入“商丘”，在 A3 单元格中输入“漯河”，在 A4 单元格中输入“南阳”，然后将数据填充到 B1:D4 区域，具体步骤如下：

（1）选定 A1:D4 区域。

（2）单击“编辑”|“填充”命令，打开一个菜单。

（3）单击“向右填充”命令，填充数据的效果如图 8-12 所示。

	A	B	C	D
1	郑州	郑州	郑州	郑州
2	商丘	商丘	商丘	商丘
3	漯河	漯河	漯河	漯河
4	南阳	南阳	南阳	南阳
5				

Sheet1 / Sheet2 / She 数字

图 8-12　向右填充相同的数据

2．利用填充柄填充相同的数据

当用户选定某个单元格而使其成为活动单元格时，可以看到在单元格的右下角有一黑色矩形图标，此图标在 Excel 2003 中被称为填充柄。利用填充柄来进行数据的填充操作时，可使操作变得十分简便。利用填充柄填充相同的数据，具体步骤如下：

（1）选定原有数据的区域“A1:D4”，将鼠标移至选中区域的右下角，此时的鼠标指针为 ＋ 状。

（2）按住鼠标左键不放，拖动填充柄到目的区域，则拖过的单元格区域的外围边框显示为虚线，如图 8-13 所示。

（3）松开鼠标，则被拖过的单元格区域内均填充了相同的数据内容。

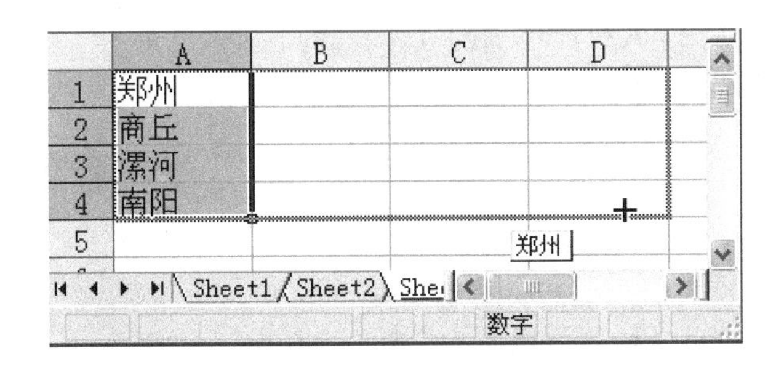

图 8-13　拖动填充柄填充相同的数据

8.3.2　填充数据序列

在 Excel 2003 中，用户不但可以在相邻的单元格中填充相同的数据，还可以使用自动填充功能快速输入具有某种规律的数据序列。

1．填充可扩展数据序列

在 Excel 2003 中提供了一些可扩展序列，可扩展序列是默认的可自动填充的序列，其中包括日期和时间序列。在使用单元格填充柄填充这些数据时，相邻单元格的数据将按序列递增或递减的方式进行填充。

如果要在工作表中填充星期一到星期天七天，具体步骤如下：

（1）在单元格“B14”中输入序列数据的初始值 Monday。

（2）将鼠标指向单元格右下角的填充柄，当鼠标变为 ＋ 状时按住鼠标左键不放向下拖动，在拖动的过程中出现屏幕提示，像“Tuesday……”这样的字样，如图 8-14 所示。

（3）到达目标位置后松开鼠标，序列的其他值会自动填充到拖过的区域，如图 8-15 所示。

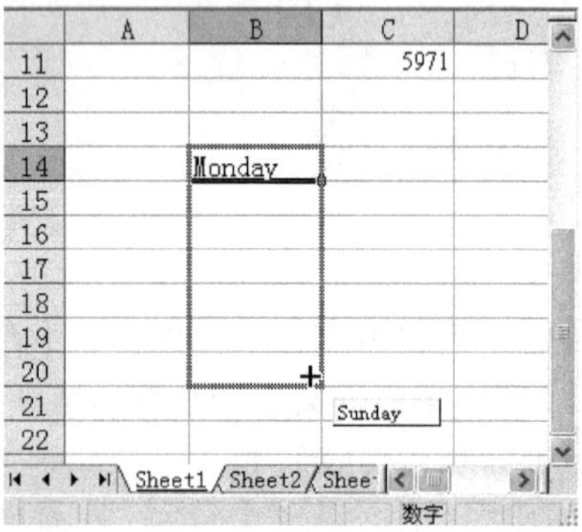

图 8-14　利用填充柄填充可扩展序列

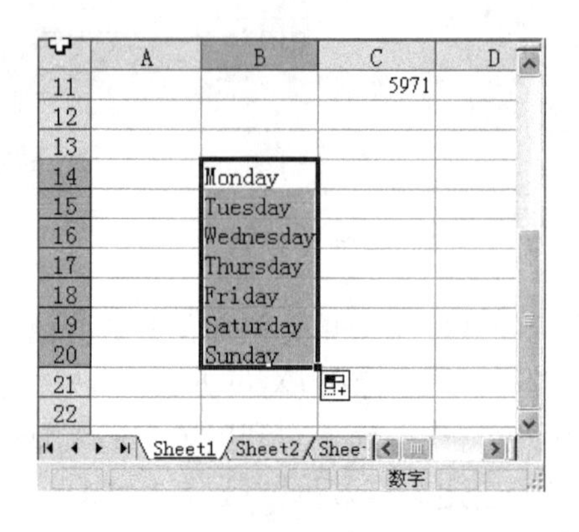

图 8-15　填充可扩展序列效果

2．输入等比序列

等比序列也是在编辑工作表时经常用到的序列，对于等比序列的填充，用户可以利用“序列”对话框来实现，输入等比序列的具体步骤如下：

（1）选中含有等比序列初始值的单元格为当前单元格。

（2）单击“编辑”|“填充”|“序列”命令，打开“序列”对话框，如图 8-16 所示。

（3）在“序列产生在”区域选中序列产生在“行”还是“列”。

（4）在“类型”区域选中“等比序列”单选按钮。

（5）在“步长值”文本框中输入等比序列的增长值，在“终止值”文本框中输入等比序列的终止值。

（6）单击“确定”按钮，将会在表格中产生一个等比序列。

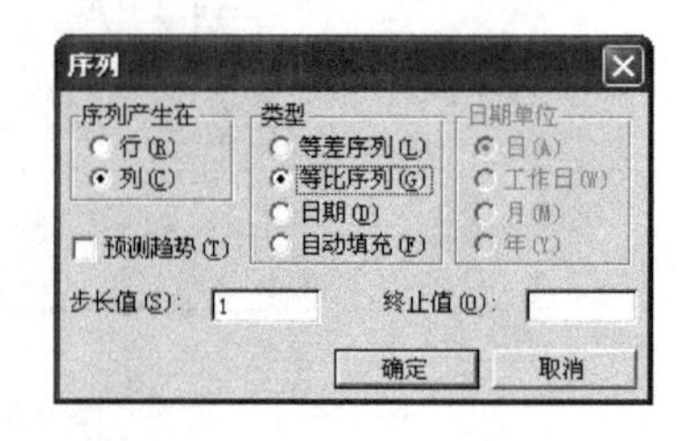

图 8-16　输入等比序列

注意：

如果在“序列”对话框中的“类型”区域选中“等差序列”或“日期”单选按钮，然后再进行其他项的设置，则可以得到一个等差序列或日期序列。

3. 输入等差序列

用户也可以利用“序列”对话框对等差序列进行填充，在实际的操作中，用户可以拖动填充柄来快速输入等差序列，具体步骤如下：

（1）在两个单元格中输入等差数列的前两个数。

（2）选中输入数据的两个单元格作为当前单元格区域。

（3）拖动填充柄，这时 Excel 将按照前两个数的差自动填充序列。

4. 自定义自动填充序列

如果经常要用到一个序列，但这个序列又不是系统自带的可扩展序列，用户可以把该序列自定义为自动填充序列。

例如，用户在编辑有关“利达公司”的工作表时经常要使用到“郑州、商丘、漯河、南阳、新乡、安阳”等这样的序列，为了方便用户的输入可以将其定义为可扩展序列，具体步骤如下：

（1）单击“工具”|“选项”命令，打开“选项”对话框，单击“自定义序列”选项卡，如图 8-17 所示。

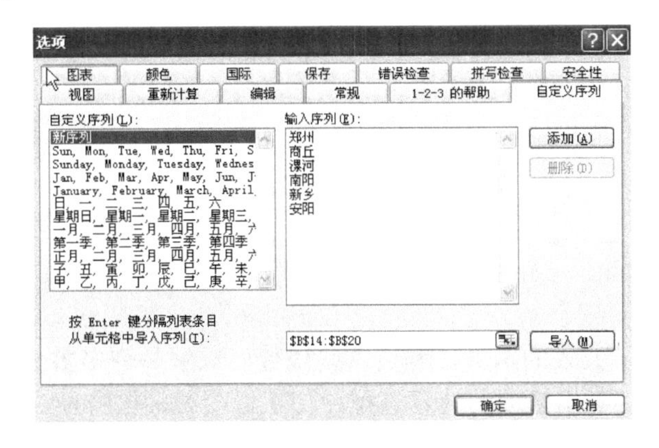

图 8-17　自定义序列

（2）在“自定义序列”列表中选中“新序列”选项。

（3）在“输入序列”编辑区域输入要自定义的序列项，每输完一个，按回车键。

（4）输入完毕，单击“添加”按钮，输入的序列被添加到“自定义序列”列表中。

（5）单击“确定”按钮。

在将序列自定义为可扩展序列后，用户就可以按照填充序列的方法在输入时利用填充柄进行快速填充。

如果在表格中存在一个序列，用户想把它作为可扩展序列供以后填充使用，也可以将其自定义为可扩展序列，具体步骤如下：

（1）选中要作为自动填充序列的单元格区域。

（2）单击“工具”|“选项”命令，打开“选项”对话框，单击“自定义序列”选项卡，单击“导入”按钮，选中的序列被导入到“自定义序列”列表中。

（3）设置完毕后，单击“确定”按钮。

5．公式自动填充

与常量数据填充一样，利用填充手柄也可以完成公式的自动填充。利用相对引用和绝对引用的不同特点，再配合自动填充操作，可以快速建立一批类似的公式。

例如，在“利达公司销售表”中，单元格区域“C11:G11”所应用的公式非常类似，因此可以利用自动填充的功能来快速完成公式的输入，具体步骤如下：

（1）单击“G11”单元格。

（2）将鼠标移到该单元格的填充柄上，并向左拖动填充柄。

（3）到达单元格“C11”后松开鼠标，则“G11”中的公式自动填充到选定的单元格区域，如图 8-18 所示。

	A	B	C	D	E	F	G
1							
2		利达公司2008年度各地市销售情况表（万元）					
4			第一季度	第二季度	第三季度	第四季度	合计
5		郑州	266	368	486	468	1588
6		商丘	126	148	283	384	941
7		漯河	0	88	276	456	820
8		南阳	234	186	208	246	874
9		新乡	186	288	302	568	1344
10		安阳	98	102	108	96	404
11			910	1180	1663	2218	5971

Sheet1 / Sheet2 / Sheet3

就绪 数字

图 8-18 自动填充公式后的效果

8.4 应用函数

Excel 2003 提供了大量的函数，利用这些函数可以解决许多数据处理方面的问题，也可以节省大量的时间，简化繁琐的计算过程，使工作变得轻松方便。

8.4.1 函数的概念

在 Excel 2003 中所提供的函数其实是一些预定义的公式，它们使用一些称为参数的特定数值，按特定的顺序或结构进行计算。用户可以直接用它们对某个区域内的数值进行一系列运算，如分析和处理日期值和时间值、确定贷款的支付额、确定单元格中的数据类型、计算平均值、排序显示和运算文本数据。

Excel 2003 的函数由三部分组成，即函数名称、括号和参数，其结构为以等号“＝”开始，后面紧跟函数名称和左括号，然后以逗号分隔输入参数，最后是右括号。其语法结构为：函数名称（参数 1，参数 2，……，参数 N）。

在函数中各名称的意义如下。

- 函数名称：指出函数的含义，如求和函数 SUM ，求平均值函数 AVERAGE。
- 括号：括住参数的符号，即括号中包含所有的参数。

■ 参数：告诉 Excel 2003 所要执行的目标单元格或数值，可以是数字、文本、逻辑值（TRUE 或 FALSE）、数组、错误值（如#N/A）或单元格引用。其各参数之间必须用逗号隔开。

Excel 2003 提供了大量的函数，这些函数就其功能来看，大致可分为以下几种类型。

■ 数据库函数：主要用于分析数据清单中的数值是否符合特定的条件。
■ 日期和时间函数：用于在公式中分析和处理日期和时间值。
■ 数学和三角函数：可以处理简单和复杂的数学计算。
■ 文本函数：用于在公式中处理字符串。
■ 逻辑函数：可以进行真假值判断，或者进行符号检验。
■ 统计函数：可以对选定区域的数据进行统计分析。
■ 查找和引用函数：可以在数据清单或表格中查找特定数据，或者查找某一单元格的引用。
■ 工程函数：用于工程分析。
■ 信息函数：用于确定存储在单元格中的数据类型。
■ 财务函数：可以进行一般的财务计算。

8.4.2 创建函数

了解了函数的一些基本知识后，用户就可以创建函数了。在 Excel 2003 中，创建函数有两种方法，一种是直接在单元格中输入函数内容，这种方法要求用户对函数要有足够的了解，掌握函数的语法及参数意义。另一种方法是利用“插入函数”对话框，这种方法比较简单，它不需要对函数全部了解，用户可以在所提供的函数方式中选择。

1. 直接输入函数

直接输入法就是直接在工作表的单元格中输入函数的名称及语法结构。这种方法需要用户对所使用的函数较为熟悉，并且十分了解此函数包括多少个参数及参数的类型。然后就可以像输入公式一样来输入函数，使用起来也较为方便。

直接输入法的操作比较简单，用户只需先选择要输入函数公式的单元格，输入“＝”号，然后按照函数的语法直接输入函数名称及各参数即可。

例如，在工作表中利用直接输入函数的方法在“H5”单元格中输入求和函数，以此来求出每个学生的总成绩，具体步骤如下：

（1）单击选中“H5”单元格。

（2）直接输入“=SUM（D5，E5，F5，G5）”，如图 8-19 所示。

（3）按下回车键或单击“编辑栏”中的“输入”按钮 ✓ ，则可在“H5”单元格中出现结果。

SUM ▾ ✕ ✓ fx =SUM(D5,E5,F5,G5)

	B	C	D	E	F	G	H
3		交通职专计算机专业期末考试成绩表					
4	姓名	班级	计算机原理	数据库	C语言	计算机编	总分
5	张军	一班	80	68	61	71	=SUM(D5,E5,F5,G5)
6	刘红	二班	90	58	84	76	
7	卜一	三班	76	64	76	79	SUM(number1, [number2
8	李四军	二班	65	65	74	80	
9	刘海	三班	78	89	86	90	
10	范娟	二班	80	74	85	86	
11	刘湖	一班	90	80	70	71	
12	时方瑞	三班	78	80	74	76	
13	李玉杰	二班	72	60	75	76	
14	韩雪	二班	63	78	80	87	

Sheet1 / Sheet2 / Sheet3

编辑 数字

图 8-19　在单元格中直接输入函数

2．利用“插入函数”命令

利用直接输入法来输入函数时，要求用户必须了解函数的语法、参数及使用方法，但是由于 Excel 提供了 200 多种函数，用户不可能全部记住。当用户在不能确定函数的拼写时，则可使用第二种插入函数的方法来插入函数，这种方法简单、快速，它不需要用户的输入，而直接插入即可使用。

例如，利用插入函数的方法在“D15”单元格中求出各科成绩的平均值，具体步骤如下：

（1）单击“D15”单元格。

（2）单击“插入”|“函数”命令，或者在“编辑栏”中单击“插入函数”按钮 fx ，打开“插入函数”对话框，如图 8-20 所示。

（3）在“选择类别”下拉列表中选择“常用函数”项，在“选择函数”列表框中选择所需的函数“AVERAGE”。

（4）单击“确定”按钮，打开“函数参数”对话框，如图 8-21 所示。

（5）在“Number1”编辑框直接输入函数的参数，或单击“Number1”编辑框右边的折叠按钮，然后在工作表中选择参数区域“D5:D14”。

（6）单击“确定”按钮，则在单元格中将显示出计算结果。

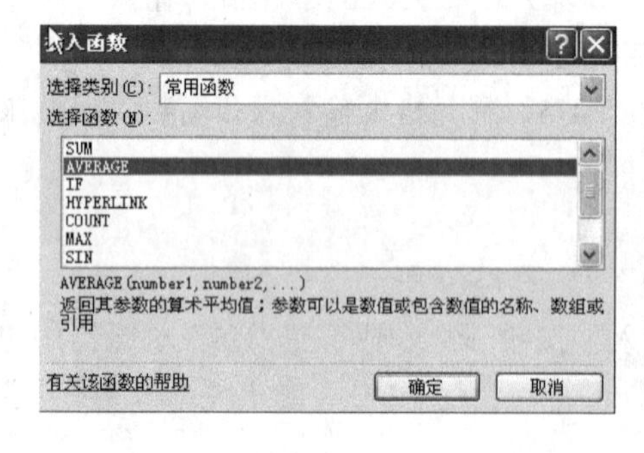

图 8-20　“插入函数”对话框

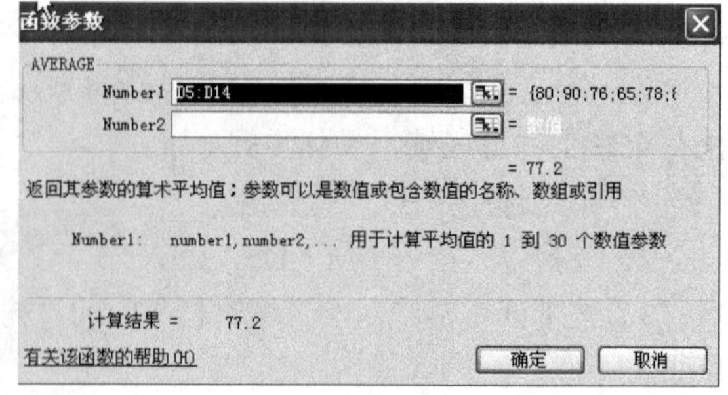

图 8-21　“函数参数”对话框

8.5　编辑行、列和单元格

在编辑工作表的过程中，有时需要对某行、某列或某单元格区域进行操作。例如，将已有的行、列、单元格删除，或者在工作表中插入行、列、单元格，这时需要采用区域的编辑操作。

8.5.1　选定单元格或单元格区域

在进行数据的编辑之前，首先应对所编辑的对象进行选定。如果用户所操作的对象是单个单元格时，只需选定某一个单元格即可。如果用户所操作的对象是一些单元格的集合时，就需要选定数据内容所在的单元格区域，然后才能进行编辑操作。

1．选定连续的单元格区域

在选择连续的单元格区域时，其操作方法主要有两种：一种是利用鼠标进行选定，另一种是利用键盘来选定。

利用鼠标选定连续单元格区域的具体步骤如下：

（1）用鼠标单击要选定区域左上角的单元格，此时鼠标指针为 ✚ 状。

（2）按住鼠标左键并拖动鼠标到要选定区域的右下角。

（3）松开鼠标左键，选择的区域将反白显示。其中，只有第一个单元格正常显示，表明它为当前活动的单元格，其他均被置为黑色，如图 8-22 所示。

（4）若要取消选择，用鼠标单击工作表中任一单元格，或者按任一方向键。

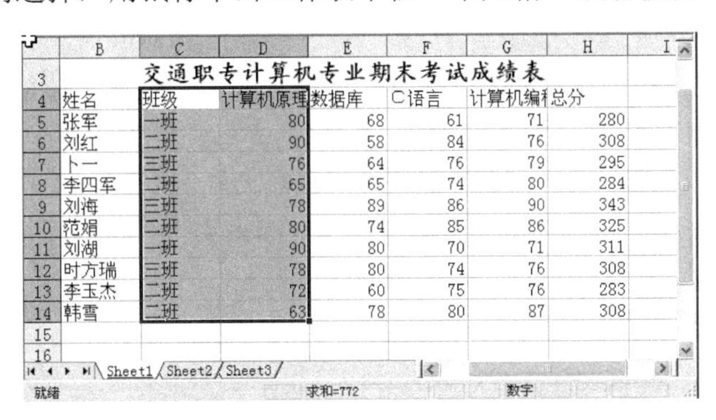

	B	C	D	E	F	G	H	I
3		交通职专计算机专业期末考试成绩表						
4	姓名	班级	计算机原理	数据库	C语言	计算机编程	总分	
5	张军	一班	80	68	61	71	280	
6	刘红	二班	90	58	84	76	308	
7	卜一	三班	76	64	76	79	295	
8	李四军	二班	65	65	74	80	284	
9	刘海	三班	78	89	86	90	343	
10	范娟	二班	80	74	85	86	325	
11	刘湖	一班	90	80	70	71	311	
12	时方瑞	三班	78	80	74	76	308	
13	李玉杰	二班	72	60	75	76	283	
14	韩雪	二班	63	78	80	87	308	
15								
16								

Sheet1 Sheet2 Sheet3
就绪　求和=772　数字

图 8-22　选定连续的单元格区域

使用键盘选定连续单元格区域的具体步骤如下：

（1）首先选中要选定区域左上角的单元格。

（2）然后按下 Shift 键不放，再按键盘上的方向键来选定范围。

2．选定不连续的单元格区域

在选择不连续的单元格区域时，利用鼠标进行选定比较方便。

利用鼠标选定不连续单元格区域的具体步骤如下：

（1）首先利用鼠标拖动选定第一个单元格区域。

（2）按住 Ctrl 键不放，然后再利用鼠标拖动选定另一个单元格区域，选定不连续单元格区域的效果如图 8-23 所示。

H10 =SUM(D10,E10,F10,G10)

	B	C	D	E	F	G	H
3	交通职专计算机专业期末考试成绩表						
4	姓名	班级	计算机原理	数据库	C语言	计算机编程	总分
5	张军	一班	80	68	61	71	280
6	刘红	二班	90	58	84	76	308
7	卜一	三班	76	64	76	79	295
8	李四军	二班	65	65	74	80	284
9	刘海	三班	78	89	86	90	343
10	范娟	二班	80	74	85	86	325
11	刘湖	一班	90	80	70	71	311
12	时方瑞	三班	78	80	74	76	308
13	李玉杰	二班	72	60	75	76	283
14	韩雪	二班	63	78	80	87	308

Sheet1 / Sheet2 / Sheet3　就绪　求和=1091　数字

图 8-23 选定不连续的单元格区域

8.5.2 单元格内容的修改

当单元格中的内容输入有误或是不完整时就需要对单元格内容进行修改，当单元格中的一些数据内容不再需要时，用户可以将其删除。修改与删除是编辑工作表数据时常用的两种操作。

1. 修改单元格中的部分数据

在工作表中输入数据后发现“D9”单元格中的数据不是“78”而应该是“88”，用户可以将数据进行修改，具体步骤如下：

（1）单击要修改内容的“D9”单元格，此时在编辑栏中显示该单元格中的内容。

（2）单击编辑栏，此时在编辑栏中出现闪烁的光标，将鼠标移至要修改的地方，如图 8-24 所示。

（3）按 BackSpace 键删除光标前的字符，按 Delete 键删除光标后的字符，并在闪烁光标处输入正确的数据。

（4）输入完数据后单击编辑栏中的“输入”按钮 ✓。

D9 ✕ ✓ fx 78

	C	D	E	F	G	H
3	交通职专计算机专业期末考试成绩表					
4	班级	计算机原理	数据库	C语言	计算机编程	总分
5	一班	80	68	61	71	280
6	二班	90	58	84	76	308
7	三班	76	64	76	79	295
8	二班	65	65	74	80	284
9	三班	78	89	86	90	343
10	二班	80	74	85	86	325
11	一班	90	80	70	71	311
12	三班	78	80	74	76	308
13	二班	72	60	75	76	283
14	二班	63	78	80	87	308

Sheet1 / Sheet2 / Sheet3　编辑　数字

图 8-24 修改单元格中的数据

注意：

用户还可以双击要修改数据的单元格，此时在单元格中出现闪烁的光标，这时，用户可以直接在单元格中修改部分数据。

2．以新数据覆盖旧数据

在工作表中输入数据后发现“D11”单元格中的数据“90”是错误的，正确的应该是“99”，此时用户也可以利用以新数据覆盖旧数据的方法来修改数据，具体步骤如下：

（1）单击要被新数据替代的单元格“D11”。

（2）直接在该单元格中输入数据“99”，则此时单元格中的数据“90”被输入的新数据覆盖。

3．清除单元格内容

如果用户仅仅想将单元格中的数据清除，但还要保留单元格，可以先选中该单元格然后直接按 Delete 键删除单元格中的内容。此外用户还可以利用清除命令，对单元格中的不同内容进行清除。

首先选中要清除内容的单元格或单元格区域，单击“编辑”|“清除”命令，打开一个子菜单，如图 8-25 所示。用户可以根据需要选择相应的命令来完成操作，子菜单中各命令的功能如下。

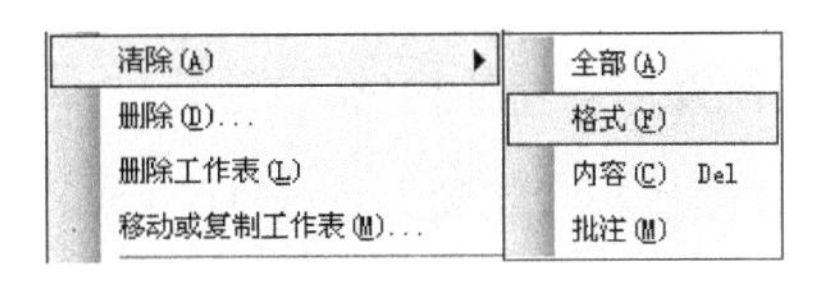

图 8-25　“清除”子菜单

- 全部：选择该命令将清除单元格中的所有内容，包括格式、内容、批注等。
- 格式：选择该命令只清除单元格的格式，单元格中其他的内容不被清除。
- 内容：选择该命令可以只清除单元格的内容，单元格中格式、批注等不被清除。
- 批注：选择该命令只清除单元格的批注。

8.5.3　单元格命名

在工作表中单元格是用行号和列标组合来表示的，其序号是唯一的。但是为了在以后的操作中便于对单元格及其区域的引用、定位以及使其内部的公式更易理解，还可以为它引入一个具有代表性的名字，这就是单元格的命名。

在 Excel 2003 中对单元格及单元格区域命名时，主要有以下两种方法：利用对话框命名和利用名称框命名。

1．快速定义名称

用户可以利用“名称框”来快速给单元格或单元格区域命名。

例如，要给工作表中的单元格区域“C5:C14”快速命名，具体步骤如下：

（1）选中要快速命名的单元格区域“C5:C14”。

（2）在编辑栏左侧的“名称框”中输入名称“班级”，按回车键确认。为单元格区域命名后，当选中该区域后在名称框中将会显示出该区域的名称。

2．利用对话框定义名称

如果用户要为工作表中的多个单元格区域命名，则可以利用“定义名称”对话框来完成，具体步骤如下：

（1）单击“插入”|“名称”|“定义”命令，打开“定义名称”对话框，如图 8-26 所示。

（2）在“引用位置”文本框中输入要引用的单元格，或者单击折叠按钮，利用鼠标在工作表中进行选定。

（3）在“在当前工作簿中的名称”文本框中输入单元格的名称。

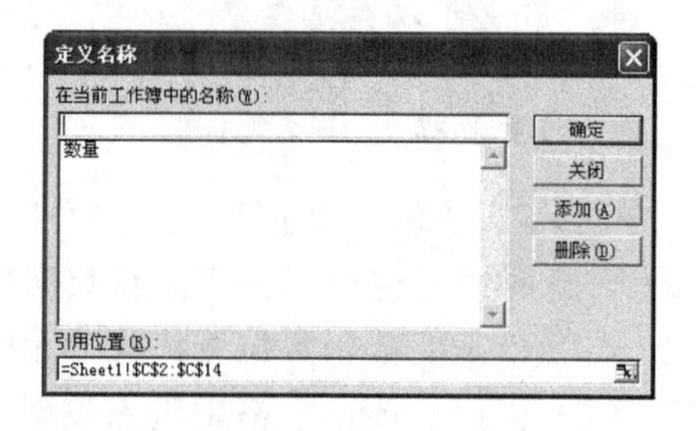

图 8-26 “定义名称”对话框

（4）单击“添加”按钮，即可将输入的名称添加到“在当前工作簿中的名称”列表中。

（5）按照相同的方法添加名称，添加完毕，单击“确定”按钮。

8.5.4 插入、删除单元格、行或列

Excel 2003 允许用户在已经建立的工作表中插入行、列或单元格，这样可以在表格的适当位置填入新的内容。

1．插入（删除）行或列

用户在编辑工作表时可以在数据区中插入行或列，以便在新行或列中进行数据的插入。

如果只需插入一行（列），则选定插入位置下方（右方）的一行（列），选择“插入”菜单中的“行（列）”命令，即可插入新的行（列）。

如果要插入若干行（列），则在插入位置的下方（右方）选定与插入行（列）数相同的行（列）数，选择“插入”菜单中的“行（列）”命令。

如果工作表中的某行或某列是多余的，用户可以将其删除，在工作表中删除行或列的方法非常简单，首先选中要删除的行或列，然后单击“编辑”|“删除”命令，可直接将选中的行或列删除。另外，用户也可以在选中的行或列上单击鼠标右键，然后在快捷菜单中选择“删除”命令。

2．插入（删除）单元格

用户不但可以在工作表中插入行（列），还可以在工作表中插入单元格，操作步骤如下：

（1）首先在要插入单元格的位置选中与要插入的单元格数目相同的单元格。

（2）单击“插入”|“单元格”命令，打开“插入”对话框，如图 8-27 所示。

（3）根据需要选择“活动单元格右移”、“活动单元格下移”、“整行”或“整列”单选按钮。

（4）单击“确定”按钮。

删除行（列）或单元格的具体步骤如下：

（1）选定要删除的单元格或区域。

（2）选择“编辑”菜单中的“删除”命令，打开“删除”对话框，如图 8-28 所示。

（3）根据需要选择“右侧单元格左移”、“下方单元格上移”、“整行”或“整列”单选按钮。

（4）单击“确定”按钮。

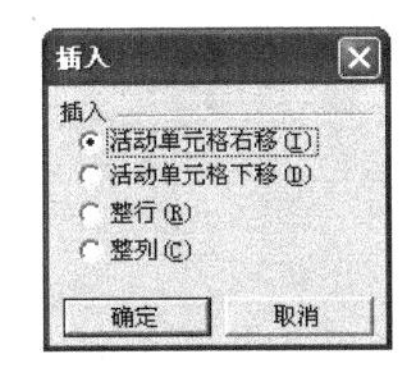

图 8-27　“插入”对话框

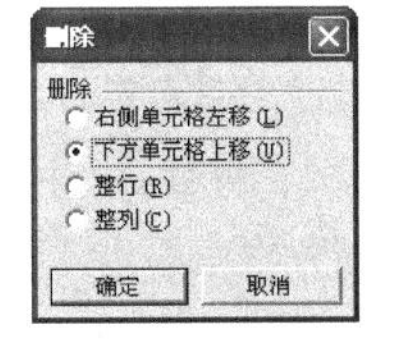

图 8-28　“删除”对话框

8.6　移动或复制数据

对于单元格中的数据可以通过复制或移动操作，将它们复制或移动到同一个工作表中的不同地方、不同的工作表中或另外的应用程序中。如果要移动或复制的原单元格或单元格区域中含有公式，移动或复制到新位置的时候，公式会因单元格区域的引用变化生成新的计算结果。

8.6.1　利用菜单命令移动或复制数据

如果移动或者复制的源单元格和目标单元格相距较远，用户可以利用“编辑”下拉菜单中的“复制”、“剪切”和“粘贴”命令来复制或移动单元格中的数据。

利用菜单命令移动单元格区域中的数据的具体步骤如下：

（1）选定要进行移动数据的单元格区域。

（2）单击“编辑”|“复制”命令，或单击工具栏上的“复制”按钮，此时选定的单元格或单元格区域被一个闪烁的边框包围，它被称为“活动选定框”，如图 8-29 所示。

（3）选定需要粘贴区域的单元格或需要粘贴单元格区域左上角的单元格。

（4）单击“编辑”|“粘贴”命令，或者单击工具栏上的“粘贴”按钮即可将选定区域的数据复制到目标区域，如图 8-30 所示。

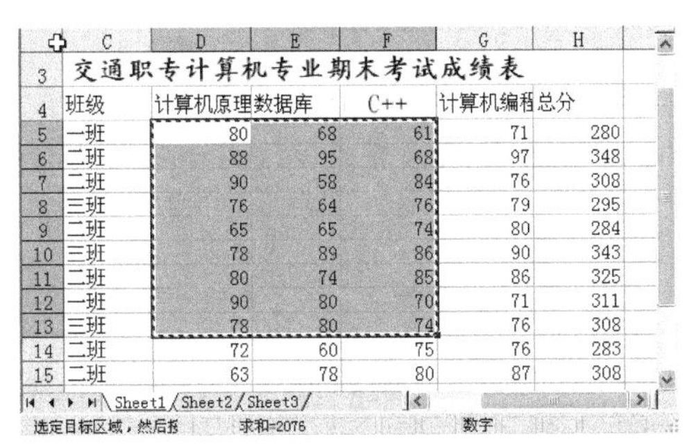

图 8-29　活动选定框

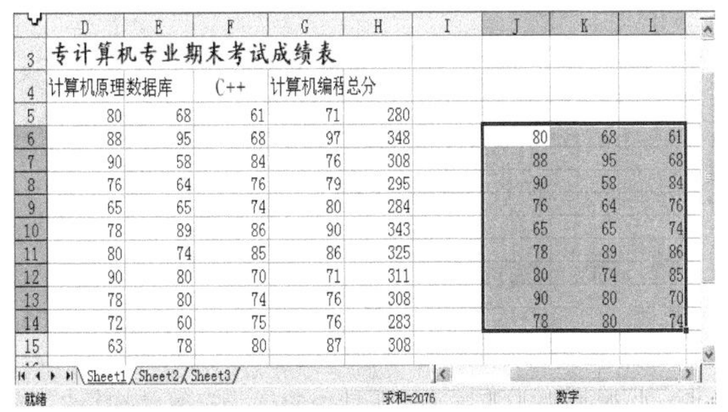

图 8-30　复制单元格区域数据后的效果

复制单元格或单元格区域的数据与移动的操作类似，只要单击“编辑”|“复制”命令，

或者单击工具栏上的“复制”按钮即可执行复制数据的操作。

8.6.2 利用鼠标拖动移动或复制

如果移动或者复制的源单元格和目标单元格相距较近，直接使用鼠标拖动能更方便、快捷地实现复制和移动数据的操作。

使用鼠标拖放的方法移动数据的步骤如下：

（1）选定要移动数据的单元格区域。

（2）将鼠标移动到所选定的单元格或单元格区域的边缘，当鼠标变成 状时按住鼠标左键不放。

（3）拖动鼠标，此时一个与原单元格或单元格区域一样大小的一个虚线框会随着鼠标移动，如图 8-31 所示。

	D	E	F	G	H	I
3	专计算机专业期末考试成绩表					
4	计算机原理	数据库	C++	计算机编程	总分	
5	80	68	61	71	280	
6	88	95	68	97	348	
7	90	58	84	76	308	
8	76	64	76	79	295	
9	65	65	74	80	284	
10	78	89	86	90	343	
11	80	74	85	86	325	
12	90	80	70	71	311	
13	78	80	74	76	308	
14	72	60	75	76	283	

Sheet1 / Sheet2 / Sheet3

拖动鼠标可以移动单　求和=2214　数字

图 8-31　拖动鼠标移动数据

注意：

在利用鼠标移动数据时如果目标单元格区域含有数据，则会打开如图 8-32 所示的警告对话框，单击“确定”按钮，则目标单元格区域中的数据将被替换，单击“取消”按钮，则取消移动操作。

图 8-32　移动数据时的警告对话框

使用鼠标拖动的方法复制单元格或单元格区域数据与移动操作相似。在按下鼠标左键的同时按住键盘上的 Ctrl 键，此时在箭头状的鼠标旁边会出现一个加号，表示现在进行的是复制操作而不是移动操作。

8.6.3 使用选择性粘贴

在进行单元格或单元格区域复制操作时，有时只需要复制其中的特定内容而不是所有内容，可以使用“选择性粘贴”命令来完成，具体步骤如下：

（1）选中需要复制数据的单元格区域。

（2）单击“编辑”|“复制”命令，或者单击工具栏上的“复制”按钮，在选中的单元格区域周围出现闪烁的边框。

（3）选择要复制目标区域中的左上角的单元格，单击“编辑”|“选择性粘贴”命令，打开“选择性粘贴”对话框，如图 8-33 所示。

（4）在“选择性粘贴”对话框中根据需要选择粘贴方式。

（5）单击“确定”按钮。

从“选择性粘贴”对话框中可以看到，使用选择性粘贴进行复制可以实现加、减、乘、除运算，或者只复制公式、数值、格式等。

图 8-33　“选择性粘贴”对话框

8.7　操作工作表

在 Excel 中，一个工作簿可以包含多张工作表。用户可以根据需要随时插入、删除、移动或复制工作表，还可以给工作表命名或隐藏工作表。

8.7.1　重命名工作表

创建新的工作簿后，系统会将工作表自动命名为“Sheet1、Sheet2、Sheet3……”。在实际应用中，系统默认的这种命名方式既不便于使用也不便于管理和记忆。因此用户需要给工作表重新命名一个既有特点又便于记忆的名称，从而可以对工作表进行有效的管理。

例如，用户可以为“利达公司 2008 年度各地市销售情况表”所在的工作表“Sheet1”重命名，具体步骤如下：

（1）单击“Sheet1”工作表标签使其成为当前工作表。

（2）单击“格式”|“工作表”|“重命名”命令，或在此工作表标签上单击鼠标右键，在打开的快捷菜单中选择“重命名”命令，则此时工作表标签呈反白显示。

（3）输入工作表的名称“销售情况表”，重命名后的工作表如图 8-34 所示。

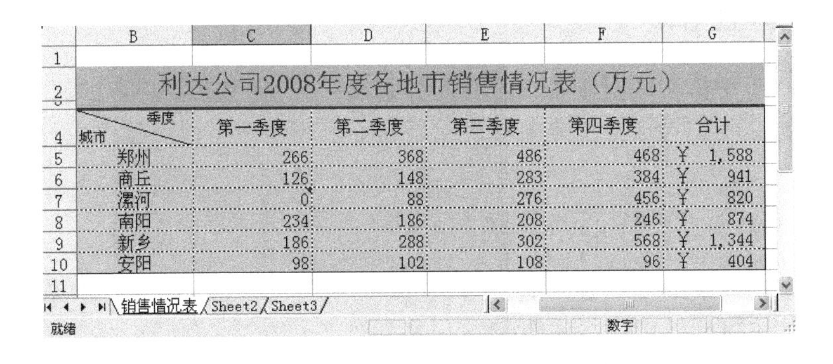

利达公司2008年度各地市销售情况表（万元）

城市 \ 季度	第一季度	第二季度	第三季度	第四季度	合计
郑州	266	368	486	468	￥ 1,588
商丘	126	148	283	384	￥ 941
漯河	0	88	276	456	￥ 820
南阳	234	186	208	246	￥ 874
新乡	186	288	302	568	￥ 1,344
安阳	98	102	108	96	￥ 404

图 8-34　重命名后的工作表

8.7.2　插入或删除工作表

启动 Excel 2003 应用程序后，系统默认打开 3 张工作表，它们分别是 Sheet1、Sheet2、

Sheet3，如果用户还需要使用更多的工作表可以在原有工作表的基础上插入新的工作表，还可以根据需要删除多余的工作表。

1．插入工作表

如果除了默认的 3 张工作表外用户还需要使用更多的工作表，可以插入新的工作表。例如，要在“利达公司销售表”工作表前面插入一个新的工作表，具体步骤如下：

（1）单击“利达公司销售表”工作表标签。

（2）单击“插入”|“工作表”命令，即可在选中的工作表前插入一个新的工作表，系统根据活动工作簿中工作表的数量自动为插入的新工作表命名为“Sheet4”。

2．删除工作表

在工作簿中用户还可以将一些无用的工作表删除。删除工作表有两种方法：一种是利用菜单命令，另一种是利用工作表标签快捷菜单。

利用菜单命令删除工作表的具体步骤如下：

（1）首先选中要删除的工作表。

（2）单击“编辑”|“删除工作表”命令。此时如果工作表中有数据内容，系统将打开如图 8-35 所示的提示框，询问是否要删除工作表。

（3）单击“确定”按钮即可将工作表删除，单击“取消”按钮返回到编辑状态。

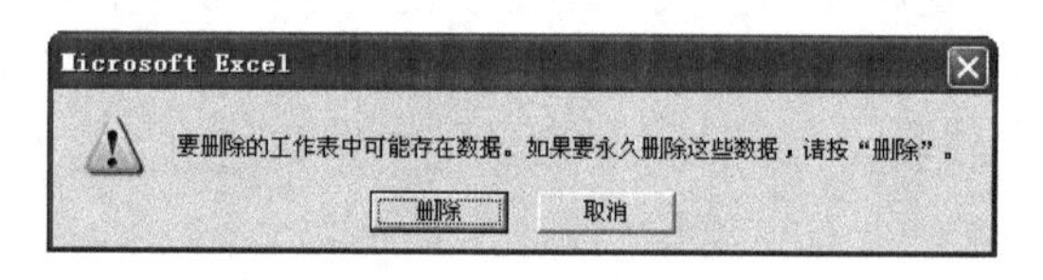

图 8-35　系统提示框

另一种删除工作表的方法就是利用鼠标右击工作表标签，在打开的快捷菜单中选择“删除”命令。

8.7.3　移动或复制工作表

在 Excel 2003 中移动或复制工作表有两种方法：一是使用鼠标拖动操作，二是利用菜单命令。用户既可以在同一工作簿中移动或复制工作表，也可以将工作表移动或复制到其他工作簿中。

1．利用鼠标移动或复制工作表

利用鼠标移动或复制工作表只能在同一工作簿中进行，例如，将工作表“利达公司销售表”移动到工作簿的最后，具体步骤如下：

（1）选定要移动的工作表“利达公司销售表”。

（2）在该工作表标签上按住鼠标左键不放，则鼠标所在位置会出现一个“白板”图标，且在该工作表标签的左上方出现一个黑色倒三角标志，如图 8-36 所示。

（3）按住鼠标左键不放，在工作表标签间移动鼠标，“白板”和黑色倒三角会随鼠标移动，将鼠标移到工作簿的最后，松开鼠标左键即可。

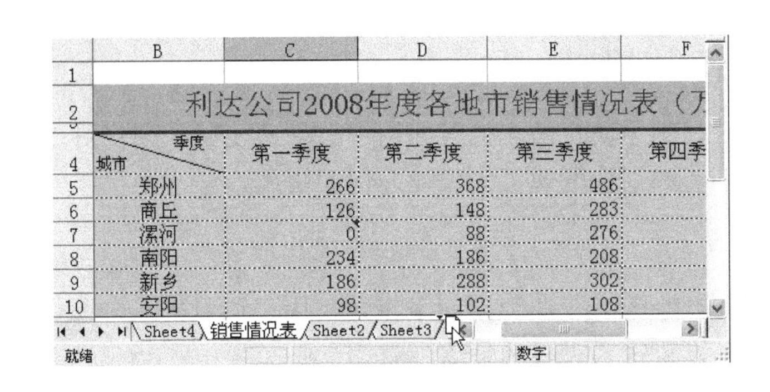

图 8-36　利用鼠标移动工作表

注意：

如果要复制工作表，可以先按住 Ctrl 键然后拖动要复制的工作表，并在达到目标位置处释放鼠标后，再松开 Ctrl 键。

2. 利用菜单命令移动或复制工作表

利用菜单命令则可以实现工作表在不同的工作簿间移动或复制，具体步骤如下：

（1）分别打开目标工作簿和源工作簿，然后在源工作簿中选定要移动的工作表标签。

（2）单击“编辑”|“移动或复制工作表”命令，或在工作表标签上单击鼠标右键，在打开的快捷菜单中选择“移动或复制工作表”命令，打开“移动或复制工作表”对话框，如图 8-37 所示。

图 8-37　“移动或复制工作表”对话框

（3）在“将选定工作表移至工作簿”下拉列表框中选定要移至的工作簿，在“下列选定工作表之前”列表框中选择插入的位置。

（4）单击“确定”按钮即可将工作表移动到目的位置。

8.7.4 隐藏或取消隐藏工作表

如果用户不希望某些工作表被其他人看到，可以使用 Excel 2003 的隐藏工作表的功能将其隐藏。隐藏工作表还可以减少屏幕上显示的窗口和工作表，并避免不必要的改动。当一个工作表被隐藏时，它的标签也同时被隐藏。隐藏的工作表仍处于打开状态，其他文档仍可以利用其中的信息。

如果要隐藏工作表，首先选定要隐藏的工作表，然后单击“格式”|“工作表”|“隐藏”命令即可将当前工作表隐藏。

如果要取消隐藏工作表，单击“格式”|“工作表”|“取消隐藏”命令，打开“取消隐藏”对话框，如图 8-38 所示。在“取消隐藏工作表”列表中选中要取消隐藏的工作表。单击“确定”按钮，即可将选中的工作表显示出来。

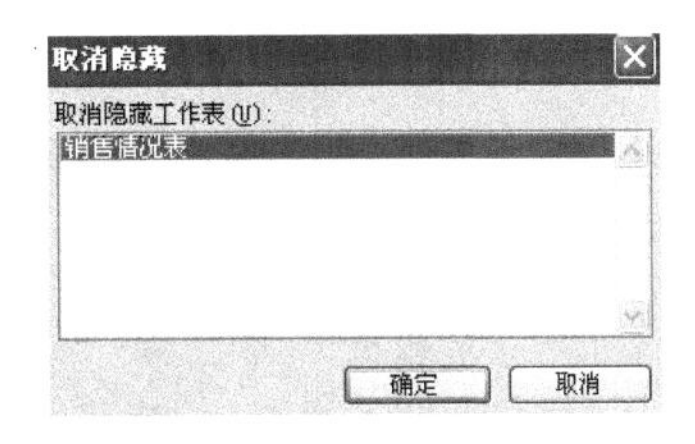

图 8-38　“取消隐藏”对话框

8.7.5 保护工作簿与工作表

当工作表建立后，为了防止数据被其他用户改动或复制，用户可以利用 Excel 2003 提供的保护功能，对创建的工作簿或工作表设立保护措施。

1．设置打开权限

为了防止他人打开修改有重要数据的工作簿，用户可以为这个工作簿设置一个密码，防止他人访问文件，设置打开权限的具体步骤如下：

（1）单击“工具”|“选项”命令，打开“选项”对话框，单击“安全性”选项卡，如图 8-39 所示。

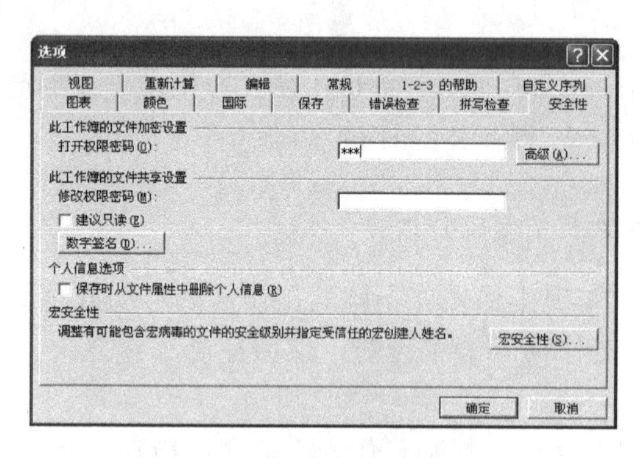

图 8-39 设置打开权限

（2）在“打开权限密码”文本框中输入密码，密码可由 15 个以下的字符组成，字母、数字、符号、空格均可以。

（3）单击“确定”按钮，打开“确认密码”对话框，如图 8-40 所示。

（4）在对话框中再次输入密码，单击“确定”按钮，返回到工作簿中。

（5）单击“常用”工具栏上的“保存”按钮。

再次打开设置过打开权限的工作簿时将打开密码对话框，如图 8-41 所示，用户必须输入正确的密码才能打开工作簿。

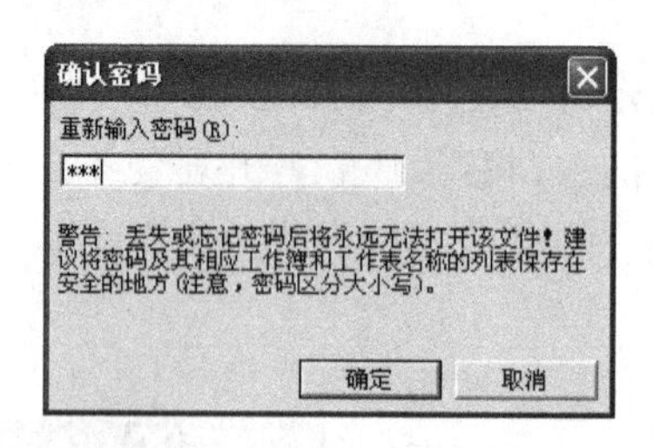

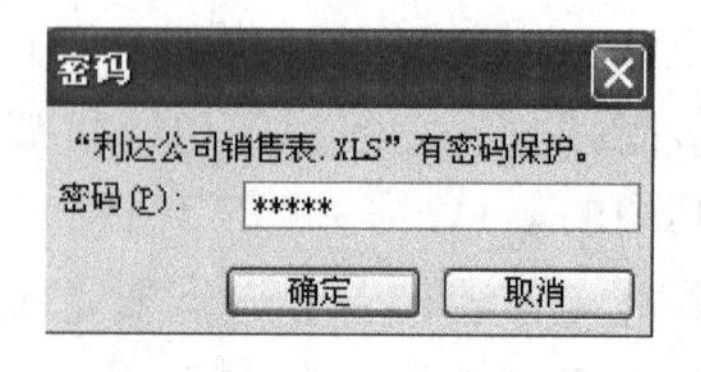

图 8-40 “确认密码”对话框　　图 8-41 “密码”对话框

注意：

如果用户希望某一工作簿与他人共享，但是不希望他人对该工作簿做出的任何修改保存在原工作簿中，此时可以为工作簿设置修改权限。用户可以在“选项”

对话框“安全性”选项卡中的“修改权限密码”文本框中设置修改权限。

2．保护工作簿

对工作簿进行保护可以防止他人对工作簿的结构或窗口进行改动，保护工作簿的具体步骤如下：

（1）将鼠标定位在要保护的工作簿中的任意工作表中。

（2）单击“工具”|“保护”|“保护工作簿”命令，打开“保护工作簿”对话框，如图 8-42 所示。

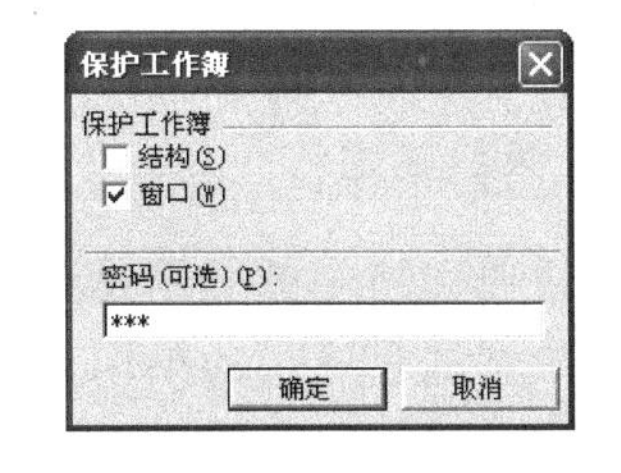

图 8-42　“保护工作簿”对话框

（3）在“保护工作簿”区域选中要具体保护的对象。如果选中“结构”复选框可以防止修改工作簿的结构；如果选中“窗口”复选框可以使工作簿的窗口保持当前的形式，窗口控制按钮变为隐藏，并且多数窗口功能，如移动、缩放、恢复、最小化、新建、关闭、拆分和冻结窗格将不起作用。

（4）在密码文本框中输入密码后，单击“确定”按钮打开“确认密码”对话框，在对话框中的“重新输入密码”文本框中再次输入密码，单击“确定”按钮，工作簿保护成功。

注意：

如果要撤销工作簿的保护，可单击“工具”|“保护”|“撤消保护工作簿”命令，如果设置了密码会打开“撤消工作簿保护”对话框，在对话框中的密码文本框中输入密码，单击“确定”按钮。

3．保护工作表

对工作簿进行保护，虽然不能对工作表进行删除、移动等操作，但是在查看工作表时工作表中的数据还是可以被编辑修改的。为了防止他人修改工作表中的数据可以对工作表进行保护，具体步骤如下：

（1）选定要保护的工作表为当前工作表。

（2）单击“工具”|“保护”|“保护工作表”命令，打开“保护工作表”对话框，如图 8-43 所示。

（3）选中“保护工作表及锁定的单元格内容”复选框。

（4）在“允许此工作表的所有用户进行”列表框中选择用户在保护工作表后可以在工作表中进行的操作。

（5）如果在“取消工作表保护时使用的密码”文本框中输入了密码，单击“确定”按钮打开“确认密码”对话框。

（6）在对话框中的“重新输入密码”文本框中再次输入密码，单击“确定”按钮，工作表保护成功。

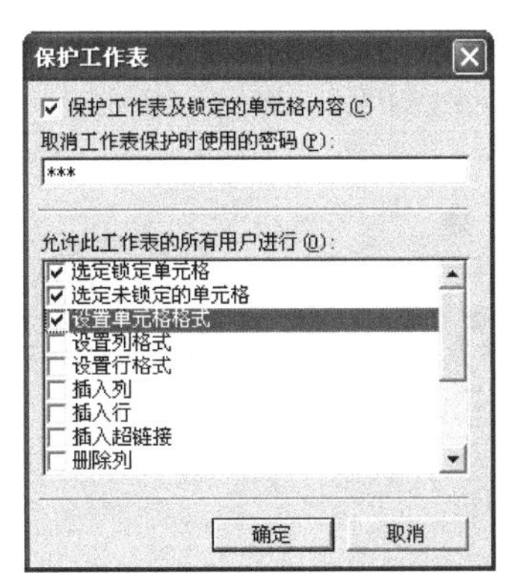

图 8-43　“保护工作表”对话框

注意：

如果要撤销工作表保护，单击“工具”|“保护”|“撤消保护工作表”命令，打开“撤消工作表保护”对话框，在对话框中输入设置的密码，单击“确定”按钮即可。

4．保护单元格

如果单元格中的数据是公式计算出来的，那么当选定该单元格后，在编辑栏上将会显示出该数据的公式。如果用户工作表中的数据比较重要，可以将工作表中单元格中的公式隐藏，这样可以防止其他用户看出该数据是如何计算出的。此时用户可以利用保护单元格的功能将其保护起来，具体步骤如下：

（1）选中要保护的单元格或单元格区域。

（2）单击“格式”|“单元格”命令，打开“单元格格式”对话框，单击“保护”选项卡，如图 8-44 所示。

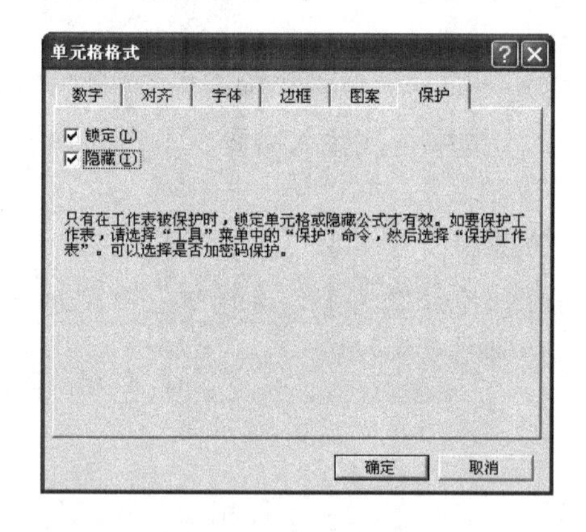

图 8-44　保护单元格

（3）在对话框中如果选中了“锁定”复选框，则工作表受保护后，单元格中的数据不能被修改；如果选中了“隐藏”复选框，则工作表受保护后，单元格中的公式被隐藏。

（4）单击“确定”按钮。

（5）单击“工具”|“保护”|“保护工作表”命令，对工作表设置保护。

注意：

只有在工作表被保护时，锁定单元格或隐藏公式才有效。因此对单元格设置保护后还应对工作表设置保护，这样设置的单元格保护才有效，否则，设置的单元格保护是无效的。

8.8 本章练习

一、填空题

1．工作表也称为____________，它是 Excel 完成一项工作的基本单位，工作表由________

行和________列构成。

2．默认情况下，在单元格中的字符型数据均设置为__________，每个单元格最多可包含__________个字符。

3．如果要在单元格中插入当前日期，可以按__________组合键。如果在单元格中插入当前时间，可以按__________组合键。

4．公式中的运算符分为__________、__________、__________和__________。

5．Excel 2003 提供了三种不同的引用类型：__________、__________和__________。

6．Excel 2003 的函数由三部分组成，__________、__________和__________。

二、简答题

1．如何将数字作为文本型数据输入？

2．填充相同的数据有几种方法？

3．如何将一个序列作为可扩展序列进行填充？

4．如何选定单元格区域？

5．修改单元格中的数据有几种方法？

6．复制单元格中特定内容的方法是什么？

第 9 章　编辑工作表

在创建工作表并输入基本的数据后，用户还应对工作表进行编辑以使其符合要求。例如，可以对工作表的格式进行设置，使工作表中的数据便于阅读并使工作表更加美观；可以对工作表进行重命名从而方便工作表的管理。

本章重点：

- 设置单元格格式
- 调整行高和列宽
- 使用特殊格式
- 为单元格添加批注
- 打印工作表

9.1　设置单元格格式

对于工作表中的不同单元格，可以根据需要设置数据的不同格式。例如，设置数据类型、文本的对齐方式、字体、单元格的边框和底纹。

9.1.1　设置数字格式

默认情况下，单元格中的数字格式是常规格式，不包含任何特定的数字格式，即以整数、小数、科学计数的方式显示。Excel 2003 提供了多种数字显示格式，如百分比、货币、日期，用户可以根据数字的不同类型设置它们在单元格中的显示格式。

1．利用工具按钮设置数字格式

在“格式”工具栏中包括一些数字格式按钮，通过这些按钮，用户可以快速地设置数字的格式。首先选中要设置格式的单元格或单元格区域，然后单击工具栏上相应的按钮即可，“格式”工具栏中常用的设置数字格式的按钮有以下五个。

- 货币样式 按钮：在数据前使用货币符号。
- 百分比样式 % 按钮：对数据使用百分比。
- 千位分隔样式 , 按钮：使显示的数据在千位上有一个分割符。
- 增加小数位数 按钮：每单击一次，数据增加一个小数位。
- 减少小数位数 按钮：每单击一次，数据减少一个小数位。

2．利用对话框设置数字格式

如果数字格式化的工作比较复杂，可以利用“单元格格式”对话框来完成。

例如，要将如图 9-1 所示的“利达公司销售表”工作表中的合计结果“G5:G10”单元格设置成人民币货币样式，具体步骤如下：

（1）选中要设置货币样式的单元格“G5:G10”，如图 9-1 所示。

	A	B	C	D	E	F	G
3							
4		季 度 城市	第一季度	第二季度	第三季度	第四季度	合计
5		郑州	266	368	486	468	1,588
6		商丘	126	148	283	384	941
7		漯河	0	88	276	456	820
8		南阳	234	186	208	246	874
9		新乡	186	288	302	568	1,344
10		安阳	98	102	108	96	404

Sheet1 / Sheet2 / Sheet3　就绪　求和=　5,971　数字

图 9-1　选中要设置货币样式的单元格

（2）单击“格式”|“单元格格式”命令，打开“单元格格式”对话框，单击“数字”选项卡，如图 9-2 所示。

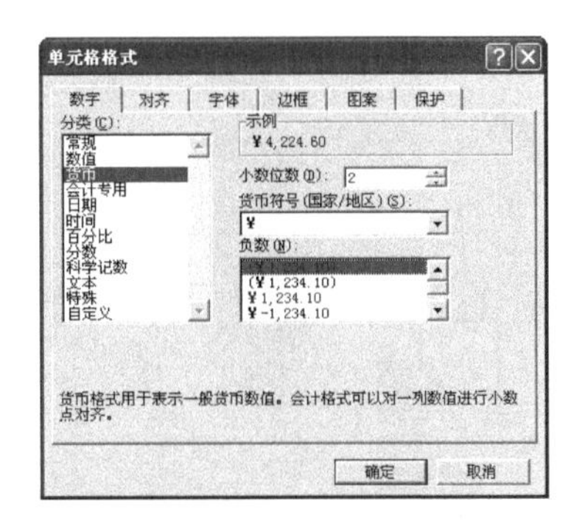

图 9-2　设置货币样式

（3）在“分类”列表框中选择“货币”选项。

（4）在“示例”区域的“小数位数”后的文本框中选择或输入“0”，在“货币符号”下拉列表中选择人民币货币符号，在“负数”列表框中选择一种样式。

（5）单击“确定”按钮，为单元格设置货币格式的效果如图 9-3 所示。

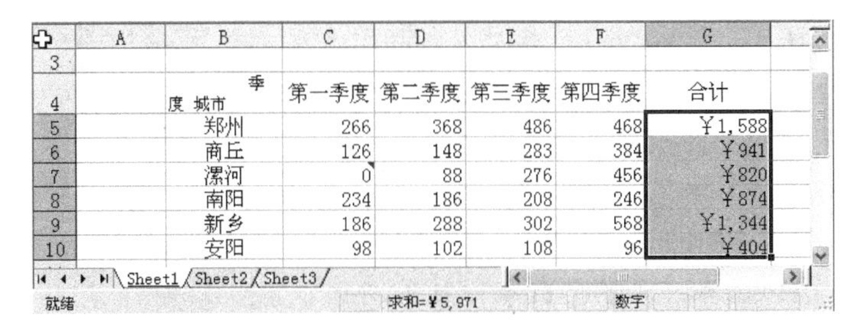

	A	B	C	D	E	F	G
3							
4		季 度 城市	第一季度	第二季度	第三季度	第四季度	合计
5		郑州	266	368	486	468	¥1,588
6		商丘	126	148	283	384	¥941
7		漯河	0	88	276	456	¥820
8		南阳	234	186	208	246	¥874
9		新乡	186	288	302	568	¥1,344
10		安阳	98	102	108	96	¥404

Sheet1 / Sheet2 / Sheet3　就绪　求和=¥5,971　数字

图 9-3　设置单元格货币样式的效果

9.1.2　设置对齐格式

所谓对齐，就是指单元格中的数据在显示时相对单元格上、下、左、右的位置。默认

情况下，输入的文本在单元格内左对齐，数字右对齐，逻辑值和错误值居中对齐。为了使工作表更加美观，用户可以利用对话框和工具栏按钮使数据按照需要的方式进行对齐。

1．利用工具按钮设置对齐格式

如果要设置单元格简单的对齐方式，可以利用“格式”工具栏上的对齐方式按钮。首先选中单元格或单元格区域，然后单击“格式”工具栏中的对齐方式按钮，即可按不同的方式对齐单元格中的数据。在“格式”工具栏中用于对齐的按钮有以下四个。

- 左对齐 按钮：使文本或数字左对齐。
- 居中 按钮：使文本或数字在单元格内居中。
- 右对齐 按钮：使文本或数字右对齐。
- 合并及居中 按钮：先将选中的整行单元格合并，并把选定区域左上角的数据居中放入合并后的单元格中。

例如，利用工具栏设置工作表中的单元格对齐格式，具体步骤如下：

（1）选中单元格区域“C5:C10”。

（2）在“格式”工具栏中单击“居中”按钮，即可将选中的单元格区域居中显示，如图 9-4 所示。

	A	B	C	D	E	F	G
3							
4		季度 城市	第一季度	第二季度	第三季度	第四季度	合计
5		郑州	266	368	486	468	￥1,588
6		商丘	126	148	283	384	￥941
7		漯河	0	88	276	456	￥820
8		南阳	234	186	208	246	￥874
9		新乡	186	288	302	568	￥1,344
10		安阳	98	102	108	96	￥404

Sheet1 / Sheet2 / Sheet3

就绪 求和=910 数字

图 9-4 设置数字居中显示后的效果

2．利用对话框设置对齐格式

有时单元格中的数据需要在垂直方向上进行对齐，如顶端对齐、垂直居中、底端对齐，此时可以利用“单元格格式”对话框进行设置。在“单元格格式”对话框中单击“对齐”选项卡，如图 9-5 所示。

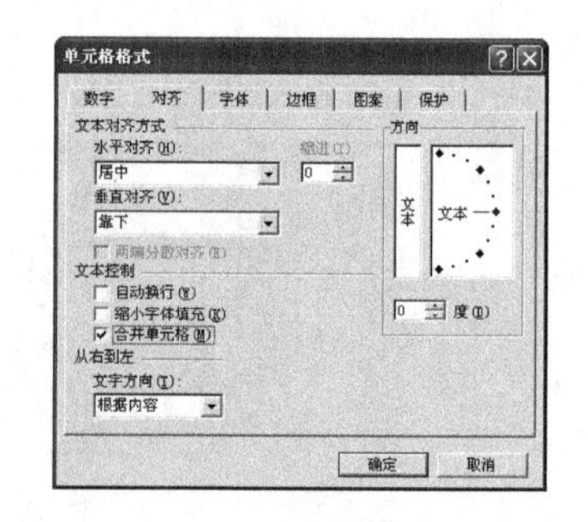

图 9-5 设置单元格对齐格式

在“文本对齐方式”区域的“水平对齐”下拉列表中，用户可以选择文本的水平对齐方式，在“垂直对齐”下拉列表中，用户可以选择文本的垂直对齐方式，在“文本控制”区域，用户可以对单元格中的数据进行控制。

- 自动换行：根据文本长度及单元格宽度自动换行，并且自动调整单元格的高度，使全部内容都能显示在该单元格上。
- 缩小字体填充：缩减单元格中字符的大小以使数据调整到与列宽一致。如果更改列宽，字符大小可自动调整，但设置的字号保持不变。

■　合并单元格：将两个或多个单元格合并为一个单元格，合并后单元格引用为合并前左上角单元格的引用。

例如，将“利达公司销售表”的标题区域“B2:G2”进行合并，并设置水平居中及垂直居中的对齐格式，具体步骤如下：

（1）选中“B2:G2”单元格区域。

（2）单击“格式”|“单元格”命令，打开“单元格格式”对话框，单击“对齐”选项卡，如图 9-5 所示。

（3）在“文本对齐方式”区域的“水平对齐”下拉列表中选择“居中”项，在“垂直对齐”下拉列表中选择“居中”选项。

（4）在“文本控制”区域选中“合并单元格”复选框。

（5）单击“确定”按钮，设置表头合并居中的效果如图 9-6 所示。

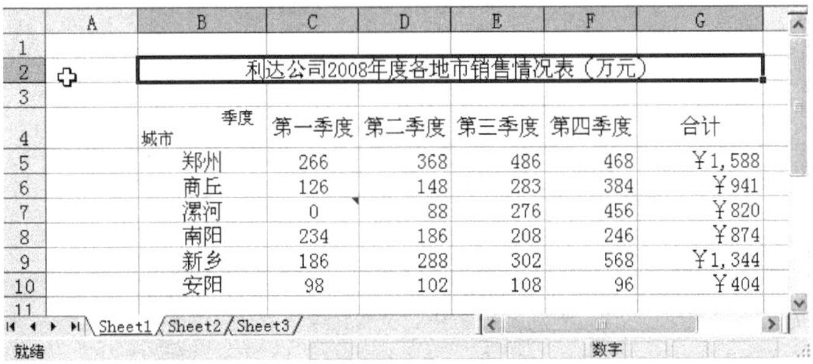

	A	B	C	D	E	F	G
1							
2		利达公司2008年度各地市销售情况表（万元）					
3							
4		季度 城市	第一季度	第二季度	第三季度	第四季度	合计
5		郑州	266	368	486	468	￥1,588
6		商丘	126	148	283	384	￥941
7		漯河	0	88	276	456	￥820
8		南阳	234	186	208	246	￥874
9		新乡	186	288	302	568	￥1,344
10		安阳	98	102	108	96	￥404

Sheet1 / Sheet2 / Sheet3

就绪　数字

图 9-6　设置表头合并及居中的效果

9.1.3　设置字体格式

默认情况下，工作表中的中文字体为“宋体”，英文字体为“Times New Roman”。为了使工作表中的某些数据能够突出显示，也为了使版面整洁美观，通常需要将不同的单元格设置成不同的效果。

1．利用工具按钮设置字体与字形

对较简单的字体进行设置，可以通过“格式”工具栏上的设置字体工具按钮来完成。在格式工具栏上有 5 个设置字体的按钮。

■　“字体”组合框：单击文本框后的下拉箭头打开下拉列表，在下拉列表中选择要设置的字体名称，即可改变字体。

■　“字号”组合框：可以在下拉列表中选择或在文本框中键入字体的大小，改变字号。

■　“加粗”按钮：单击“加粗”按钮，可以使数据加粗显示。

■　“倾斜”按钮：单击“倾斜”按钮，可以使数据出现倾斜效果。

■　“下划线”按钮：单击“下划线”按钮，可以为数据添加下划线。

例如，利用工具按钮设置单元格区域“B2:G2”的字体格式，具体步骤如下：

（1）选中单元格区域“B2:G2”。

（2）在“格式”工具栏中的“字体”组合框中选择“华文行楷”。

（3）单击“字号”组合框，在字号下拉列表中选择字号为“18”。

（4）单击“字体颜色”按钮，在颜色列表中选择“靛蓝”，设置字体格式的效果如图 9-7 所示。

2．利用对话框设置字体

如果要设置的单元格中的字体格式比较复杂，用户可以在“单元格格式”对话框中进行设置。

	A	B	C	D	E	F	G
1							
2		利达公司2008年度各地市销售情况表（万元）					
3							
4		季度 城市	第一季度	第二季度	第三季度	第四季度	合计
5		郑州	266	368	486	468	￥1,588
6		商丘	126	148	283	384	￥941
7		漯河	0	88	276	456	￥820
8		南阳	234	186	208	246	￥874
9		新乡	186	288	302	568	￥1,344
10		安阳	98	102	108	96	￥404

Sheet1 / Sheet2 / Sheet3 就绪 数字

图 9-7　利用工具按钮设置字体格式的效果

利用对话框设置字体格式的具体步骤如下：

（1）选中要设置字体格式的单元格或单元格区域。

（2）单击“格式”|“单元格”命令，打开“单元格格式”对话框，单击“字体”选项卡，如图 9-8 所示。

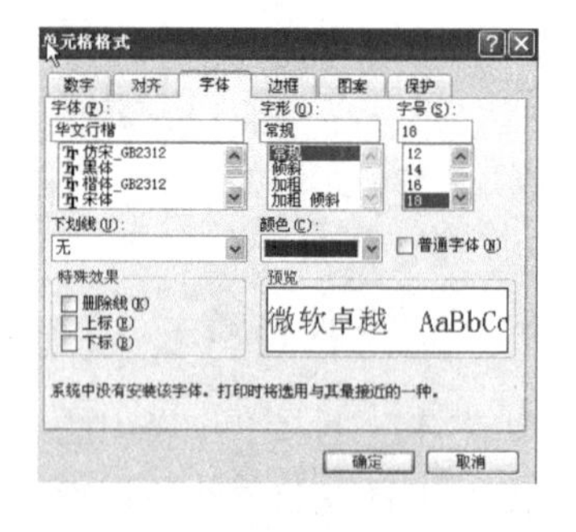

图 9-8　设置字体格式

（3）在“字体”下拉列表中选择字体。

（4）在“字号”列表框中选择字号。

（5）在“颜色”下拉列表中选择颜色。

（6）单击“确定”按钮。

9.1.4　设置边框和底纹

在设置单元格格式时，为了使工作表中的数据层次更加清晰明了，区域界限分明，用户可以利用工具按钮或对话框为单元格或单元格区域添加边框和底纹。

1．设置边框

一般情况下，用户在工作表中所看到的单元格都带有浅灰色的边框线，这是系统设置的便于用户编辑操作的网格线，它在打印时是不显示的。但是在制作财务、统计报表时常常需要把报表设计成各种各样的表格形式，使数据及说明文字的层次更加清晰，这就需要通过设置单元格的边框来实现。

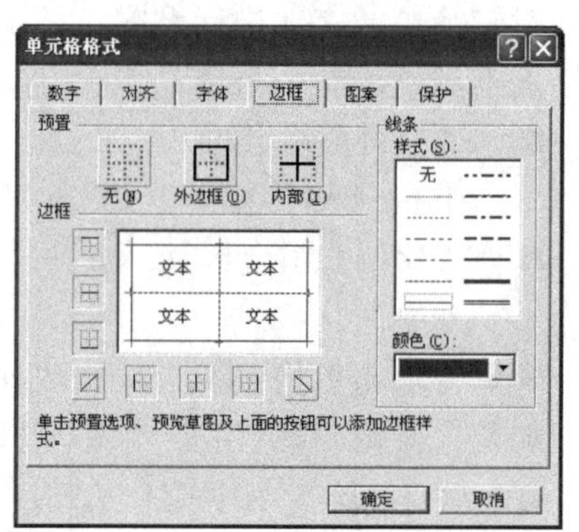

图 9-9　为单元格区域添加边框

在“单元格格式”对话框中单击“边框”选项

卡，如图 9-9 所示。在对话框的“预置”区域有三个预设选项，用户在选择了线条的样式和颜色后单击预设按钮可以为选定的单元格或单元格区域添加相应的边框。

- 单击“外边框”按钮 ，在预览区域代表四个边线的按钮凹入，这表明为单元格或单元格区域的四个边添加了边框。
- 单击“内边框”按钮 ，在预览区域代表网格线的按钮凹入，这表明为单元格区域添加了网格线。
- 单击“无”按钮 ，在预览区域的按钮全部凸出，用户可以在预览区域单击代表各边线或网格线的按钮，被单击按钮所代表的边线或网格线被添加上线条，这种方法可以为边线或网格线添加不同的线型。

例如，要为“利达公司销售表”表中单元格区域“B4:G10”添加内、外边框，具体步骤如下：

（1）选中单元格区域“B4:G10”。

（2）单击“格式”|“单元格”命令，打开“单元格格式”对话框，单击“边框”选项卡。

（3）在“线条”区域的“样式”列表框中选择一种细实线线型，在“颜色”下拉列表中选择“靛蓝”。

（4）在“预置”区域单击“外边框”按钮，即可为选中的单元格区域添加外部边框。

（5）在“线条”区域的“样式”列表框中选择一种虚线类型，在“颜色”下拉列表中选择“靛蓝”。

（6）在“预置”区域单击“内部”按钮。为选中的单元格区域添加内、外边框的效果如图 9-10 所示。

利达公司2008年度各地市销售情况表（万元）

季度 / 城市	第一季度	第二季度	第三季度	第四季度	合计
郑州	266	368	486	468	¥1,588
商丘	126	148	283	384	¥941
漯河	0	88	276	456	¥820
南阳	234	186	208	246	¥874
新乡	186	288	302	568	¥1,344
安阳	98	102	108	96	¥404

图 9-10　为单元格区域添加内、外边框的效果

注意：

用户也可以利用“格式”工具栏上的“边框”按钮为单元格或单元格区域添加简单的边框。首先选择要添加边框的单元格或单元格区域，在“格式”工具栏中单击“边框”按钮后的下三角箭头，打开“边框”下拉列表，如图 9-11 所示，在下拉列表中选择不同的类型即可。

图 9-11　“边框”按钮下拉列表

2．设置底纹

在美化工作表时，为了使部分单元格中的数据重点显示，可以对单元格进行图案设置。单元格的图案包括底色、底纹。设置单元格或单元格区域的底纹可以利用“格式”工具栏中的按钮或在“单元格格式”对话框中的“图案”选项卡中进行设置。

例如，利用“格式”工具栏中的“填充颜色”按钮为表头设置底纹，具体步骤如下：

（1）选中表头所在的单元格“B2:G3”。

（2）单击“填充颜色”按钮后的下三角箭头，打开颜色列表，如图 9-12 所示。

（3）在颜色列表中选择“淡蓝”，为选中的单元格添加底纹效果。

（4）按照同样的方法为单元格“B4:G10”添加茶色底纹，效果如图 9-13 所示。

图 9-12　填充颜色按钮下拉列表

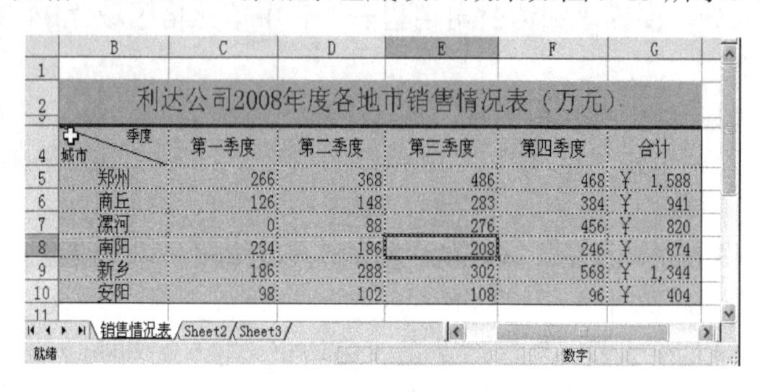

利达公司2008年度各地市销售情况表（万元）

季度 / 城市	第一季度	第二季度	第三季度	第四季度	合计
郑州	266	368	486	468	¥ 1,588
商丘	126	148	283	384	¥ 941
漯河	0	88	276	456	¥ 820
南阳	234	186	208	246	¥ 874
新乡	186	288	302	568	¥ 1,344
安阳	98	102	108	96	¥ 404

图 9-13　为单元格添加底纹的效果

注意：

如果要为单元格添加复杂的底纹或者同时添加底纹图案，可以使用“单元格格式”对话框进行设置。在“单元格格式”对话框中单击“图案”选项卡，如图 9-14 所示。在“颜色”和“图案”区域，用户可以为单元格设置底色和底纹。

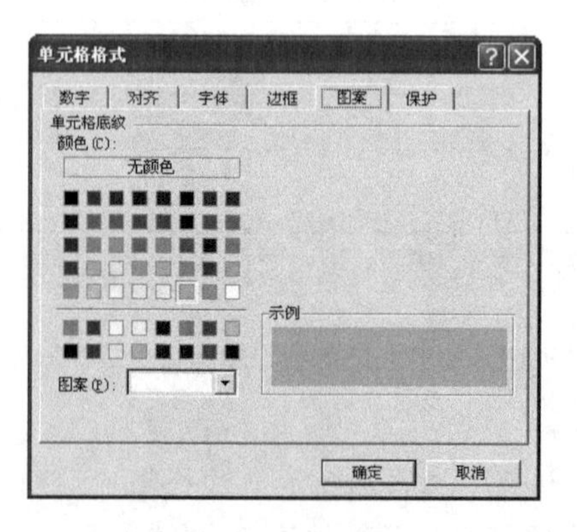

图 9-14　利用对话框为单元格或单元格区域添加底纹

9.2　调整行高和列宽

用户在向单元格中输入数据时，经常会出现文字只显示了其中的一部分，有的单元格中显示的是一串“#”符号，但是在编辑栏中却能看见对应单元格的数据。造成这种结果的原因是单元格的高度或宽度不合适，此时，用户可以对工作表中的单元格的高度或宽度进行适当调整以便容纳更多的内容。

9.2.1　调整行高

默认情况下，工作表中任意一行的所有单元格的高度总是相等的，所以要调整某一个单元格的高度，实际上就是调整了该单元格所在行的高度，并且行高会自动随单元格中的字体变化而变化。用户可以利用鼠标快速调整行高，也可以利用菜单命令精确调整行高。

1. 利用鼠标调整行高

用户可以利用鼠标快速地进行行高的调整，例如，要调整表头所在行的行高，具体步骤如下：

（1）将鼠标移到表头行的下边框线上。

（2）当鼠标变为 ⇕ 状时上下拖动鼠标，此时出现一条黑色的虚线随鼠标的拖动而移动，它表示调整后行的高度，同时系统还会显示行高值，如图 9-15 所示。

（3）当拖动到合适位置时松开鼠标即可。

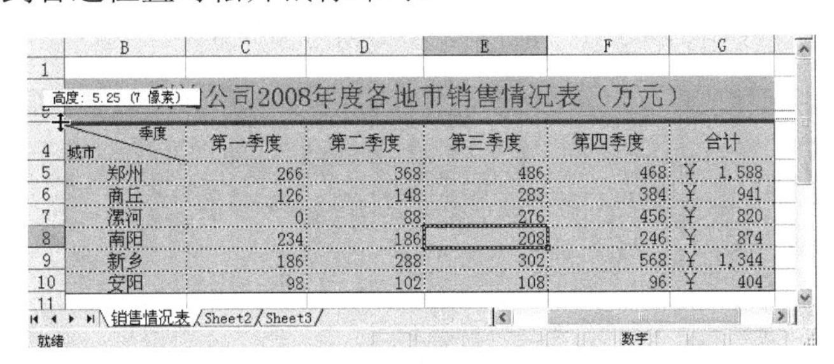

季度/城市	第一季度	第二季度	第三季度	第四季度	合计
郑州	266	368	486	468	¥ 1,588
商丘	126	148	283	384	¥ 941
漯河	0	88	276	456	¥ 820
南阳	234	186	208	246	¥ 874
新乡	186	288	302	568	¥ 1,344
安阳	98	102	108	96	¥ 404

图 9-15　拖动鼠标快速调整行高

2. 利用菜单命令调整行高

用户也可以利用命令精确地调整行高，首先选中要调整的行，然后单击“格式”|“行”命令打开一子菜单，如图 9-16 所示。

在子菜单中有关“行高”命令的功能如下：

- 选择“最适合的行高”命令，则系统会根据行中的内容自动调整行高，选中的行的行高会以行中单元格高度最大的单元格为标准自动做出调整。
- 选择“行高”命令，则会打开“行高”对话框，如图 9-17 所示，用户可以根据需要精确设置行高。

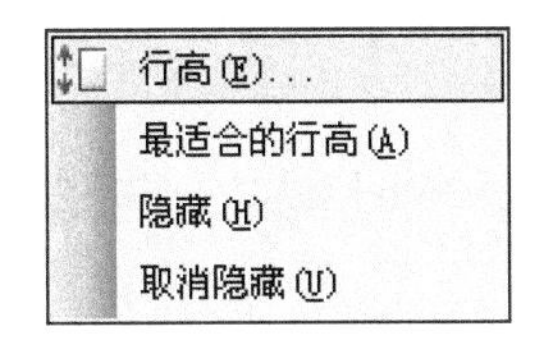

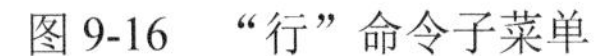
图 9-16　“行”命令子菜单

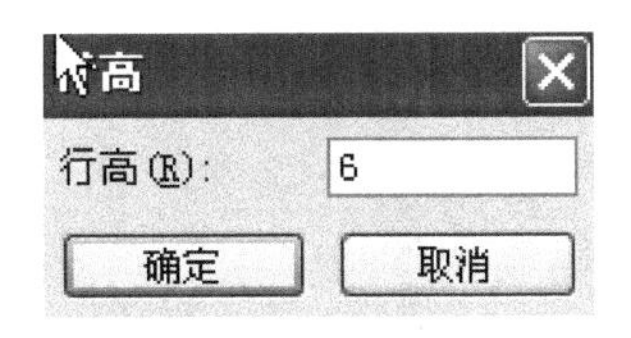

图 9-17　“行高”对话框

例如，要精确地调整工作表中第 3 行的行高，具体步骤如下：

（1）在第 3 行的行号上单击鼠标将该行选中。

（2）单击“格式”|“行”|“行高”命令，打开“行高”对话框。

（3）在“行高”文本框中输入行高值“6”。

（4）单击“确定”按钮。

9.2.2 调整列宽

在工作表中列和行有所不同，工作表默认单元格的宽度为固定值，并不会根据数字的长短而自动调整列宽。当在单元格中输入数字型数据超出单元格的宽度时，则会显示一串“#”符号；如果输入的是字符型数据，单元格右侧相邻的单元格为空时则会利用其空间显示，否则只在单元格中显示当前单元格所能容纳的字符。在这种情况下，为了能完全显示单元格中的数据可以适当地调整列宽。

1．利用鼠标调整列宽

用户可以使用鼠标快速地调整列宽，将鼠标移到需要调整列的右侧边框线处，当鼠标变成✛时拖动鼠标，此时出现一条黑色的虚线跟随鼠标移动，它表示调整后列的边界，同时系统还会显示出调整后的列宽值，如图 9-18 所示。

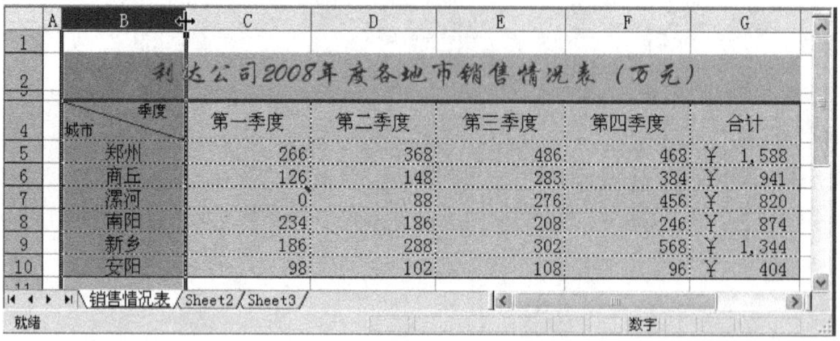

利达公司2008年度各地市销售情况表（万元）

季度/城市	第一季度	第二季度	第三季度	第四季度	合计
郑州	266	368	486	468	¥ 1,588
商丘	126	148	283	384	¥ 941
漯河	0	88	276	456	¥ 820
南阳	234	186	208	246	¥ 874
新乡	186	288	302	568	¥ 1,344
安阳	98	102	108	96	¥ 404

图 9-18 拖动鼠标调整列宽

2．利用菜单命令调整列宽

用户也可以利用菜单命令精确地调整列宽，首先选中要调整的列，然后单击“格式”|“列”命令打开一子菜单，如图 9-19 所示。在子菜单中有关“列宽”命令的功能如下。

- 选择“最适合的列宽”命令，则系统会根据列中的内容自动进行调整，选中的列的列宽会以列中单元格宽度最大的单元格为标准自动做出调整。
- 选择“列宽”命令，打开“列宽”对话框，用户可以根据需要精确设置列宽。
- 选择“标准列宽”命令，打开“标准列宽”对话框，可以在对话框中设置系统默认的列宽。

例如，要精确调整工作表第“C、D、E、F、G”5 列的宽度，具体步骤如下：

（1）选中需要调整的多列。

（2）单击“格式”|“列”|“列宽”命令，打开“列宽”对话框，如图 9-20 所示。

（3）在“列宽”文本框中输入列宽的具体数值“12.75”。

（4）单击“确定”按钮，就可以精确设置多列列宽。

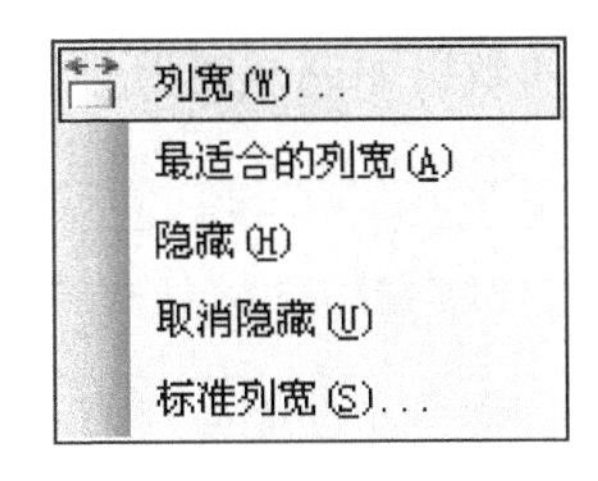

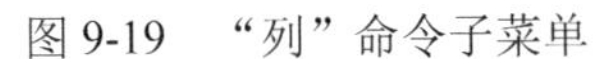
图 9-19　“列”命令子菜单

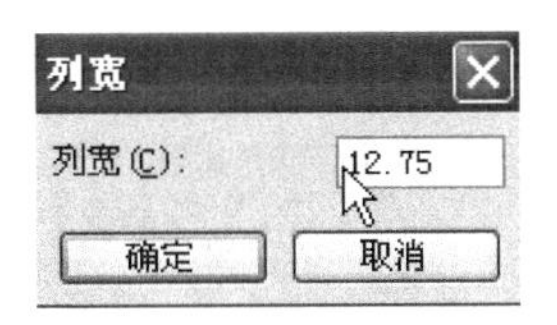

图 9-20　精确设置列宽

3．调整默认列宽

用户在创建一个新工作表时，工作表中的所有列宽都是相同的并且是一个默认的值，用户可以根据需要改变这个默认的值。不过使用这种方法只能改变工作表中默认列宽的值，不能改变列宽被调整后的列。

调整默认列宽的具体步骤如下：

（1）将鼠标定位在要改变默认列宽的工作表中。

（2）单击“格式”|“列”|“标准列宽”命令，打开“标准列宽”对话框，如图 9-21 所示。

（3）在“标准列宽”文本框中输入列宽的具体值。

（4）单击“确定”按钮。

图 9-21　“标准列宽”对话框

9.3　使用特殊格式

Excel 2003 为用户提供了自动套用格式、条件格式等特殊的格式化工具，使用它们可以快速地对工作表进行格式化。

9.3.1　自动套用格式

为了提高工作效率，Excel 2003 提供了多种专业报表格式供用户选择，用户可以通过套用这些格式对工作表的格式进行设置，能够大大节省用于格式化工作表的时间。

例如，在“利达公司销售表”工作表中自动套用格式，具体操作步骤如下：

（1）选中要自动套用格式的单元格区域“B2:G10”。

（2）单击“格式”|“自动套用格式”命令，打开“自动套用格式”对话框，如图 9-22 所示。

（3）在“自动套用格式”列表中选择“三维效果 1”样式。

图 9-22　选择自动套用的格式

（4）单击“选项”按钮，可在对话框的底部打开“要应用的格式”区域，在该区域中用户可以确定在自动套用格式时套用哪些格式。

（5）单击“确定”按钮，设置自动套用格式的效果如图 9-23 所示。

	A	B	C	D	E	F	G
1							
2		利达公司2008年度各地市销售情况表（万元）					
3							
4		季度 城市	第一季度	第二季度	第三季度	第四季度	合计
5		郑州	266	368	486	468	￥ 1,588
6		商丘	126	148	283	384	￥ 941
7		漯河	0	88	276	456	￥ 820
8		南阳	234	186	208	246	￥ 874
9		新乡	186	288	302	568	￥ 1,344
10		安阳	98	102	108	96	￥ 404

销售情况表 / Sheet2 / Sheet3

就绪 数字

图 9-23 设置自动套用格式的效果

注意：

如果要删除自动套用格式。首先选择自动套用格式的单元格区域，单击“格式”|“自动套用格式”命令，打开“自动套用格式”对话框，在列表框中选择样式中的“无”选项即可。

9.3.2 设置条件格式

在工作表的应用过程中，用户可能需要将某些满足条件的单元格显示不同的样式。Excel 2003 提供了条件格式的功能，用户可以设置单元格的条件并设置这些单元格的格式。系统会在选定的区域中搜索符合条件的单元格，并将设定的格式应用到符合条件的单元格上。

例如，要将“利达公司销售表”工作表中“总计费用”项中估价在“1000”以上的值以特殊格式显示出来，具体步骤如下：

（1）选定要设置条件格式的单元格区域“G5:G10”。

（2）单击“格式”|“条件格式”命令，打开“条件格式”对话框，如图 9-24 所示。

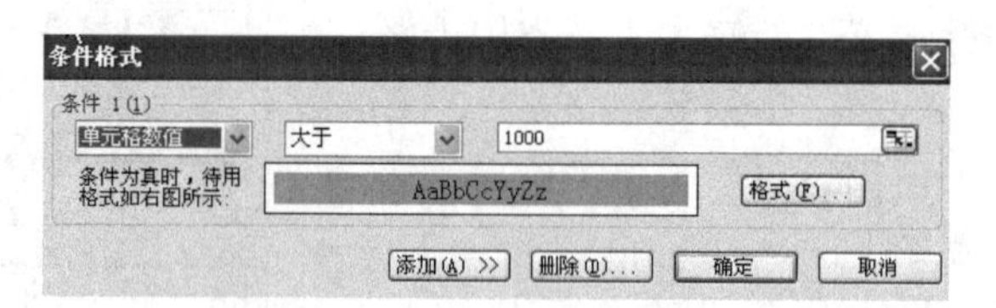

图 9-24 “条件格式”对话框

（3）在“条件”区域最左侧的“条件 1”下拉列表框中选择“单元格数值”，在其后的下拉列表框中选择“大于”，然后在最后的文本框中输入“1000”。

（4）单击“格式”按钮，打开“单元格格式”对话框，单击“图案”选项卡。

（5）在“颜色”列表中选择一种颜色。

（6）单击“确定”按钮返回到“条件格式”对话框，在“格式预览”框中可以看到设置的格式。

（7）单击“确定”按钮，设置条件格式的效果如图 9-25 所示。

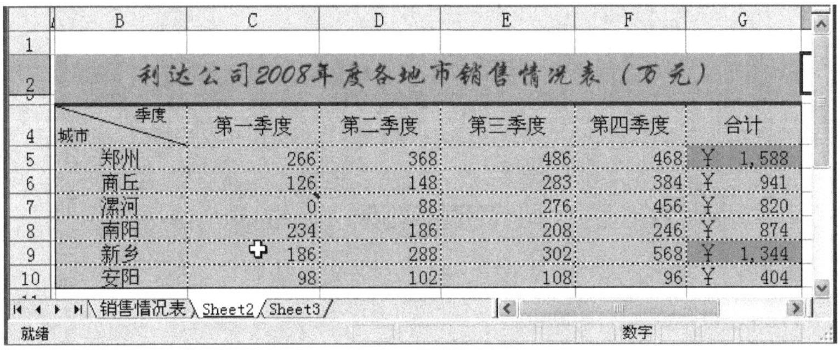

利达公司2008年度各地市销售情况表（万元）

季度 城市	第一季度	第二季度	第三季度	第四季度	合计
郑州	266	368	486	468	￥ 1,588
商丘	126	148	283	384	￥ 941
漯河	0	88	276	456	￥ 820
南阳	234	186	208	246	￥ 874
新乡	186	288	302	568	￥ 1,344
安阳	98	102	108	96	￥ 404

销售情况表　Sheet2　Sheet3　就绪　数字

图 9-25　设置条件格式的效果

注意：

若要增加条件可在“条件格式”对话框中单击“添加”按钮进行条件的添加，最多可以设置三个条件。如要删除条件格式，可单击“删除”按钮，在弹出的“删除条件格式”对话框中选择要删除的条件。

9.3.3　隐藏行或列

用户在建立工作表的时候，有些数据可能是保密的。为了不让他人看到或编辑这些数据，用户可以利用隐藏行或列的方法将其隐藏。

例如，将工作表中的第 5 行隐藏起来，具体步骤如下：

（1）在第 5 行的行号上单击鼠标将该行选中。

（2）单击“格式”|“行”|“隐藏”命令，即可将该行隐藏。

隐藏列与隐藏行的操作步骤相同。如果要取消行或列的隐藏，首先选中整个工作表，然后在“格式”菜单中的“行”或“列”子菜单中单击“取消隐藏”命令即可。

9.4　为单元格添加批注

批注是附加在单元格中与单元格内容分开的注释。批注是十分有用的提醒方式，可用于解释某个单元格的作用，或注释复杂的公式如何工作等。

9.4.1　添加批注

为单元格添加批注的操作步骤如下：

（1）选中要添加批注的单元格。

（2）单击“插入”|“批注”命令，在该单元格的旁边出现一个批注框。

（3）在批注框中输入单元格注释的文本，如图 9-26 所示。

（4）单击工作表中的任意单元格，完成批注的添加。

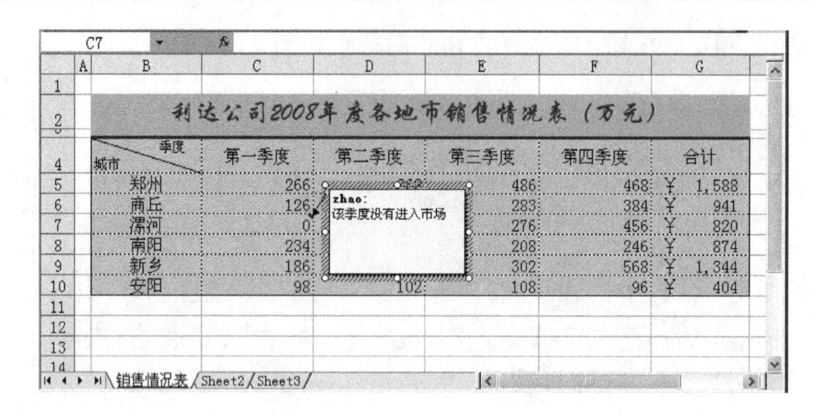

图 9-26　给单元格添加批注

9.4.2　显示批注

添加了批注的单元格的右上角有一个批注标识符（红色的小三角形），若将鼠标指针指向此红色的小三角形，片刻后将自动显示批注框。

若看不到批注标识符，可按以下的方法进行设置。

（1）单击“工具”|“选项”命令，打开“选项”对话框。

（2）选择“视图”选项卡，在“批注”栏中如果选中“批注和标识符”单选按钮，则在工作表中显示批注和标识符；如果选中“无”单选按钮，则在工作表中看不到批注和标识符；如果选中“只显示标识符”单选按钮，则在工作表中只显示标识符。

（3）单击“确定”按钮，关闭“选项”对话框。

9.4.3　编辑批注

编辑批注的操作步骤如下：

（1）右击有批注的单元格，在弹出的快捷菜单中选择“编辑批注”命令，激活批注框。

（2）对批注框的内容进行编辑，然后单击批注框外部的任意单元格。

如果在快捷菜单中选择“删除批注”命令，则可删除该单元格的批注。

9.5　打印工作表

当用户设计好工作表后，可能还需要将其打印出来。由于不同行业的用户需要的打印报告样式是不同的，每个用户都可能会有自己的特殊要求。Excel 2003 为了方便用户，提供了许多用来设置或调整打印效果的实用功能，可使打印的结果与用户所希望的结果几乎完全一样。

9.5.1　页面设置

在打印之前需要对工作表进行必要的设置，例如设置打印范围、打印纸张的大小、页眉/页脚内容和有关工作表的信息，这些操作都可以在“页面设置”对话框中来完成。

1．设置页面选项

页面选项主要包括纸张大小、打印方向、缩放、起始页码等选项，通过对这些选项的选择，可以完成纸张大小、起始页码、打印方向等的设置工作。

例如，用户要将利达公司销售工作表横向打印到 A4 纸张上，并且横向在同一张纸上打印出来，具体步骤如下：

（1）单击“文件”|“页面设置”命令，打开“页面设置”对话框，单击“页面”选项卡，如图 9-27 所示。

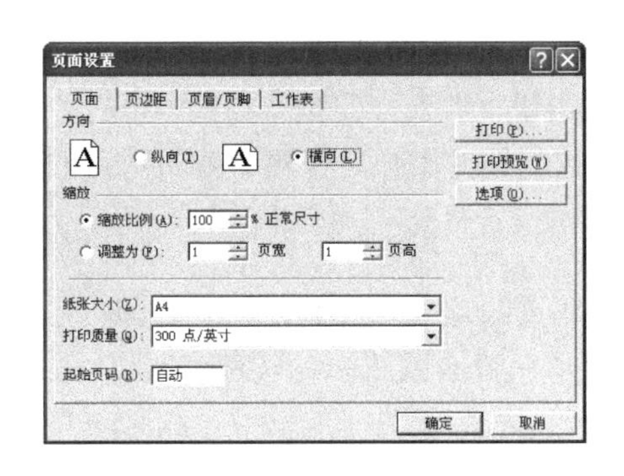

图 9-27　设置页面选项

（2）在“方向”区域选择“横向”。“横向”是指打印纸水平放置，即纸张宽度大于高度，“纵向”则是指打印纸垂直放置，即纸张高度大于宽度。

（3）在“纸张大小”下拉列表框中选择“A4”。

（4）在“缩放”区域选中“调整为”单选按钮，然后选择或输入“1 页宽”和“1 页高”。

（5）在“打印质量”列表框中选择所需的打印质量，这实际上是改变了打印机的打印分辨率。打印的分辨率越高，打印出来的效果越好，打印的时间越长。打印的分辨率与打印机的性能有关，当用户所配置的打印机不同时，打印质量的列表框内容是不同的。

（6）在“起始页码”文本框中输入要打印的工作表起始页号，如果使用默认的“自动”设置则是从当前页开始打印。

（7）单击“打印预览”按钮，进入打印预览视图，在视图中用户可以查看设置的页面效果。

2．设置页边距

所谓页边距就是指在纸张上开始打印内容的边界与纸张边缘之间的距离，设置页边距的具体步骤如下：

（1）单击“文件”|“页面设置”命令，打开“页面设置”对话框，单击“页边距”选项卡，如图 9-28 所示。

（2）在“上”、“下”、“左”、“右”文本框中输入或选择各边距的具体值，在“页眉”和“页脚”文本框中输入或选择页眉和页脚距页边的距离。

（3）在“居中方式”区域选中“水平”和“垂直”两个复选框。

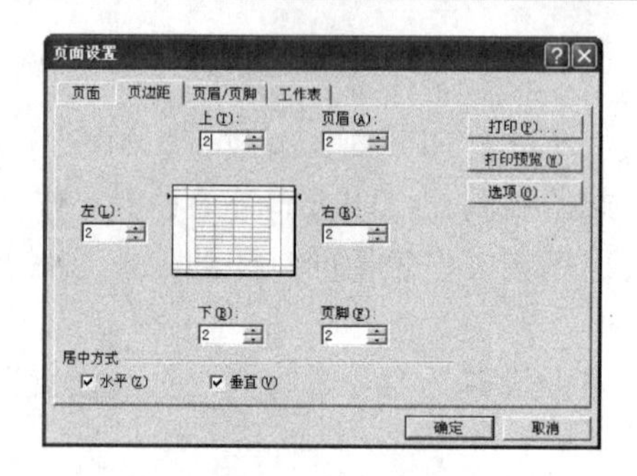

图 9-28 设置页边距

（4）单击“打印预览”按钮，进入打印预览视图，单击“页边距”按钮，开启页边距、页眉和页脚边距以及列宽的控制线，用户可以观察到页边距的设置。

3. 设置页眉/页脚

页眉和页脚分别位于打印页的顶端和底端，用来打印页号、表格名称、作者名称或时间等，设置的页眉/页脚不显示在普通视图中，只有在打印预览视图中可以看到，在打印时能被打印出来。

设置页眉/页脚的具体操作步骤如下。

（1）单击“文件”|“页面设置”命令，打开“页面设置”对话框。

（2）在对话框中选择“页眉/页脚”选项卡，如图 9-29 所示。

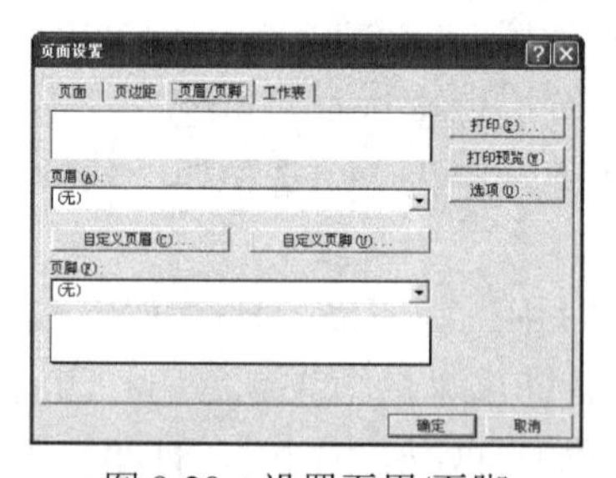

图 9-29 设置页眉/页脚

（3）在对话框中选择页眉或页脚。

- 单击“页眉”文本框中的下拉箭头，在下拉列表中选择一种页眉样式。
- 单击“页脚”文本框中的下拉箭头，在下拉列表中选择一种页脚样式。

（4）单击“确定”按钮。

如果对下拉列表中的页眉/页脚不满意，可以自定义页眉/页脚。在图 9-29 中单击“自定义页眉”按钮，出现“页眉”对话框，如图 9-30 所示。

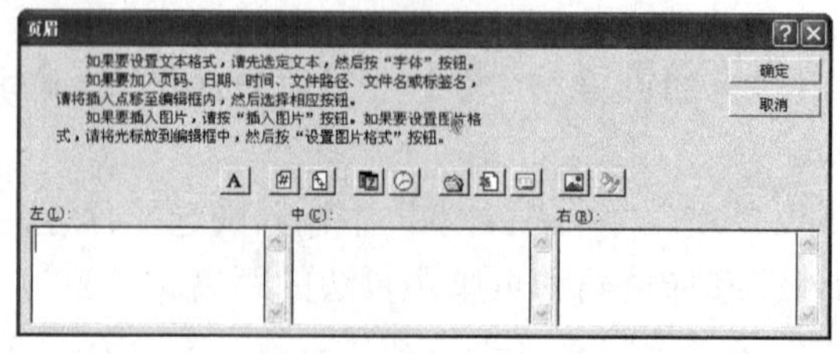

图 9-30 自定义页眉

在该对话框中，各按钮和文本框的功能如下。

- “左”编辑框：在该编辑框中输入或插入的数据将出现在页眉的左边。
- “中”编辑框：在该编辑框中输入或插入的数据将出现在页眉的中间。
- “右”编辑框：在该编辑框中输入或插入的数据将出现在页眉的右边。
- “字体”按钮 A：单击该按钮出现“字体”对话框，用于设置页眉的字体格式。
- “页码”按钮：单击该按钮在页眉中插入页码。
- “总页数”按钮：单击该按钮在页眉中插入总页数。
- “日期”按钮：单击该按钮在页眉中插入当前日期。
- “时间”按钮：单击该按钮在页眉中插入当前时间。
- “文件路径”按钮：单击该按钮在页眉中插入当前文件的路径。
- “文件名”按钮：单击该按钮在页眉中插入当前工作簿的名称。
- “工作表名称”按钮：单击该按钮在页眉中插入当前工作表名称。
- “插入图片”按钮：单击该按钮，打开“插入图片”对话框，在对话框中用户可以选择图片插入到页眉中。
- “设置图片格式”按钮：插入图片后，如果要设置图片格式，将光标定位在编辑框中，单击该按钮，打开“设置图片格式”对话框，在对话框中用户可以设置图片的格式。

在编辑页眉时首先将鼠标定位在适当的文本框中，然后进行文本的输入或单击对话框中的按钮插入相应的内容。

4．设置工作表

工作表选项主要包括打印顺序，打印标题行、打印网格线、打印行号列标等选项，通过这些选项可以控制打印的标题行、打印的先后顺序等工作。在页面设置对话框中选择“工作表”选项卡，如图9-31所示。

在一般情况下“打印区域”默认为打印整个工作表，此时“打印区域”文本框内为空。如果想要打印工作表中某一区域的数据只要将这一区域设置为打印区域即可。用户可以在“打印区域”文本框中输入要打印的区域，也可单击文本框右侧的按钮，然后引用单元格区域。此外，首先在工作表中选中某一区域，然后单击“文件”|“打印区域”|“设置打印区域”命令也可选定要打印的区域。如果要清除打印区域，在“文件”菜单中选择“打印区域”中的“取消打印区域”命令即可。

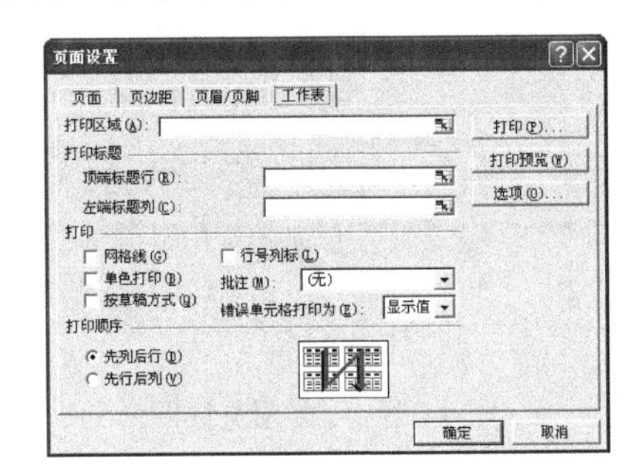

图9-31　设置工作表选项

当打印一个较长的工作表时，常常需要在每一页上都打印行或列标题。在“打印标题”区域可以对此进行设置。

- “顶端标题行”文本框，在该文本框中可以将某行区域设置为顶端标题行。当某个区域设置为标题行后，在打印时每页顶端都会打印标题行内容。用户可以在“顶端标题行”文本框单击按钮 进行单元格区域引用，以确定指定的标题行，也可以直接输入作为标题行的行号。
- “左端标题列”文本框，在该文本框中可以将某列区域设置为左端标题列。当某个区域设置为标题列后，在打印时每页左端都会打印标题列内容。用户可以在“左端标题列”文本框单击按钮 进行单元格区域引用，以确定指定的标题列，也可以直接输入作为标题列的列标。

在打印工作表时，使用“打印”区域的选项用户可以设置出一些特殊的打印效果，主要有以下内容：

- “网格线”复选框：可以设置是否显示描绘每个单元格轮廓的线。
- “单色打印”复选框：可以指定在打印中忽略工作表的颜色，即便用户使用彩色打印机。
- “按草稿方式”复选框：一种快速的打印方法，打印过程中不打印网格线、图形和边界。
- “行号列标”复选框：可以设置是否打印窗口中的行号列标，通常情况下这些信息是不打印的。
- “批注”文本框：可以设置是否对批注进行打印，并且还可以设置批注打印的位置。

当用户需要打印的工作表太大无法在一页中放下时，可以选择打印顺序。

- 选择“先列后行”表示先打印每一页的左边部分，然后再打印右边部分。
- 选择“先行后列”表示在打印下一页的左边部分之前，先打印本页的右边部分。

9.5.2 分页预览

单击“视图”|“分页预览”命令，可从工作表的常规视图切换到分页预览视图，如图 9-32 所示。

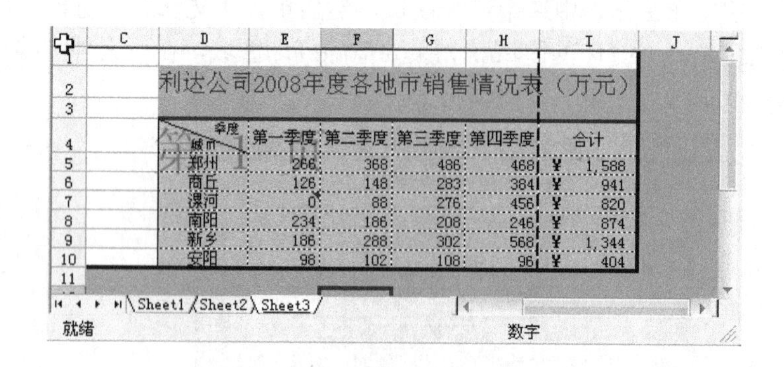

图 9-32　分页预览视图

该视图以打印方式显示工作表，可以帮助用户完成一些打印设置工作（如选定打印区域、调整分页符、插入分页符），并且用户还可像在常规视图中一样编辑工作表。要从分页预览视图返回常规视图，可选择“视图”菜单中的“普通”命令。

在分页预览视图中可以看到：蓝色框线就是 Excel 自动产生的分页符，分页符包围的部分就是系统根据工作表中的内容自动产生的打印区域。

如果需要打印的工作表中的内容不止一页，Excel 会自动在工作表中插入分页符将工作表分成多页，而且这些分页符的位置取决于纸张的大小、页边距设置和设定的打印比例。

但是，用户有时并不想按这种固定的尺寸进行分页，Excel 允许人为插入分页符，即可以通过插入水平分页符改变页面上数据行的数量，或通过插入垂直分页符改变页面上数据列的数量。在分页预览视图中，还可以用鼠标拖动分页符改变其在工作表中的位置。

1．插入水平分页符

插入水平分页符的具体步骤如下：

（1）单击新起页第一行所对应的行号（或该行最左边的单元格）。

（2）执行“插入”|“分页符”命令，于是在该行的上方出现分页符，如图 9-33 所示。上半部分为第 1 页，下半部分为第 2 页。

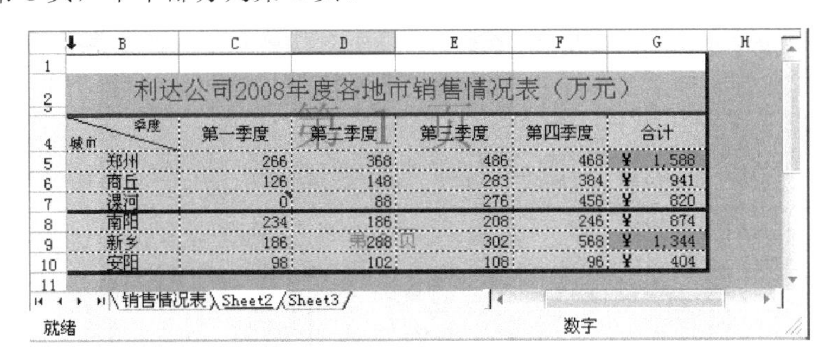

利达公司2008年度各地市销售情况表（万元）

季度 城市	第一季度	第二季度	第三季度	第四季度	合计
郑州	266	368	486	468	¥ 1,588
商丘	126	148	283	384	¥ 941
漯河	0	88	276	456	¥ 820
南阳	234	186	208	246	¥ 874
新乡	186	288	302	568	¥ 1,344
安阳	98	102	108	96	¥ 404

图 9-33　插入水平分页符后的效果

2．插入垂直分页符

插入垂直分页符的具体步骤如下：

（1）单击新起页的第一列所对应的列标（或该列的最顶端的单元格）。

（2）执行“插入”|“分页符”命令，于是在该列的左边出现分页符，如图 9-34 所示，左半部分为第 1 页，右半部分为第 2 页。

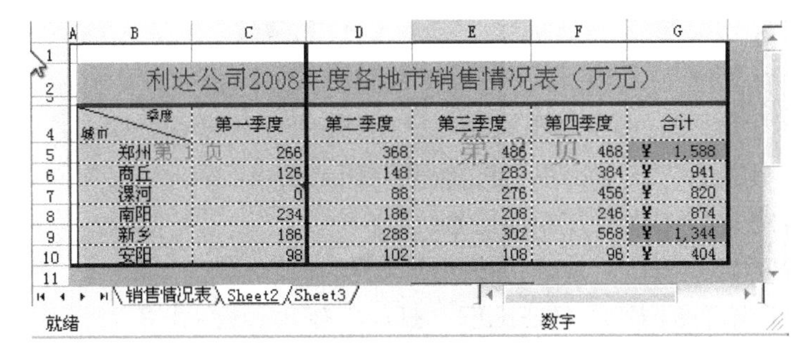

利达公司2008年度各地市销售情况表（万元）

季度 城市	第一季度	第二季度	第三季度	第四季度	合计
郑州	266	368	486	468	¥ 1,588
商丘	126	148	283	384	¥ 941
漯河	0	88	276	456	¥ 820
南阳	234	186	208	246	¥ 874
新乡	186	288	302	568	¥ 1,344
安阳	98	102	108	96	¥ 404

图 9-34　插入垂直分页符后的效果

注意：

如果单击的是工作表中任意位置的单元格，将同时插入水平分页符和垂直分页符，将一页分成四页。

3．移动分页符

在分页预览方式下，如果用户插入的分页符位置不当，可用鼠标移动分页符来快速地改变页面，具体步骤如下：

（1）根据需要选定分页符。

（2）将鼠标指针移到分页符上，按住鼠标左键拖动分页符移至新的位置。

4．删除分页符

当要删除一个水平或垂直分页符时，可以选择分页符的下侧或右侧的任一单元格，然后执行“插入”|“删除分页符”命令；或者单击鼠标右键，在打开的快捷菜单中选择“重设所有分页符”命令，也可删除全部插入的分页符。

9.5.3 打印工作表

如果用户对在打印预览窗口中看到的效果非常满意，就可以打印输出了。打印工作表的具体步骤如下：

（1）单击“文件”|“打印”命令或者在打印预览视图中单击“打印”按钮，打开“打印内容”对话框，如图 9-35 所示。

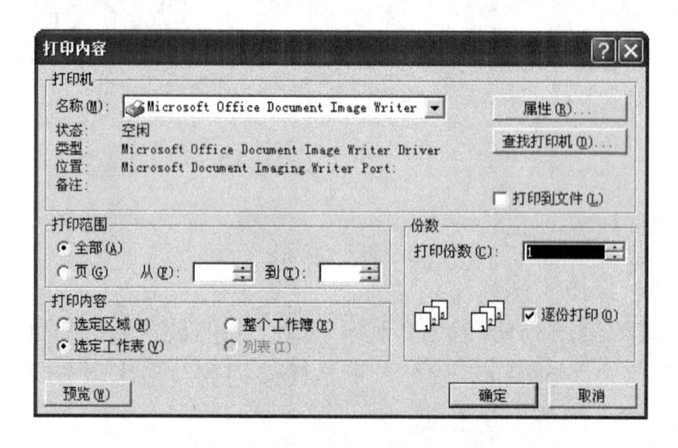

图 9-35 “打印内容”对话框

（2）在“打印范围”区域用户可以指定打印的范围，如果选定“全部”单选按钮则打印全部内容。如果不需要打印全部内容可以选中“页”单选按钮，然后输入打印页的范围。

（3）在“打印内容”区域用户可以确定打印内容的区域。

（4）在“份数”区域设置打印的份数。

（5）单击“确定”按钮，系统将按照所设置的内容控制打印。

此外，直接单击“常用”工具栏上的“打印”按钮，也可以打印工作表，但是它不允许用户对打印方式进行控制。

9.6 本 章 练 习

一、填空题

1. 默认情况下，单元格中的数字格式是常规格式，不包含任何特定的数字格式，即以_______、_______、_______的方式显示。默认情况下，输入的文本在单元格内______对齐，数字______对齐，逻辑值和错误值_______对齐。

2. 工作表默认单元格的宽度为_______，它并不会根据数字的长短而___________列宽。用户可以在_______对话框中对工作表默认的列宽进行设置。

3. 默认情况下，工作表中任意一行的所有单元格的高度总是相等的，所以要调整某一个单元格的高度，实际上就是调整了_____________________，并且行高会自动随单元格中的字体_______。

4. 单击_____________菜单中的“分页预览”命令，可从工作表的常规视图切换到分页预览视图。

二、操作题

将随书所附光盘素材文件夹中 DATA1 文件夹下的 TF6-1.xls 文件复制到用户文件夹中，并重命名为 A9. XLS。然后打开文档 A9. XLS，按下列要求操作。

（一）设置工作表及表格，结果如【样文 9-1A】所示

1. 设置工作表行、列：

- 在标题行下方插入一行，行高为 6。
- 将“郑州”一行移至“商丘”一行的上方。
- 删除“新乡”一行下方的一行（空行）。
- 删除第“G”列（空列）。

2. 设置单元格格式：

- 将单元格区域 B2:G2 合并及居中；设置字体为华文行楷，字号为 18 磅，颜色为靛蓝。
- 将单元格区域 C4:G4 的对齐方式设置为水平居中。
- 将单元格区域 B5:B10 的对齐方式设置为水平居中。
- 将单元格区域 B2:G3 的底纹设置为淡蓝色。

- 将“合计”一列数字加上人民币标志的货币符号。
- 将单元格区域 B4:G10 的底纹设置为茶色。

3．**设置表格边框线**：将单元格区域 B4:G10 的上边线设置为靛蓝色的粗实线，其他各边线设置为细实线，内部框线设置为虚线。将 B4 单元格设置为斜线表头的样式并输入文本“季度 城市”。

4．**插入批注**：为“0”（C7）单元格插入批注“该季度没有进入市场”。

5．**重命名并复制工作表**：将 Sheet1 工作表重命名为“销售情况表”，并将此工作表中的数据复制到 Sheet2 工作表中。

6．**设置打印标题**：在 Sheet2 工作表第 11 行的上方插入分页线；设置表格的标题为打印标题。

（二）条件格式的应用，结果如【样文 9-1B】所示

在 Sheet2 工作表中为“合计”一列的数据应用条件格式，为单元格数值大于 1000 的单元格添加粉红色底纹。

（三）建立图表，结果如【样文 9-1C】所示

使用各城市四个季度的销售数据，创建一个簇状柱形图。

【样文 9-1A】

利达公司2008年度各地市销售情况表（万元）

季度 城市	第一季度	第二季度	第三季度	第四季度	合计
郑州	266	368	486	468	￥ 1,588
商丘	126	148	283	384	￥ 941
漯河	0	88	276	456	￥ 820
南阳	234	186	208	246	￥ 874
新乡	186	288	302	568	￥ 1,344
安阳	98	102	108	96	￥ 404

【样文 9-1B】

利达公司2008年度各地市销售情况表（万元）					
季度 城市	第一季度	第二季度	第三季度	第四季度	合计
郑州	266	368	486	468	￥ 1,588
商丘	126	148	283	384	￥ 941
漯河	0	88	276	456	￥ 820
南阳	234	186	208	246	￥ 874
新乡	186	288	302	568	￥ 1,344
安阳	98	102	108	96	￥ 404

【样文 9-1C】

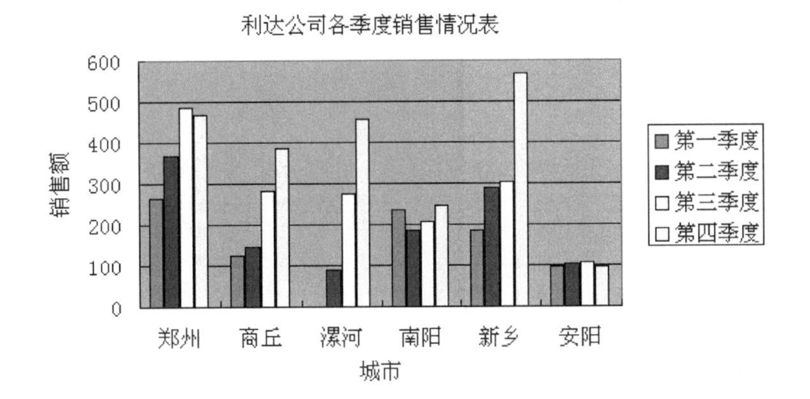

第 10 章　数据的处理与分析

Excel 2003 提供了多种方法对数据进行分析和管理。用户可以使用合并计算来汇总数据；可以使用模拟运算表、单变量求解和方案功能来管理和分析数据；还可以利用数据透视表来快速处理大量数据。

本章重点：

- 利用记录单管理数据
- 数据排序与筛选数据
- 数据汇总与合并计算
- 创建与编辑图表
- 数据透视表

10.1　利用记录单管理数据

在 Excel 2003 中，数据清单是包含相关数据的一系列工作表数据行，它与数据库之间的差异不大，只是范围更广。它主要用于管理数据的结构。在 Excel 2003 中执行数据库操作命令时，把数据清单看成一个数据库。当对工作表中的数据进行排序、分类汇总等操作时，Excel 会将数据清单看成是数据库来处理。数据清单中的行被当成数据库中的记录，列被看作对应数据库的字段，数据清单中的列名称作为数据库中的字段名称。

对于工作表中的不同单元格，可以根据需要设置数据的不同格式，例如，设置数据类型、文本的对齐方式、字体、单元格的边框和底纹。

10.1.1　创建数据清单

在创建数据清单之前，首先来了解一下数据清单中的两个重要元素，字段和记录。字段，即工作表中的列，每一列中包含一种信息类型，该列的列标题就叫字段名，它必须由文字表示。记录，即工作表中的行，每一行都包含着相关的信息。数据记录应紧接着字段名行的下面。在创建数据清单时应遵守以下准则。

- 每张工作表仅使用一个数据清单：避免在一张工作表中建立多个数据清单。因为某些清单管理功能一次只能在一个数据清单中使用。
- 将相似项置于同一列：在设计数据清单时，应使用同一列中的各行具有相似的数据项。
- 使清单独立：在数据清单与其他数据之间，至少留出一个空白列和一个空白行，这样在执行排序、筛选、自动汇总等操作时，便于 Excel 检测和选定数据清单。
- 将关键数据置于清单的顶部或底部：避免将关键数据放到数据清单的左右两侧，因为这些数据在筛选数据清单时可能会被隐藏。

■ 显示行和列：在更改数据清单之前，请确保隐藏的行或列也被显示。如果清单中的行和列未被显示，那么数据可能会被删除。

■ 使用带格式的列标：在数据清单的第一行里建立标志，利用这些标志 Excel 可以创建报告并查找和组织数据。对于列标志应使用与清单中数据不同的字体、对齐方式、格式、图案、边框或大小写样式等。

■ 避免空行和空列：在数据清单中可以有少量的空白单元格，但不可有空行或空列。

■ 不要在前面或后面键入空格：单元格中，各数据项前不要加多余空格，以免影响数据处理。

了解了字段和记录之间的关系和创建数据清单时应遵守的准则后，用户就可以在工作表中输入数据了。

输入各字段后，就可以按照记录输入数据了。在规定的数据清单中输入数据有两种方法，一种是直接在单元格内输入数据，一种是使用“记录单”输入数据。一般情况下采取直接在工作表中输入数据创建数据清单，然后再利用记录单为数据清单添加记录，图 10-1 所示就是一个数据清单。

某高中考试成绩单

	B	C	D	E	F	G	H
3	姓名	班级	语文	数学	英语	政治	总分
4	许理顺	高一（一）班	72	75	69	80	296
5	李海涛	高一（一）班	85	88	73	83	329
6	杨红敏	高一（一）班	92	87	74	84	337
7	赵九华	高一（一）班	76	67	90	95	328
8	韩慧	高一（一）班	72	75	69	63	279
9	豆红丽	高一（一）班	92	86	74	84	336
10	马刘强	高一（一）班	89	67	92	87	335
11	李保卫	高一（一）班	76	67	78	97	318
12	王包	高一（一）班	76	85	84	83	328
13	李宝贵	高一（一）班	87	83	90	88	348
14	姜志伟	高一（一）班	97	83	89	88	357

成绩表 / Sheet2 / Sheet3　就绪　数字

图 10-1　数据清单

10.1.2　利用记录单管理数据

数据清单中的各项记录输入完后，有时还需要对其内容进行编辑和修改。在 Excel 2003 中，编辑记录的方法主要有直接在工作表中进行编辑和利用记录单进行编辑两种方法。

1．增加记录

当用户需要在数据清单中增加一条记录时，可以直接在工作表中增加一个空行，然后在相应的单元格中输入数据，另外，用户也可以利用记录单来增加记录。

例如，利用记录单的功能在“考试成绩单”数据清单中增加一条记录，具体步骤如下：

（1）在数据清单区域选中任意单元格。

（2）单击“数据”|“记录单”命令，打开“记录单”对话框，单击“新建”按钮，打开一个空白的记录单，在相应的字段中输入数据，如图 10-2 所示。

（3）再次单击“新建”按钮可以继续增加其他的记录。

（4）单击“关闭”按钮结束增加记录的操作，新增加的记录即可显示在数据清单区域的底部。

2．查找记录

如果在一个较大的数据清单中查找数据，一个一个地进行查找显然非常麻烦，而利用Excel 2003 提供的记录单功能，则可快速地进行查找。

在记录单中可以设置数据的查找条件，然后进行查找，这样可以快速地查找到满足条件的记录。例如，将“考试成绩单”中姓名为“王包”的记录查找出来，具体步骤如下：

（1）单击要查找的数据区域中的任意单元格。

（2）单击“数据”|“记录单”命令，打开记录单对话框，单击记录单对话框中的“条件”按钮，打开查找条件对话框，此时“条件”按钮变成了“表单”按钮，如图 10-3 所示。

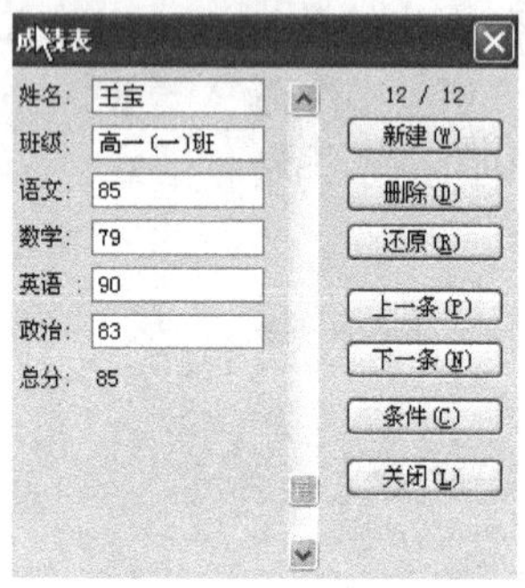
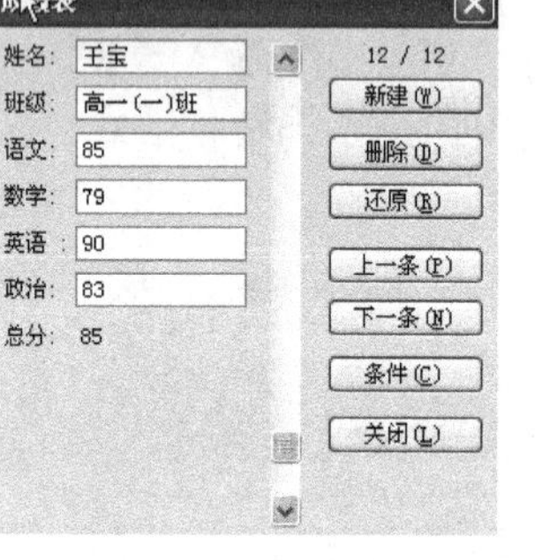

图 10-2 增加新的记录

图 10-3 输入查找条件

（3）在“姓名”文本框中输入查找条件“王包”，按下回车键或单击“表单”按钮，即可打开第一个符合查找条件的记录。

（4）单击“上一条”或“下一条”按钮则可依次找到满足查找条件的记录，单击“关闭”按钮退出查找。

3．删除记录

对于记录单中无用的记录，用户可以利用记录单功能将其删除。首先在数据清单区域单击任一单元格，执行“数据”|“记录单”命令，打开记录单对话框，单击“上一条”或“下一条”按钮或拖动滚动条选定要删除的记录，单击记录单对话框中的“删除”按钮，打开“删除记录”提示框，如图 10-4 所示。该对话框提示用户显示的记录将被永久地删掉，单击“确定”按钮，返回到记录单对话框，单击“关闭”按钮。

图 10-4 “删除记录”提示框

10.2 数 据 排 序

排序是指按照一定的顺序将数据清单中的数据重新排列，通过排序可以根据某特定列的内容来重新排列数据清单中的行。排序并不改变行的内容。当两行中有完全相同的数据或内容时，Excel 2003 会保持它们的原始顺序。

10.2.1　按一列排序

对数据记录进行排序时，利用“排序”工具按钮可以快速对一列数据进行排序，利用“排序”对话框则可对多列同时进行排序。

例如，利用排序按钮将“考试成绩表”中的“总分”升序排列，具体步骤如下：

（1）在“总分”数据列中单击任一单元格。

（2）单击“常用”工具栏中的“升序”按钮 ，则该数据列中的数据将按总分由底到高的顺序排列，如图 10-5 所示。

交通职专计算机专业期末考试成绩表

姓名	班级	计算机原理	数据库	C语言	计算机编程	总分
张军	一班	80	68	61	71	280
李玉杰	二班	72	60	75	76	283
李四军	二班	65	65	74	80	284
卜一	三班	76	64	76	79	295
韩雪	二班	63	78	80	87	308
时方瑞	三班	78	80	74	76	308
刘红	二班	90	58	84	76	308
刘湖	一班	90	80	70	71	311
范娟	二班	80	74	85	86	325
刘海	三班	78	89	86	90	343

Sheet1 Sheet2 Sheet3 Sheet4 数据源 Sh

就绪　数字

图 10-5　按“总分”升序排列的结果

10.2.2　按多列排序

利用工具栏中的排序按钮进行排序虽然方便快捷，但是只能按某一字段名的内容进行排序，如果要按两个或两个以上字段名的内容进行排序，可以在“排序”对话框中进行。

例如，在“考试成绩表”中先按“数据库”升序排列，再按“计算机原理”升序排列，最后按“C 语言”升序排列，具体步骤如下：

（1）在数据清单区域单击任一单元格。

（2）单击“数据”|“排序”命令，打开“排序”对话框，如图 10-6 所示。

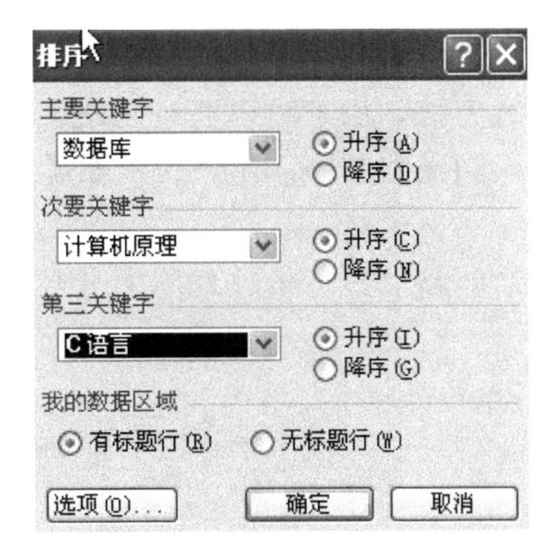

图 10-6　“排序”对话框

（3）在“主要关键字”下拉列表中选中“数据库”，选中“升序”单选按钮。

（4）在“次要关键字”下拉列表中选中“计算机原理”，选中“升序”单选按钮。

（5）在“第三关键字”下拉列表中选中“C 语言”，选中“升序”单选按钮。

（6）单击“确定”按钮，按多列进行排序的结果如图 10-7 所示。

	B	C	D	E	F	G	H
3							
4	交通职专计算机专业期末考试成绩表						
5	姓名	班级	计算机原理	数据库	C语言	计算机编程	总分
6	刘红	二班	90	58	84	76	308
7	李玉杰	二班	72	60	75	76	283
8	卜一	三班	76	64	76	79	295
9	李四军	二班	65	65	74	80	284
10	张军	一班	80	68	61	71	280
11	范娟	二班	80	74	85	86	325
12	韩雪	二班	63	78	80	87	308
13	时方瑞	三班	78	80	74	76	308
14	刘湖	一班	90	80	70	71	311
15	刘海	三班	78	89	86	90	343

Sheet1 Sheet2 Sheet3 Sheet4 数据源 She
就绪 数字

图 10-7　按多列进行排序的结果

注意：

在“我的数据区域”，如果选中“有标题行”单选按钮则表示在排序时保留数据清单的字段名称行，字段名称行不参与排序。如果选中“无标题行”单选按钮则表示在排序时删除数据清单中的字段名称行，字段名称行中的数据也参与排序。

10.3　数 据 筛 选

“筛选”即是在工作表中显示符合条件的记录，而不满足条件的记录将不显示。因此，筛选是一种用于查找数据清单中满足给定条件的快速方法。它与排序不同，它并不重排数据清单，而只是将不满足条件的行暂时隐藏。用户可以使用“自动筛选”或“高级筛选”功能将那些符合条件的数据显示在工作表中。

10.3.1　自动筛选

自动筛选是一种快速的筛选方法，用户可以通过它快速地访问大量数据，从中选出满足条件的记录并将其显示出来，隐藏那些不满足条件的数据，此种方法只适用于条件较简单的筛选。

例如，利用“自动筛选”功能将“计算机原理”中分数等于“78”的记录显示出来，具体步骤如下：

（1）在数据清单中单击任意单元格。

（2）单击“数据”|“筛选”|“自动筛选”命令，此时在每个字段的右边都出现一个下三角箭头。

（3）单击“计算机原理”右侧的下三角箭头打开一个列表，如图 10-8 所示。

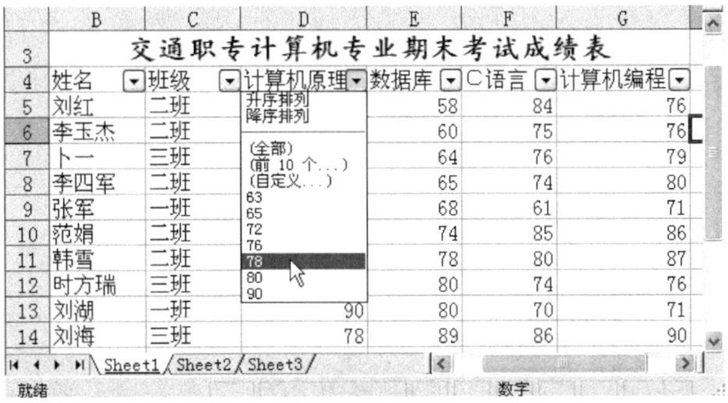

	B	C	D	E	F	G
3	交通职专计算机专业期末考试成绩表					
4	姓名	班级	计算机原理	数据库	C语言	计算机编程
5	刘红	二班		58	84	76
6	李玉杰	二班		60	75	76
7	卜一	三班		64	76	79
8	李四军	二班		65	74	80
9	张军	一班		68	61	71
10	范娟	二班		74	85	86
11	韩雪	二班		78	80	87
12	时方瑞	三班		80	74	76
13	刘湖	一班	90	80	70	71
14	刘海	三班	78	89	86	90

升序排列
降序排列
(全部)
(前 10 个...)
(自定义...)
63
65
72
76
78
80
90

Sheet1 Sheet2 Sheet3
就绪　数字

图 10-8　“计算机原理”字段下拉列表

（4）在下拉列表中选择“78”，自动筛选的结果如图 10-9 所示。

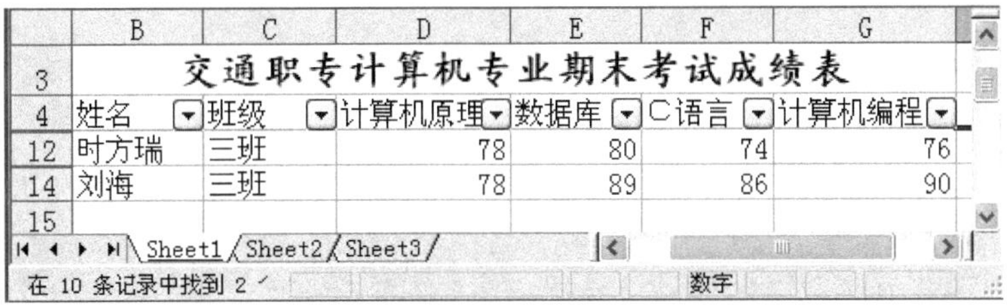

	B	C	D	E	F	G
3	交通职专计算机专业期末考试成绩表					
4	姓名	班级	计算机原理	数据库	C语言	计算机编程
12	时方瑞	三班	78	80	74	76
14	刘海	三班	78	89	86	90
15						

Sheet1 Sheet2 Sheet3
在 10 条记录中找到 2　数字

图 10-9　自动筛选的结果

在筛选后的结果中用户可以发现使用了自动筛选的字段，其字段名右边的下拉箭头变成了蓝色，并且行号也呈现为蓝色。

10.3.2　自定义筛选

在使用“自动筛选”命令筛选数据时，还可以利用“自定义”的功能来限定一个或多个筛选条件，以便于将更接近条件的数据显示出来。

例如，将“考试成绩表”中“各科成绩”大于“70”的记录显示出来，具体步骤如下：

（1）在数据清单区域单击任一单元格。

（2）单击“数据”|“筛选”|“自动筛选”命令，此时在每个字段的右边都出现一个下三角箭头按钮。

（3）单击“计算机原理”右侧的下三角箭头打开一个列表。

（4）在列表中选择“自定义”选项，打开“自定义自动筛选方式”对话框，如图 10-10 所示。

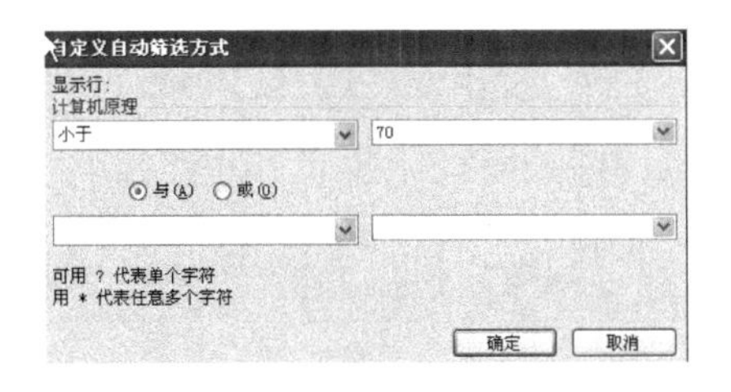

图 10-10　“自定义自动筛选方式”对话框

（5）在左上部的比较操作符下拉列表中选择“大于”，在其右边的文本框中输入“70”。

（6）单击“确定”按钮，符合条件的数据就被筛选出来。按照同样的方法把另外几门科目也筛选出来，筛选的结果如图 10-11 所示。

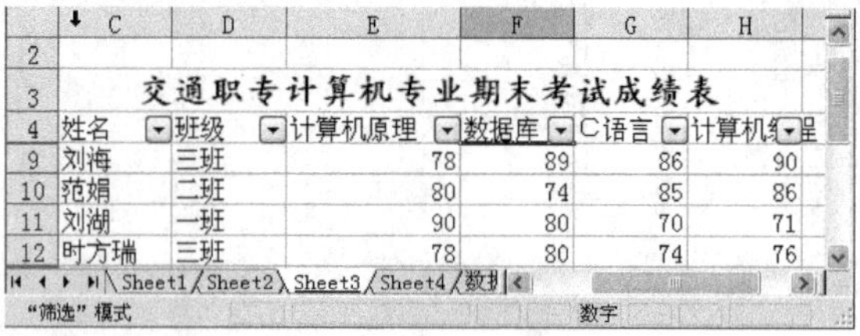

	C	D	E	F	G	H
2						
3	交通职专计算机专业期末考试成绩表					
4	姓名	班级	计算机原理	数据库	C语言	计算机编程
9	刘海	三班	78	89	86	90
10	范娟	二班	80	74	85	86
11	刘湖	一班	90	80	70	71
12	时方瑞	三班	78	80	74	76

Sheet1 / Sheet2 / Sheet3 / Sheet4 / 数据

“筛选”模式　数字

图 10-11　自定义筛选的结果

10.3.3　筛选前 10 个

如果用户要筛选出最大或最小的几项，用户可以在筛选列表中使用“前 10 个”命令来完成。

例如，要将“考试成绩表”中“数据库”分数的前 5 名的记录筛选出来，具体步骤如下：

（1）在数据清单区域单击任一单元格。

（2）单击“数据”|“筛选”|“自动筛选”命令，此时在每个字段的右边都出现一个下三角箭头。

（3）单击“数据库”右侧的下三角箭头打开一个列表。

（4）在列表中选择“前 10 个...”选项，打开“自动筛选前 10 个”对话框，如图 10-12 所示。

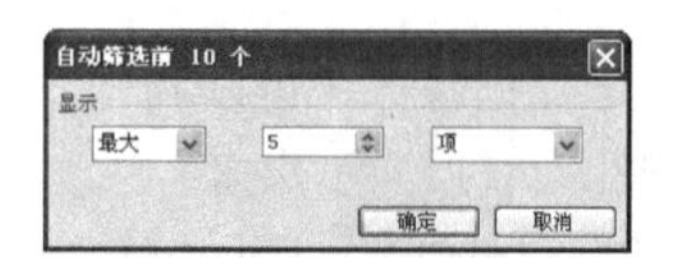

图 10-12　“自动筛选前 10 个”对话框

（5）在对话框中的最左边的下拉列表中选择“最大”项，在中间的文本框中选择或输入“5”，在最后边的下拉列表中选择“项”。

（6）单击“确定”按钮，按“数据库”字段筛选出最大值前 5 位的结果如图 10-13 所示。

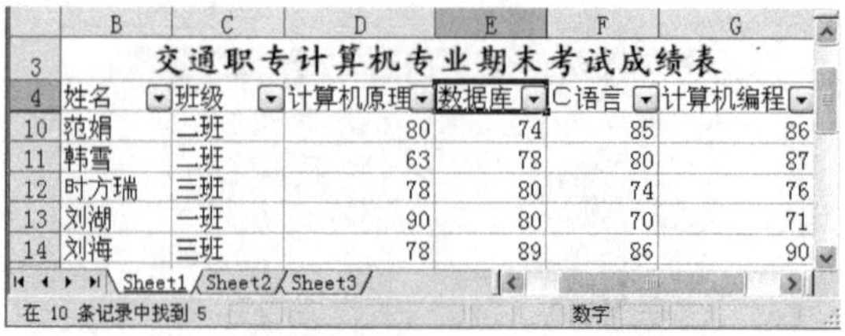

	B	C	D	E	F	G
3	交通职专计算机专业期末考试成绩表					
4	姓名	班级	计算机原理	数据库	C语言	计算机编程
10	范娟	二班	80	74	85	86
11	韩雪	二班	63	78	80	87
12	时方瑞	三班	78	80	74	76
13	刘湖	一班	90	80	70	71
14	刘海	三班	78	89	86	90

Sheet1 / Sheet2 / Sheet3

在 10 条记录中找到 5　数字

图 10-13　筛选最大值前 5 位的结果

注意：

如果用户要取消对某一列的筛选，只要单击该列列标志后的下三角箭头，在下拉列表中选择“全部”命令。如果要取消对所有列的筛选，执行“数据”|“筛选”|“全部显示”命令。如果要删除数据清单中的筛选箭头，执行“数据”|“筛选”命令，在子菜单中取消“自动筛选”命令的选中状态。

10.4　分 类 汇 总

分类汇总是对数据清单中的数据进行分析的一种常用方法，Excel 2003 可以使用函数实现分类和汇总值计算，汇总函数有求和、计数、求平均值等多种。使用汇总命令，可以按照用户选择的方式对数据进行汇总，自动建立分级显示，并在数据清单中插入汇总行和分类汇总行。

10.4.1　创建分类汇总

在进行分类汇总之前，应对数据清单中的分类字段进行排序使分类字段相同的记录集中在一起，并且数据清单的第一行里必须有列标记。利用自动分类汇总功能可以对一项或多项指标进行汇总。

例如，要在“考试成绩表”中以“班级”为分类字段将各科成绩及总分进行“平均值”分类汇总，具体步骤如下：

(1) 首先对班级列进行排序，使班级中相同的字段集中在一起。

(2) 在数据清单区域单击任意单元格，单击“数据”|“分类汇总”命令，打开“分类汇总”对话框，如图 10-14 所示。

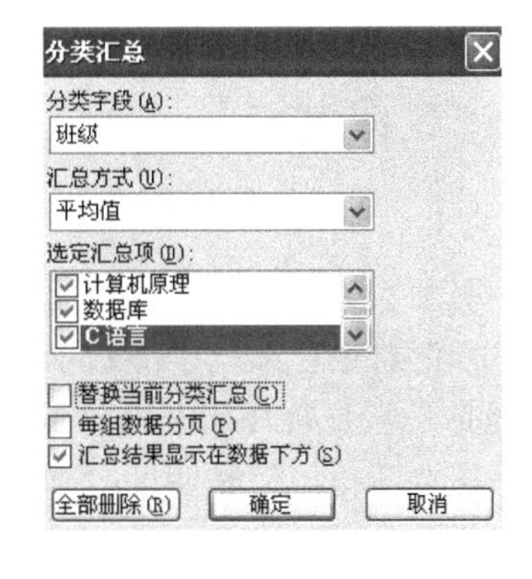

图 10-14　“分类汇总”对话框

(3) 在“分类字段”下拉列表中选择“班级”；在“汇总方式”下拉列表中选择“平均值”。

(4) 在“选定汇总项”列表中选中“计算机原理、数据库、C 语言、计算机编程”4 个复选框。

(5) 选中“汇总结果显示在数据下方”复选框，单击“确定”按钮，按“班级”进行分类汇总的结果如图 10-15 所示。

注意：

如果选中“替换当前分类汇总”复选框则表示按本次要求进行汇总；如果选中“每组数据分页”复选框，则将按每一类分页显示。

	A	B	C	D	E	F	G
2							
3			交通职专计算机专业期末考试成绩表				
4		姓名	班级	计算机原理	数据库	C语言	计算机编程
5		张军	一班	80	68	61	71
6		刘湖	一班	90	80	70	71
7			**一班 平均值**	85	74	65.5	71
8		卜一	三班	76	64	76	79
9		刘海	三班	78	89	86	90
10		时方瑞	三班	78	80	74	76
11			三班 平均值	77.33333333	77.66667	78.66667	81.66666667
12		刘红	二班	90	58	84	76
13		李四军	二班	65	65	74	80
14		范娟	二班	80	74	85	86
15		李玉杰	二班	72	60	75	76
16		韩雪	二班	63	78	80	87
17			**二班 平均值**	74	67	79.6	81
18			**总计平均值**	77.2	71.6	76.5	79.2

Sheet1 / Sheet2 / Sheet3 / Sheet4 / 数据源 / Sheet6

就绪　　数字

图 10-15　进行平均值分类汇总的结果

10.4.2　分级显示汇总结果

对工作表中的数据进行分类汇总后，将会使原来的工作表显得庞大，此时用户如果要单独查看汇总数据或查看数据清单中的明细数据，最简单的方法就是利用 Excel 2003 提供的分级显示功能。

1．了解明细数据和汇总数据

明细数据是指在分类汇总中对其进行汇总的行或列中的数据，汇总数据是指对明细数据进行汇总的行或列中的数据。明细数据和汇总数据是相对而言的。汇总数据 A 若被更高一级的汇总数据 B 所汇总，那么汇总数据 A 就是汇总数据 B 的明细数据。

汇总数据可以是明细数据的求和，也可以是平均值、最大值或其他汇总函数的结果，汇总数据必须与其汇总的明细数据相邻。汇总行可以在明细数据的下方或上方，一般在下方；汇总数据可以在明细数据的左方或右方，一般在右方。

2．改变显示内容

在对工作表数据进行分类汇总后，其汇总后的工作表在窗口处将出现“1”、“2”、“3”的数字，还有“-”、大括号等，这些符号在 Excel 2003 中称为分级显示符号，如图 10-16 所示。

其中 1 2 3 表示明细数据级别，1 级数据为最高级，2 级数据是 1 级数据的明细数据，又是 3 级数据的汇总数据。单击 1 可以直接显示一级汇总数据。单击 2 可以显示一级和二级数据，单击 3 可以显示一级、二级、三级，即全部数据。

符号 - 是“隐藏明细数据”按钮，+ 是“显示明细数据”按钮。单击 - 可以隐藏该级及以下各级的明细数据，单击 + 则可以展开该级明细数据。如图 10-16 为隐藏明细数据的结果。

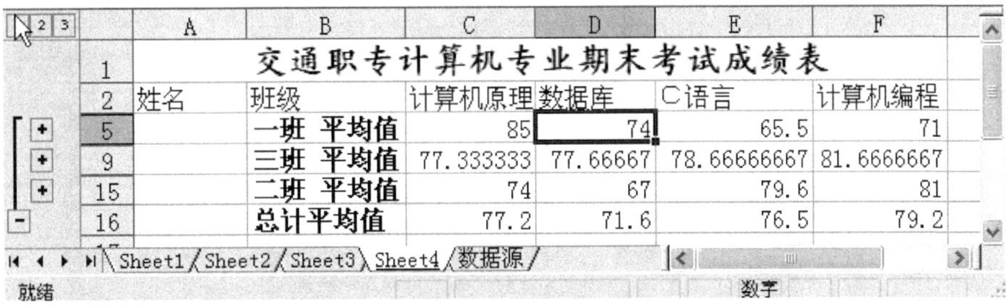

	A	B	C	D	E	F
1	交通职专计算机专业期末考试成绩表					
2	姓名	班级	计算机原理	数据库	C语言	计算机编程
5		一班 平均值	85	74	65.5	71
9		三班 平均值	77.333333	77.66667	78.66666667	81.6666667
15		二班 平均值	74	67	79.6	81
16		总计平均值	77.2	71.6	76.5	79.2

Sheet1 / Sheet2 / Sheet3 / Sheet4 / 数据源

就绪　数字

图 10-16　隐藏明细数据结果

3．取消分级显示

如果用户不想利用分级显示功能对工作表的明细数据进行隐藏，那么可以将分级显示功能取消。

如果要取消部分分级显示，可先选定有关的行或列，然后单击“数据”|“组及分级显示”|“清除分级显示”命令即可。

如果要取消全部的分级显示，可单击数据区域的任一单元格，然后执行“数据”|“组及分级显示”|“清除分级显示”命令即可。

10.4.3　删除分类汇总

当创建了分类汇总后，如果不再需要了，用户还可以将其删除掉，首先在分类汇总数据清单区域单击任一单元格，单击“数据”|“分类汇总”命令，打开“分类汇总”对话框，在“分类汇总”对话框中单击“全部删除”按钮，单击“确定”按钮。

10.5　合 并 计 算

一个公司可能有很多子公司或销售部门，各个子公司都具有各自的销售报表和会计报表，为了对整个公司的所有情况进行全面了解，就要将这些分散的数据进行合并，从而得到一份完整的销售统计报表或者会计报表。利用 Excel 2003 所提供的合并计算功能，就可以很容易地完成这些汇总工作。

所谓合并计算，是指用来汇总一个或多个源区域中的数据的方法。Excel 2003 提供了两种合并计算数据的方法。一是按位置合并计算，即将源区域中相同位置的数据汇总；二是按分类合并计算，当源区域中没有相同的布局时，则采用分类方式进行汇总。

10.5.1　按位置合并计算

按位置合并计算数据，是指将源区域中的相同位置的数据汇总，它适合具有相同结构数据区域的计算。

如图 10-17 所示的是银基公司甲、乙两个部门第一季度杂志销售统计表，这两个工作表中在相同的位置上具有相同的数据项，此时用户可以利用按位置合并计算的功能对两个工作表进行汇总，具体步骤如下：

甲部门第一季度杂志销售统计表

书名	一月（本）	二月（本）	三月（本）
女友	400	300	280
少男少女	380	280	200
妇女生活	560	400	160
新家庭	600	500	200
青年文摘	350	270	180
半月谈	260	150	190
电脑爱好者	1000	1600	800

乙部门第一季度杂志销售统计表

书名	一月（本）	二月（本）	三月（本）
女友	450	380	270
少男少女	500	450	400
妇女生活	380	350	330
新家庭	430	400	380
青年文摘	240	200	180
半月谈	260	240	200
电脑爱好者	300	250	200

图 10-17 按位置合并计算的原始数据

（1）创建一个新的工作表，在工作表中输入如图 10-18 所示的数据，并在工作表中选中“C4:E10”单元格区域。

（2）单击“数据”|“合并计算”命令，打开“合并计算”对话框，如图 10-19 所示。

（3）在“函数”下拉列表中选择“求和”。

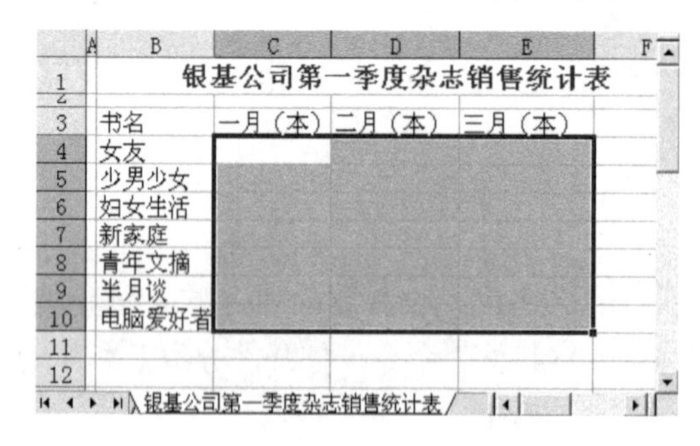

银基公司第一季度杂志销售统计表

书名	一月（本）	二月（本）	三月（本）
女友			
少男少女			
妇女生活			
新家庭			
青年文摘			
半月谈			
电脑爱好者			

图 10-18 合并计算的目标区域

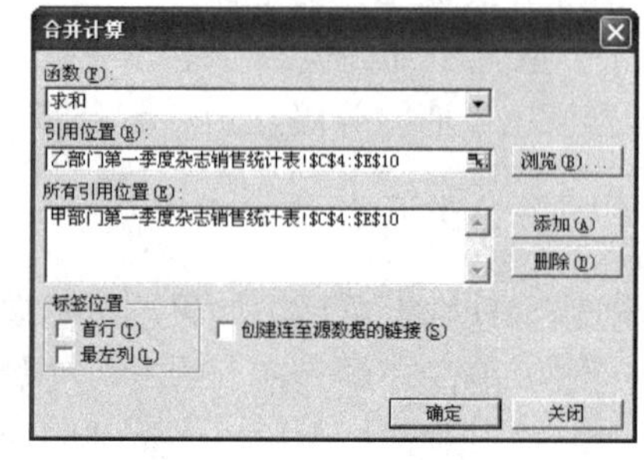

图 10-19 “合并计算”对话框

（4）在“引用位置”文本框中输入源引用位置，或者单击“引用位置”文本框右边的折叠按钮，打开一个区域引用的对话框，单击“甲部门”工作表，然后在工作表中选中要引用的数据区域“C4:E10”。

（5）再次单击折叠按钮，返回到“合并计算”对话框，单击“添加”按钮。

（6）重复步骤（4）、步骤（5），加入“乙部门”的引用位置到“所有引用位置”列表框。

（7）单击“确定”按钮，按位置合并计算后的效果如图 10-20 所示。

银基公司第一季度杂志销售统计表

书名	一月（本）	二月（本）	三月（本）
女友	850	680	550
少男少女	880	730	600
妇女生活	940	750	490
新家庭	1030	900	580
青年文摘	590	470	360
半月谈	520	390	390
电脑爱好者	1300	1850	1000

图 10-20 按位置合并计算结果

10.5.2　按分类合并计算

分类合并计算是指当多重来源区域包含相似的数据却以不同的方式排列时，可依不同的类别进行数据的合并计算。

如图 10-21 所示的银基公司甲、乙两个部门在各自的工作表中在相同的位置上不具有相同的数据项，此时可以按分类进行合并计算，具体步骤如下：

甲部门第一季度杂志销售统计表

书名	一月（本）	二月（本）	三月（本）
女友	400	300	280
少男少女	380	280	200
妇女生活	560	400	160
新家庭	600	500	200
青年文摘	350	270	180
半月谈	260	150	190
电脑爱好者	1000	1600	800

乙部门第一季度杂志销售统计表

书名	一月（本）	二月（本）	三月（本）
女友	450	380	270
半月谈	260	240	200
新生活	300	250	180
新家庭	430	400	380
青年文摘	240	200	180
妇女生活	380	350	330
知音	250	180	160

图 10-21　按分类进行合并计算的原始数据

（1）创建一个新的工作表，在工作表中只输入标题，并选中放置合并数据区域最左上角的单元格。

（2）单击“数据”|“合并计算”命令，打开“合并计算”对话框。在“函数”下拉列表中选择“求和”。

（3）在“引用位置”文本框中输入源引用位置，或者单击“引用位置”文本框右边的折叠按钮，打开一个区域引用的对话框，单击“甲部门”工作表，然后在工作表中选中要引用的数据区域“B3:E10”。

（4）再次单击折叠按钮，返回到“合并计算”对话框，单击“添加”按钮。

（5）重复步骤（3）、步骤（4），加入“乙部门”的引用位置到“所有引用位置”列表框。

（6）选中“首行”和“最左列”复选框。

（7）单击“确定”按钮，按分类合并计算后的效果如图 10-22 所示。

银基公司第一季度杂志销售统计表

	一月（本）	二月（本）	三月（本）
女友	850	680	550
少男少女	380	280	200
妇女生活	940	750	490
新生活	300	250	180
新家庭	1030	900	580
青年文摘	590	470	360
半月谈	520	390	390
电脑爱好者	1000	1600	800
知音	250	180	160

图 10-22　按分类合并计算结果

10.6 创建与编辑图表

如果给出一大堆数据让用户对数据进行统计或分析，用户往往无法分清主次，不知从何下手。而 Excel 2003 的重要功能之一就是它可以将抽象的数据图表化，Excel 2003 可以轻而易举地把表格化的数据转换成更直观、更一目了然的图表，并且可以帮助用户分析数据、查看数据的差异、预测趋势等。

在 Excel 2003 中，可以将建立的图表作为数据源所在的工作表的对象插入到该工作表中用于对源数据的补充，还可以将建立的图表绘制成一个独立的图表工作表。图表会随着工作表中数据的变化而变化。

10.6.1 创建图表

Excel 提供了丰富的图表类型，每种图表类型又有多种子类型，此外，还有自定义图表类型。如为图 10-23“利达公司销售表”中各城市四个季度的销售数据创建一个簇状柱形图，具体步骤如下：

利达公司2008年度各地市销售情况表（万元）

季度 城市	第一季度	第二季度	第三季度	第四季度	合计
郑州	266	368	486	468	¥ 1,588
商丘	126	148	283	384	¥ 941
漯河	0	88	276	456	¥ 820
南阳	234	186	208	246	¥ 874
新乡	186	288	302	568	¥ 1,344
安阳	98	102	108	96	¥ 404

图 10-23 创建图表的原始数据

（1）在数据清单区域选中 B4:F10 单元格区域。

（2）执行“插入”|“图表”命令，打开“图表向导－4 步骤之 1－图表类型”对话框，单击“标准类型”选项卡，如图 10-24 所示。

（3）在对话框左侧的“图表类型”的列表框中选择图表类型“柱形图”，在“子图表类型”区域中选择“簇状柱形图”。

（4）单击“下一步”按钮，打开“图表向导－4 步骤之 2－图表源数据”对话框，如图 10-25 所示。

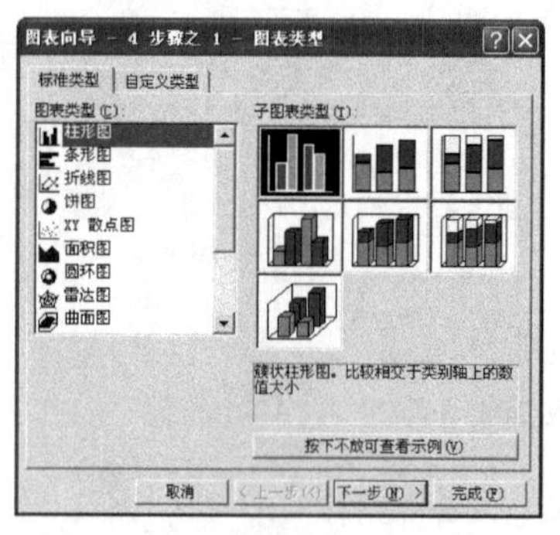

图 10-24 选择图表类型

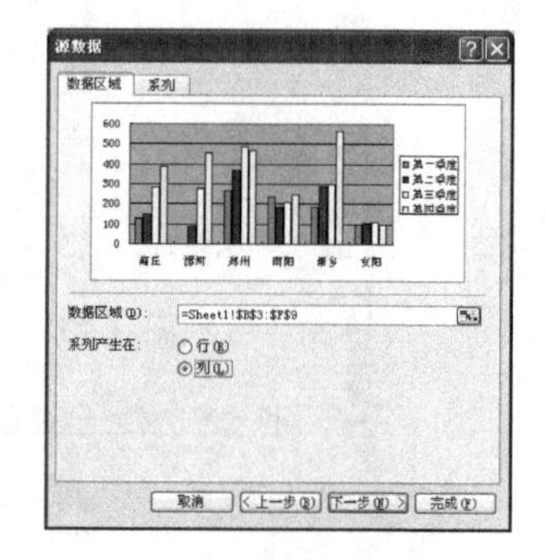

图 10-25 选择数据系列

（5）观察“数据区域”文本框中的选择是否正确，若不正确，单击其后的折叠按钮，选择正确的单元格区域，在“系列产生在”区域选中“列”单选按钮。

（6）单击“下一步”按钮，打开“图表向导－4 步骤之 3－图表选项”对话框，单击“标题”选项卡，如图 10-26 所示。

（7）在“图表标题”文本框中输入标题“销售表”，在“分类（X）轴”下的文本框中输入“城市”，在“分类（Y）轴”下的文本框中输入“产量”。

（8）单击“下一步”按钮，打开“图表向导－4 步骤之 4－图表位置”对话框，如图 10-27 所示。

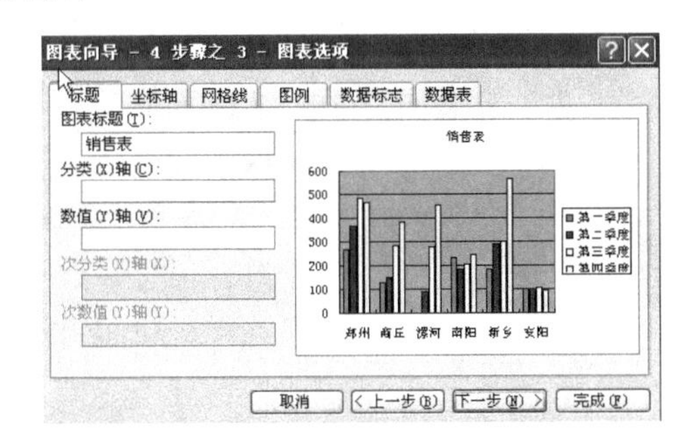

图 10-26　设置图表标题

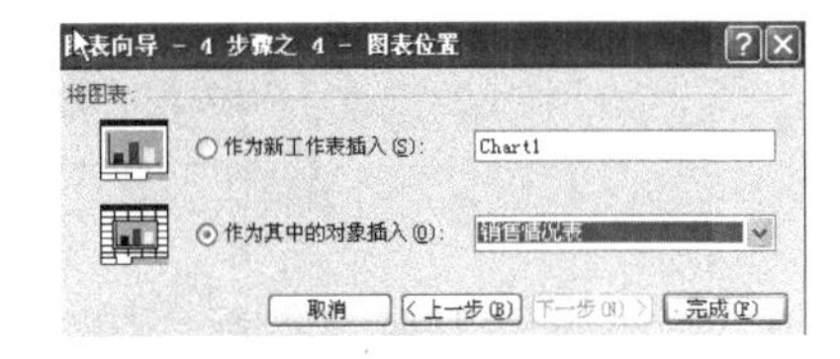

图 10-27　选择图表插入方式

（9）在对话框中选中“作为其中的对象插入”单选按钮。

（10）单击“完成”按钮，即可在当前工作表中插入一个图表，如图 10-28 所示。

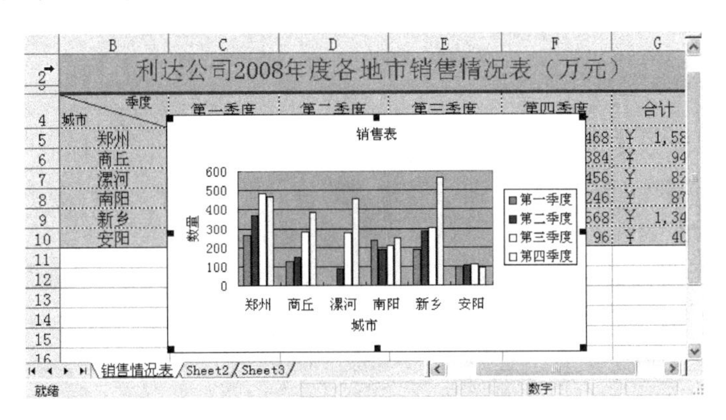

图 10-28　创建图表的结果

10.6.2　编辑图表

图表建立后，根据需要用户还可以对图表中的对象进行大小及位置的调整、编辑图表中的数据、图表区格式等设置的操作。

1．图表对象的选取

在对图表及图表中的各个对象进行操作时，用户首先应将其选中，然后才能对其进行编辑操作。在选定整个图表时，用户只需将鼠标指向图表中的空白区域，当出现“图表区”

的屏幕提示时单击鼠标即可将其选定，选定的图表四周将出现八个控制点，此时就表示图表被选定。被选定之后用户就可以对整个图表进行移动、缩放等编辑操作了。

在选定图表中的对象时，用户可以利用鼠标单击或利用“图表”工具栏进行选定。

利用鼠标来选取图表对象是最简单的，用户只需用鼠标直接单击要选定的图表对象即可。例如，要选定图表的标题对象，用户可以将鼠标指向图表标题，当出现“图表标题”的屏幕提示时，单击鼠标即可选定图表标题。

利用图表工具栏用户也可以准确地选定图表对象，图表创建好后，在工作表中自动打开“图表”工具栏，如果未显示，在菜单栏的任意位置单击鼠标右键，在打开的快捷菜单中选择“图表”命令，即可打开“图表”工具栏，如图 10-29 所示。单击“图表”工具栏左边的“图表对象”窗口右边的下三角箭头，打开一个选项列表，有关图表项的所有名字都显示于此列表中。单击其中的一个选项，则图表中相应的选项即被选中。

图 10-29 图表对象列表

2．调整图表的位置及大小

如果要移动图表，只需将鼠标移动到图表空白处拖动，此时鼠标变成 ✥ 状，同时有一个随鼠标移动而移动的虚线框，虚线框所在的位置即是调整后图表所在的位置，当虚线框到达合适位置时松开鼠标即可。

在选中的图表四周出现了一些控制点，将鼠标移至右下角的控制点上，当鼠标变成 ⤡ 状时向左上或右下拖动鼠标，此时鼠标变成 + 状并且出现一虚线框，虚线框的大小即是调整后的图表大小，当调整到合适程度时松开鼠标即可。

3．向图表中添加数据

用户可以利用鼠标拖动直接向嵌入式的图表中添加数据，首先在源数据区域输入新增加的数据，然后选中整个图表，选中图表后图表的数据周围出现蓝色、绿色、紫色框。将鼠标移到选定框右下角的选定柄上，当鼠标变为双向箭头时拖动选定柄使源数据区域包含要添加的数据，选定后新增加的数据就自动加入到图表中。这种方式适用于要添加的新数据区域与源数据区域是相邻的。

用户也可以首先将要添加的数据复制，然后选中图表，在图表上单击鼠标右键，在打开的快捷菜单中选择“粘贴”命令，则数据被添加到图表中。这种方法对于任何数据区域都是通用的，特别适用于要添加的新数据区域与源数据区域不相邻的情况。

4．删除图表中的数据

对于一些不必要在图表中出现的数据，用户可以将其从图表中删除。在删除图表中的数据时可以同时删除工作表中对应的数据，也可以保留工作表中的数据。

如果要同时删除图表和工作表中的数据，可以在工作表中直接删除不需要的数据，则图表中的数据会自动更新。

如果要只删除图表中的数据，而保留工作表中的数据，只要先单击要清除的数据系列，然后执行“编辑”|“清除”|“系列”命令，或在选定的数据系列上单击鼠标右键，在打开的快捷菜单中选择“清除”命令，则选中的数据系列将被清除掉。

5．美化图表

用户可以通过修改图表的图表区格式、绘图区格式、图表的坐标轴格式等来美化图表。每种图形对象的修饰方法都类似，下面以修饰图表区为例介绍一下图表对象的修饰方法。

例如，设置“销售表”图表区的格式，具体步骤如下：

（1）将鼠标指向图表的空白处，当显示“图表区”的提示时单击鼠标选中图表。

（2）单击“格式”|“图表区”命令，打开“图表区格式”对话框，单击“图案”选项卡，如图 10-30 所示。

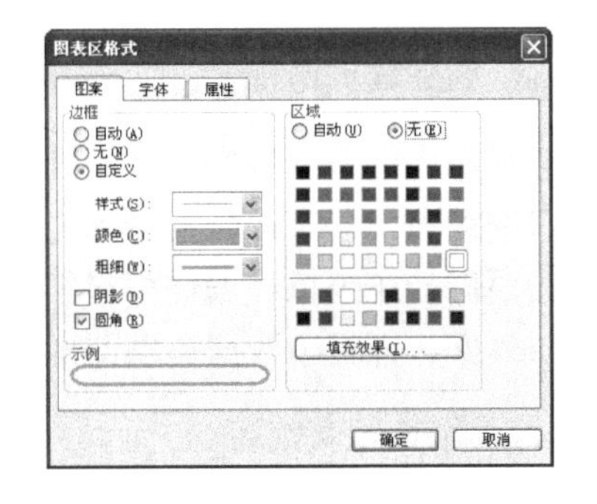

图 10-30　“图表区格式”对话框

（3）在“边框”区域中选择“自定义”单选按钮，在“样式”下拉列表中选择实线边框样式，在“颜色”下拉列表中选择“玫瑰红”，在“粗细”下拉列表中选择粗实线。

（4）选中“圆角”复选框，在“区域”区域单击“填充效果”按钮，打开“填充效果”对话框，在对话框中单击“纹理”选项卡，如图 10-31 所示。

（5）在“纹理”列表中选择“蓝色面巾纸”效果，单击“确定”按钮，返回到“图表区格式”对话框。

（6）单击“确定”按钮，设置图表区格式的效果如图 10-32 所示。

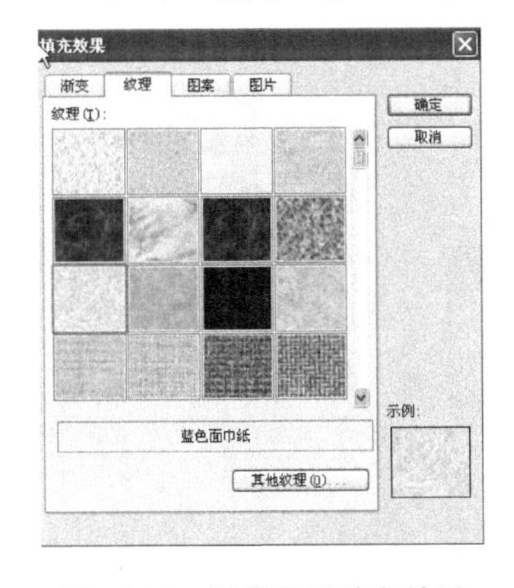

图 10-31　设置纹理填充效果

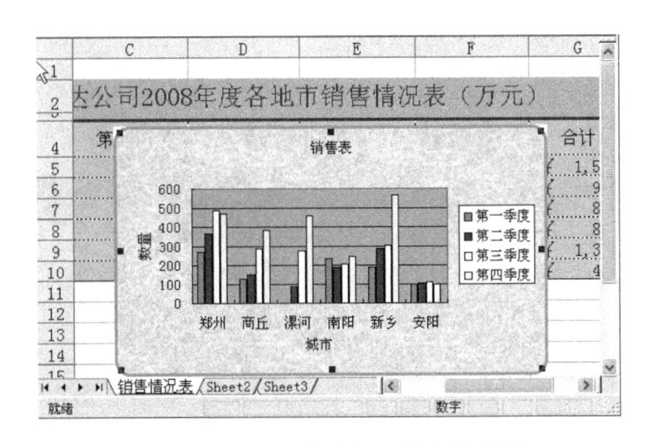

图 10-32　设置图表区格式的效果

提示：

用户可以按照类似的方法对图表的绘图区、标题、图例以及坐标轴进行修饰。

10.7 数据透视表

在 Excel 2003 中可以利用数据的排序重新整理数据，使用户从不同的角度观察数据；利用数据的筛选，可以提取清单中指定的数据；利用分类汇总统计数据，并且还可以显示或隐藏数据。Excel 2003 除具有上述的数据管理功能外，还提供了一种更为简单、形象、实用的数据分析工具——数据透视表及数据透视图。它不仅将以上的三个过程有机地结合在一起，而且将表与图链接，使用户能够简捷、生动、全面地对数据清单区域的数据进行处理与分析。

10.7.1 创建数据透视表

数据透视表及数据透视图是用于对大量数据快速汇总和建立交叉列表的交互式表格，在数据透视表中，可以转换行和列以查看源数据和不同的汇总结果，可以显示不同的页面来筛选数据，还可以根据需要显示区域中的明细数据。数据透视图是为现有数据清单、数据库和数据透视表中数据提供图形化分析的交互式图表。

1. 数据透视表概述

数据透视表主要由字段（页字段、数据字段、行字段、列字段）、项（页字段项、数据项）和数据区域组成。字段即是从源列表或数据库中的字段衍生的数据的分类。项是数据透视表中字段的子分类或成员。项表示源数据中字段的唯一条目。数据区域是指包含行和列字段汇总数据的数据透视表部分。

2. 创建数据透视表

数据透视表的功能很强大，但创建过程非常简单，基本上是 Excel 2003 自动完成，用户只需在“数据透视表和数据透视图向导”中指定用于创建的原始数据区域、数据透视表的存放位置，并指定页字段、行字段、列字段和数据字段即可。

例如，利用“某中专交费情况表”数据清单创建数据透视表，具体步骤如下：

（1）在数据区域单击任一单元格。

（2）单击“数据”|“数据透视表和数据透视图”命令，打开“数据透视表和数据透视图向导—3 步骤之 1”对话框，如图 10-33 所示。

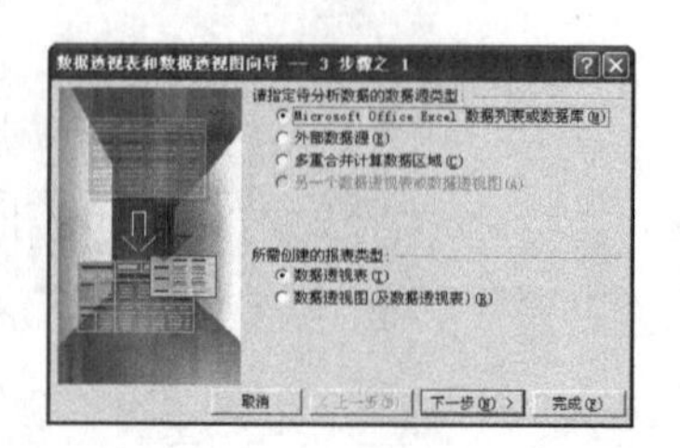

图 10-33 “数据透视表和数据透视图向导—3 步骤之 1”对话框

（3）在“所需创建的报表类型”区域选中“数据透视表”单选按钮，单击“下一步”按钮，打开“数据透视表和数据透视图向导—3 步骤之 2”对话框，如图 10-34 所示。

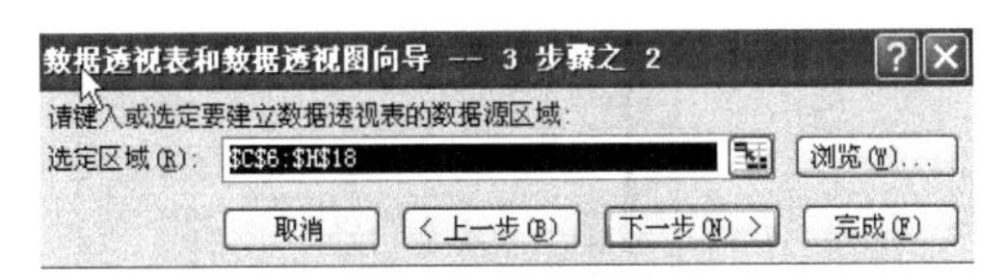

图 10-34　“数据透视表和数据透视图向导—3 步骤之 2”对话框

（4）单击“选定区域”右侧的折叠按钮，在数据清单中利用鼠标拖动选择创建数据透视表的数据清单区域。

（5）再次单击折叠按钮，返回到“数据透视表和数据透视图向导—3 步骤之 2”对话框中，并单击“下一步”按钮，打开“数据透视表和数据透视图向导—3 步骤之 3”对话框，如图 10-35 所示。

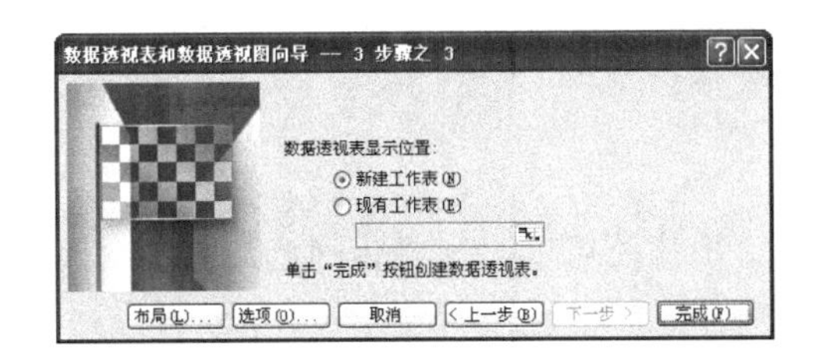

图 10-35　“数据透视表和数据透视图向导—3 步骤之 3”对话框

（6）在该对话框中用户可以选择创建的数据透视表的显示位置，如果选中“新建工作表”单选按钮，则新创建一个工作表显示数据透视表。如果选中“现有工作表”则在当前工作表中显示数据透视表，用户还可以选择显示的具体位置。这里选中“新建工作表”单选按钮。

（7）单击“布局”按钮，打开“数据透视表和数据透视图向导—布局”对话框，如图 10-36 所示。

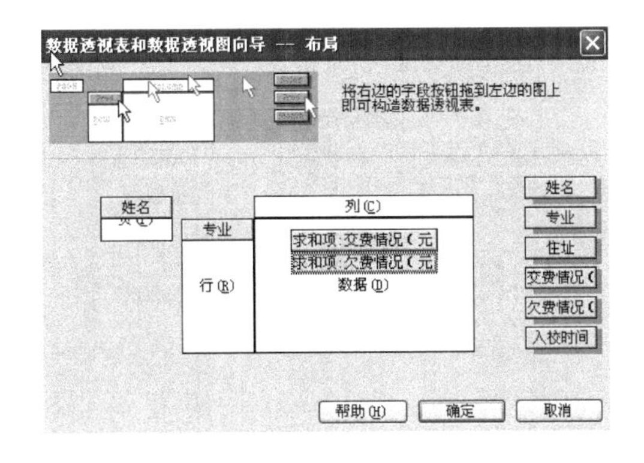

图 10-36 “数据透视表和数据透视图向导—布局”对话框

（8）将“姓名”拖到“页字段”，将“专业”拖到“行字段”，将“交费情况和欠费情况”分别拖到“数据字段”。

（9）单击“确定”按钮返回到“数据透视表和数据透视图向导—3 步骤之 3”对话框中，单击“完成”按钮，即可在新建工作表中创建一个数据透视表，如图 10-37 所示。

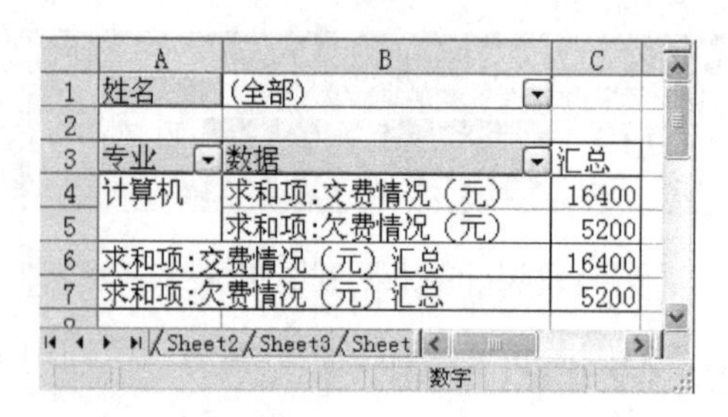

图 10-37 创建的数据透视表

注意：

在创建数据透视表的数据清单中不能含有分类汇总字段，因此在利用数据清单创建数据透视表之前首先应将分类汇总删除，否则将无法创建数据透视表。

10.7.2 编辑数据透视表

创建了数据透视表后，用户还可以对其进行筛选数据、变换汇总方式、改变透视表中的数据、更改表格布局等操作。

1．添加和删除数据字段

当数据透视表创建完成后，由于有的数据项没有被添加到数据透视表中，或者数据透视表中的某些数据项无用，因此还需要再次向数据透视表中添加或删除一些数据记录。此时用户可以使用“数据透视表”工具栏上的显示字段列功能，根据需要随时向数据透视表中添加或删除字段，具体步骤如下：

（1）在数据透视表中单击数据区域的任意单元格，显示出数据透视表工具栏，如果数据透视表工具栏没有显示出来，单击“视图”|“工具栏”|“数据透视表”命令。

（2）在“数据透视表”工具栏中单击“隐藏/显示字段列表”按钮，打开“数据透视表字段列表”对话框，如图 10-38 所示。

图 10-38 “数据透视表字段列表”对话框

（3）在“数据透视表字段列表”中选择要添加的项，在“添加到”后的下拉列表中选择添加到的区域并单击“添加到”按钮。

（4）如果用户要删除数据透视表中的数据记录，可首先在数据透视表中选定要删除的数据记录，然后拖动到“数据透视表字段列表”中即可。

注意：

除利用“添加到”按钮来添加数据记录外，用户也可以使用拖动的方法来进行添加操作，用户只需在“数据透视表字段列表”中选择要添加的数据选项，然后将其拖动到数据透视表中的相应位置即可。

2．筛选数据

使用数据透视表中的页字段、行字段和列字段，用户可以很方便地筛选出符合要求的数据，以便快速地查阅数据内容。

例如，在“某中专交费情况表”数据透视表中查看“李帅”的交费情况，具体步骤如下：

（1）单击页字段“姓名”右边的“全部”控制按钮后的下三角箭头，打开如图 10-39 所示的列表。

（2）在列表中选择“李帅”。

（3）单击“确定”按钮，“李帅”的交费情况显示在屏幕上，如图 10-40 所示。

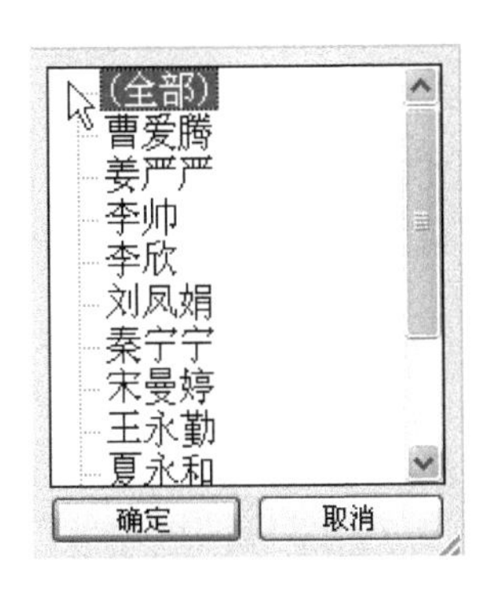

图 10-39　筛选页字段

	A	B	C
1	姓名	李帅	
2			
3	专业	数据	汇总
4	计算机	求和项:交费情况（元）	1350
5		求和项:欠费情况（元）	450
6	求和项:交费情况（元）汇总		1350
7	求和项:欠费情况（元）汇总		450

Sheet2 / Sheet3 / Shee　数字

图 10-40　查看“李帅”的交费情况

3．更改汇总方式

在数据透视表中，系统会自动对数据项进行求和汇总。而实际上，在 Excel 2003 的数据透视表中系统提供了多种汇总方式，根据需要，用户可以选择不同的汇总方式来进行数据的汇总。变换汇总方式的具体步骤如下：

（1）在数据透视表中单击要改变数据汇总方式字段中的任一单元格。

（2）在“数据透视表”工具栏上单击“字段设置”按钮 ，打开“数据透视表字段”对话框，如图 10-41 所示。

（3）在“汇总方式”列表框中选择一种汇总方式，如选择“平均值”。

（4）单击“确定”按钮。

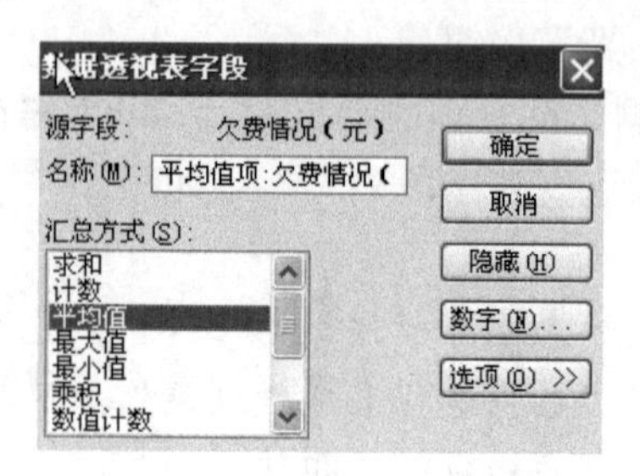

图 10-41　更改汇总方式

10.8　本 章 练 习

一、填空题

1．数据清单中包含两个重要元素，__________和__________。

2．分类汇总是将数据清单中的某个关键字段进行________，然后对各类进行_________。在进行自动分类汇总之前，必须对数据清单_________，并且数据清单的第一行里必须有_________。

3．利用工作表中的数据创建的图表有__________和__________两种。

4．在数据透视表中，可以转换____和____以查看源数据和不同的汇总结果，可以显示不同的页面来筛选数据，还可以根据需要显示区域中的________。

二、简答题

1．在创建数据清单时用户应遵循哪些准则？

2．排序和筛选的区别是什么？

3．如何向图表中添加数据？

4．如何删除分类汇总？

三、操作题

将随书所附光盘素材文件夹中DATA1文件夹内的TF7-6.xls文件复制到用户文件夹中，并重命名为A10. XLS。然后打开文档A10. XLS，按下列要求操作。

1．**公式（函数）应用：**使用Sheet1工作表中的数据，计算每个学生的“总分”，结果放在相应的单元格中，如【样文 10-1A】所示。

2. **数据排序：**使用 Sheet2 工作表中的数据，以“总分”为主要关键字，升序排序，结果如【样文 10-1B】所示。

3. **数据筛选：**使用 Sheet3 工作表中的数据，筛选出“网络”、“计算机基础”、“Photoshop”三门成绩大于 80 分的记录，结果如【样文 10-1C】所示。

4. **数据分类汇总：**使用 Sheet4 工作表中的数据，以“班级”为分类字段，将各科成绩分别进行“平均值”分类汇总，结果如【样文 10-1D】所示。

5. **建立数据透视表：**使用“数据源”工作表中的数据，以“姓名”为页字段，以“班级”为行字段，以“网络”、“计算机基础”、“Photoshop”、“Flash”、“Internet”为最小值项，从 Sheet6 工作表的 A1 单元格起建立数据透视表，结果如【样文 10-1E】所示。

【样文 10-1A】

2008上半年计算机一班期中考试成绩单						
姓名	网络	计算机基础	Photoshop	Flash	Internet	总分
邢良	82	97	95	71	82	427
王玉华	89	99	90	84	71	433
耿建民	75	100	92	65	92	424
张威	95	67	82	95	91	430
王霞光	98	85	80	81	80	424
刘亭	90	78	74	80	64	386
李华丽	88	80	60	86	88	402
贺华辉	86	83	64	88	73	394
高杰	64	81	70	90	61	366

【样文 10-1B】

2008上半年计算机一班期中考试成绩单						
姓名	网络	计算机基础	Photoshop	Flash	Internet	总分
高杰	64	81	70	90	61	366
刘亭	90	78	74	80	64	386
贺华辉	86	83	64	88	73	394
李华丽	88	80	60	86	88	402
王霞光	98	85	80	81	80	424
耿建民	75	100	92	65	92	424
邢良	82	97	95	71	82	427
张威	95	67	82	95	91	430
王玉华	89	99	90	84	71	433

【样文 10-1C】

2008上半年计算机一班期中考试成绩单						
姓名	网络	计算机基础	Photoshop	Flash	Interne	总分
邢良	82	97	95	71	82	427
王玉华	89	99	90	84	71	433

【样文 10-1D】

2008上半年计算机各班期中考试成绩单						
姓名	班级	网络	计算机基	Photoshop	Flash	Internet
	一班 平均值	77.5	94.25	86.75	77.5	76.5
	三班 平均值	92	81	71.33333333	82.33333	77.33333
	二班 平均值	90.5	75	73	91.5	82
	总计平均值	85.22222	85.55556	78.55555556	82.22222	78

【样文 10-1E】

姓名	(全部)	
班级	数据	汇总
一班	最小值项:网络	64
	最小值项:计算机基础	81
	最小值项:Photoshop	70
	最小值项:Flash	65
	最小值项:Internet	61
最小值项:网络汇总		64
最小值项:计算机基础汇总		81
最小值项:Photoshop汇总		70
最小值项:Flash汇总		65
最小值项:Internet汇总		61

第 11 章　幻灯片的基本编辑

PowerPoint 2003 是 Office 2003 的组件之一，是制作演示文稿的软件，它能够把所要表达的信息组织在一组图文并茂的画面中。利用 PowerPoint 2003 创建的演示文稿可以采用不同的方式播放：将演示文稿打印成一页一页的幻灯片，使用投影仪播放；在计算机上进行演示，并且可以加上动画、特技效果、声音等多媒体效果，使人们的创意发挥得更加淋漓尽致。

本章重点：

- PowerPoint 2003 的基本操作
- 丰富幻灯片页面效果
- 设置幻灯片的外观
- 为幻灯片添加动画效果
- 设置放映时间

11.1　PowerPoint 2003 的基本操作

PowerPoint 主要用于设计制作广告宣传、产品演示的电子幻灯片，制作的电子幻灯片可以通过计算机屏幕或投影机播放。随着办公自动化的普及，PowerPoint 的应用越来越广。PowerPoint 的使用方法和 Office 其他组件有许多相似之处。

11.1.1　创建演示文稿

演示文稿是通过 PowerPoint 2003 程序创建的文档，在 PowerPoint 2003 中可以创建出许多个文档，它们都可以被称为演示文稿，PowerPoint 2003 文档就是以这种方式保存的，它就好像在 Excel 中创建的工作簿一样。在制作演示文稿时用户应首先创建一个新的演示文稿，可以根据自己的爱好选用不同的方法创建演示文稿。

1．创建空白演示文稿

当启动 PowerPoint 2003 时系统会自动创建一个空白演示文稿，启动 PowerPoint 2003 的具体步骤如下：

（1）在 Windows XP 操作系统中单击“开始”按钮，打开“开始”菜单。

（2）在“开始”菜单中单击“所有程序”|Microsoft Office|Microsoft Office PowerPoint 2003 命令即可启动 PowerPoint 2003。

（3）启动 PowerPoint 2003 后，会自动生成一个新的空白演示文稿，并自动命名为“演示文稿 1”。

在启动系统后如果默认的演示文稿不符合自己的编辑要求，用户可以创建新的演示文稿。在右侧的“新建演示文稿”任务窗格中单击“空演示文稿”选项，“新建演示文稿”任务窗格切换为“幻灯片版式”任务窗格，如图 11-1 所示。把鼠标指向任务窗格中应用幻灯片版式列表中的一种版式，在该版式的右侧出现一个下拉箭头，单击下拉箭头出现一个下拉列表，如图 11-1 所示。在列表中选择“应用于选定幻灯片”，则将该版式应用于选定的幻灯片上；如果选择“插入新幻灯片”则将插入一张新的幻灯片，新幻灯片将应用该版式。

PowerPoint 2003 提供了四大类共 31 种自动版式供用户选择，这些版式的结构图中不包含除黑色和白色之外的任何颜色、也不包括任何形式的样式，更不含有具体的内容，只包括一些矩形框，这些方框被称为占位符，不同版式的占位符是不同的。所有的占位符都有提示文字，用户可以根据占位符中的文字在占位符中填入标题、文本、图片、图表、组织结构图和表格等内容。

图 11-1 “幻灯片版式”任务窗格

对演示文稿的内容和结构比较熟练的用户，可以从空白的演示文稿出发进行设计。在空白演示文稿中用户可以在其幻灯片中充分使用颜色、版式和一些样式特性。对于想充分发挥自己的创造力的用户来说，创建空白演示文稿具有最大程度的灵活性。

2．根据模板或向导创建演示文稿

如果用户要创建如产品概述、股票公告、投标方案等，此时可以利用 PowerPoint 2003 提供的“内容提示向导”和“模板”的功能来创建。对于初学者，可以通过“内容提示向导”和“模板”创建一个具有统一外观和一些内容的演示文稿，然后再对它进行简单的加工即可得到一个演示文稿。

在 PowerPoint 2003 中单击“文件”|“新建”命令，打开“新建演示文稿”任务窗格。在“模板”区域单击“本机上的模板”选项，打开新建演示文稿对话框，单击“演示文稿”选项卡，如图 11-2 所示。在列表框中选择需要的模板，单击“确定”按钮，系统自动创建了一份与产品有关的多张幻灯片。

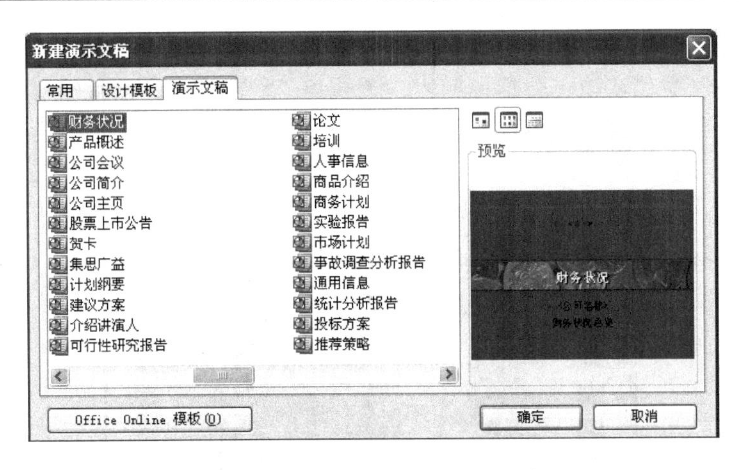

图 11-2　“新建演示文稿”对话框

“内容提示向导”中包含不同主题的演示文稿示例，用户可以根据要表达的内容选择适合的主题，然后在“内容提示向导”的引导下一步步地建立文稿。“内容提示向导”不但能够帮助用户完成演示文稿的相关格式的设置，还能够帮助用户输入演示文稿的主要内容。如果用户是 PowerPoint 的初学者，“内容提示向导”是开始创建演示文稿的最佳途径。在“新建演示文稿”任务窗格中，单击“新建演示文稿”任务窗格中“新建”区域的“根据内容提示向导”选项，打开“内容提示向导”对话框，然后根据向导提示一步步地进行设置。

11.1.2　PowerPoint 2003 的工作环境

启动 PowerPoint 2003 后的工作画面如图 11-3 所示。它的工作界面主要由标题栏、菜单栏、工具栏、任务窗格、状态栏和演示文稿窗口等组成。

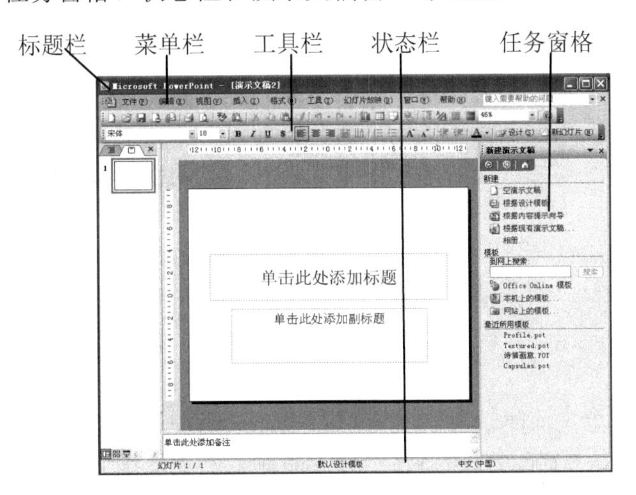

图 11-3　PowerPoint 2003 的工作环境

其中一些窗口元素的作用和 Word 中的类似，如标题栏、工具栏及菜单栏，对于这些窗口元素在这里就不再作详细介绍，下面只对演示文稿窗口进行一下简单的介绍。

默认情况下，刚打开 PowerPoint 2003 时，进入演示文稿窗口的“普通”视图，如图 11-4

所示。在该视图中，演示文稿窗口包含 3 个工作区：大纲区、备注区和幻灯片区。除了 3 个工作区外，演示文稿窗口还包括标题栏、滚动条、视图方式切换按钮等。

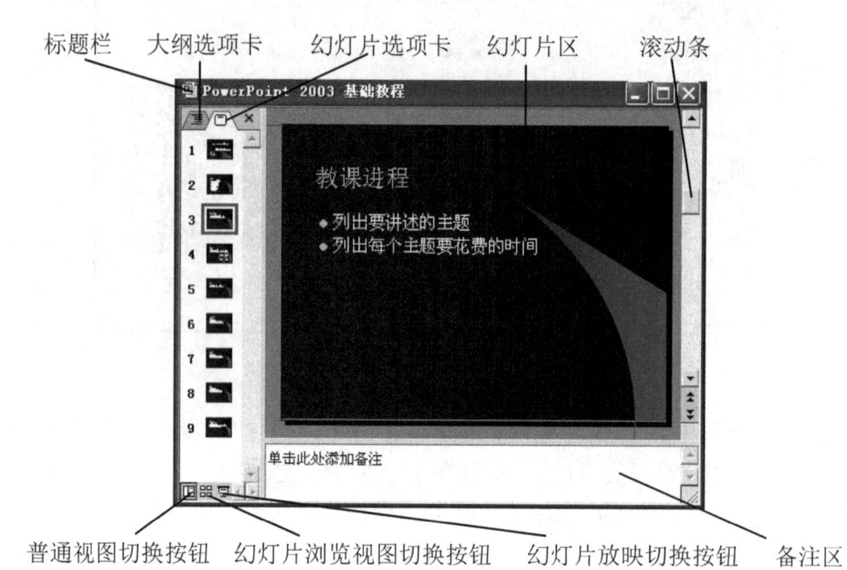

图 11-4　演示文稿窗口

- 标题栏：标题栏位于演示文稿窗口的顶端。当演示文稿窗口被最大化后，演示文稿窗口的标题将被合并到 PowerPoint 窗口的标题栏中，标题栏右端有三个控制按钮：最小化、还原/最大化和关闭按钮，用于控制演示文稿窗口的大小或关闭演示文稿窗口等。
- 滚动条：如果窗口的面积能显示所有内容，滚动条不存在。如果窗口面积太小，不能完全显示所有的内容时，滚动条会出现在窗口中。在水平范围内面积过大，则会出现水平滚动条，拖动水平滚动条可以观察水平方向的内容。如果窗口中的内容超出垂直范围，则会出现垂直滚动条。单击垂直滚动条中的向上箭头将后退一张幻灯片，单击滚动条中的向下箭头将前进一张幻灯片。如果要快速移动幻灯片，可以拖动滚动块。在普通视图中，拖动滚动块时会显示当前幻灯片的编号和标题。
- 幻灯片区：在幻灯片区一次可以对一张幻灯片进行编辑修改，幻灯片描述了演示文稿的主要内容，它是演示文稿的核心部分。用户可以在幻灯片区域对幻灯片进行详细的设置。比如，编辑幻灯片的标题和文本、插入图片、绘制图形以及插入组织结构图。
- 大纲选项卡：单击大纲选项卡则会显示大纲区，在该区显示了幻灯片的标题和主要的文本信息。大纲文本由每张幻灯片的标题和正文组成，每张幻灯片的标题都出现在数字编号和图标的旁边，每一级标题都是左对齐，下一级标题自动缩进。在大纲区中，可以使用“大纲”工具栏中的按钮来控制演示文稿的结构。在大纲区适合组织和创建演示文稿的文本内容。
- 幻灯片选项卡：单击幻灯片选项卡则会在此区域显示所有幻灯片的缩略图，单击某一缩略图，在右面的幻灯片区将会显示相应的幻灯片。

■ 备注区：可以在此区编辑幻灯片的说明，一般由演示文稿报告人提供。

11.1.3 创建相册演示文稿

如果用户希望向演示文稿中添加图片，并且这些图片不需要自定义，此时可以使用 PowerPoint 2003 的相册功能创建一篇作为相册的演示文稿。PowerPoint 2003 可以从硬盘、扫描仪、数码相机上添加图片。创建相册演示文稿的步骤如下：

（1）单击“插入”|“图片”|“新建相册”命令，出现“相册”对话框，如图 11-5 所示。

图 11-5　“相册”对话框

（2）如果相片来自扫描仪或数码相机，在“插入图片来自”区域单击“扫描仪/照相机”按钮，如果相片来自磁盘，在“插入图片来自”区域单击“文件/磁盘”按钮，出现“插入新图片”对话框，在对话框中选择图片，将它插入到相册中。

（3）被插入的图片在“相册中的图片”列表框中列出，单击其中的一个可在预览区域看到该图片的情况。如果对相册中图片的先后顺序不满意可以单击上移按钮 ↑ 或下移 ↓ 按钮改变相册中图片的先后顺序。

（4）如果需要插入文本框输入文本说明一些问题，可以单击“新建文本框”按钮在相册中插入文本框。

（5）单击“相册版式”区域“图片版式”文本框右侧的下三角箭头，在下拉列表中选择图片的版式，单击“相框形状”文本框右侧的下三角箭头，在下拉列表中选择相框的形状。

（6）单击“创建”按钮，相册演示文稿创建成功。

11.2　丰富幻灯片页面效果

为了使演示文稿获得丰富的页面效果，用户可以采用在幻灯片中插入艺术字、插入图片、插入表格、插入组织结构图等方法来修饰页面。

11.2.1　编辑幻灯片的文本

幻灯片内容一般由一定数量的文本对象和图形对象组成，其中，文本对象是幻灯片的基本组成部分，也是演示文稿中最重要的部分。合理地组织文本对象可以使幻灯片更能清楚地说明问题，恰当地设置文本对象的格式可以使幻灯片更吸引人。

1．在占位符中添加文本

在插入一个版式的幻灯片后可以发现，在版式中使用了许多占位符。所谓占位符是指创建新幻灯片时出现的虚线方框，这些方框代表着一些待确定的对象，在占位符中有该占位符待确定对象的说明。占位符是幻灯片设计模板的主要组成元素，在占位符中添加文本和其他对象可以方便地建立规整美观的演示文稿。

例如，要创建一个标题幻灯片并在标题占位符中输入标题文本，具体操作步骤如下：

（1）单击“格式”|“幻灯片版式”命令，打开“幻灯片版式”任务窗格，在任务窗格中使用鼠标单击“标题幻灯片”版式，则当前幻灯片变为一个标题幻灯片，如图 11-6 所示。

图 11-6　新建的标题幻灯片

（2）单击“单击此处添加标题”占位符，可以发现在占位符中间位置出现一个闪烁的插入点。

（3）输入标题的内容“数据处理与分析”，在输入文本时，如果输入的文本超出占位符的宽度它会自动将超出占位符的部分转到下一行，如果按 Enter 键，将开始输入新的文本行。输入的文本的行数不受限制。

（4）输入完毕，单击占位符外的空白区域，效果如图 11-7 所示。

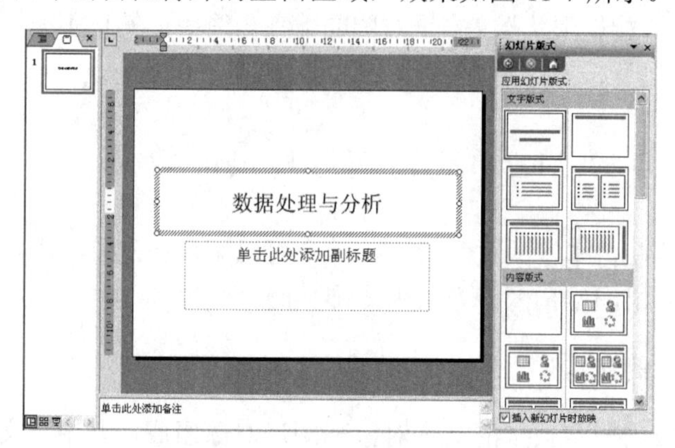

图 11-7　在占位符中输入文本

如果使用的是项目列表版式，在项目符号列表占位符中输入项目符号列表时，单击该占位符，插入点会显示在第一个项目符号后，输入第一个列表内容之后，按回车键将开始一个新的带项目符号的列表项。

2. 利用文本框添加文本

如果在幻灯片中的其他位置输入文本，必须在文本框中输入。可以先插入文本框，然后在插入的文本框中添加文本。实际上占位符就是文本框，只不过它被预先定义在幻灯片中。

单击“绘图”工具栏中的“文本框”按钮，或者在“插入”菜单中选择“文本框”命令，此时有两种方法可以插入文本框。

- 在幻灯片中直接单击要添加文本的位置，这种方式插入的文本框在输入文本时将自动适应键入文字的长度，不作自动换行。如果按 Enter 键可以开始输入新的文本行，文本框将随着输入文本行数的增加自动扩大。
- 在幻灯片上拖动鼠标绘制出文本框，这种方式插入的文本框在输入文本时，如果输入的文本超出文本框的宽度，会自动将超出文本框的部分转到下一行，如果按 Enter 键，将开始输入新的文本行，文本框将随着输入文本行数的增加自动扩大。

选择“插入”|“文本框”|“水平”命令，拖动鼠标在幻灯片中绘出合适大小的文本框。结束绘制后在文本框中出现插入点，在插入点处输入文本。

在输入文本后，用户可以对文本的大小、字体、字形进行设置。用户可以使用“格式”工具栏对文本进行设置，也可以选择“格式”菜单中的“字体”命令，在打开的字体对话框中进行设置。

11.2.2 在幻灯片中应用艺术字

使用系统提供的艺术字功能，可以创建出各种各样的艺术文字效果。艺术字用于突出某些文字，艺术字的修饰功能丰富了幻灯片的页面效果。在幻灯片中应用艺术字能够使幻灯片更加美观，实现意想不到的效果。

例如，在第 1 张幻灯片中演示文稿的标题不够醒目，用户可以将其更换为艺术字的效果，具体步骤如下：

（1）切换第 1 张幻灯片为当前幻灯片。

（2）选中标题占位符按下 Delete 键将其删除。

（3）单击“插入”|“图片”|“艺术字”命令，打开“艺术字库”对话框，如图 11-8 所示。

（4）在艺术字库列表中选择一种艺术字样式，单击“确定”按钮，打开“编辑‘艺术字’文字”对话框，如图 11-9 所示。

（5）在“字体”下拉列表中选择“华文新魏”；在字号下拉列表中选择“40”，在“文字”文本框中输入“数据处理与分析”。

（6）单击“确定”按钮，在幻灯片中插入艺术字后的效果如图 11-10 所示。

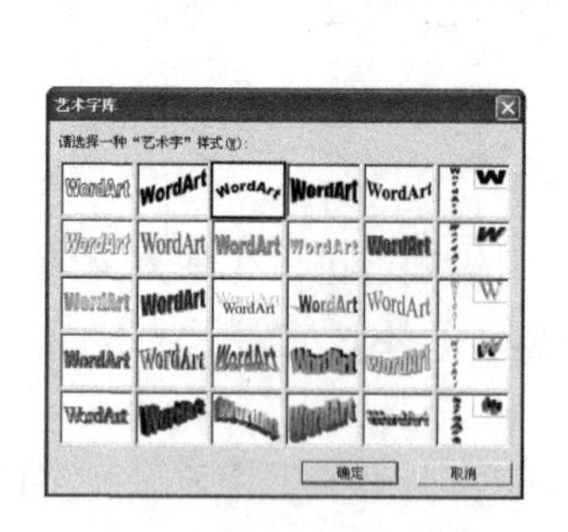

图 11-8 “艺术字库”对话框

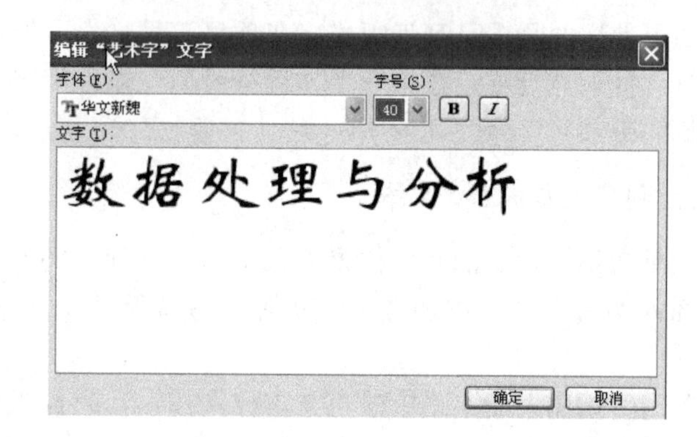

图 11-9 “编辑‘艺术字’文字”对话框

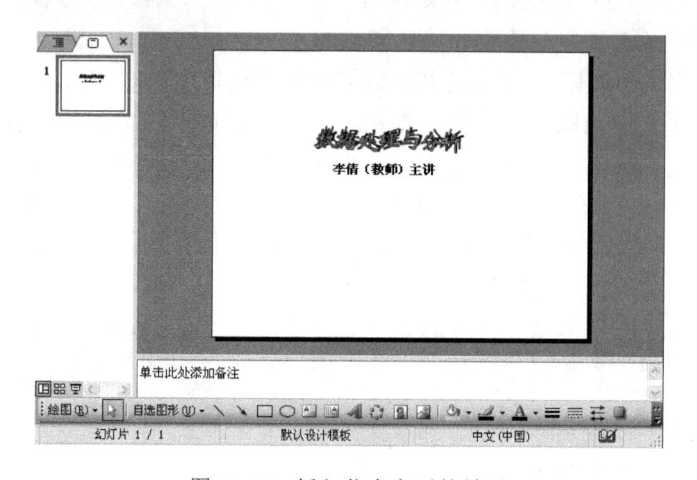

图 11-10 插入艺术字后的效果

在幻灯片中创建艺术字后，用户应对其进行适当的编辑使其真正能够对幻灯片起到修饰作用。在幻灯片中编辑艺术字的方法和在 Word 中编辑艺术字的方法类似，这里就不再进行介绍。

11.2.3 在幻灯片中应用图片

在 PowerPoint 2003 中允许用户在文档中导入多种格式的图片文件，图片是一种视觉化的语言，对于一些词不达意的东西如果使用图片来表达的话可以起到只可意会不可言传的效果，还可以避免观众因面对单调的文字和数据而产生厌烦的心理，极大地丰富了幻灯片的演示效果。

在幻灯片中可以插入来自文件的图片也可以插入剪贴画，由于两者的方法类似，这里只介绍一下剪贴画的插入。将剪贴画插入到幻灯片中的方法主要有两种，一种是利用幻灯片版式建立带剪贴画占位符的幻灯片，另一种是直接向幻灯片中插入剪贴画。

例如，利用直接插入的方法在第 2 张幻灯片中插入剪贴画，具体步骤如下：

（1）切换第 2 张幻灯片为当前幻灯片。

（2）单击“插入”|“图片”|“剪贴画”命令，打开“剪贴画”任务窗格。

（3）在“搜索文字”文本框中输入要搜索的主题“科学”，单击“搜索”按钮，则系统开始在“收藏集”中搜索该主题的图片。

（4）搜索完毕，“结果”列表框中列出搜索到的图片，在列表中单击图片，则该图片被插入到幻灯片中，如图 11-11 所示。

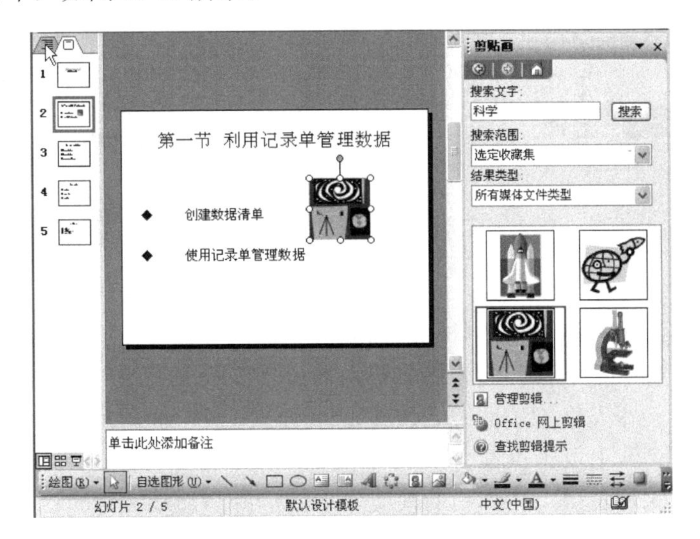

图 11-11　插入剪贴画后的效果

此外，用户也可以建立一个带有剪贴画或图片占位符版式的幻灯片，然后再插入图片。使用图片占位符插入的图片，如果它的尺寸大于占位符它将被等比缩放以适应占位符的大小，如果它的尺寸小于占位符它将按原尺寸插入。使用“插入”命令插入的图片将按原尺寸被插入。

在插入的图片上单击鼠标，则图片处于编辑状态，在图片的四周出现 8 个空心小句柄，用户可以对图片进行移动位置、改变大小等操作。具体的方法和 Word 中类似，这里就不再介绍。

11.2.4　在幻灯片中应用表格

在幻灯片中应用表格，可以用数据说明问题，增强幻灯片的说服力。幻灯片中的表格采用数字化的形式，更能体现内容的准确性。表格易于表达逻辑性、抽象性强的内容，并且可以使幻灯片的结构更加突出，使表达的主题一目了然。

PowerPoint 2003 有其自身的表格制作功能，用户可以方便地在幻灯片中插入表格。在 PowerPoint 2003 中，要向幻灯片中插入表格，通常有两种方法：一种是利用幻灯片版式建立带表格占位符的幻灯片，另一种是向已存在的幻灯片中直接插入表格。

例如，在幻灯片中直接插入表格，具体步骤如下：

（1）将要创建表格的幻灯片切换为当前幻灯片。

（2）单击“插入”|“表格”命令，打开“插入表格”对话框，如图 11-12 所示。

（3）在“列数”文本框中输入“4”，在“行数”文本框中输入“4”。

（4）单击“确定”按钮，在幻灯片中创建表格的效果如图 11-13 所示。

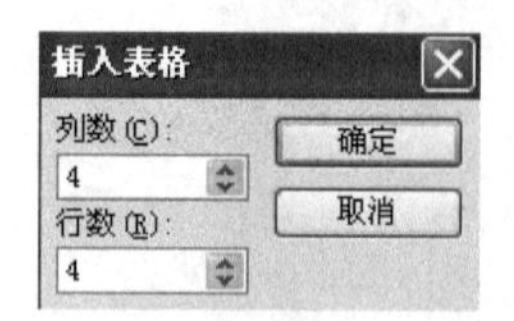

图 11-12 “插入表格”对话框

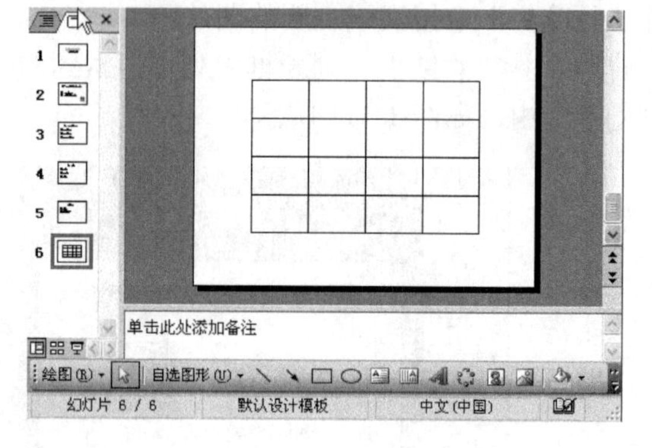

图 11-13 在幻灯片中创建表格后的效果

在插入的表格的单元格中单击鼠标，则插入点定位在该单元格中，用户可以在插入点处编辑单元格的内容。把鼠标移到表格的句柄上，当鼠标变为双向箭头状时，拖动鼠标可以改变表格的大小。在表格的边框线上按住鼠标左键不放，拖动鼠标可以改变表格位置。把鼠标移到表格的列线上，当鼠标变为 +||+ 状时，拖动鼠标可以改变表格的列宽。

在表格上单击鼠标右键，在弹出的快捷菜单中选择“边框和填充”命令，弹出“设置表格格式”对话框，在对话框中用户可以对表格的格式进行详细的设置。

11.2.5 在幻灯片中应用组织结构图

组织结构图是反映各种组织（机关、公司、企业等）的人员或单位层次结构图的图示，组织结构图可以清楚地描述出组织中各单元的层次结构和相互关系。

1. 创建组织结构图

在幻灯片中创建组织结构图通常有两种方法：一种是利用幻灯片版式建立带有组织结构图占位符的幻灯片，另一种是向已存在的幻灯片中直接插入组织结构图。

例如，在幻灯片中直接插入组织结构图，具体步骤如下：

（1）切换要创建组织结构图的幻灯片为当前幻灯片。

（2）单击“插入”|“图示”命令，打开“图示库”对话框，如图 11-14 所示。

（3）在对话框中选中组织结构图，则在下方将会出现该图示的说明。

（4）单击“确定”按钮，即可在幻灯片上生成组织结构图，如图 11-15 所示。

图 11-14 “图示库”对话框

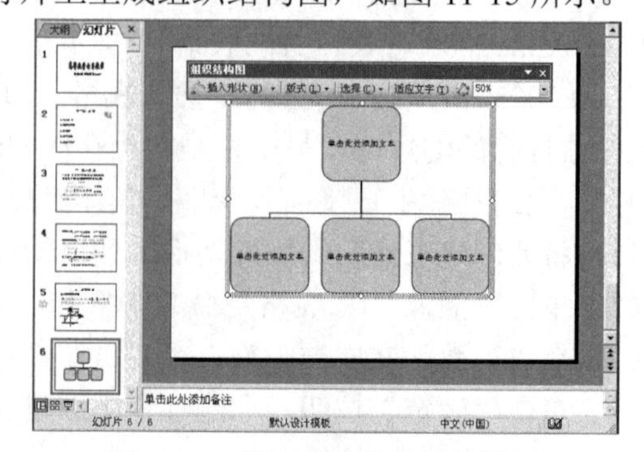

图 11-15 插入组织结构图的效果

2．编辑组织结构图

一般情况下，插入的新组织结构图不能满足用户的要求，用户可以对组织结构图进行编辑以满足需要。

新插入的组织结构图是不含任何文本的，用户可以在组织结构图中按照不同的层次添加文字。

组织结构图最上端的图块是该组织的最高级别，默认情况下，刚插入的组织结构图中的最高级别在打开时就已被选中，它的周围出现 8 个⊕符号。在组织结构图的各级别图块中单击鼠标，即可出现插入点，用户可在插入点处直接输入相应的文本，如图 11-16 所示。

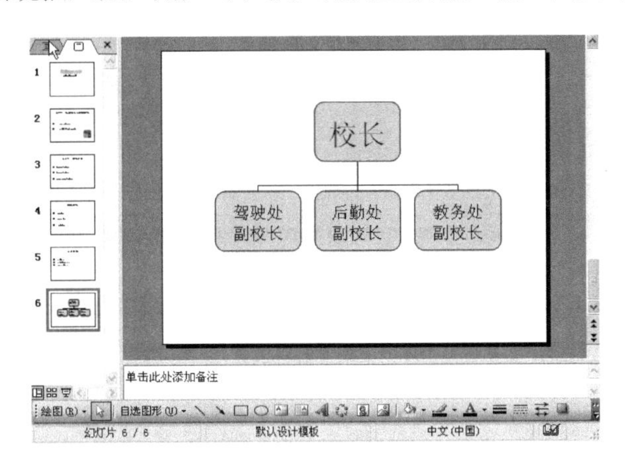

图 11-16　添加文字后的组织结构图

用户可以使用“组织结构图”工具栏中的“插入形状”按钮在组织结构图中添加结构，在新创建的组织结构图中插入结构的具体操作步骤如下：

（1）首先选定组织结构图中的“校长”。

（2）单击“组织结构图”工具栏上的“插入形状”按钮右侧的下三角箭头，打开一下拉列表。

（3）在下拉列表中单击“助手”命令，此时在组织结构图中为校长插入了一位助手，输入文本“校长助理”，如图 11-17 所示。

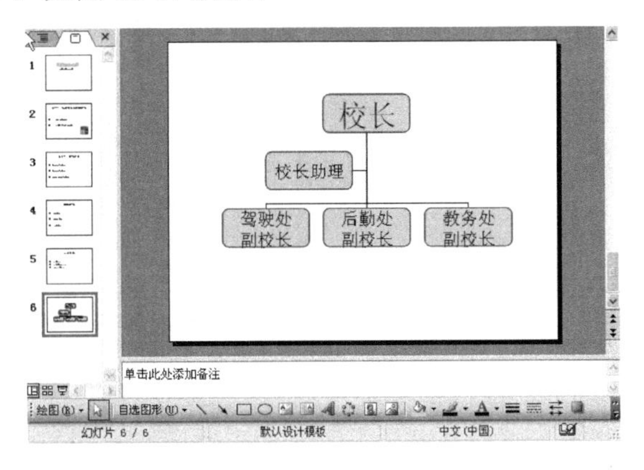

图 11-17　添加助手后的效果

（4）单击“驾驶处副校长”图形块将其选中。

（5）单击“组织结构图”工具栏上的“插入形状”按钮右侧的下三角箭头，打开一下拉列表。

（6）在下拉列表中单击“下属”，此时在组织结构图中为驾驶处副校长插入了一个下属，输入下属名称，为驾驶处副校长添加下属的效果如图 11-18 所示。

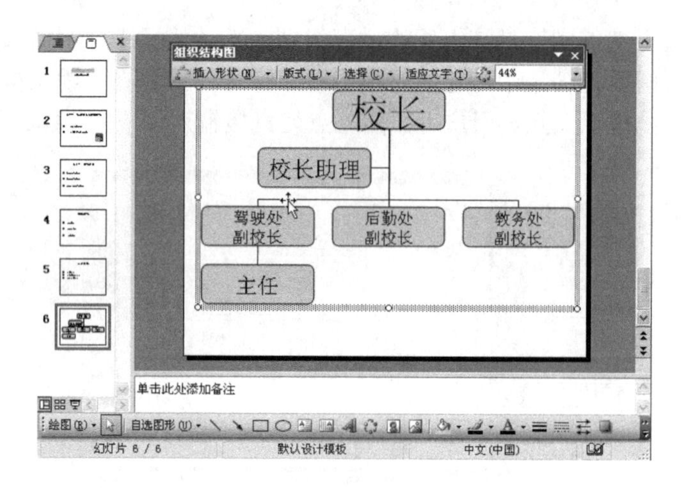

图 11-18　添加下属后的效果

3. 格式化组织结构图

在组织结构图编辑完毕后，用户可以对组织结构图进行修饰，使它变得美观大方。用户可以利用“自动套用格式”命令来快速格式化组织结构图，具体步骤如下：

（1）单击工具栏上的“自动套用格式”按钮 ，打开“组织结构图样式库”对话框，如图 11-19 所示。

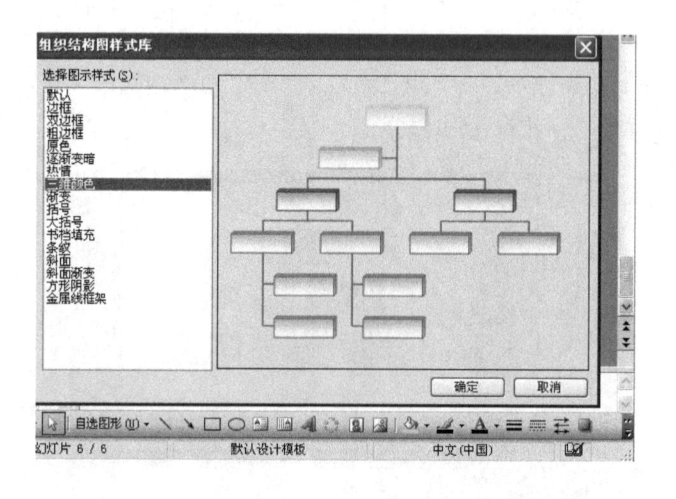

图 11-19　“组织结构图样式库”对话框

（2）在“选择图示样式”列表中选择“三维颜色”样式。

（3）单击“确定”按钮，组织结构图自动套用格式的效果如图 11-20 所示。

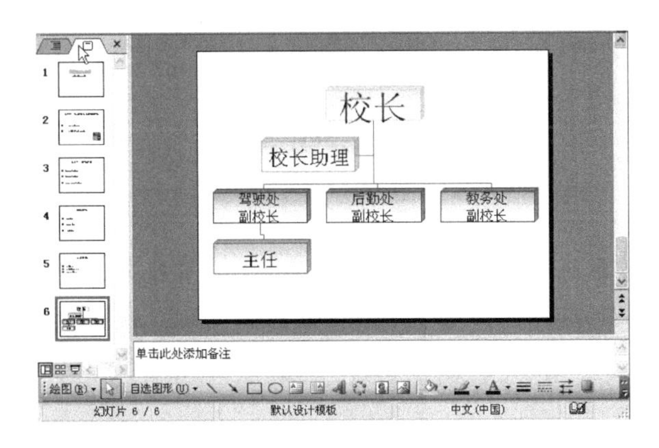

图 11-20　自动套用格式后的组织结构图

11.3　设置幻灯片外观

用户利用空白演示文稿制作的幻灯片不包含任何的外观颜色，为了使幻灯片的整体外观效果更加符合演示文稿的主题思想，用户可以为幻灯片设置背景，或者为幻灯片应用配色方案等。

11.3.1　应用设计模板

设计模板决定了幻灯片的主要外观，包括背景、预制的配色方案、背景图形等。在应用设计模板时，系统会自动对当前幻灯片或所有幻灯片应用设计模板文件中包含的版式、文字样式、背景等外观，但不会更改文字内容。

例如，对创建的“数据处理与分析”演示文稿应用设计模板，具体步骤如下：

（1）打开“数据处理与分析”演示文稿，单击“格式”|“幻灯片设计”命令，打开“幻灯片设计”任务窗格，单击“设计模板”选项，打开“应用设计模板”列表。

（2）在“应用设计模板”列表中选择合适的设计模板，单击设计模板后的下三角箭头，打开一下拉菜单，如图 11-21 所示。

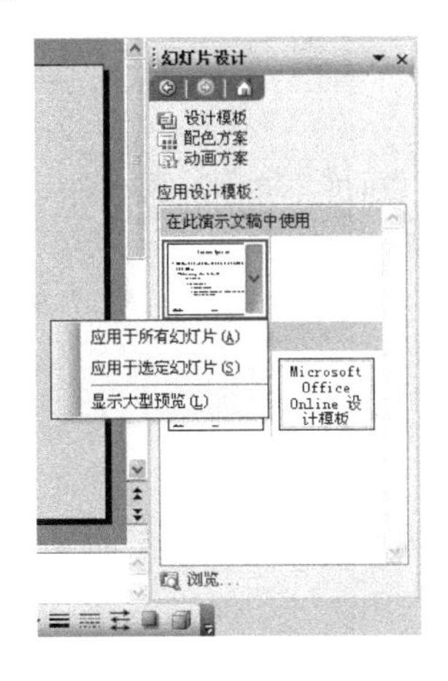

图 11-21　应用设计模板

（3）如果在打开的菜单中选择“应用于所有幻灯片”命令，可将该设计模板应用到所有的幻灯片中。

（4）如果在打开的菜单中选择“应用于选定幻灯片”命令，可将该模板应用在选定的幻灯片上。

注意：

如果在任务窗格的底部单击“浏览”按钮，则可打开“应用设计模板”对话框，在对话框中用户可以选择更多的设计模板。

11.3.2 应用配色方案

配色方案由背景、文本和线条、阴影、标题文本、填充、强调、强调文字和超链接、强调文字和已访问的超链接 8 个颜色设置组成。方案中的每种颜色会自动应用于幻灯片上的不同组件。配色方案中的 8 种基本颜色的作用及其功能如下。

- 背景：背景色就是幻灯片的底色，幻灯片上的背景色出现在所有的对象目标之后，所以它对幻灯片的设计是至关重要的。
- 文本和线条：文本和线条色就是在幻灯片上输入文本和绘制图形时使用的颜色，所有用文本工具建立的文本对象和使用绘图工具绘制的图形都使用文本和线条色，而且文本和线条色与背景色要形成强烈的对比。
- 阴影：在幻灯片上使用“阴影”命令加强物体的显示效果时，使用的颜色就是阴影色。在通常的情况下，阴影色比背景色还要暗一些，这样才可以突出阴影的效果。
- 标题文本：为了使幻灯片的标题更加醒目，而且也是为了突出主题，可以在幻灯片的配色方案中设置用于幻灯片标题的标题文本色。
- 填充：用作填充基本图形目标和其他绘图工具所绘制的图形目标的颜色。
- 强调：可以用来加强某些重点或者需要着重指出的文字。
- 强调文字和超链接：可以用来突出超链接的一种颜色。
- 强调文字和已访问的超链接：可以用来突出已访问链接的一种颜色。

1. 应用配色方案

应用配色方案的具体步骤如下：

（1）单击“格式”|“幻灯片设计”命令，打开“幻灯片设计”任务窗格，单击“配色方案”选项，打开“应用配色方案”列表。

（2）在“应用配色方案”列表中选择合适的配色方案，单击配色方案后的下三角箭头，打开一下拉菜单，如图 11-22 所示。

（3）如果在打开的菜单中选择“应用于所有幻灯片”命令，可将该配色方案应用到所有的幻灯片。

（4）如果在打开的菜单中选择“应用于所选幻灯片”命令，可将该配色方案应用在选定的幻灯片上。

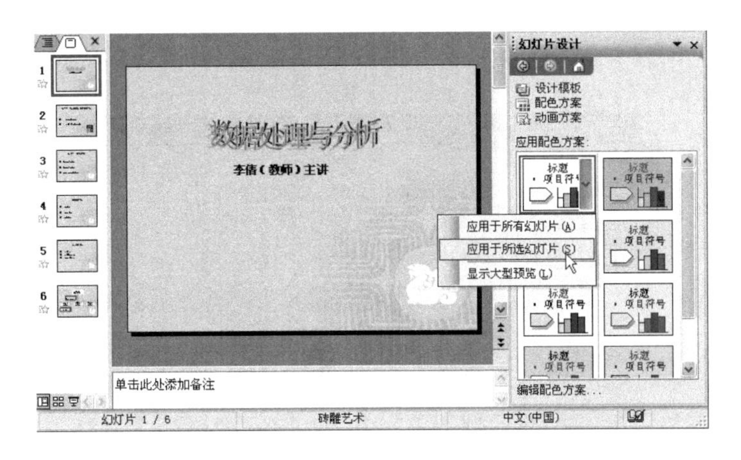

图 11-22　应用配色方案

2. 自定义配色方案

在系统提供的配色方案中各种基本颜色都给出了默认的颜色，如果用户对系统提供的配色方案不满意还可以自定义配色方案。

自定义配色方案的具体步骤如下：

（1）在“应用配色方案”列表中选择一种最接近的配色方案。

（2）在任务窗格的下方单击“编辑配色方案”选项，打开“编辑配色方案”对话框，单击“自定义”选项卡，如图 11-23 所示。

（3）在“配色方案颜色”列表中选中要更改的选项，单击“更改颜色”按钮，打开“颜色”对话框。

（4）用户在“颜色”区域中自定义一种颜色，单击“确定”按钮，返回到“编辑配色方案”对话框，单击“应用”按钮，则自定义的配色方案被应用到所有的幻灯片上。

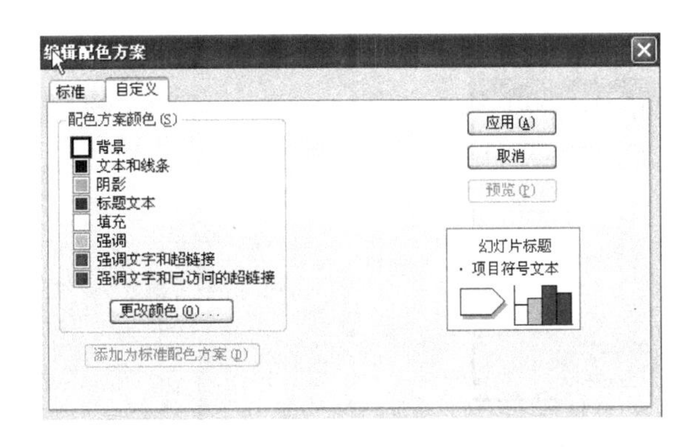

图 11-23　“编辑配色方案”对话框

注意：

对各项目的颜色自定义完毕，如果单击“添加为标准配色方案”按钮，则自定义的方案被添加到“标准配色方案”列表中。在“编辑配色方案”对话框中单击“标准”选项卡，如图 11-24 所示，在对话框中可以对配色方案进行应用、删除等操作。

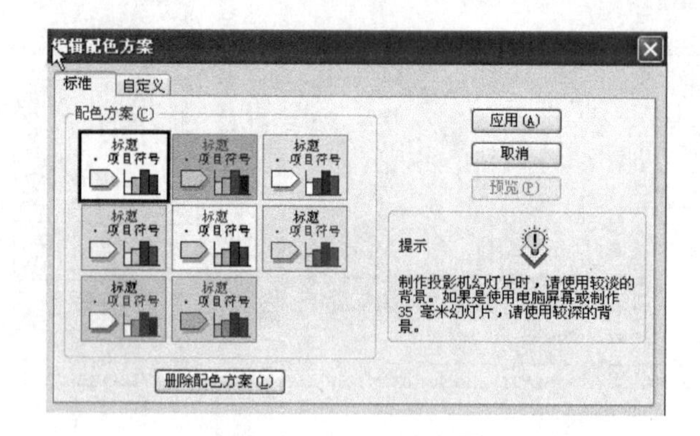

图 11-24　管理配色方案

11.3.3　设置幻灯片背景

用户可以为幻灯片添加背景，PowerPoint 2003 提供了多种幻灯片背景的填充方式，包括：单色填充、渐变色填充、纹理、图片等。在一张幻灯片或者母版上只能使用一种背景类型。

例如，为“数据分析与处理”演示文稿第 1 张标题幻灯片设置图片背景，具体步骤如下：

（1）切换第 1 张幻灯片为当前幻灯片，单击“格式”|“背景”命令，打开“背景”对话框，如图 11-25 所示。单击“背景填充”区域的下拉箭头打开一个列表。

（2）在下拉列表中系统为用户提供了 8 种作为背景颜色的选项，用户可以选择其中的一种作为背景色，单击“填充效果”命令，打开“填充效果”对话框，单击“图片”选项卡，如图 11-26 所示。

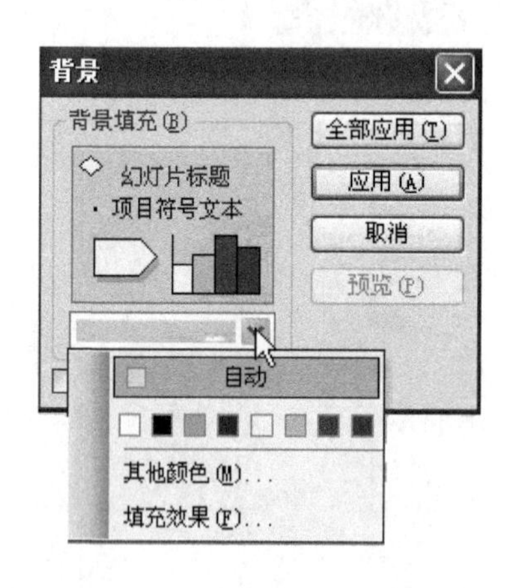

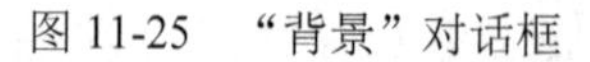
图 11-25　“背景”对话框

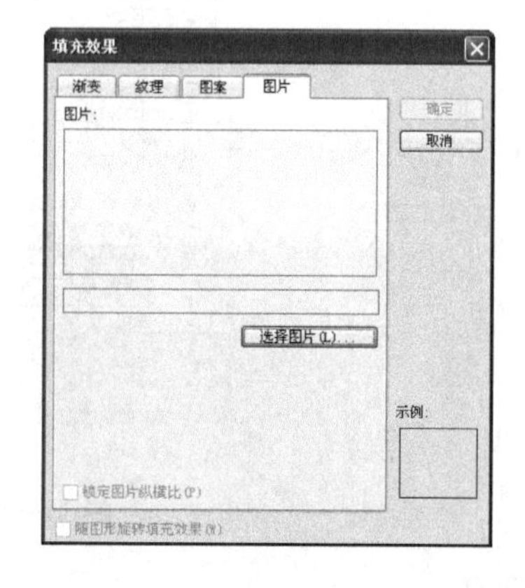

图 11-26　“填充效果”对话框

（3）在对话框中单击“选择图片”按钮，打开“选择图片”对话框。

（4）在“查找范围”下拉列表中选择图片文件所在的文件夹，在图片列表中选择需要插入的图片，单击“插入”按钮，返回到“填充效果”对话框，如图 11-27 所示。单击“确定”按钮，返回到“背景”对话框。

（5）如果选中“忽略母版的背景图形”复选框，则母版的背景图形和文本不会显示在当前幻灯片中。

（6）单击“预览”按钮可以在不关闭对话框的前提下预览幻灯片的背景效果，如果不满意可以再作修改，再预览，直至满意为止。

（7）如果单击“全部应用”按钮，则图片背景应用到所有幻灯片上，如果单击“应用”按钮，将图片背景应用到当前幻灯片上，如图 11-28 所示。

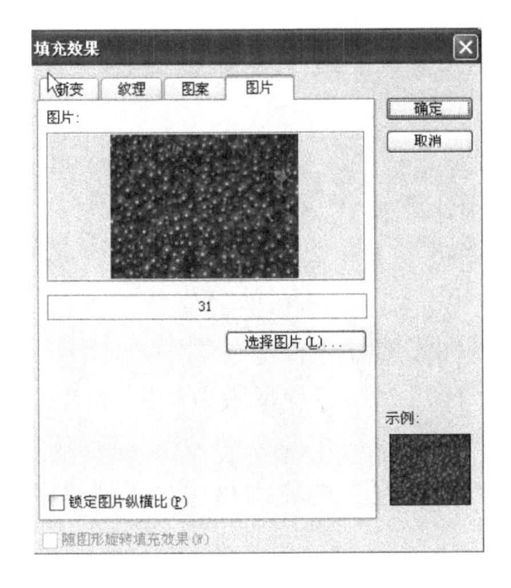

图 11-27　“选择图片”对话框

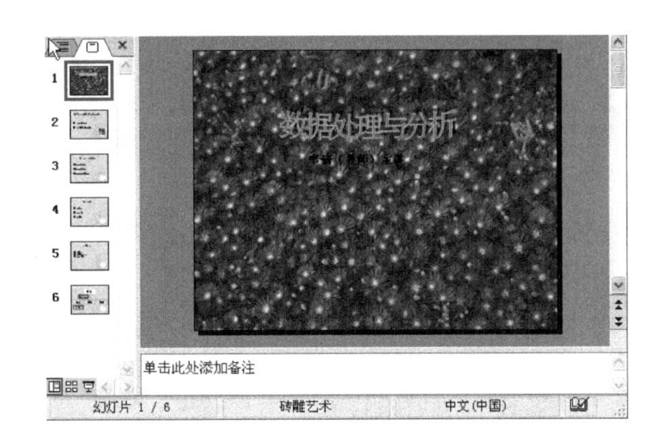

图 11-28　幻灯片填充背景的效果

11.3.4　应用母版设计幻灯片外观

母版可以对演示文稿的外观进行控制，包括在幻灯片上所键入的标题和文本的格式与类型、颜色、放置位置、图形、背景等，在母版上进行的设置将应用到基于它的所有幻灯片。但是改动母版的文本内容不会影响基于该母版的幻灯片的相应文本内容，仅仅是影响其外观和格式而已。

母版分为三种：幻灯片母版、讲义母版、备注母版。

幻灯片母版是所有母版的基础，它控制了除标题幻灯片之外演示文稿中所有幻灯片的默认外观，也包括讲义和备注中的幻灯片外观。幻灯片母版控制文字的格式、位置、项目符号的字符、配色方案以及图形项目。单击“视图”|“母版”|“幻灯片母版”命令，打开“幻灯片母版”视图并显示“幻灯片母版视图”工具栏，如图 11-29 所示。

默认的幻灯片母版中有 5 个占位符：自动版式的标题区、自动版式的对象区、日期区、页脚区、数字区，修改它们可以影响基于该母版的所有幻灯片。

- 自动版式的标题区：用于所有幻灯片标题的格式化，可以改变所有幻灯片标题的字体效果。
- 自动版式的对象区：用于所有幻灯片主题文字的格式化，可以改变字体效果以及项目符号和编号等。

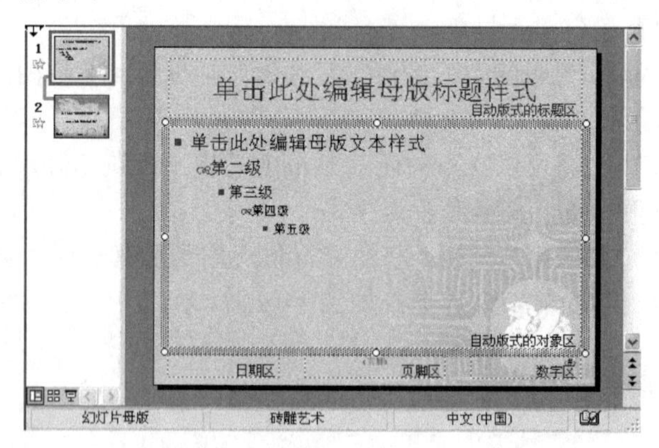

图 11-29 幻灯片母版视图

- 日期区：用于页眉/页脚上日期的添加、定位、大小和格式化。
- 页脚区：用于页眉/页脚上说明性文字的添加、定位、大小和格式化。
- 数字区：用于页眉/页脚上自动页面编号的添加、定位、大小和格式化。

例如，利用母版为演示文稿中的幻灯片设置页脚，具体步骤如下：

（1）单击“视图”|“母版”|“幻灯片母版”命令，打开“幻灯片母版”视图。

（2）在左侧窗格中单击“幻灯片母版”缩略图。

（3）在“日期区”文本框中输入“2008-5-10”，在“页脚区”的文本框中输入“交通中专教务处”，如图 11-30 所示。

（4）在“幻灯片母版视图”工具栏中单击“关闭母版视图”按钮，设置幻灯片母版格式后的幻灯片如图 11-31 所示。

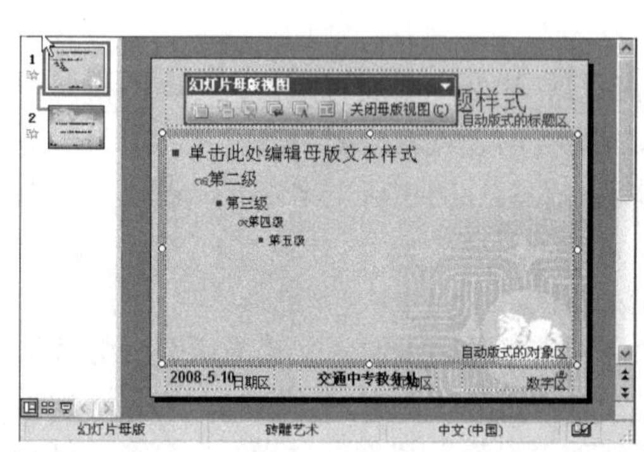

图 11-30 设置幻灯片母版格式

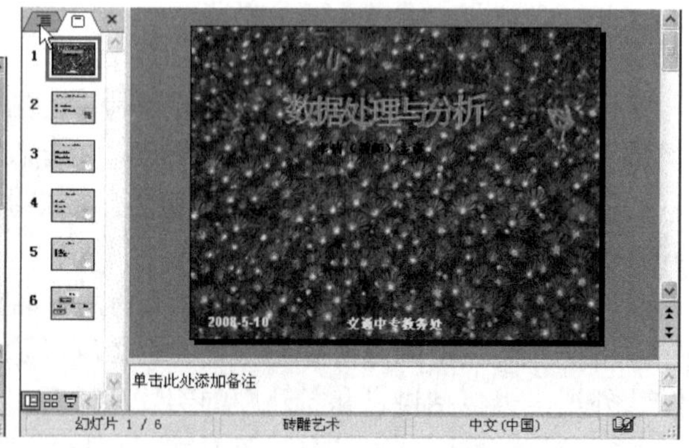

图 11-31 设置幻灯片母版格式后的效果

注意：

除了编辑这些占位符，用户还可以编辑母版的背景和配色方案、动画方案，例如，在“幻灯片设计”任务窗格中单击“配色方案”选项后的下三角箭头打开一下拉菜单，用户可以在打开的菜单中根据需要选择“应用于所选母版”还是“所有母版”。

如果用户需要对演示文稿的标题幻灯片进行设置，在幻灯片母版视图左侧的窗格中单击“标题母版”缩略图，如图 11-32 所示。标题母版可以控制标题幻灯片的格式，它还能控制指定为标题幻灯片的幻灯片。如果希望标题幻灯片与演示文稿中其他幻灯片的外观不同，可改变标题母版。标题母版和幻灯片母版共同决定了整个演示文稿的外观。

标题母版仅影响使用了“标题母版”版式的幻灯片。在图中可以发现，标题母版对幻灯片母版也有一种继承关系，例如，在幻灯片母版“日期”区和“页脚”区插入内容也被继承到了标题母版中。所以对幻灯片母版上文本格式的改动会影响标题母版，因此用户在设置标题母版之前应先完成正文母版的设置。

注意：

在母版的标题文字框或正文文字框内键入的文字不显示在幻灯片中，但对其格式设置将影响所有由母版衍生的幻灯片。

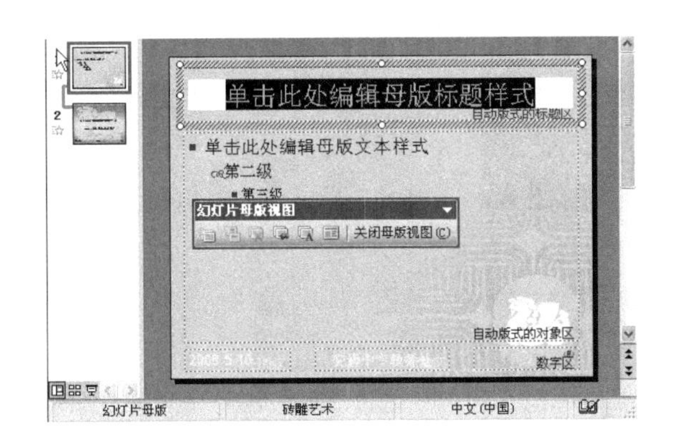

图 11-32　标题母版

11.4　为幻灯片添加动画效果

动画是给文本或对象添加特殊视觉或声音效果，例如，可以让文字以打字机形式播放，让图片产生飞入效果。

在 PowerPoint 2003 中，幻灯片动画主要有两种类型。一种是“幻灯片切换”即翻页动画，可以为单张或多张幻灯片设置整体动画；另一种是“自定义动画”，是指为幻灯片内部各个元素设置动画效果，包括项目动画与对象动画。其中项目动画是针对文本而言的，而对象动画针对幻灯片中的各种对象。对于一张幻灯片中的多个动画效果用户还可以设置它们的先后顺序。

11.4.1　设置幻灯片的切换效果

幻灯片切换效果即是加在连续的幻灯片之间的特殊效果。在幻灯片放映的过程中，由一张幻灯片切换到另一张幻灯片时，可采用不同的效果将下一张幻灯片显示到屏幕上。

为幻灯片添加切换效果最好在幻灯片浏览视图中进行，因为在浏览视图中用户可以看到演示文稿中所有的幻灯片，并且可以非常方便地选择要添加切换效果的幻灯片。

1．设置单张幻灯片切换效果

为幻灯片设置切换效果时用户可以为演示文稿中的每一张幻灯片设置不同的切换效果。例如，为“数据处理与分析”演示文稿中的第一张幻灯片设置“垂直百叶窗”动画效果，具体步骤如下：

（1）单击“视图”|“幻灯片浏览”命令，切换到幻灯片浏览视图中。

（2）单击选中第 1 张幻灯片。

（3）单击“幻灯片放映”|“幻灯片切换”命令，打开“幻灯片切换”任务窗格，如图 11-33 所示。

（4）在“应用于所选幻灯片”列表框中选择切换效果“垂直百叶窗”选项。

（5）在“修改切换效果”区域的速度下拉列表中选择“中速”，在“声音”下拉列表中选择“风铃”。在“换片方式”区域中选中“单击鼠标时”复选框。

（6）设置完毕后在幻灯片的左下角添加了动画图标 ☆ 。

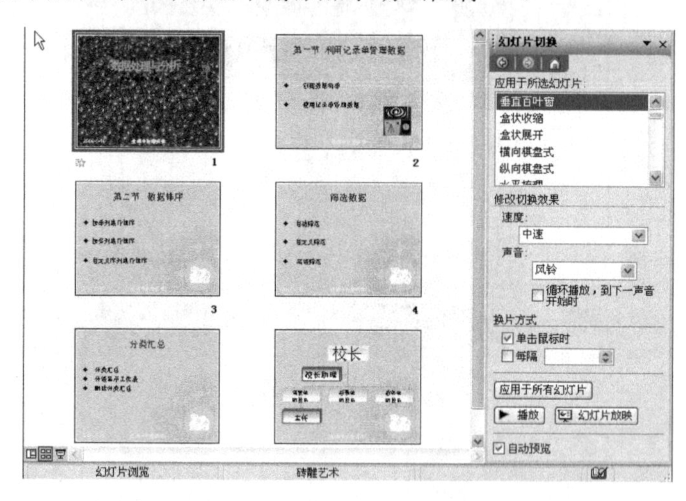

图 11-33 设置单张幻灯片切换效果

2．设置多张幻灯片切换效果

为幻灯片设置切换效果时，用户还可以为演示文稿中的多张幻灯片设置相同的切换效果。例如，用户要为演示文稿中的第 2、第 3、第 4、第 5、第 6 张幻灯片设置“向右插入”的切换效果，具体步骤如下：

（1）单击“视图”|“幻灯片浏览”命令，切换到幻灯片浏览视图中。

（2）在幻灯片浏览视图中单击“幻灯片放映”|“幻灯片切换”命令，打开“幻灯片切换”任务窗格。

（3）先按下 Ctrl 键然后分别单击第 2、3、4、5、6 张幻灯片将其选中。

（4）在“应用于所选幻灯片”列表框中选择切换效果“向右插入”；在“修改切换效果”区域的速度下拉列表中选择“中速”；在“声音”下拉列表中选择“风铃”；在“换片方式”区域中选中“单击鼠标时”复选框。

（5）设置完毕，在所有选中幻灯片的左下角都添加了动画图标 ☆ ，如图 11-34 所示。

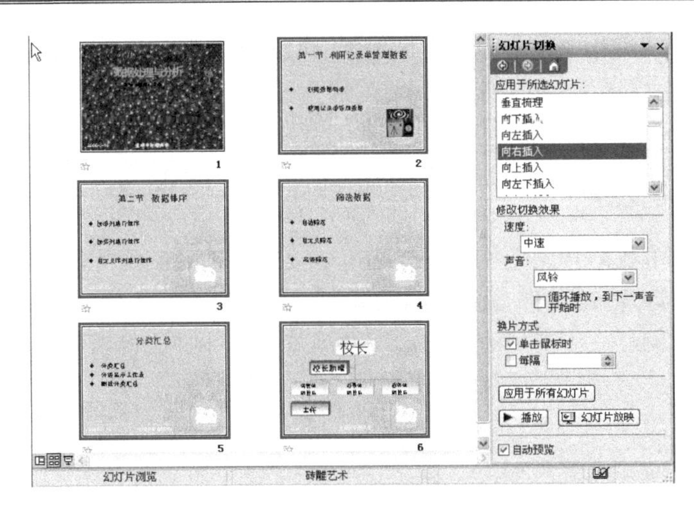

图 11-34　设置多张幻灯片切换后的效果

注意：

如果用户要为演示文稿中全部的幻灯片设置相同的切换效果，可以在“幻灯片切换”任务窗格中单击“应用于所有幻灯片”按钮。

11.4.2　动画方案

PowerPoint 2003 提供了多种动画方案供用户选择，这些预定义动画方便用户使整个演示文稿具有一致的风格，而每张幻灯片又具有互不相同的动画效果。

使用“动画方案”快速创建动画效果的具体步骤如下：

（1）选择要设置动画效果的幻灯片为当前幻灯片。

（2）执行“幻灯片放映”|“动画方案”命令，打开“幻灯片设计”任务窗格，在“动画方案”列表中列出了系统提供的预定义动画方案，并对这些动画方案进行了分类。

（3）把鼠标指向“应用于所选幻灯片”列表中的动画方案上稍停片刻，系统会弹出该动画效果的切换方式和幻灯片中各区域的动画效果，如图 11-35 所示。在列表中单击所需要的动画方案，即可为当前幻灯片应用动画方案，此时，在幻灯片工作窗口中可以预览所选择的动画效果。

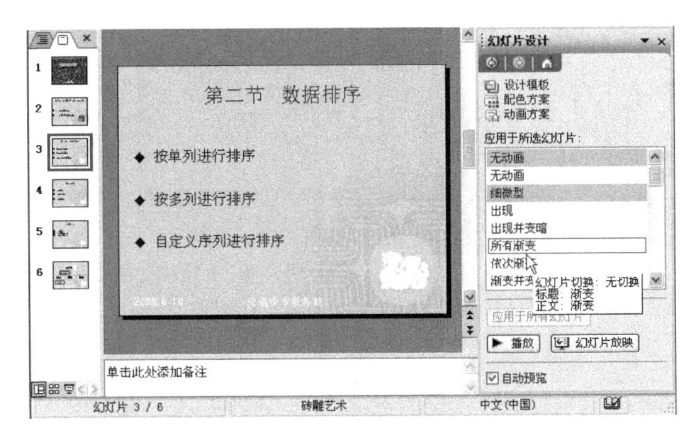

图 11-35　选择“动画方案”

（4）如果单击“应用于所有幻灯片”选项，可以为所有的幻灯片加上相同的动画效果。

（5）如果单击“播放”可以播放当前幻灯片效果。

（6）如果单击“幻灯片放映”则从当前幻灯片开始连续播放。

11.4.3 自定义动画效果

在前面的介绍中我们知道使用动画方案可以很方便地为幻灯片添加动画效果，不过这种效果并不能对幻灯片中所有的元素添加动画效果。用户可以使用 PowerPoint 2003 提供的自定义动画功能为幻灯片中的所有元素添加动画效果，并且还可以设置各元素动画效果的先后顺序。

1. 自定义动画效果

对幻灯片中各种项目和对象自定义动画效果的方法相似，这里以为文本设置动画效果为例介绍一下自定义动画效果的方法。

例如，用户要为第 2 张幻灯片中的正文文本设置“飞入”的动画效果，具体步骤如下：

（1）切换第 2 张幻灯片为当前幻灯片。

（2）选中正文文本占位符。

（3）单击“幻灯片放映”|“自定义动画”命令，打开“自定义动画”任务窗格。

（4）单击“自定义动画”任务窗格中的“添加效果”按钮，在下拉列表中单击“进入”|“盒状”命令。

（5）在“方向”下拉列表中选择“水平”，在“速度”下拉列表中选择“中速”。

设置了动画效果后，在设置动画效果的对象前面会显示出动画编号，如图 11-36 所示。

注意：

在“添加效果”下拉菜单中单击“其他效果”命令，打开添加相应动画效果的对话框，用户可以查看所有动画项目，如图 11-37 所示。

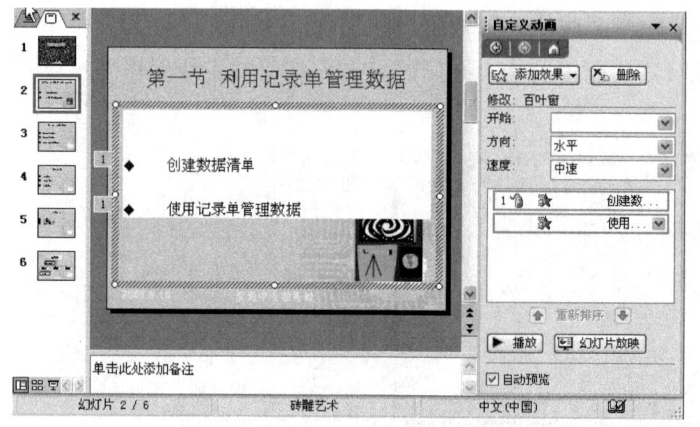

图 11-36 文本设置进入动画后的效果

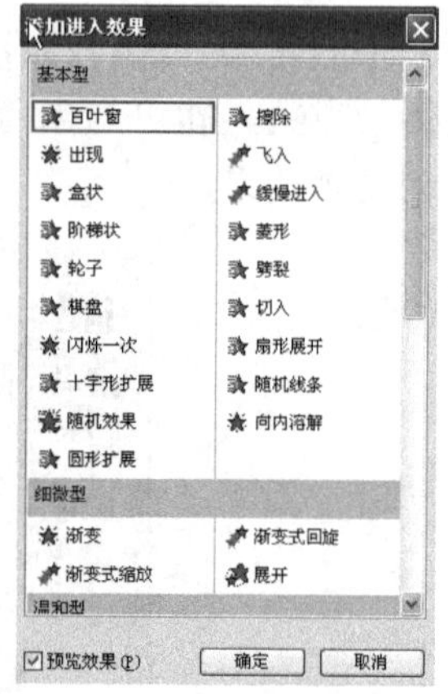

图 11-37 选择其他的动画效果

2．设置动画效果选项

用户为对象设置了动画效果后，还可以对动画效果的具体选项进行设置。将鼠标移至动画效果列表中的任意一个动画效果上时在该效果的右端将出现一个下三角箭头，单击该箭头打开一个下拉列表，如图 11-38 所示，在列表中用户可以对动画效果进行一些设置。

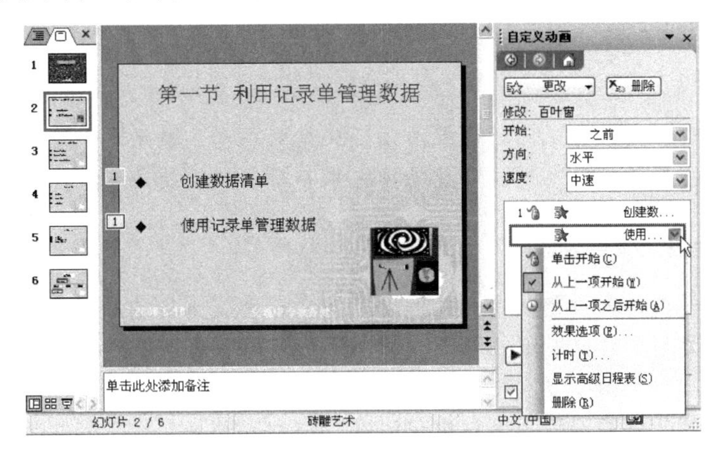

图 11-38　效果下拉列表

例如，为第 2 张幻灯片中正文文本动画效果设置效果选项，具体步骤如下：

（1）切换第 2 张幻灯片为当前幻灯片。

（2）在动画效果列表中单击正文文本动画效果选项右侧的下三角箭头，在列表中单击“效果选项”命令，打开相应的动画效果“百叶窗”对话框，单击“效果”选项卡，如图 11-39 所示。

（3）在“设置”区域的“方向”下拉列表中用户可以对动画效果的飞入方向进行设置。

（4）在“增强”区域的“声音”下拉列表中用户可以选择动画效果的伴随声音；在“动画播放后”下拉列表中，用户可以选择动画播放后要执行的操作。

（5）在“动画文本”下拉列表中，用户根据需要进行选择。如果选择“整批发送”则文本框中的文本以段落作为一个整体出现；如果选择“按字/词”则文本框中的英文按单个的词飞入，中文则按字或词飞入；如果选择“按字母”则文本框中的英文按字母飞入，中文则按字飞入。

（6）在对话框中单击“计时”选项卡，如图 11-40 所示。

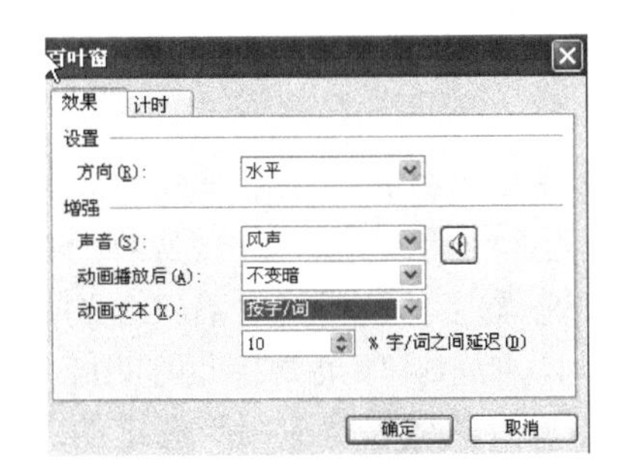

图 11-39　设置效果

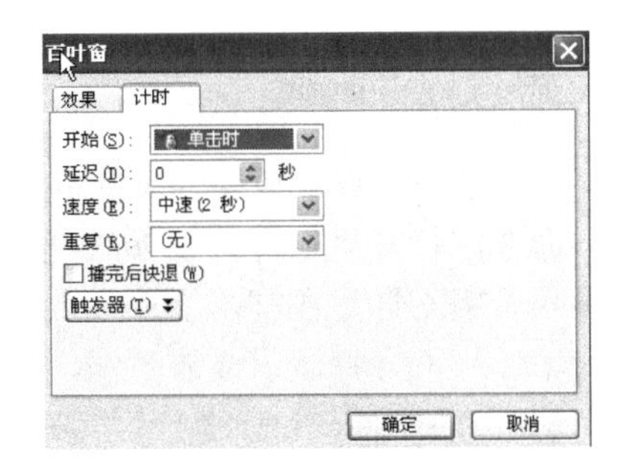

图 11-40　设置计时项

（7）在“开始”下拉列表中，如果选择“单击时”选项，则在单击鼠标时开始播放动画效果；如果选择“之前”选项，则在上一个效果播放前播放；如果选择“之后”选项，则在上一个效果播放后播放。

（8）如果设置了动画开始时间为“之后”选项，用户还可以在“延迟”文本框中设置上一动画结束多长时间后开始该动画；在“速度”下拉列表中用户可以对动画的速度进行具体的设置。

注意：

不同的动画效果有不同的设置方法，文本对象动画效果和一般对象动画效果的最大区别在于文本对象可以设置动画文本而对象动画效果不能。

3．多对象动画效果的控制

演示文稿在设置动画时要从观众的角度考虑，合理安排各动画播放的顺序，便于观众理解和接受。如果动画效果设置的不太合适，用户还可以对动画进行编辑与修改。

在 PowerPoint 2003 中，为幻灯片中的各个元素设置动画时，系统会按照动画设置的先后次序，依次为各动画项编号。用户也可以在“自定义动画”任务窗格中的动画效果列表中自定义。

动画效果的编号是以设置“单击时开始”开始时间的动画效果为界限的，如果在幻灯片中设置了多个“单击时开始”的动画效果，则它们会根据用户设置的先后顺序进行编号。如果在某一动画效果后设置了“之后”开始时间的动画效果，它的编号将和上一编号相同；如果在某一动画效果前设置了“之前”开始时间的动画效果，它的编号也将和上一编号相同。

幻灯片中各对象的动画效果会根据编号依次进行展示，如果用户认为动画效果的先后次序不合理可以改变动画的顺序。将鼠标移至“自定义动画”任务窗格的“自定义动画”列表中，当鼠标变为 ↕ 状时，单击鼠标选中需要移动顺序的动画项，然后单击效果列表下面的上移箭头 ⬆ 或下移箭头 ⬇ 按钮来改变动画效果的先后顺序。动画效果的顺序改变后，它的效果编号也跟着改变。

11.5 设置放映时间

在放映幻灯片时可以为幻灯片设置放映的时间间隔，这样可以达到幻灯片自动放映的目的。用户可以手工设置幻灯片的放映时间，也可以使用排练计时功能进行设置。

11.5.1 人工设置放映时间

如果要人工设置幻灯片放映的时间间隔，首先选定幻灯片，单击“幻灯片放映”|“幻灯片切换”命令，打开“幻灯片切换”任务窗格。在“换片方式”区域选择“每隔”复选框，然后输入希望幻灯片在屏幕上停留的时间，在设置了播放时间之后，在幻灯片浏览视图中相应的幻灯片下方将显示播放时间，如图 11-41 所示。如果要将此时间应用到所有的幻灯片上，单击“应用于所有幻灯片”按钮，否则设置的效果将应用于选定的幻灯片中。

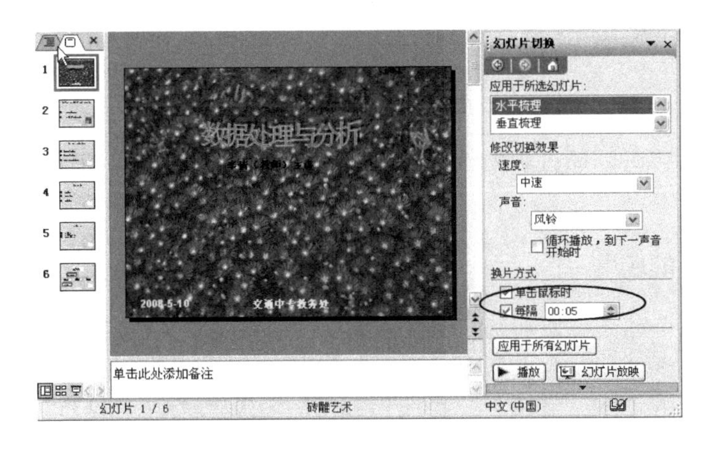

图 11-41　手工设置放映时间

11.5.2　设置排练计时

如果用户对自行决定幻灯片放映时间没有把握，那么可以在排练幻灯片放映的过程中设置放映时间。利用排练计时功能，可以首先演示幻灯片，进行相应的演示操作，同时记录幻灯片之间切换的时间间隔。

使用排练计时设置幻灯片切换的时间间隔，具体步骤如下：

图 11-42　“预演”工具栏

（1）单击“幻灯片放映”|“排练计时”命令，系统以全屏幕方式播放，并出现“预演”工具栏，如图 11-42 所示。

（2）在“预演”工具栏中，“幻灯片放映时间” 0:00:07 文本框中显示当前幻灯片的放映时间，在“总放映时间”框中显示当前整个演示文稿的放映时间。

（3）如果对当前幻灯片的播放时间不满意，可以单击“重复”按钮，重新计时。

（4）如果要播放下一张幻灯片，单击“预演”工具栏中的“下一项”按钮，这时可以播放下一动画效果。如果进入到下一张幻灯片，则在“幻灯片放映时间”文本框中重新计时。

（5）如果要暂停计时，单击“预演”工具栏中的“暂停”按钮。

（6）放映到最后一张幻灯片时，系统会显示总共放映的时间，并询问是否要使用新定义的时间，如图 11-43 所示。

图 11-43　是否使用新定义的时间对话框

（7）单击“是”按钮接受该项时间，在幻灯片浏览视图中每张幻灯片的下方自动显示放映该幻灯片所需要的时间。

11.6 创建交互式演示文稿

交互式演示文稿可以通过事先设置好的动作按钮或超级链接，在放映时跳转到指定的幻灯片。

11.6.1 动作按钮的应用

用户可以将某个动作按钮加到演示文稿中，然后定义如何在放映幻灯片时使用它。

例如，在“数据处理与分析”中的第 2 张幻灯片中添加动作按钮来链接到其他的幻灯片中，具体步骤如下：

（1）切换第 2 张幻灯片为当前幻灯片。

（2）单击“幻灯片放映”|“动作按钮”命令，打开一子菜单，在菜单中的按钮上稍作停留，会显示出该按钮的名称和功能，如图 11-44 所示。

图 11-44 “动作按钮”子菜单

（3）在“动作按钮”子菜单中单击“第一张”按钮，此时鼠标变为十字状，按住鼠标拖动画出矩形框。

（4）当拖动到适当大小时松开鼠标，打开“动作设置”对话框，单击“单击鼠标”选项卡，如图 11-45 所示。

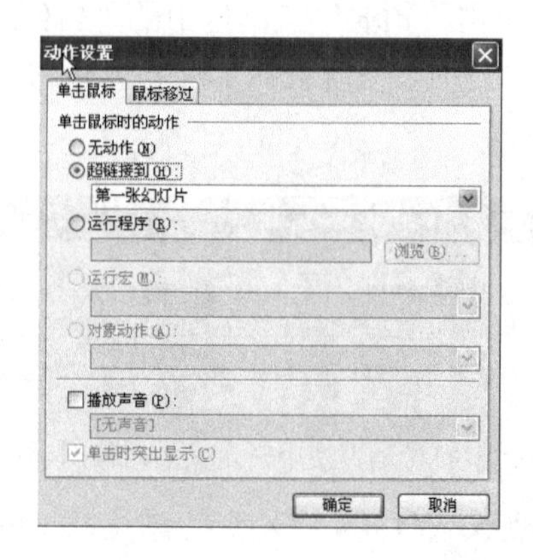

图 11-45 “动作设置”对话框

（5）在“单击鼠标时的动作”区域选中“超链接到”单选按钮，并在下拉列表中选择“第一张幻灯片”。

（6）单击“确定”按钮，返回到幻灯片中。

（7）在创建的动作按钮上单击鼠标右键，在打开的快捷菜单中选择“设置自选图形格式”命令，在打开的“设置自选图形格式”对话框中对动作按钮的效果进行设置。创建动作按钮后的效果如图 11-46 所示。

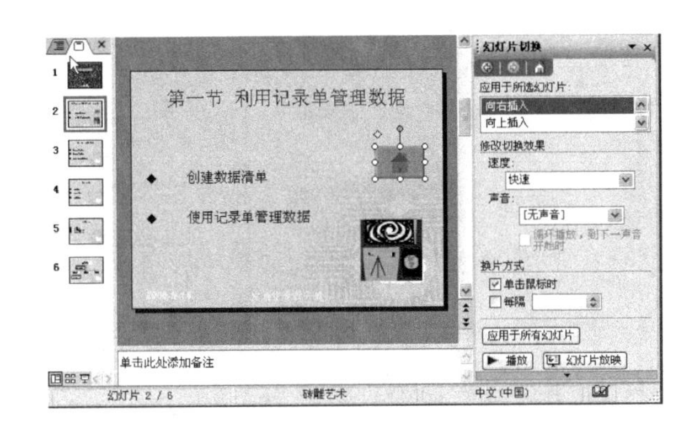

图 11-46　设置了动作按钮后的幻灯片

按照相同的方法创建一个“前进或下一项”按钮，并将其链接到下一张幻灯片。设置好动作按钮后，在放映幻灯片时将鼠标指针移动到按钮上，鼠标将变为手状，此时单击即可跳转到相应的幻灯片中。

11.6.2　超链接的设置

用户可以利用超级链接将某一段文本或图片链接到另一张幻灯片。

例如，将“数据处理与分析”演示文稿中第 2 张幻灯片中文本占位符中的各课标题文本与具体的幻灯片进行链接，具体步骤如下：

（1）切换第 2 张幻灯片为当前幻灯片。

（2）在幻灯片中选中要进行链接的文本“创建数据清单”。

（3）单击“幻灯片放映”|“动作设置”命令，打开“动作设置”对话框，单击“单击鼠标”选项卡。

（4）在“超链接到”下拉列表中选择“幻灯片”命令，打开“超链接到幻灯片”对话框，如图 11-47 所示。

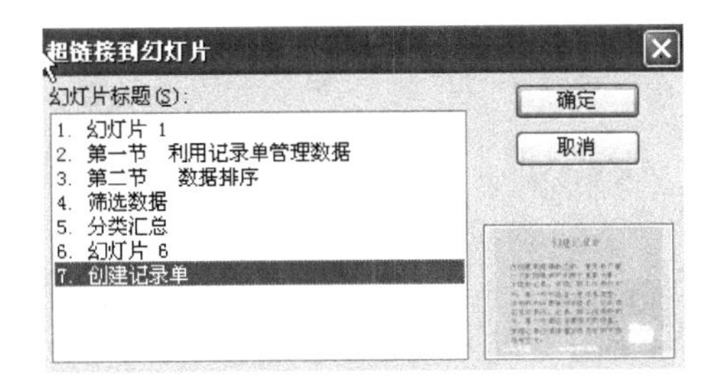

图 11-47　“超链接到幻灯片”对话框

（5）在对话框“幻灯片标题”列表中选择第 7 个标题“创建记录点”，单击“确定”按钮，返回“动作设置”对话框。

（6）单击“确定”按钮，设置后的效果如图 11-48 所示。

在图中用户可以发现设置完超级链接的文字不仅自动添加了下划线，而且超链接的文字颜色也发生了相应的变化，用户可以按照相同的方法将剩余几项分别链接到相应的幻灯片上。

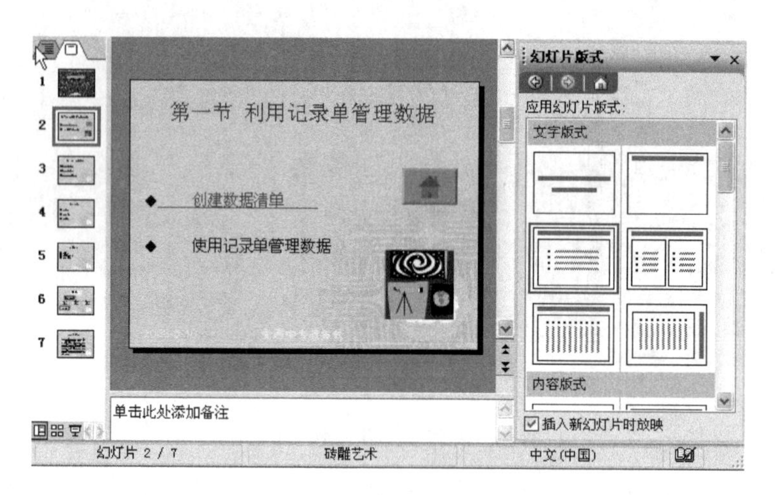

图 11-48 为文本设置链接的效果

11.7 本 章 练 习

一、填空题

1. 在幻灯片中添加文本有两种方法，用户可以直接在幻灯片的__________输入文本，也可以在__________输入文本。

2. 在幻灯片中插入图片、组织结构图、表格等对象时用户可以利用__________将其插入，也可以在幻灯片中__________。

3. 设计模板决定了幻灯片的主要外观，包括________、预制的________、________等。在应用设计模板时，系统会自动对当前幻灯片或所有幻灯片应用设计模板文件中包含的版式、文字样式、背景等外观，但不会______________。

4. 配色方案由_______、文本和线条、_______、___________、_______、强调、强调文字和超链接、强调文字和已访问的超链接 8 个颜色设置组成，方案中的每种颜色会自动应用于幻灯片上的不同组件。

5．母版分为三种____________、____________、____________。

6．在设置放映时间时用户可以采用两种方法______________和______________。

二、简答题

1．设置幻灯片的切换效果时最好在什么视图下进行？

2．文本动画效果与其他对象动画效果的最大区别在哪里？

3．如何对设置的动画效果进行修改？

4．创建交互式演示文稿有几种方法？

第 12 章 演示文稿的放映与输出

PowerPoint 2003 提供了幻灯片的多种放映方式，在演示幻灯片时用户还可以根据不同的情况选择合适的演示方式，并对演示进行控制，另外，用户还可以选择使用打印或打包等方式将演示文稿输出。

本章重点：

- 设置幻灯片放映
- 控制演讲者放映
- 打包演示文稿
- 打印演示文稿

12.1 设置幻灯片放映

制作演示文稿的最终目的是把它展示给观众，用户可以根据不同的需要采用不同的方式放映演示文稿，如果有必要还可以自定义放映。

12.1.1 自定义放映

在放映演示文稿时，用户可以根据自己的需要创建一个或多个自定义放映方案。可选择演示文稿中多个单独的幻灯片组成一个自定义放映方案，并可设定方案中各幻灯片的放映顺序。放映这个自定义方案时，PowerPoint 2003 将会按事先设置好的幻灯片放映顺序放映自定义方案中的幻灯片。

设置自定义放映的具体步骤如下：

（1）单击“幻灯片放映”|“自定义放映”命令，打开“自定义放映”对话框，如图 12-1 所示。

（2）单击“新建”按钮，打开“定义自定义放映”对话框，如图 12-2 所示。在“幻灯片放映名称”文本框中输入自定义放映的名称。

（3）在“在演示文稿中的幻灯片”列表框中选中添加的幻灯片，单击“添加”按钮，按此方法依次添加幻灯片到自定义幻灯片列表中。

（4）单击“确定”按钮，返回到“自定义放映”对话框，在“自定义放映”列表中显示了刚才创建的自定义名称。

（5）单击“关闭”按钮，关闭“自定义放映”对话框。

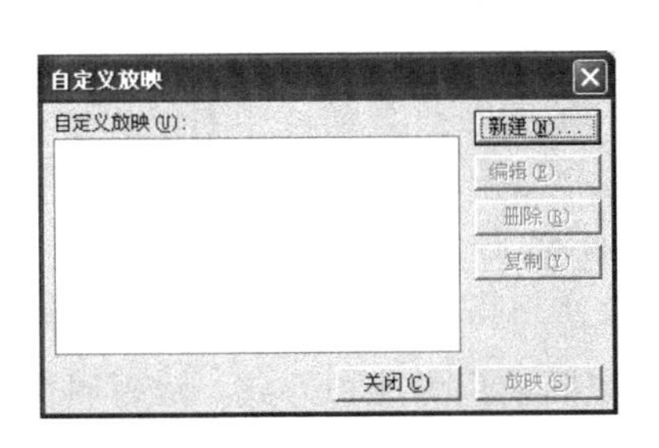

图 12-1　“自定义放映”对话框

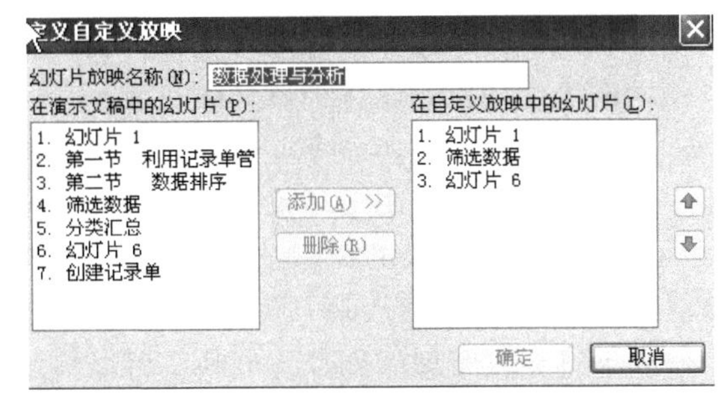

图 12-2　“定义自定义放映”对话框

提示：

如果用户在添加幻灯片时添加错了次序，可以在“在自定义放映中的幻灯片”列表中选中要移动的幻灯片，然后再用鼠标单击上、下箭头改变它的位置。如果添加了多余的幻灯片，可在“在自定义放映中的幻灯片”列表中选中要删除的幻灯片，然后单击“删除”按钮。

12.1.2　设置幻灯片放映方式

PowerPoint 2003 提供了三种放映幻灯片的方法：演讲者放映、观众自行浏览、在展台浏览，三种放映方式各有特点，可以满足不同环境、不同对象的需要。

单击“幻灯片放映”|“设置放映方式”命令，打开“设置放映方式”对话框，如图 12-3 所示。

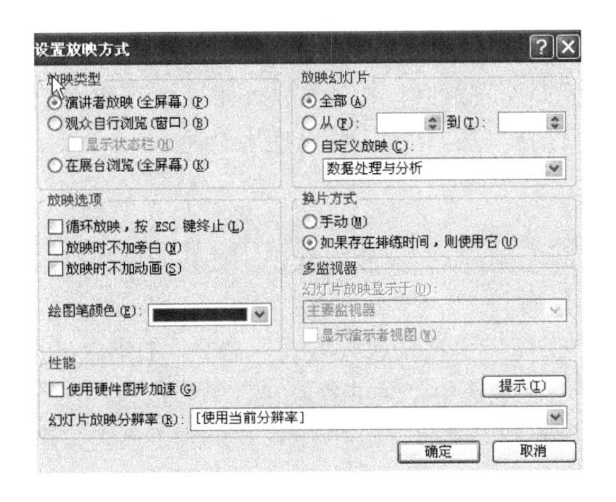

图 12-3　设置放映方式

在“放映类型”区域用户可以对放映方式进行设置，共有三种方式供用户选择。

- “演讲者放映”方式是最常见的放映方式，采用全屏显示，通常用于演讲者亲自播放演示文稿。使用这种方式，演讲者可以控制演示节奏，具有完全的放映控制权。如可以采用自动或人工方式放映，可以将演示文稿暂停，添加会议细节或即席反应，可以在放映过程中录下旁白，还可以使用画笔。

- “观众自行浏览”放映方式以一种较小的规模运行放映。例如，个人通过某个局域网进行浏览。以这种方式放映演示文稿时，该演示文稿会出现在小型窗口内，并提供相应的操作命令，可以在放映时移动、编辑、复制和打印幻灯片。在这种方式中，可以使用滚动条从一张幻灯片移到另一张幻灯片，同时打开其他程序。也可以显示“Web”工具栏，以便浏览其他的演示文稿和 Office 文档。
- “在展台浏览” 放映方式可自动运行演示文稿。例如，在展览会场或会议中等需要运行无人管理的幻灯片放映，可以将演示文稿设置为此种方式，运行时大多数的菜单和命令都不可用，并且在每次放映完毕后重新开始。在这种放映方式中鼠标变得几乎毫无用处，无论是单击左键还是单击右键，或者两键同时按下。在该放映方式中，如果设置的是手动换片方式放映，那么将无法执行换片的操作；如果设置了“排练计时”的话，它会严格地按照“排练计时”时设置的时间放映。按 Esc 键可退出放映。

在“放映幻灯片”区域可以设置放映幻灯片的各种放映方式。如果选择“全部”单选按钮将在放映时放映演示文稿中全部的幻灯片；如果设置了自定义放映可以选择“自定义放映”单选按钮，然后在下拉列表中选择自定义放映的名称；用户还可以在文本框从(F): 到(T): 中设置幻灯片放映的具体数目。

在“换片方式”区域可以为各种放映方式设置换片的方式。如果设置了放映计时，选中“如果存在排练时间，则使用它”单选按钮，可以使用排练计时，如果没有设置放映计时可以选择“手动”换片方式，不过这种方式对“在展台浏览”放映方式是不起作用的。

12.2 控制演讲者放映

“演讲者放映”方式是全屏放映，在该方式下演讲者可以对幻灯片进行自由的控制，例如，可以在放映幻灯片时定位幻灯片，可以使用画笔。

1. 启动演讲者放映

“演讲者放映”方式是系统默认的放映方式，在开始放映前用户首先应对放映方式进行设置，具体步骤如下：

（1）单击“幻灯片放映”|“设置放映方式”命令，打开“设置放映方式”对话框。

（2）在“放映类型”区域选中“演讲者放映”单选按钮；在“绘图笔颜色”下拉列表中选择一种颜色；在“放映幻灯片”区域中选中“全部”单选按钮；在“换片方式”区域中选择“手动”。

（3）单击“确定”按钮，返回到幻灯片中。

（4）单击“幻灯片放映”|“观看放映”命令，幻灯片从第一张开始放映，如图 12-4 所示。

图 12-4　演讲者放映的屏幕显示方式

2. 定位幻灯片

使用定位功能可以在放映时快速地切换到想要显示的幻灯片上，而且可以显示隐藏的幻灯片。在幻灯片放映时单击鼠标右键，打开一快捷菜单，在菜单中如果选择“下一张”或“上一张”将会放映下一幻灯片或上一幻灯片。

在快捷菜单中选择“定位至幻灯片”打开一个子菜单，如图 12-5 所示。在子菜单中列出了该演示文稿中所有的幻灯片，选择一个幻灯片，系统将会播放此幻灯片。如果选择的是隐藏的幻灯片也可以被放映。

图 12-5　定位幻灯片

3. 应用自定义放映

在进行演讲者放映时，用户可以启用自定义放映。在幻灯片放映时单击鼠标右键，打开一快捷菜单，在快捷菜单上选择“自定义放映”命令打开一个子菜单，如图 12-6 所示，在子菜单中列出了该演示文稿中的自定义放映，选择一个自定义放映，系统将按自定义放映的设置进行放映。

图 12-6　应用自定义放映

4. 绘图笔的应用

绘图笔的作用类似于板书笔，放映幻灯片时，可以在幻灯片上书写或绘画，常用于强调或添加注释。在 PowerPoint 2003 中，可以改变绘图笔颜色、擦除绘制的笔迹等，还可以根据需要将墨迹保存。

例如，在放映“数据处理与分析”演示文稿时，要对第 2 张幻灯片中的某些内容利用绘图笔画线的方法加以强调，具体步骤如下：

（1）当放映到第 2 张幻灯片时，在屏幕上单击鼠标右键打开快捷菜单，在快捷菜单中选择“指针选项”打开一个子菜单，如图 12-7 所示。

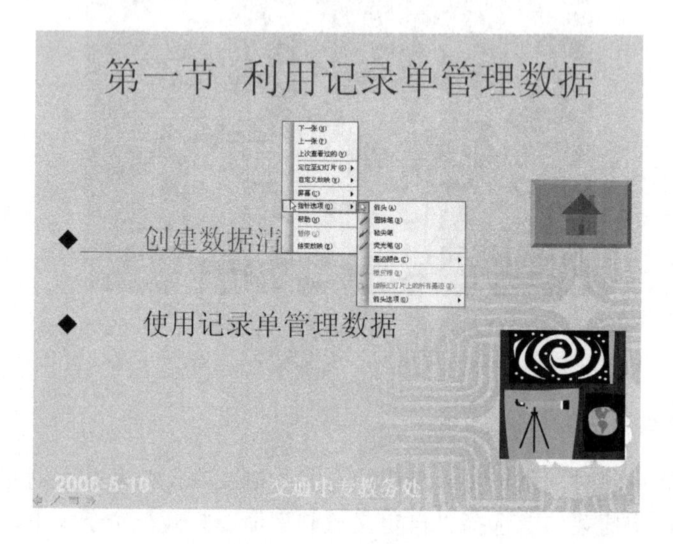

图 12-7　选择绘图笔

（2）在子菜单中选择“荧光笔”，此时鼠标将变为荧光笔形状，拖动鼠标即可对重要

内容进行圈点，如图 12-8 所示。

（3）当幻灯片放映结束时，将打开如图 12-9 所示的提示框。

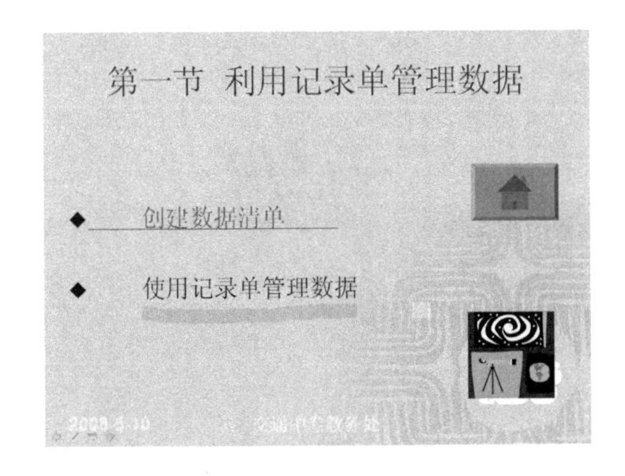

图 12-8　应用绘图笔　　　　图 12-9　“是否保留墨迹注释”对话框

（4）若单击“保留”按钮可以将绘图笔的墨迹保留，若单击“放弃”按钮将对此不作保留。

注意：

在图 12-7 所示的子菜单中选择不同的绘图笔，在屏幕上画出线条的粗细是不同的，如果在子菜单中单击“墨迹颜色”命令打开颜色列表，在列表中选择一种颜色可以改变绘图笔的颜色，如图 12-10 所示。在放映演示文稿时，用户可随时将绘图笔的笔迹擦除：在子菜单中选择“橡皮擦”则鼠标变为橡皮状，在笔迹上拖动橡皮状的鼠标则笔迹被擦除。如果在“指针选项”子菜单中单击“擦除幻灯片上的所有墨迹”命令，则幻灯片中的所有墨迹被同时擦除。

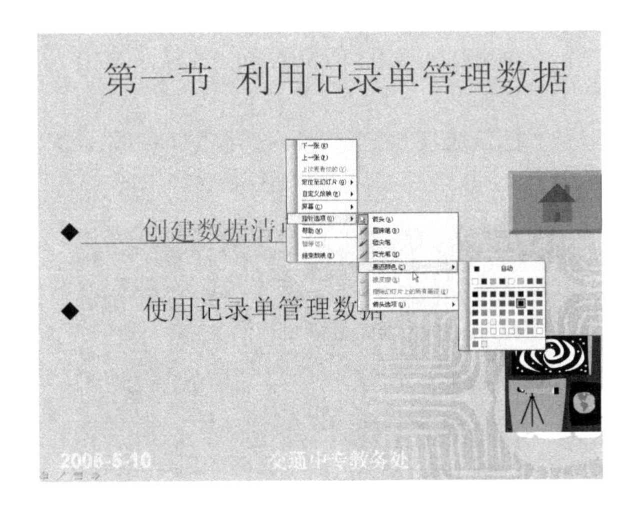

图 12-10　更改绘图笔的颜色

5．屏幕选项

在放映演示文稿时用户还可以对屏幕的各选项进行设置，在放映幻灯片时，在屏幕上单击鼠标右键，在快捷菜单中单击“屏幕”命令打开一个子菜单，如图 12-11 所示。

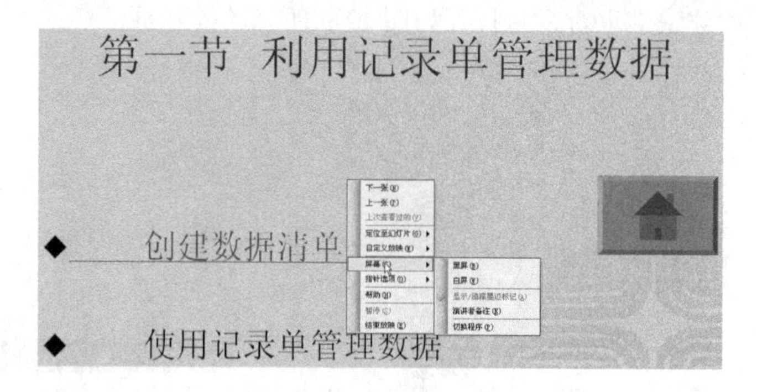

图 12-11　屏幕子菜单

如果在子菜单中选择“黑屏”或“白屏”命令则可将屏幕设为“黑屏”或“白屏”。在放映演示文稿的过程中，会有观众与操作者发生当场交流，进行提问、回答等情况的发生，这时将屏幕设置为黑屏或白屏会使听众的注意力集中到操作者身上。操作者可以用绘图笔工具在黑屏或白屏上进行简单的画写。

如果要返回屏幕的正常显示状态，在黑屏或白屏上单击鼠标右键，在打开的快捷菜单中单击“屏幕”|“取消白屏”（屏幕还原）命令，此时可返回屏幕的正常显示状态。

12.3　打包演示文稿

打包形式输出就是将整个演示文稿和与它链接一起的文件一起输出，这样做的主要目的是为了可以在没有安装 PowerPoint 2003 的机器中或没有安装文稿中特有字体的程序中运行演示文稿。打包以后演示文档的大小将大大增加，因为当中可能包括一个 PowerPoint 播放器，以便在没有安装 PowerPoint 2003 的机器中播放演示文档。

打包演示文稿的具体步骤如下：

（1）单击“文件”|“打包成 CD”命令，打开“打包成 CD”对话框，如图 12-12 所示。

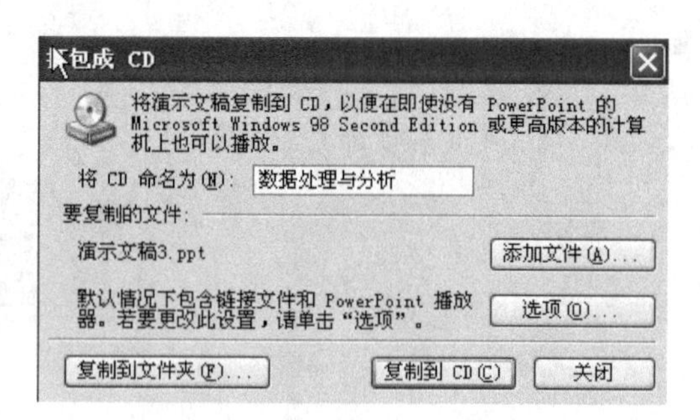

图 12-12　“打包成 CD”对话框

（2）在“将 CD 命名为”文本框中输入“数据处理与分析”。

（3）如果想添加演示文稿链接的文件，单击“添加文件”按钮打开“添加文件”对话框，在对话框中选择要添加的文件，如图 12-13 所示。

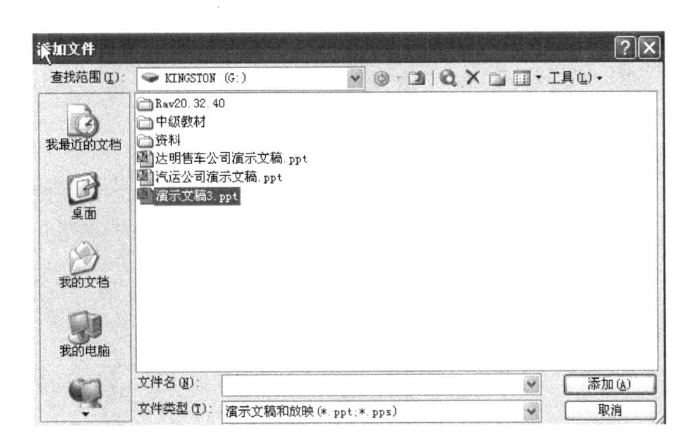

图 12-13　“添加文件”对话框

（4）单击“添加”按钮，返回“打包成 CD”对话框，在“要复制的文件”区域内显示添加后的文件，如图 12-14 所示。

（5）单击“选项”按钮，打开“选项”对话框，如图 12-15 所示。

（6）选中“PowerPoint 播放器”复选框则在没有安装 PowerPoint 的计算机上也可以放映演示文稿；用户还可以在“帮助保护 PowerPoint 文件”区域为演示文稿设置密码。

（7）单击“确定”按钮，回到“打包成 CD”对话框。

（8）单击“复制到 CD”按钮，开始烧制 CD。

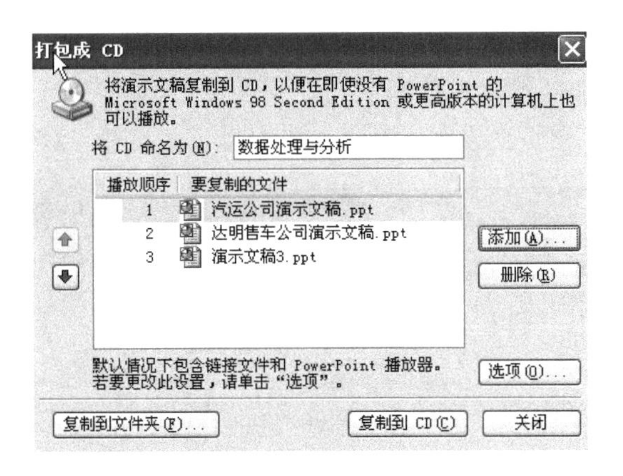

图 12-14　“打包成 CD”对话框

注意：

必须在安装了刻录机的计算机上才可以打包成 CD。在“打包成 CD”对话框中单击“复制到文件夹”按钮，打开“复制到文件夹”对话框，如图 12-16 所示，在对话框中用户可以选择复制的位置，然后单击“确定”按钮，复制演示文稿。

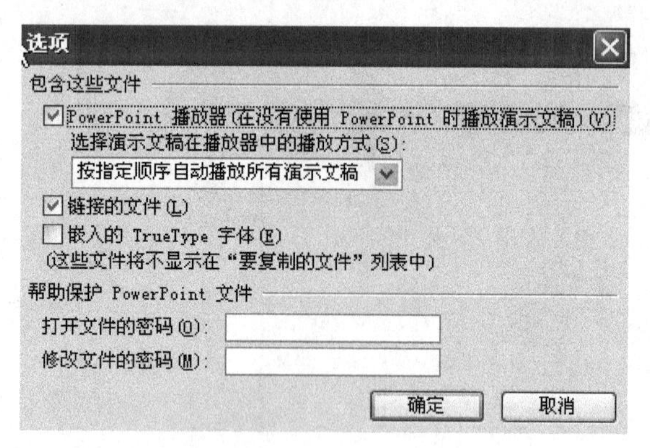

图 12-15 “选项”对话框

图 12-16 “复制到文件夹”对话框

12.4 打印演示文稿

在打印演示文稿时用户可以将演示文稿打印在胶片上，然后在投影仪上放映；也可以将演示文档的大纲和备注页打印出来供演讲者使用。在使用打印机打印演示文稿前，首先应对演示文稿的版面进行设置，版面的设置主要包括页面设置、页眉页脚的设置，彩色视图与黑白视图的切换等。

12.4.1 演示文稿的页面设置

在打印幻灯片文件前，首先要对幻灯片文件的页面进行设置。其中包括纸张大小、幻灯片方向和起始序号（幻灯片打印并不一定必须从第一张开始）等。

设置演示文稿的页面的具体步骤如下：

（1）单击“文件”|“页面设置”命令，打开“页面设置”对话框，如图 12-17 所示。

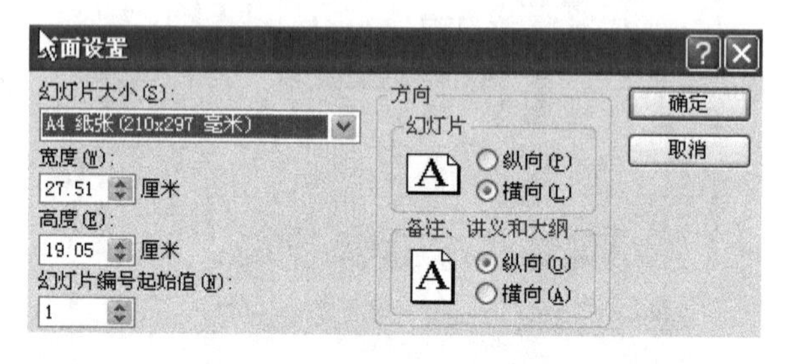

图 12-17 “页面设置”对话框

（2）在“幻灯片大小”下拉列表中选择一种纸型，每一个纸张类型都有固定的高度和宽度，如果选择“自定义”可以在“宽度”和“高度”文本框中输入具体的数值。

（3）在“幻灯片编号起始值”文本框中，用户可以输入或选择从第几页开始打印幻灯片文件。

（4）在“方向”区域设置“幻灯片”和“备注、讲义和大纲”的打印方向。

（5）设置完毕，单击“确定”按钮。

12.4.2　设置页眉和页脚

用户可以为要打印的幻灯片设置页眉和页脚，具体步骤如下：

（1）单击“视图”|“页眉和页脚”命令打开“页眉和页脚”对话框，单击“幻灯片”选项卡，如图 12-18 所示。

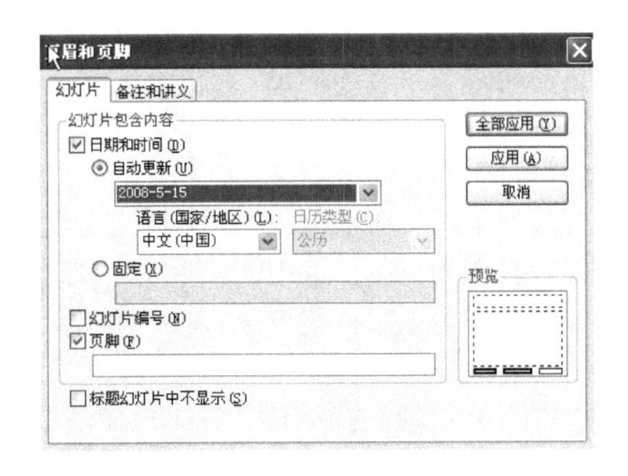

图 12-18　“页眉和页脚”对话框

（2）在对话框中如果选中了“日期和时间”复选框，则可以对要显示的日期和时间进行两种设置。选中“自动更新”单选按钮则可以利用系统时间作为当前时间，时间和日期区域的时间随着系统时间的更新而自动更新。选中“固定”单选按钮则可以在文本框中输入要在幻灯片中出现的指定日期和时间。

（3）选中“幻灯片编号”复选框则系统会按幻灯片顺序对幻灯片进行编号。

（4）选中“页脚”复选框，在文本框中输入要在页脚中显示的内容。

（5）选中“标题幻灯片中不显示”复选框则以上设置对标题幻灯片无效。

（6）单击“应用”按钮则将该设置应用到当前幻灯片中，单击“全部应用”按钮则将该设置应用到所有的幻灯片中。

12.4.3　切换彩色视图与黑白视图

如果在打印时需要单色打印，用户可以利用 PowerPoint 2003 提供的切换彩色视图与黑白视图的功能来预览幻灯片的黑白效果。

单击“视图”|“颜色/灰度”|“纯黑白”命令，所有的幻灯片都变成黑白的，再次选择该命令又将回到彩色模式；如果选择“灰度”则幻灯片变为灰度，再次选择该命令又将回到彩色模式。

用户还可以为幻灯片中各对象设置黑白选项，首先选定要修改黑白选项的对象。单击鼠标右键，在打开的快捷菜单中选择“黑白设置”命令打开一个子菜单，在子菜单中用户可以根据需要选择黑白设置。

12.4.4　打印演示文稿

如果设置的演示文稿符合打印要求就可以打印演示文稿了，具体操作步骤如下：

（1）单击“文件”|“打印”命令或按 Ctrl+P 组合键打开“打印”对话框，如图 12-19 所示。

图 12-19 “打印”对话框

（2）如果用户的计算机上安装了多台打印机，在“打印”对话框的“打印机”区域的“名称”列表框中选择打印机的名称，单击“属性”按钮还可以对打印机进行设置。

（3）在“打印范围”区域可以设置打印的范围。选中“全部”单选按钮则将打印演示文稿中所有幻灯片；选中“当前幻灯片”则打印视图中当前的幻灯片；选中“幻灯片”单选按钮则可以在后面的选择框中指定幻灯片打印的范围；选中“自定义放映”单选按钮则可以在右侧下拉菜单中选择要打印的自定义放映方案。

（4）在“打印内容”文本框的下拉列表框中选择打印的内容，默认的选择为“幻灯片”，也可从下拉列表中选择“讲义”、“备注页”或“大纲视图”。

（5）在“颜色/灰度”文本框中可以选择是彩色打印还是灰度或纯黑白打印。

（6）在“打印份数”文本框中输入要打印的份数。如果文档的打印份数大于 1，此时“逐份打印”复选框变为可选状态，如果选中该复选框那么系统将一份一份地打印文件，否则系统将把每一页重复打印，然后再打印下一页。

（7）如果选中“根据纸张调整大小”复选框，则幻灯片的大小自动适应打印页的大小；如果选中“幻灯片加框”复选框则在打印每张幻灯片时在其周围添加一个边框，将幻灯片制成投影片显示可选择该选项。

（8）单击“预览”按钮可以预览到设置的效果，如果对该打印效果满意，单击“确定”按钮，开始打印。

12.5 本 章 练 习

一、填空题

1．演示文稿有_________、__________及__________三种放映方式。

2．在进行演讲者放映时，用户使用绘图笔不仅可以画线，还可以_________或_________。

二、简答题

1．如何创建自定义放映？

2．打包演示文稿有什么意义？

3．将演示文稿切换为黑白视图有什么意义？